案例风暴

中文 Premiere Pro CS5
视频编辑剪辑制作精粹

牟艳霞 刘涛 李少勇 编著

2 DVD 配套高品质DVD光盘

附赠2张DVD光盘，约7GB，内容包括208个案例的素材文件、场景文件和效果文件，以及208个案例750分钟的视频教学文件。

　内容全面：
涉及视频剪辑与制作、视频特效、视频切换效果、字幕制作技法研究、音频的编辑技巧和影视特技编辑，以及11个大型案例的综合应用等内容。

　实用性强：
208个经典案例为我们提供了无数的范本和创意，他为我用，立刻指导我们的工作。

兵器工业出版社

 北京希望电子出版社
Beijing Hope Electronic Press
www.bhp.com.cn

内 容 简 介

Premiere Pro CS5是Adobe公司推出的一款非常优秀的视频编辑软件，它以编辑方式简便实用、对素材格式支持广泛等优势，得到众多视频编辑工作者和爱好者的青睐。

本书通过讲解208个具体实例，向读者展示如何使用Premiere Pro CS5制作高品质的影视作品。全书共17章，每一章的实例在编排上循序渐进，其中既有打基础、筑根基的部分，又不乏综合创新的例子。其特点是把软件的知识点融入到实例中，读者将从中学到影视剪辑与制作、视频特效处理、静态字幕与动态字幕的制作、音频特效的编辑处理、影视特技效果的制作以及如何制作电子相册、婚礼片头、商品广告片头、电影预告片、公益广告等不同专业影视动画片头的制作方法。读者通过对这些实例的学习，将起到举一反三的作用，能够由此掌握影视动画制作与编辑的精髓。

本书内容丰富，语言通俗，结构清晰。适合初、中级读者学习使用，也可以供从事多媒体设计、影像处理、婚庆礼仪制作的人员参考；同时还可以作为大中专院校相关专业、相关计算机培训班的上机指导教材。

随书光盘内容包括书中部分实例的素材、场景、效果以及视频教学文件。

图书在版编目（CIP）数据

中文Premiere Pro CS5视频编辑剪辑制作精粹208例 / 牟艳霞，刘涛，李少勇编著. —北京：兵器工业出版社，2011.7

ISBN 978-7-80248-620-1

I.①中… II.①牟… ②刘… ③李… III.①图形软件，Premiere Pro CS5　IV.①TP391.41

中国版本图书馆CIP数据核字（2011）第102922号

出版发行：兵器工业出版社　北京希望电子出版社	封面设计：深度文化
邮编社址：100089　北京市海淀区车道沟10号	责任编辑：宋丽华　韩宜波
100085　北京市海淀区上地三街9号	责任校对：小　亚
嘉华大厦C座611	开　　本：889mm×1194mm　1/16
电　　话：（010）82702660（发行）（010）82702675（邮购）	印　　张：17.50（全彩印刷）
经　　销：各地新华书店　软件连锁店	印　　数：1—3500
印　　刷：北京博图彩色印刷有限公司	字　　数：391千字
版　　次：2011年7月第1版第1次印刷	定　　价：59.80元（配2张DVD光盘）

（版权所有　翻印必究　印装有误　负责调换）

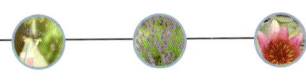

本书实例欣赏

实例019 裁剪视频文件

实例020 羽化视频边缘

实例024 边角固定效果

 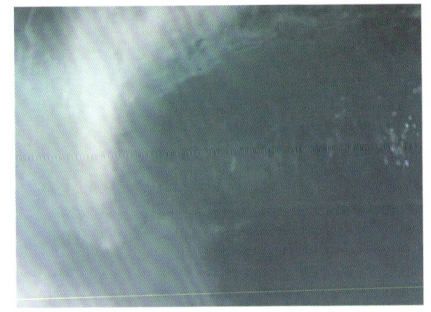 

实例029 重影效果效果

实例030 画面锐化效果

实例031 设置渐变效果　　　　　　　　　　　　实例034 镜头光晕

实例035 闪电效果　　　　　　　　　　　　　　实例036 画面亮度调整

实例047 辉光效果

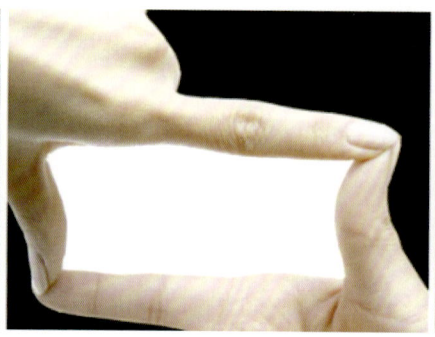

实例049 相机闪光灯效果

实例055 划像切换

实例057 卷走切换

实例058 交叉叠化切换

实例062 油漆飞溅切换

实例064 风车切换

实例066 纹理切换

实例083 随水波动的字幕

实例086 带立体旋转效果的字幕

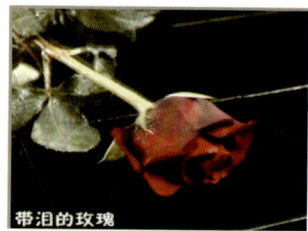

实例110 实现镜头快播慢播效果　　　　　　　实例111 视频的条纹拖尾效果

实例114 按图案轮廓显现背景

实例118 视频画中画

实例134 让照片按一定路径转动

实例136 制作DV相册

婚纱电子相册

走过青春

感受乡村 基层创业

前　言
PREFACE

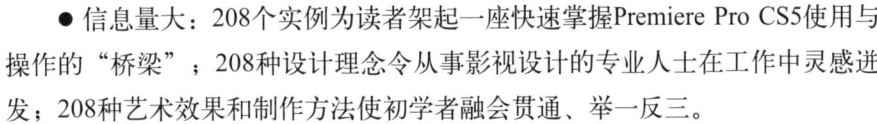

　　Adobe Premiere Pro CS5是Adobe公司推出的一款非常优秀的视频编辑软件，它以编辑方式简便实用、对素材格式支持广泛等优势，得到众多视频编辑工作者和爱好者的青睐。Premiere Pro CS5的功能比以前的版本更加强大，不仅可以在计算机上编辑、观看更多种文件格式的电影，还可以实时预览，具有多重嵌套的时间线窗口以及包含环绕声效果的全新声音工具、内置的YUV调色工具，强有力的Photoshop文件处理能力，图像波形和矢量显示器，全新的更加方便的控制窗口和面板，而且可以全部自定义快捷键；不仅可以通过外部设备进行电影素材的采集，还可以将作品输出到录影带，尤其可以直接输出制作DVD。同时Premiere Pro CS5还具有强大的字幕编辑功能，完全可以创建广播级的字幕效果。

　　本书以208个特效设计的实例向读者详细介绍了Premiere Pro CS5的强大图像处理及图形绘制等功能。本书注重理论与实践紧密结合，实用性和可操作性强，相对于同类Premiere实例书籍，本书具有以下特色：

　　● 信息量大：208个实例为读者架起一座快速掌握Premiere Pro CS5使用与操作的"桥梁"；208种设计理念令从事影视设计的专业人士在工作中灵感迸发；208种艺术效果和制作方法使初学者融会贯通、举一反三。

　　● 实用性强：208个实例经过精心设计、选择，不仅效果精美，而且非常实用。

　　● 注重方法的讲解与技巧的总结：本书特别注重对各实例制作方法的讲解与技巧总结，在介绍具体实例制作的详细操作步骤的同时，对于一些重要而常用的实例的制作方法和操作技巧做了较为精辟的总结。从表面上看，读者从本书中学会的是208个实例的制作，而实际上学会的是208种方法，以后可以灵活地运用这208种方法制作出更多、更好的实例。

　　● 操作步骤详细：本书中实例的操作步骤介绍非常详细，即使是初级入门的读者，只需一步一步按照本书中介绍的步骤进行操作，一定能做出相同的效果。另外，书中208个实例均录制了比较详细、到位的步骤讲解视频，盘书结合，使读者学习起来更加快捷。

　　● 适用广泛：本书适用于广告设计、影视片头包装、网页设计等行业的从业人员和广大的计算机图形图像处理爱好者阅读参考，也可供各类电脑培训班作为教材使用。

本书的出版凝结了许多人的心血，凝聚了许多人的汗水和思想。在这里衷心感谢在本书编写过程中给予编者帮助的李磊老师，以及为这本书付出辛勤劳动的编辑老师、光盘测试老师。

本书主要由牟艳霞、刘涛、李少勇编写，王雄健、刘峥、罗冰、王加龙录制多媒体教学视频，参与编写的还有张林、叶丽丽、张云、张波、王海峰、王玉、李娜、刘晶、王海峰、弭蓬、陈月娟、陈月霞、刘希林、黄健、刘希望、黄永生、田冰、徐昊、北方电脑学校的温振宁、黄荣芹、刘德生、宋明、刘景君老师，德州职业技术学院的张锋、相世强和胡静老师。感谢苏利、张树涛、李绍臣为本书提供了大量的图像素材以及视频素材，谢谢你们为书稿前期材料的组织、版式设计、校对、编排，以及大量图片的处理所做的工作。

本书总结了编者从事多年影视编辑的实践经验，目的是帮助想从事影视制作的广大读者迅速入门并提高学习和工作效率，同时对有一定视频编辑经验的朋友也有很好的参考作用。本书疏漏之处在所难免，恳请读者和专家指教。如果您对书中的某些技术问题持有不同的意见，欢迎与编者联系，联系方式为E-mail：Tavili@tom.com。

编著者

CONTENTS 目录

第1章 视频剪辑与制作

实例001	视频素材的导入	2
实例002	序列图像的导入	3
实例003	源素材的插入与覆盖	4
实例004	删除影片中的一段文件	6
实例005	剪辑中的三点编辑和四点编辑	7
实例006	设置标记	8
实例007	解除视音频链接	9
实例008	链接视音频	10
实例009	改变素材的持续时间	11
实例010	设置关键帧	11
实例011	改变素材的属性	12
实例012	剪辑素材	13
实例013	影片预览	14
实例014	影片输出	15
实例015	视频格式的转换	16

第2章 视频特效

实例016	视频色彩平衡校正	18
实例017	视频翻转效果	20
实例018	使用摄像机视图	21
实例019	裁剪视频文件	23
实例020	羽化视频边缘	24
实例021	将彩色视频黑白化	26
实例022	替换画面中的色彩	27
实例023	扭曲视频效果	28
实例024	边角固定效果	29
实例025	球面化效果	30
实例026	水墨画效果	32
实例027	镜像效果	33
实例028	画面模糊效果	34
实例029	重影效果	36
实例030	画面锐化效果	37
实例031	设置渐变效果	39
实例032	棋盘效果	40
实例033	动态色彩背景	41
实例034	镜头光晕	43
实例035	闪电效果	43
实例036	画面亮度调整	44
实例037	改变颜色效果	44
实例038	调整阴影（高光）	44
实例039	块溶解效果	45

实例040	阴影效果..........45	实例046	单色保留效果..........49
实例041	3D空间效果..........46	实例047	辉光效果..........49
实例042	斜角边效果..........47	实例048	画面浮雕效果..........50
实例043	线条化效果..........47	实例049	相机闪光灯效果..........50
实例044	无信号遮罩..........48	实例050	画面马赛克效果..........51
实例045	视频抠像..........48	实例051	重复画面效果..........51

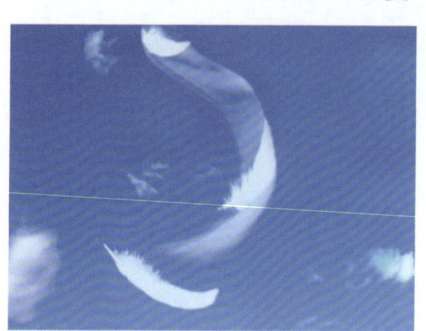
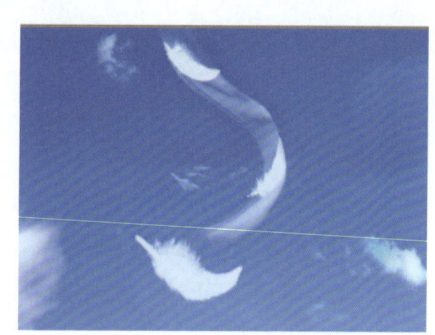

第3章 视频切换效果

实例052	摆入（摆出）效果..........53	实例060	伸展切换..........62
实例053	旋转切换..........54	实例061	时钟式划变切换..........63
实例054	映射切换..........55	实例062	油漆飞溅切换..........64
实例055	划像切换..........56	实例063	软百叶窗切换..........64
实例056	页面剥落..........57	实例064	风车切换..........64
实例057	卷走切换..........59	实例065	旋涡切换..........65
实例058	交叉叠化切换..........60	实例066	纹理切换..........65
实例059	随机反相..........61		

第4章 字幕制作技法研究

实例067	带阴影效果的字幕..........67	实例071	带纹理效果的字幕..........73
实例068	沿路径弯曲的字幕..........68	实例072	带镂空效果的字幕..........74
实例069	带辉光效果的字幕..........70	实例073	字幕排列..........76
实例070	颜色渐变的字幕..........71	实例074	字幕样式中的英文字幕..........76

实例075	卡通字效果 77	实例083	随水波动的字幕 87
实例076	使用软件自带的字幕模板 77	实例084	带滚动效果的字幕 88
实例077	在视频中添加字幕 78	实例085	沿自定义路径运动的字幕 90
实例078	水平滚动的字幕 78	实例086	带立体旋转效果的字幕 90
实例079	垂直滚动的字幕 80	实例087	手写字效果 91
实例080	逐字打出的字幕 81	实例088	文字雨效果 91
实例081	文字从远处飞来 83	实例089	数字化字幕 92
实例082	带卷展效果的字幕 85	实例090	动态旋转字幕 92

第5章　音频的编辑技巧

实例091	为视频插入背景音乐 94	实例100	消除音频中嗡嗡的电流声 97
实例092	使音频和视频同步对齐 94	实例101	屋内混响效果 98
实例093	调节关键帧上的音量 94	实例102	为自己的歌声增加伴唱 98
实例094	调节音频的速度 95	实例103	左右声道的渐变转化 98
实例095	声音的淡入与淡出 95	实例104	高低音的转换 99
实例096	使用调音台调节轨道效果 96	实例105	制作奇异音调的音频 99
实例097	录制音频文件 96	实例106	普通音乐中交响乐效果 100
实例098	使用均衡器优化高低音 96	实例107	超重低音效果 100
实例099	山谷回声效果 97	实例108	左右声道各自为主的效果 100

第6章　影视特技编辑

实例109	多画面电视墙效果 102	实例116	画面望远镜效果 111
实例110	实现镜头快播慢播效果 104	实例117	云朵飘动 113
实例111	视频的条纹拖尾效果 105	实例118	视频画中画 114
实例112	彩色方格浮雕效果 106	实例119	动态柱状图 116
实例113	动态幻影效果 108	实例120	动态饼图 119
实例114	按图案轮廓显现背景 109	实例121	带相框的画面效果 119
实例115	电视放映的效果 110	实例122	动态偏移 120

实例123	电视节目暂停荧屏效果..........120	实例127	电视信号不稳的屏幕..........122
实例124	边界朦胧效果..........121	实例128	制作宽荧屏电影..........122
实例125	电视片段倒计时效果..........121	实例129	立体电影效果..........123
实例126	视频片段倒放效果..........122	实例130	MTV歌词色彩渐变效果..........123

第7章 数码相册

实例131	效果图展览..........125	实例134	让照片按一定路径转动..........132
实例132	底片效果..........130	实例135	三维立体照片效果..........135
实例133	怀旧老照片效果..........131	实例136	制作DV相册..........136

第8章 婚纱电子相册

实例137	婚纱电子相册图像的预览..........142	实例141	创建并设置图字幕..........147
实例138	导入婚纱素材..........142	实例142	组合素材..........150
实例139	添加背景音乐..........143	实例143	导出视频..........163
实例140	创建并设置文本字幕..........145		

第9章 婚礼片头

实例144	婚礼素材的预览..........166	实例147	婚礼素材的编辑..........167
实例145	婚礼素材的导入..........166	实例148	添加音乐背景..........167
实例146	创建字幕..........167	实例149	导出婚礼片头..........168

第10章　走过青春

实例150　图像的预览与导入 170
实例151　添加背景音乐 171
实例152　创建图、标题 172
实例153　编辑素材 173
实例154　创建并编辑"走过青春02"序列 182
实例155　编辑"走过青春"序列 183
实例156　导出走过青春 188

第11章　儿童电子相册

实例157　儿童图像的预览与导入 190
实例158　添加背景音乐 191
实例159　创建图、标题 192
实例160　编辑素材 193
实例161　创建并编辑"儿童电子相册02"序列 ... 208
实例162　编辑"儿童电子相册"序列 209
实例163　导出儿童电子相册 216

第12章　感受乡村，基层创业

实例164　素材的预览 218
实例165　素材的导入 218
实例166　创建字幕并编辑素材 219
实例167　设置"感受乡村，基层创业02"序列 ... 219
实例168　添加背景音乐 219
实例169　导出"感受乡村，基层创业" 220

第13章　生活百态

实例170　生活图像的预览 222
实例171　图像素材的导入 222
实例172　创建标题、线 223
实例173　创建"生活百态片头02"序列 223
实例174　设置"生活百态片头02"序列 223
实例175　组合图像 224
实例176　嵌套序列 224
实例177　添加背景音乐 225
实例178　输出生活百态片头 225

第14章　公益活动

实例179　新建项目并导入素材 227
实例180　设置【字幕】窗口 227
实例181　设置"公益活动"序列 228
实例182　创建并设置"公益活动02"序列 ... 228
实例183　对时间线进行嵌套 228
实例184　添加背景音乐 229
实例185　输出公益活动 229

第15章　商品广告

实例186　图像的预览..................231
实例187　图像素材的导入..............231
实例188　创建标题、文本、线..........232
实例189　创建并设置"商品广告片头02"序列......236
实例190　编辑图像....................238
实例191　添加背景音乐................241
实例192　输出商品广告片头............242

第16章　动物世界片头

实例193　素材的预览..................244
实例194　素材的导入..................244
实例195　创建标题、字幕..............244
实例196　创建并设置"动物世界片头02"序列...245
实例197　创建并设置"动物世界片头03"序列...245
实例198　编辑素材....................246
实例199　添加背景音乐................246
实例200　输出动物世界片头............246

第17章　音乐前沿片头

实例201　素材的预览..................248
实例202　素材的导入..................248
实例203　创建标题、文本..............249
实例204　新建"音乐前沿片头02"序列....251
实例205　设置"音乐前沿02"序列.......251
实例206　新建"音乐前沿片头02"序列...254
实例207　添加背景音乐................263
实例208　输出音乐前沿片头............264

第1章
视频剪辑与制作

Premiere Pro CS5是美国Adobe公司出品的视音频非线性编辑软件，是继Premiere Pro CS4之后的最新版本。该软件功能强大，开放性很好，能够适用于任何影视后期制作环境，广泛应用于影视后期制作领域。

- ■ 视频素材的导入
- ■ 序列图像的导入
- ■ 源素材的插入与覆盖
- ■ 删除影片中的一段文件
- ■ 剪辑中的三点编辑和四点编辑
- ■ 设置标记
- ■ 解除视音频链接
- ■ 链接视音频
- ■ 改变素材的持续时间
- ■ 设置关键帧
- ■ 改变素材的属性
- ■ 剪辑素材
- ■ 影片预览
- ■ 影片输出
- ■ 视频格式的转换

实例001　视频素材的导入

实例导航

- **案例文件**：场景 \ Cha01 \ 视频素材的导入.prproj
- **视频文件**：视频教学 \ Cha01 \ 视频素材的导入.avi
- **难易程度**：★★☆☆☆
- **视频时长**：44秒
- **实例要点**：导入视频素材的应用
- **思路分析**：通过实例向用户介绍视频素材的导入方法。

在进行视频素材导入之前需要先创建项目文件。安装Premiere Pro CS5软件后，双击桌面上的 图标，进入欢迎界面，如图1-1所示。单击【新建项目】按钮，进入【新建项目】面板中，选择项目保存的位置，并对项目进行命名，然后单击【确定】按钮，如图1-2所示。

进入【新建序列】面板中，对序列进行设置，如图1-3所示，进入操作界面。

素材的导入，主要是指将已经存储在计算机硬盘中的素材导入到【项目】窗口中，它相当于一个素材仓库，编辑视频时所用的素材都放在其中，具体的操作步骤如下。

1 新建项目文件，选择【文件】|【导入】命令，如图1-4所示，打开【导入】对话框。

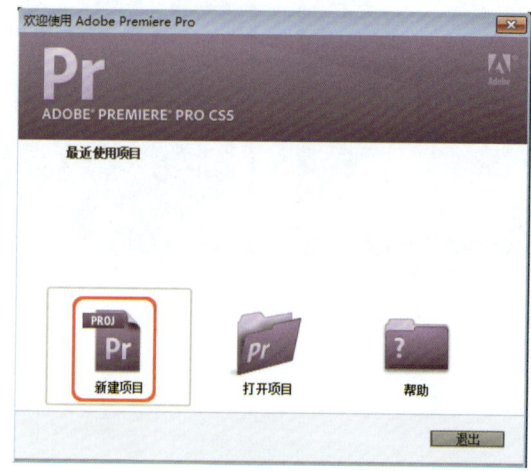

图1-1 欢迎界面

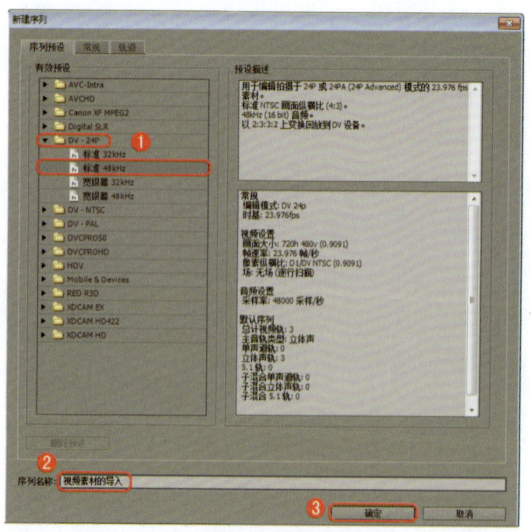

图1-2 新建项目

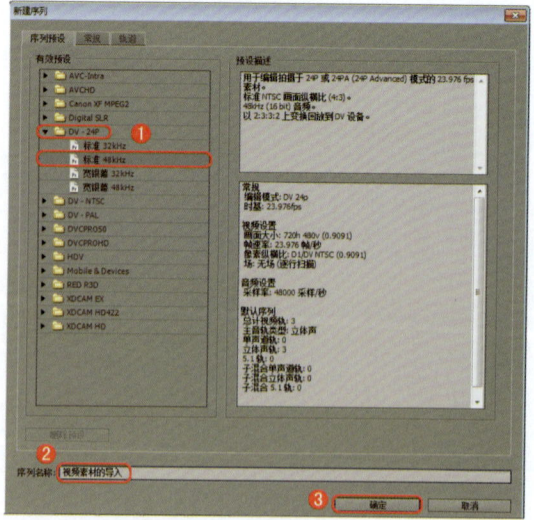

图1-3 新建序列

第1章 视频剪辑与制作

2. 在打开的对话框中选择随书附带光盘"素材\Cha01\视频素材.avi"文件，单击【打开】按钮，将素材导入到【项目】窗口中，如图1-5所示。

> **提示**
> 除使用【文件】|【导入】命令外，还有以下几种方法打开【导入】对话框。
> - 按Ctrl+I键。
> - 在【项目】窗口的【名称】区域下空白处双击鼠标左键。
> - 在【项目】窗口的【名称】区域下右击鼠标，在弹出的快捷菜单中选择【导入】命令。

图1-4 选择【导入】命令

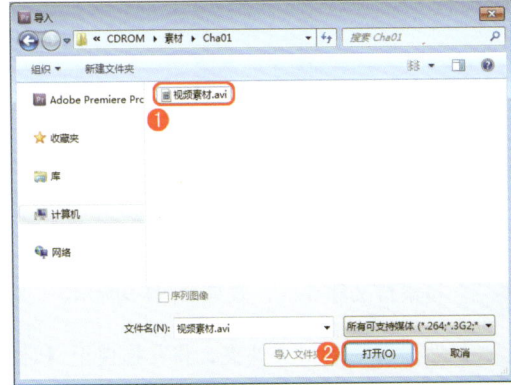

图1-5 导入素材

实例002 序列图像的导入

实例导航

- **案例文件**：场景\Cha01\序列图像的导入.prproj
- **视频文件**：视频教学\Cha01\序列图像的导入.avi
- **难易程度**：★★☆☆☆
- **视频时长**：53秒
- **实例要点**：序列图像的导入方法
- **思路分析**：序列图像是文件名称按数字序列排列的一系列单个文件，一般由动画制作软件产生。要将图像序列文件作为一个素材输入，其最终效果如图1-6所示。

图1-6 序列图像效果

1. 新建项目文件，选择【文件】|【导入】命令，如图1-7所示，打开【导入】对话框。
2. 在随书附带光盘中打开素材文件，然后选中【序列图像】复选框，单击【打开】按钮，如图1-8所示。

3

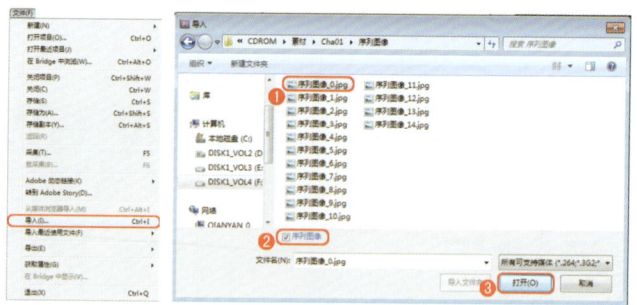
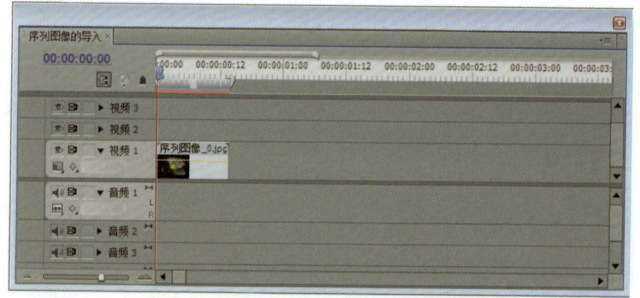

图1-7 选择【导入】命令　　图1-8 选择素材文件　　　　　图1-10 将素材拖曳至时间线面板

3 将素材文件导入，效果如图1-9所示。

4 然后选中素材文件夹，将其拖曳至【时间线】窗口的【视频1】轨道中，如图1-10所示。

5 这时在【节目】面板中，单击【播放】 按钮，可以观看素材的效果，如图1-11所示。

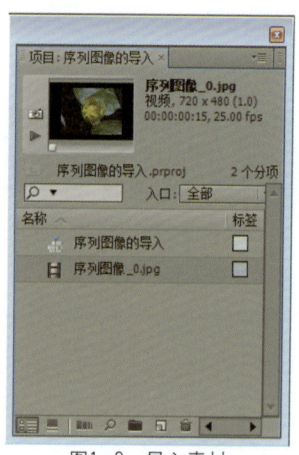

图1-9 导入素材　　　　　　　　　　　图1-11 在节目面板中播放

实例003　源素材的插入与覆盖

实例导航

- **案例文件**：场景 \ Cha01 \ 源素材的插入与覆盖.prproj
- **视频文件**：视频教学 \ Cha01 \ 源素材的插入与覆盖.avi
- **难易程度**：★★☆☆☆
- **视频时长**：2分24秒
- **实例要点**：源素材的插入与覆盖
- **思路分析**：通过实例向用户介绍源素材的插入与覆盖的方法。

① 新建项目文件，将随书附带光盘"素材 \ Cha01 \ 源素材的插入与覆盖.avi"文件导入到【项目】窗口中。

② 将素材拖至【时间线】窗口的【视频1】轨道中，设置当前时间为00:00:02:06，如图1-12所示。

③ 在【项目】窗口中双击素材，在【源素材监视器】窗口中打开，如图1-13所示。

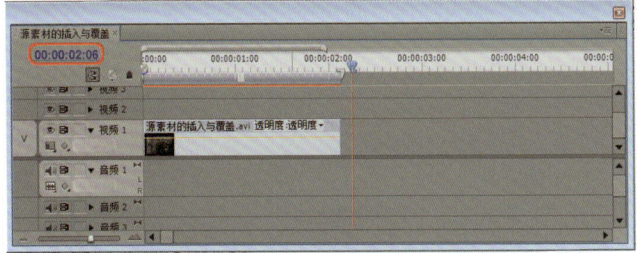

图1-12 设置时间

图1-13 在【源素材监视器】窗口中打开

④ 在【源素材监视器】窗口中，设置当前时间为00:00:05:22，单击 （设置入点）按钮，添加一处入点，如图1-14所示。

⑤ 将当前时间修改为00:00:07:24，单击 （设置出点）按钮，添加出点，如图1-15所示。

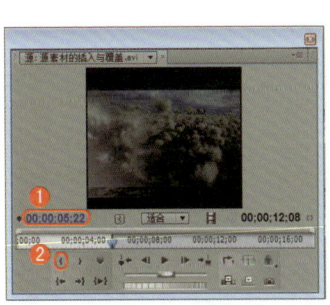 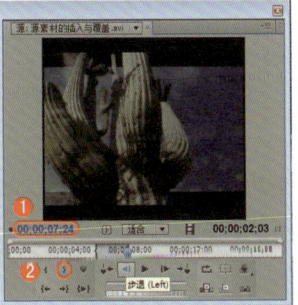

图1-14 设置入点　　图1-15 设置出点

⑥ 激活【源素材监视器】窗口，单击 （插入）按钮，将入点与出点之间的视频片段插入到【时间线】窗口中，如图1-16所示。此时在【时间线】窗口中可以看到插入的源素材效果，如图1-17所示。

图1-16 单击【插入】按钮

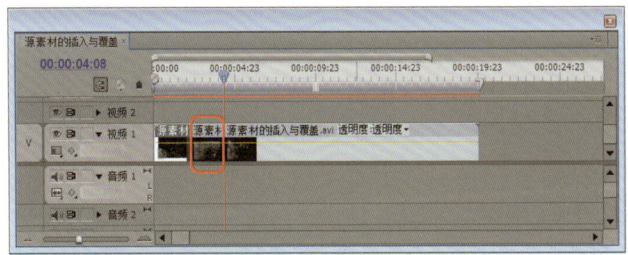

图1-17 插入后的效果

使用 （覆盖）按钮，在【时间线】窗口中将原来的素材进行覆盖，具体操作步骤如下。

① 保持图1-17所示的操作，激活【源素材监视器】窗口，修改当前时间为00:00:01:18，单击 （设置入点）按钮，设置入点，如图1-18所示。

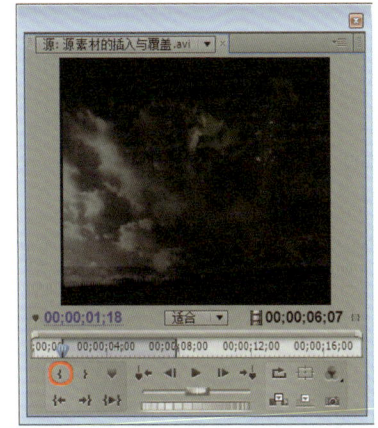

图1-18 设置入点

② 设置当前时间为00:00:02:27，单击 （设置出点）按钮，设置出点，如图1-19所示。

③ 设置【时间线】当前的时间为00:00:12:02，在【源素材监视器】窗口中单击 （覆盖）按钮，如图1-20所示，将入点与出点之间的片段覆盖到【时间线】窗口中，如图1-21所示。

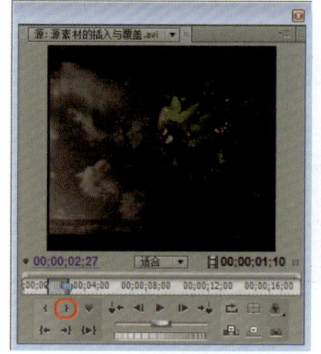

图1-19 设置出点

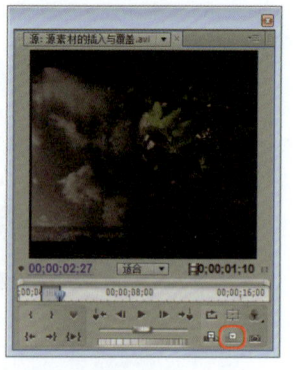

图1-20 单击【覆盖】按钮

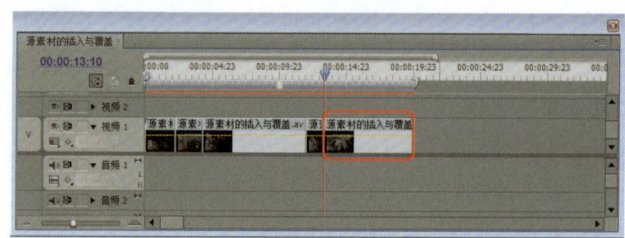

图1-21 【覆盖】素材

4 此时,插入和覆盖的操作完成。

实例004 删除影片中的一段文件

实例导航

- 视频文件:视频教学 \ Cha01 \ 删除影片中的一段文件.avi
- 难易程度:★★☆☆☆
- 视频时长:2分28秒
- 实例要点:删除影片中的一段文件
- 思路分析:本例将对视频文件进行裁剪,然后通过Delete键将不需要的视频文件删除。

1 新建项目文件,将随书附带光盘"素材 \ Cha01 \ 删除影片中的一段文件.avi"文件导入到【项目】窗口中。

2 将素材拖至【视频1】轨道中,在工具面板中选择【剃刀工具】,对素材进行裁切,如图1-22所示。

3 将裁切的素材中间部分选中,按Delete键进行删除,如图1-23所示。

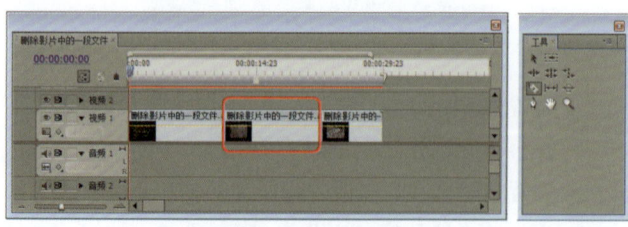

图1-22 裁切素材

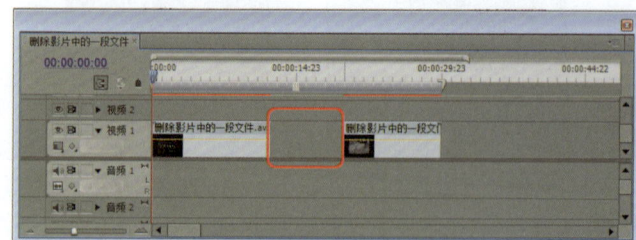

图1-23 删除中间部分素材

实例005　剪辑中的三点编辑和四点编辑

实例导航

- **案例文件**：场景 \ Cha01 \ 剪辑中的三点编辑和四点编辑.prproj
- **视频文件**：视频教学 \ Cha01 \ 剪辑中的三点编辑和四点编辑.avi
- **难易程度**：★★☆☆☆
- **视频时长**：44秒
- **实例要点**：剪辑中的三点编辑和四点编辑
- **思路分析**：三点编辑和四点编辑是编辑节目的两种方法，由传统的线性编辑延续而来。所谓三点、四点指的是设置素材与节目的入点和出点个数。本例将使用三点或四点编辑将素材通过【源素材监视器】窗口添加到【时间线】窗口中的节目中。

1. 新建项目文件，将随书附带光盘"素材 \ Cha01 \ 剪辑中的三点编辑和四点编辑01.avi和剪辑中的三点编辑和四点编辑02.avi"文件导入到【项目】窗口中，如图1-24所示。

2. 对三点编辑进行设置。在【项目】窗口中双击素材文件"剪辑中的三点编辑和四点编辑01.avi"，然后在【源素材监视器】窗口中 【设置入点】时间为00:00:00:00、 【设置出点】时间为00:00:01:11，如图1-25所示。

3. 在【节目监视器】窗口的00:00:00:00处设置入点，在【源素材监视器】窗口中单击 【插入】按钮，如图1-26所示。

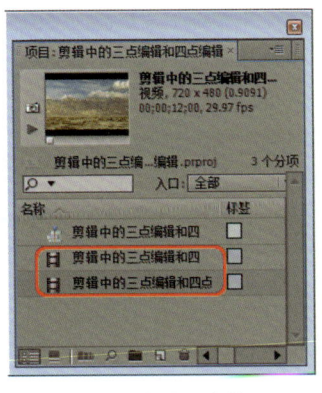
图1-24　导入文件

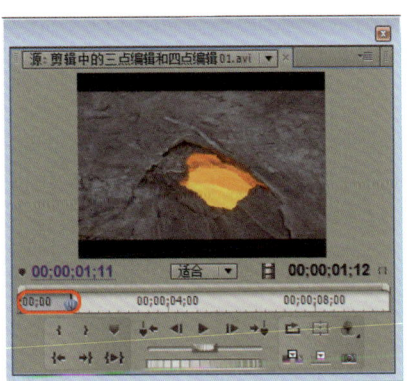
图1-25　设置入点和出点

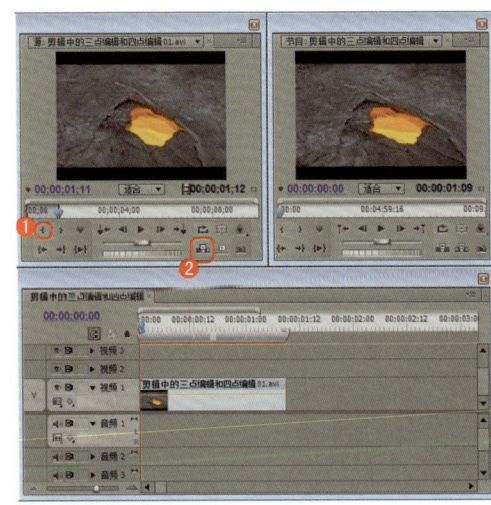
图1-26　设置入点与插入素材

4. 对四点编辑进行设置。在【项目】窗口双击素材文件"剪辑中的三点编辑和四点编辑02.avi"，然后在【源素材监视器】窗口中 【设置入点】时间为00:00:01:00、 【设置出点】时间为00:00:02:18，如图1-27所示。

5. 在【节目监视器】窗口中 【设置入点】时间为00:00:01:09、 【设置出点】时间为00:00:01:20，如图1-28所示。

6. 在【源素材监视器】中单击 【插入】按钮，弹出【适配素材】对话框，如图1-29所示。将选项改为【更改素材速度（充分匹配）】，单击【确定】按钮。将素材插入到【时间线】窗口中，右键单击素材02.avi，选择【速度/持续时

7

间】命令，将弹出如图1-30所示对话框，然后单击【确定】按钮。

  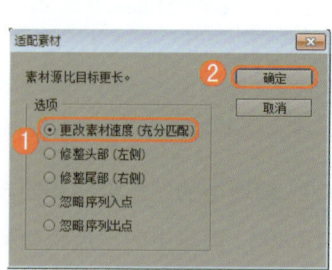 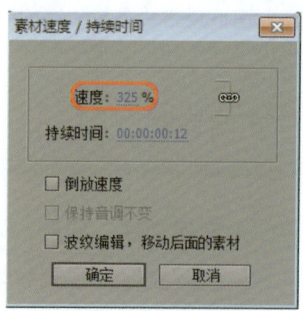

图1-27 设置入点和出点　　　图1-28 设置入点和出点　　　图1-29 适配素材　　　图1-30 设置速度和时间

实例006　设置标记

实例导航

- **案例文件**：场景 \ Cha01 \ 设置标记.prproj
- **视频文件**：视频教学 \ Cha01 \ 设置标记.avi
- **难易程度**：★★☆☆☆
- **视频时长**：42秒
- **实例要点**：标记的设置方法
- **思路分析**：在节目的编辑制作过程中，可以为素材的某一帧设置一个标记，以方便编辑中的反复查找和定位。标记分为非数字和数字两种，前者没有数量的限制，后者可以设置为0~99。本例将通过实际的操作对素材设置标记。

1. 新建项目文件，将随书附带光盘"素材 \ Cha01 \ 设置标记.avi"文件导入到【项目】窗口中，如图1-31所示。

2. 将【项目】窗口中的素材拖至【时间线】窗口的【视频1】轨道中，设置时间为00:00:01:00，如图1-32所示。

3. 在【时间线】窗口中双击素材，然后在【源素材监视器】窗口中设置标记，如图1-33所示。

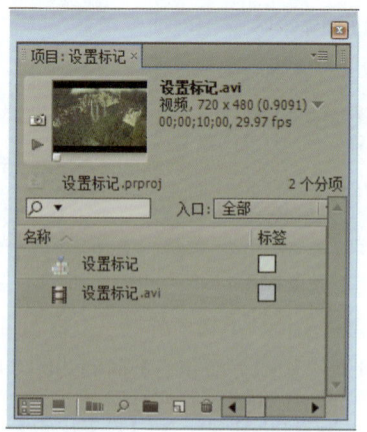

图1-31 导入素材

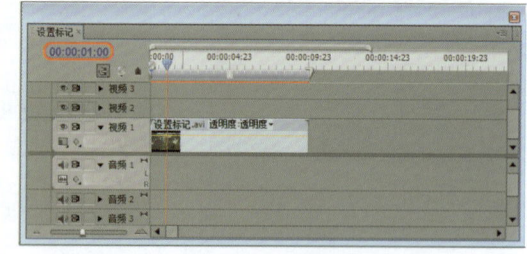

图1-32 设置时间

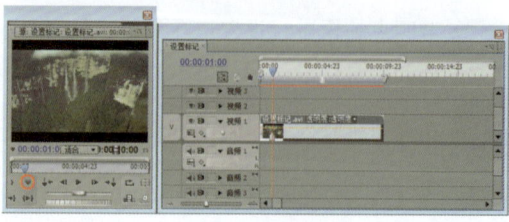

图1-33 设置标记

实例007　解除视音频链接

实例导航

- **案例文件**：场景 \ Cha01 \ 解除视音频链接.prproj
- **视频文件**：视频教学 \ Cha01 \ 解除视音频链接.avi
- **难易程度**：★★☆☆☆
- **视频时长**：2分18秒
- **实例要点**：解除视音频链接应用
- **思路分析**：在平时看到一个不错的视频，相信用户会想到将精彩的部分裁剪以备后用，当然在裁剪时音频也会被裁剪。本例将介绍如何只对视频进行裁剪而不对音频部分进行裁剪。

1. 新建项目文件，将随书附带光盘"素材 \ Cha01 \ 解除视音频链接.avi"文件导入到【项目】窗口中。

2. 将"解除视音频链接.avi"文件拖至【时间线】窗口的【视频1】轨道中，此时在【时间线】窗口中该文件分为视频与音频两部分，如图1-34所示。

3. 右击"解除视音频链接.avi"文件，在弹出的快捷菜单中选择【解除视音频链接】命令，取消对素材文件的选择，如图1-35所示。

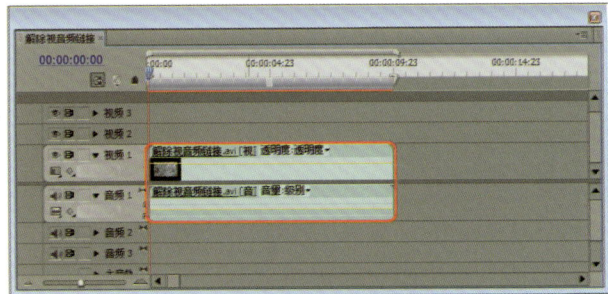

图1-34　拖入素材文件

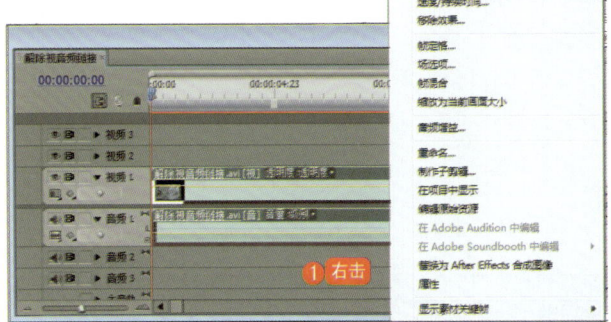

图1-35　选择【解除视音频链接】命令

4. 在【时间线】窗口中将当前时间设置为00:00:03:22，选择工具面板中的 ▧ （剃刀工具），在视频轨道中文件的编辑标识线处单击鼠标左键，将素材裁剪为两部分，如图1-36所示。此时将音频部分的素材向后拖动，会发现没有被裁剪，如图1-37所示。

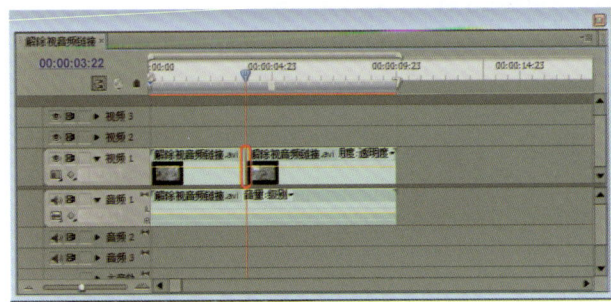

图1-36　裁剪素材

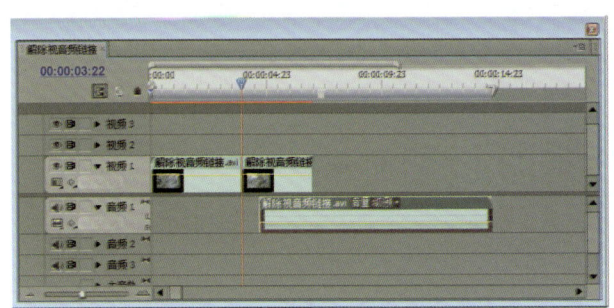

图1-37　移动音频

实例008　链接视音频

实例导航

- **案例文件**：场景 \ Cha01 \ 链接视音频.prproj
- **视频文件**：视频教学 \ Cha01 \ 链接视音频.avi
- **难易程度**：★★☆☆☆
- **视频时长**：41秒
- **实例要点**：链接视音频的应用
- **思路分析**：在实例007中将视音频文件分为两个独立的素材，本例介绍如何将独立的两个视音频链接为一个素材。

1. 新建项目文件，将随书附带光盘"素材 \ Cha01 \ 链接视音频.avi和链接视音频. MP3"文件导入到【项目】窗口中。

2. 将"链接视音频.avi"文件拖至【时间线】窗口的【视频1】轨道中，将"链接视音频.MP3"文件拖至【时间线】窗口的【音频1】轨道中，并将其对齐，如图1-38所示。

3. 同时选中视音频文件右击，在弹出的快捷菜单中选择【链接视音频】命令，此时视音频文件将链接在一起，如图1-39所示。

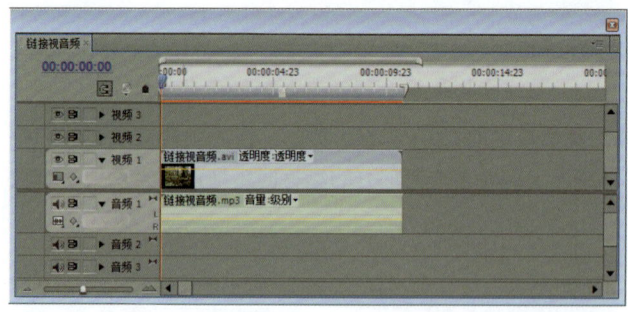

图1-38　拖入素材

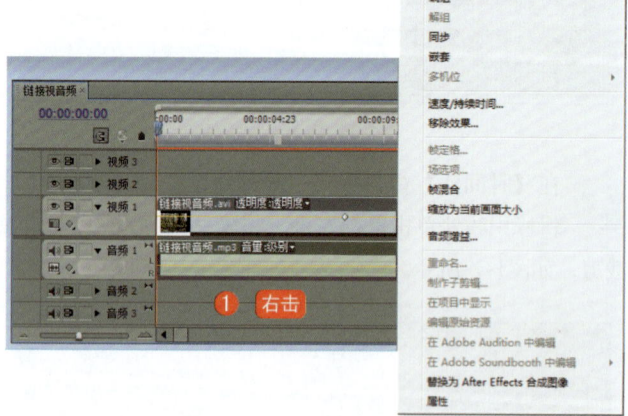

图1-39　选择【链接视音频】命令

实例009　改变素材的持续时间

实例导航

- **案例文件**：场景 \ Cha01 \ 改变素材的持续时间.prproj
- **视频文件**：视频教学 \ Cha01 \ 改变素材的持续时间.avi
- **难易程度**：★★☆☆☆
- **视频时长**：56秒
- **实例要点**：【速率伸缩】工具的应用
- **思路分析**：严格来说素材的持续时间是指素材播放时的时间。本例将介绍使用 （速率伸缩工具）拖动改变素材的持续时间。

1　新建项目，导入随书附带光盘"素材 \ Cha01 \ 改变素材的持续时间.avi"文件。

2　将导入的视频文件拖至【时间线】窗口的【视频1】轨道中，使用工具面板中的 （速率伸缩工具）拖动素材文件的结束处至任意距离，如图1-40所示。

3　拖动完成后，在素材上单击鼠标右键，在弹出的快捷菜单中选择【速度/持续时间】命令，在弹出的对话框中可以看到拖动后的【持续时间】，如图1-41所示。

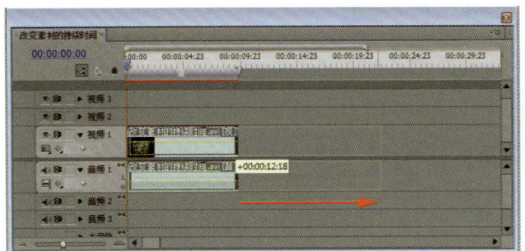 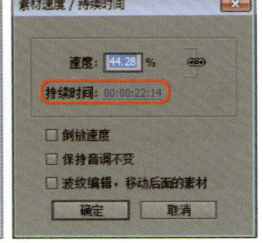

图1-40　拖动结束处　　　图1-41　设置后的【持续时间】

实例010　设置关键帧

实例导航

- **案例文件**：场景 \ Cha01 \ 设置关键帧.prproj
- **视频文件**：视频教学 \ Cha01 \ 设置关键帧.avi
- **难易程度**：★★☆☆☆
- **视频时长**：53秒
- **实例要点**：设置关键帧的应用
- **思路分析**：将素材拖至【时间线】窗口中并将其选中，此时打开【特效控制台】面板，可以在该面板中看到相应的设置。通过 【切换动画】按钮打开动画关键帧的记录，然后再通过对每个时间段设置有动画记录的参数，这样就形成动态效果。

① 新建项目，导入随书附带光盘"素材\Cha01\设置关键帧.avi"文件，如图1-42所示。

② 将导入的视频文件拖至【时间线】窗口的【视频1】轨道中，如图1-43所示。

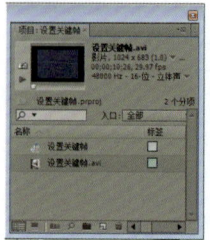
图1-42 导入素材

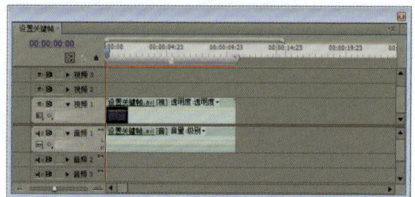
图1-43 拖入素材

③ 选中所拖入的素材，切换到【特效控制台】面板展开透明度，如图1-44所示。

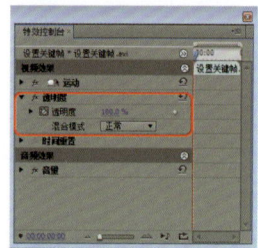
图1-44 特效控制台

④ 在【时间线】窗口中设置时间为00:00:01:12时，如图1-45所示，在【特效控制台】面板中添加透明度关键帧，如图1-46所示。

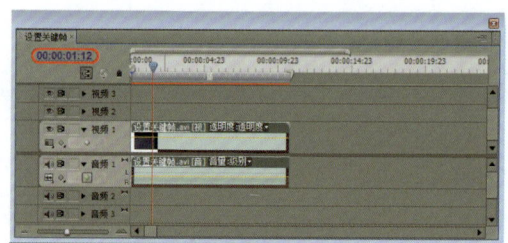
图1-45 设置时间

⑤ 在【时间线】窗口中设置时间为00:00:05:10时，在【特效控制台】面板中将透明度设为20%，添加透明度关键帧，如图1-47所示。

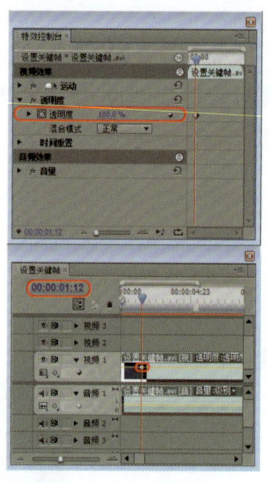
图1-46 添加透明度关键帧

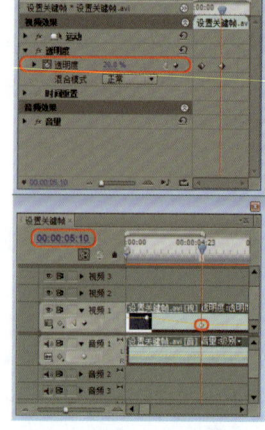
图1-47 添加透明度关键帧

实例011　改变素材的属性

实例导航

- **案例文件**：场景\Cha01\改变素材的属性.prproj
- **视频文件**：视频教学\Cha01\改变素材的属性.avi
- **难易程度**：★★☆☆☆
- **视频时长**：50秒
- **实例要点**：改变素材属性的应用
- **思路分析**：将素材导入到【项目】窗口后，还可以对它的某些属性进行修改，以方便管理和后续的工作。

第1章 视频剪辑与制作

1　新建项目，导入随书附带光盘"素材 \ Cha01 \ 改变素材的属性.jpg"文件，如图1-48所示。

2　在【项目】窗口中对选中的素材文件"改变素材属性.jpg"单击，此时会发现素材名称会呈蓝色显示，如图1-49所示。

3　将素材名称修改为"图像01.jpg"，如图1-50所示。

4　如果将需要修改的素材在修改之前已经拖至【时间线】窗口中，可以在【时间线】窗口中右击相应的素材，在弹出的快捷菜单中选择【重命名】命令，在弹出的对话框中对素材进行命名，如图1-51所示。

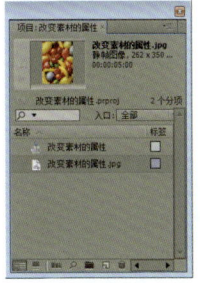　　　　　　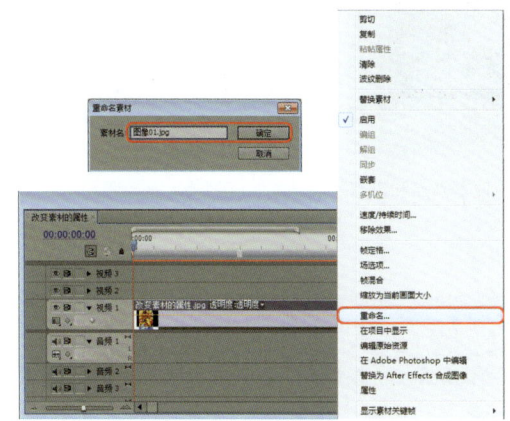

图1-48 导入素材文件　　图1-49 使名称变成蓝色　　图1-50 重命名　　图1-51 在【时间线】窗口中命名素材

实例012　剪辑素材

实例导航

- **案例文件**：场景 \ Cha01 \ 剪辑素材.prproj
- **视频文件**：视频教学 \ Cha01 \ 剪辑素材.avi
- **难易程度**：★★☆☆☆
- **视频时长**：1分13秒
- **实例要点**：剪辑素材的应用
- **思路分析**：本例所介绍的剪辑素材是通过在【源素材监视器】窗口中设置素材的入点和出点，仅使用素材中有用的部分。这是将素材引入到【时间线】窗口中编辑节目经常需要做的工作。如果在【源素材监视器】窗口中不对素材进行入点、出点设置，素材开始的画面位置就是入点，结尾就是出点。

1　新建项目，导入随书附带光盘"素材 \ Cha01 \ 剪辑素材.avi"文件，如图1-52所示。

2　将素材拖入【时间线】窗口中，如图1-53所示。双击该素材，在【源素材监视器】中设置素材的入点为00:00:00:00、出点为00:00:10:00，如图1-54所示。

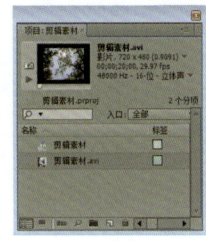　　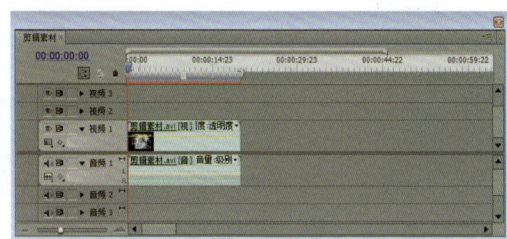

图1-52 导入素材　　图1-53 拖入素材

3 再将素材拖入【时间线】窗口中，如图1-55所示。双击该素材，在【源素材监视器】中设置素材的入点为00:00:03:09、出点为00:00:05:10，如图1-56所示。

4 在【时间线】窗口中调整素材顺序，如图1-57所示。

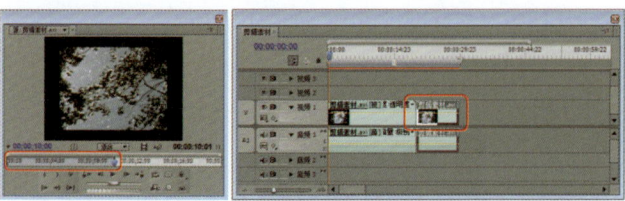

图1-54 设置入点和出点　　　　图1-55 拖入素材

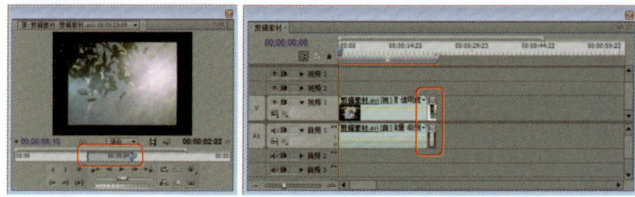

图1-56 设置入点和出点　　　　图1-57 调整素材

实例013　影片预览

实例导航

- **案例文件**：场景 \ Cha01 \ 影片预览.prproj
- **视频文件**：视频教学 \ Cha01 \ 影片预览.avi
- **难易程度**：★★☆☆☆
- **视频时长**：30秒
- **实例要点**：影片预览的应用
- **思路分析**：影片的预览主要是为了检查编辑的效果，用于对硬件性能的限制，如果在视频编辑中添加了大量的特效，那么在预览的过程中不会出现想要的效果。

1 新建项目，导入随书附带光盘"素材 \ Cha01 \ 影片预览.avi"文件，如图1-58所示。

2 将素材拖入【时间线】窗口的【视频1】轨道中，如图1-59所示。

3 在【节目监视器】中，单击【播放】按钮，可以对该素材进行预览，如图1-60所示。

图1-58 导入素材　　　　图1-59 拖入素材　　　　图1-60 预览图片

实例014 影片输出

实例导航

- **视频文件**：视频教学 \ Cha01 \ 影片输出.avi
- **难易程度**：★★☆☆☆
- **视频时长**：40秒
- **实例要点**：影片输出的应用
- **思路分析**：视频制作完成后，需要输出进行欣赏，当然在输出的过程中要对一些设置进行调整。

1. 打开一个已经制作完成后的场景文件，选择【文件】|【导出】|【媒体】命令，在弹出的【导出设置】对话框中，在【导出设置】区域中设置【格式】，然后在【输出名称】右侧设置输出的路径及名称，然后在【视频编解码器】区域中设置【视频编解码器】；然后在【基本设置】区域下，设置【品质】和【场类型】，设置完成后单击【队列】按钮，如图1-61所示。

2. 进入【Adobe Media Encoder】对话框中，单击【开始队列】按钮，如图1-62所示，正在输出过程。

图1-61 调整导出设置

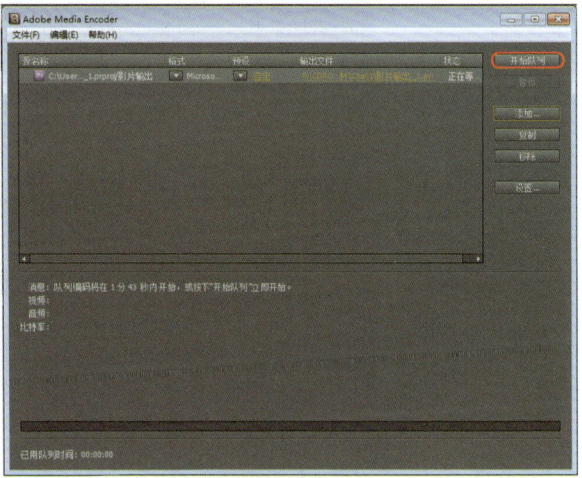

图1-62 输出视频

实例015 视频格式的转换

实例导航

- 案例文件：场景 \ Cha01 \ 视频格式的转换.prproj
- 视频文件：视频教学 \ Cha01 \ 视频格式的转换.avi
- 难易程度：★★☆☆☆
- 视频时长：24秒
- 实例要点：【导出设置】面板中设置的应用
- 思路分析：视频格式的转换需要在【导出设置】面板中进行设置。

打开一个已经制作完成后的场景，选择【文件】|【导出】|【媒体】命令，在弹出的【导出设置】对话框中，在【导出设置】区域中设置【格式】，在格式面板中可以对素材的格式进行转换，如图1-63所示。

图1-63 设置格式

第2章

视频特效

本章中制作的实例，主要运用了【效果】面板中常用的特效，同时通过关键帧设置为动态效果画面。熟练地运用特效是制作影视的前提。

- 视频色彩平衡校正
- 视频翻转效果
- 使用摄像机视图
- 裁剪视频文件
- 羽化视频边缘
- 将彩色视频黑白化
- 替换画面中的色彩
- 扭曲视频效果
- 边角固定效果
- 球面化效果
- 水墨画效果
- 镜像效果
- 画面模糊
- 重影效果
- 画面锐化效果
- 设置渐变效果
- 棋盘效果
- 动态色彩背景

- 镜头光晕
- 闪电效果
- 画面亮度调整
- 改变颜色效果
- 调整阴影（高光）
- 块溶解效果
- 阴影效果
- 3D空间效果
- 斜角边效果
- 线条化效果
- 无信号遮罩
- 视频抠像
- 单色保留效果
- 光辉效果
- 画面浮雕效果
- 相机闪光灯效果
- 画面马赛克效果
- 重复画面效果

实例016　视频色彩平衡校正

实例导航

- 案例文件：场景\Cha02\视频色彩平衡校正.prproj
- 视频文件：视频教学\Cha02\视频色彩平衡校正.avi
- 难易程度：★★☆☆☆
- 视频时长：2分09秒
- 实例要点：【亮度与对比度】和【色彩平衡】特效的应用
- 思路分析：本例将通过视频特效中的【亮度与对比度】和【色彩平衡】特效对视频进行调整，效果如图2-1所示。

图2-1　视频色彩平衡校正效果

1 运行Premiere Pro CS5，在欢迎界面中单击【新建项目】按钮，在【新建项目】对话框中选择项目的保存路径，对项目名称进行命名，单击【确定】按钮，如图2-2所示。

2 进入【新建序列】对话框中，在【序列预置】选项卡中【有效预置】区域下选择【DV-24P】|【标准48kHz】选项，对序列名称进行命名，单击【确定】按钮，如图2-3所示。

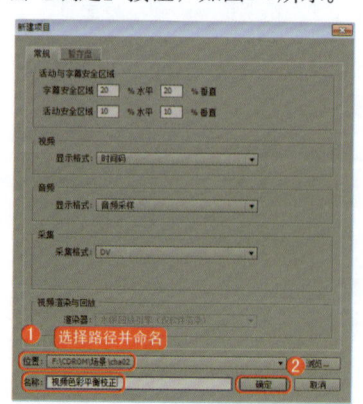

图2-2　新建项目

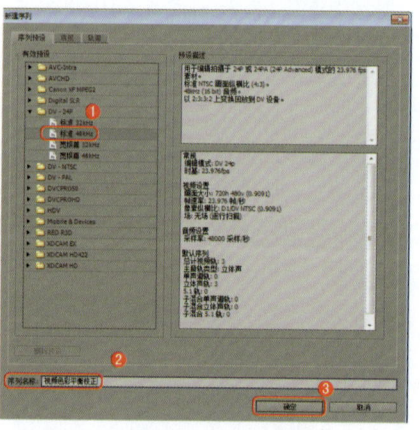

图2-3　新建序列

3 进入操作界面，在【项目】窗口中【名称】区域下的空白处双击鼠标左键，在弹出的对话框中选择随书附带光盘"素材\Cha02\视频素材.avi"文件，单击【打开】按钮，如图2-4所示。

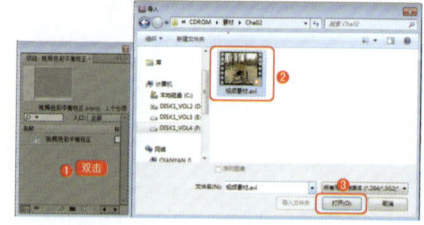

图2-4　选择素材文件

> 提示：在导入素材时，按Ctrl+I键，也可以打开【导入】对话框。

4 将素材导入到【项目】窗口中，如图2-5所示。

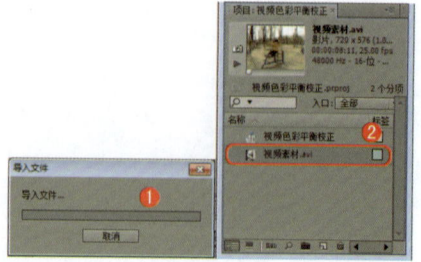

图2-5　导入素材

5. 将导入的素材文件拖至【时间线】窗口的【视频1】轨道中，此时在【节目监视器】窗口中可以看到素材，如图2-6所示。

6. 激活【效果】面板，选择【视频特效】|【色彩校正】|【亮度与对比度】特效，将该特效拖至【时间线】窗口中素材文件上，如图2-7所示。

图2-6 原素材

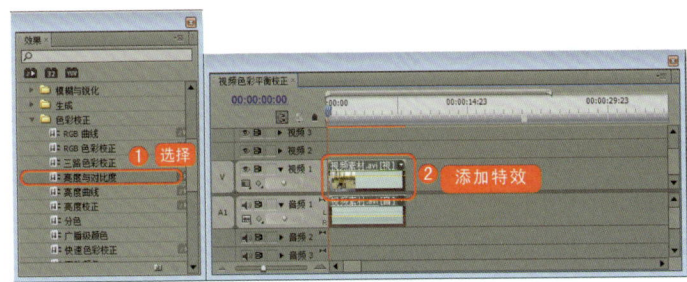
图2-7 添加视频特效

7. 激活【特效控制台】面板，将【亮度与对比度】区域下的【亮度】设置为35，在【节目监视器】窗口中可以看到效果，如图2-8所示。

8. 在【效果】面板中，将【视频特效】|【色彩校正】|【色彩平衡】特效拖至【特效控制台】面板中，如图2-9所示。

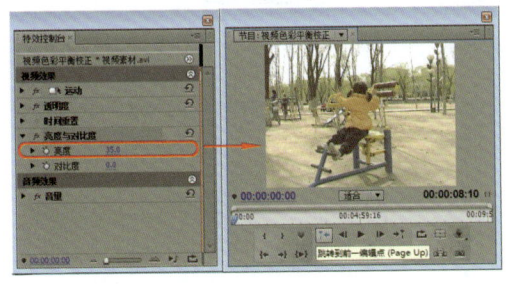
图2-8 调整【亮度】

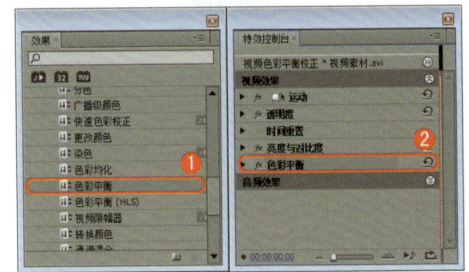
图2-9 添加【色彩平衡】特效

9. 在【特效控制台】面板中，将【色彩平衡】区域下的【阴影红色平衡】设置为5.0，【阴影绿色平衡】设置为5.0，【阴影蓝色平衡】设置为15.0，【中间调红色平衡】设置为20.0，【中间调绿色平衡】设置为25.0，【中间调蓝色平衡】设置为0.0，【高光红色平衡】设置为20.0，【高光绿色平衡】设置为0.0，【高光蓝色平衡】设置为0.0，勾选【保留亮度】复选框，如图2-10所示。

图2-10 设置【色彩平衡】

10. 将场景保存，单击【节目监视器】窗口中的 ▶（播放）按钮观看效果。

实例017　视频翻转效果

实例导航

➡ **案例文件**：场景 \ Cha02 \ 视频翻转效果.prproj
➡ **视频文件**：视频教学 \ Cha02 \ 视频翻转效果.avi
➡ **难易程度**：★★☆☆☆
➡ **视频时长**：10分45秒
➡ **实例要点**：【垂直保持】特效的应用
➡ **思路分析**：本例将通过视频特效中的【垂直保持】特效来制作画面中垂直翻转的效果，如图2-11所示。

图2-11 视频翻转效果

1 运行Premiere Pro CS5，在欢迎界面中单击【新建项目】按钮，在【新建项目】对话框中选择项目的保存路径，对项目名称进行命名，单击【确定】按钮，如图2-12所示。

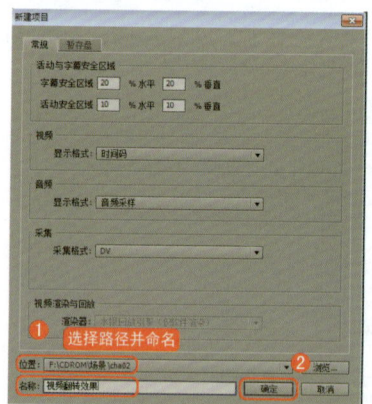

图2-12 新建项目

2 进入【新建序列】对话框中，在【序列预置】选项卡中【有效预置】区域下选择【DV-24P】|【标准48kHz】选项，对序列名称进行命名，单击【确定】按钮，如图2-13所示。

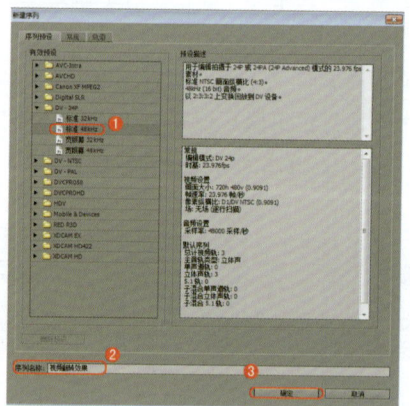

图2-13 新建序列

3 进入操作界面，在【项目】窗口中【名称】区域下的空白处双击鼠标左键，在弹出的对话框中选择随书附带光盘"素材 \ Cha02 \ 视频翻转效果01.jpg和视频翻转效果02.jpg"文件，单击【打开】按钮，如图2-14所示。

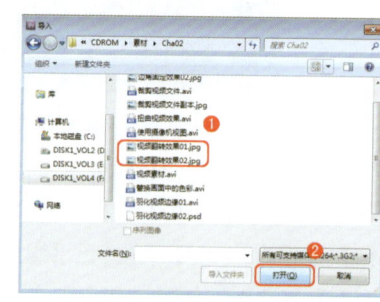

图2-14 打开素材

4 将导入的"视频翻转效果01"和"视频翻转效果02"分别拖至【时间线】窗口的【视频1】和【视频2】轨道中，如图2-15所示。

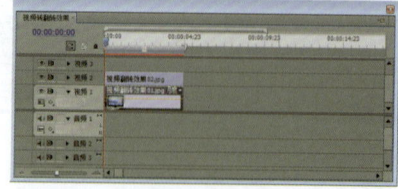

图2-15 导入素材

5 确定【时间线】窗口中的"视频翻转效果01"选中的情况

第2章 视频特效

下，激活【特效控制台】面板，将【运动】区域下的【缩放比例】设置为70.0，如图2-16所示。

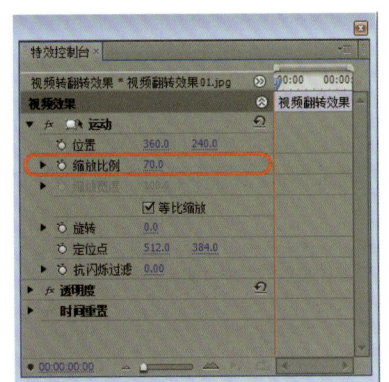

图2-16 设置【缩放比例】

6 确定【时间线】窗口中的"视频翻转效果02"选中的情况下，激活【特效控制台】面板，取消【等比缩放】复选框的勾选，将【缩放高度】、【缩放宽度】分别设置为44.0、52.0，将【位置】设置为382.0、186.0，如图2-17所示。

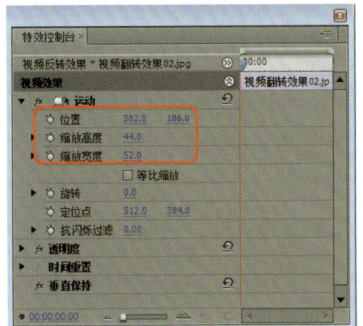

图2-17 设置【位置】、【缩放比例】

7 将时间设置为00:00:03:22，选择工具面板中的 ![] （剃刀工具），在【视频2】轨道中文件的编辑标识线处单击鼠标左键，将"视频翻转效果02"裁剪为两部分，如图2-18所示。

8 激活【效果】面板，选择【视频特效】|【变换】|【垂直保持】特效，将该特效拖至【时间线】窗口的"视频翻转效果02"的前半部分上，如图2-19所示。

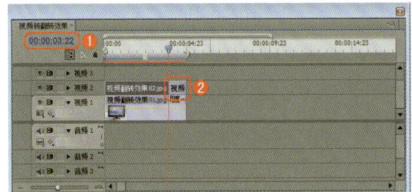

图2-18 裁剪素材

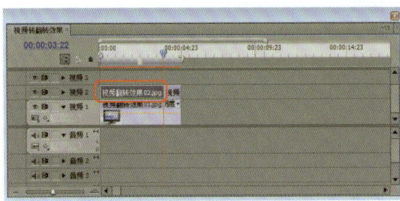

图2-19 为素材添加特效

9 将场景保存，单击【节目监视器】窗口中的 ![] （播放）按钮观看效果。

实例018 使用摄像机视图

实例导航

➡ **案例文件**：场景 \ Cha02 \ 使用摄像机视图.prproj

➡ **视频文件**：视频教学 \ Cha02 \ 使用摄像机视图.avi

➡ **难易程度**：★★☆☆☆

➡ **视频时长**：2分37秒

➡ **实例要点**：【摄像机视图】特效的应用

➡ **思路分析**：本例将介绍【摄像机视图】特效，效果如图2-20所示。

图2-20 摄像机视图效果

1. 运行Premiere Pro CS5，在欢迎界面中单击【新建项目】按钮，在【新建项目】对话框中选择项目的保存路径，对项目名称进行命名，单击【确定】按钮，如图2-21所示。

2. 进入【新建序列】对话框中，在【序列预置】选项卡中【有效预置】区域下选择【DV-24P】|【标准48kHz】选项，对序列名称进行命名，单击【确定】按钮，如图2-22所示。

3. 进入操作界面，在【项目】窗口中【名称】区域下空白处双击鼠标左键，在弹出的对话框中选择随书附带光盘"素材\Cha02\使用摄像机视图.avi"文件，单击【打开】按钮，如图2-23所示。

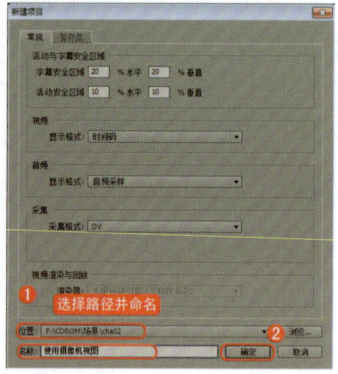
图2-21 新建序列

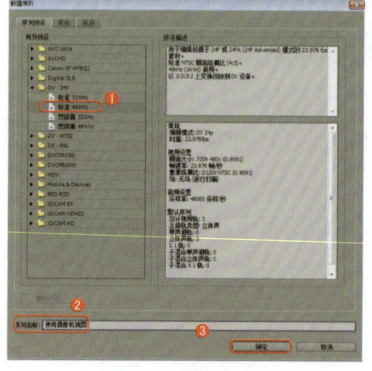
图2-22 新建项目

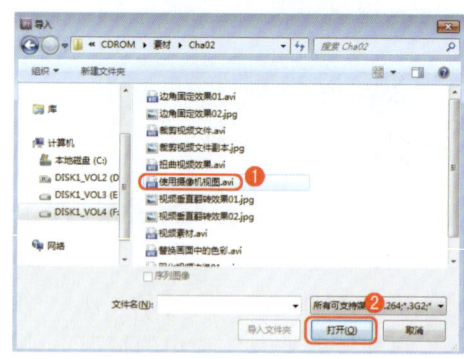
图2-23 打开素材

4. 导入素材后，将"使用摄像机视图.avi"拖至【时间线】窗口的【视频1】轨道中，如图2-24所示。

5. 激活【效果】面板，选择【视频特效】|【变换】|【摄像机视图】特效，将其拖至【视频1】轨道中的素材文件上，如图2-25所示。

6. 确定素材选中情况下激活【特效控制台】面板，设置【摄像机视图】区域下的【经度】为121、【纬度】为33、【垂直滚动】为12、【焦距】为1、【距离】为18、【缩放】为14，分别单击其左侧的 ⬤（切换动画）按钮，打开动画关键帧，如图2-26所示。

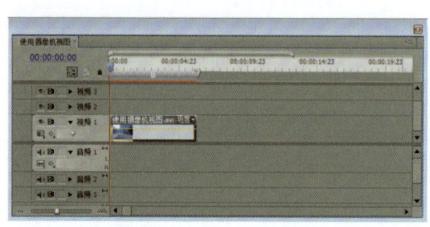
图2-24 拖入【视频1】轨道中

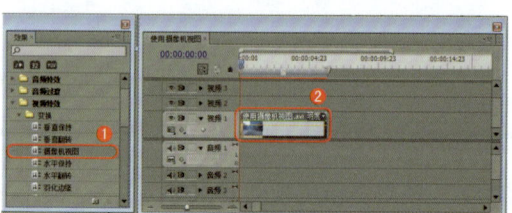
图2-25 添加特效

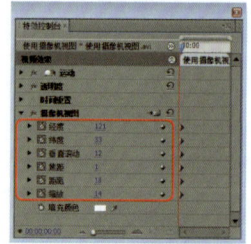
图2-26 设置参数

7. 设置当前时间为00:00:00:01，设置【距离】为26、【缩放】为5，设置当前时间为00:00:02:12，设置【经度】为133、【纬度】为0、【焦距】为28、【距离】为73，设置当前时间为00:00:05:00，设置【经度】为210、【垂直滚动】为0、【焦距】为38、【距离】为68、【缩放】为4，如图2-27所示。

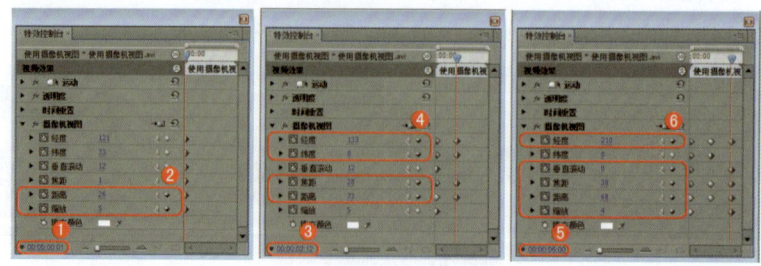
图2-27 设置【摄像机视图】

8. 将场景保存，单击【节目监视器】窗口中的 ▶（播放）按钮观看效果。

实例019　裁剪视频文件

实例导航

- **案例文件**：场景 \ Cha02 \ 裁剪视频文件.prproj
- **视频文件**：视频教学 \ Cha02 \ 裁剪视频文件.avi
- **难易程度**：★★☆☆☆
- **视频时长**：1分56秒
- **实例要点**：【混合模式】特效的应用
- **思路分析**：本例将对视频文件进行裁剪，同时通过透明度下的【混合模式】，使视频融入到静态背景中，效果如图2-28所示。

图2-28　裁剪视频效果

1 运行Premiere Pro CS5，在欢迎界面中单击【新建项目】按钮，在【新建项目】对话框中选择项目的保存路径，对项目名称进行命名，单击【确定】按钮，如图2-29所示。

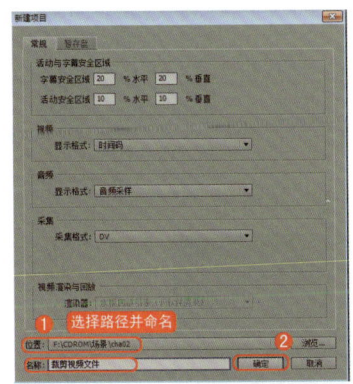

图2-29　新建项目

2 进入【新建序列】对话框中，在【序列预置】选项卡中【有效预置】区域下选择【DV-24P】|【标准48kHz】选项，对序列名称进行命名，单击【确定】按钮，如图2-30所示。

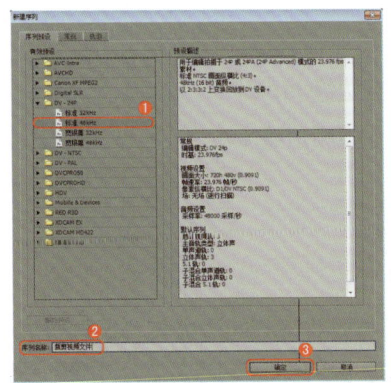

图2-30　新建序列

3 进入操作界面，在【项目】窗口中【名称】区域下空白处双击鼠标左键，在弹出的对话框中选择随书附带光盘"素材 \ Cha02 \ 裁剪视频文件.avi和裁剪视频文件副本.jpg"文件，单击【打开】按钮，如图2-31所示。

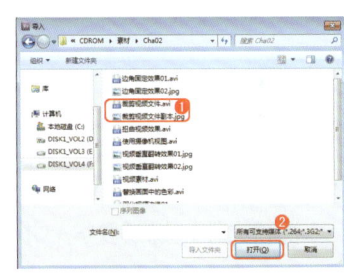

图2-31　打开素材

4 导入素材后，将"裁剪视频文件.jpg"拖至【时间线】窗口的【视频1】轨道中，将"裁剪视频文件.avi"拖至【时间线】窗口的【视频2】轨道中，并拖动"裁剪视频文件副本.jpg"结束处与"裁剪视频文件.avi"结束处对齐，如图2-32所示。

5 确定"裁剪视频文件副本.jpg"文件选中的情况下，激活【特效控制台】面板，在【运动】区域下将【缩放比例】设置为93.0，如图2-33所示。

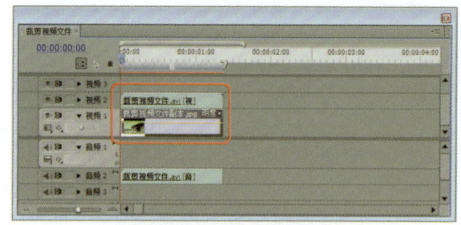

图2-32 调整素材位置

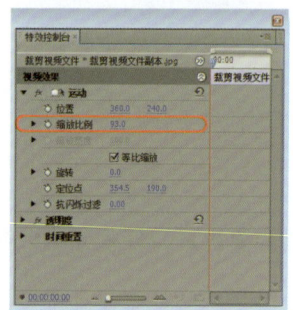

图2-33 设置【缩放比例】

6 确定"裁剪视频文件.avi"文件选中的情况下,激活【效果】面板,将【视频特效】|【变换】|【裁剪】特效拖至素材上,激活【特效控制台】面板,将【位置】设置为373.0、240.0,【缩放比例】设置为86.0,将【裁剪】区域下的【顶部】设置为20.0、【底部】设置为18.0,【透明度】区域下的【混合模式】为"叠加",【透明度】设置为0.0,如图2-34所示。

7 设置当前时间为00:00:00:16,【透明度】设置为100.0,如图2-35所示。

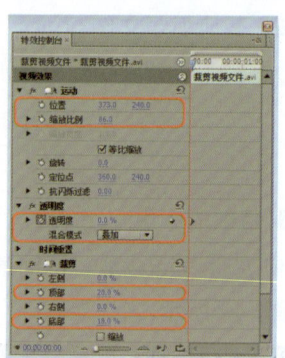

图2-34 设置参数

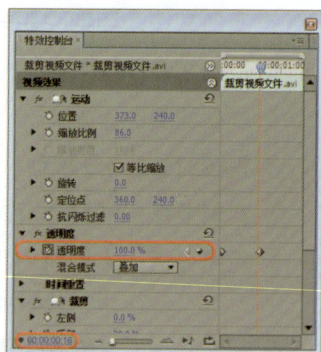

图2-35 设置【透明度】

8 将场景保存,单击【节目监视器】窗口中的 ▶(播放)按钮观看效果。

实例020 羽化视频边缘

实例导航

- **案例文件**:场景 \ Cha02 \ 羽化视频边缘.prproj
- **视频文件**:视频教学 \ Cha02 \ 羽化视频边缘.avi
- **难易程度**:★★☆☆☆
- **视频时长**:2分30秒
- **实例要点**:【羽化边缘】特效的应用
- **思路分析**:本例通过【羽化边缘】特效将视频的边缘与背景融合成一体,如图2-36所示。

 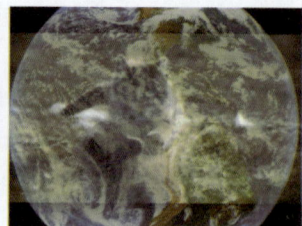 

图2-36 羽化视频边缘效果

① 运行Premiere Pro CS5，在欢迎界面中单击【新建项目】按钮，在【新建项目】对话框中选择项目的保存路径，对项目名称进行命名，单击【确定】按钮，如图2-37所示。

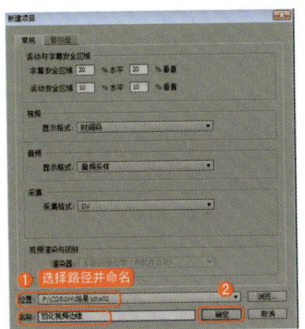

图2-37 新建项目

② 进入【新建序列】对话框中，在【序列预置】选项卡中【有效预置】区域下选择【DV-24P】|【标准48kHz】选项，对【序列名称】进行命名，单击【确定】按钮，如图2-38所示。

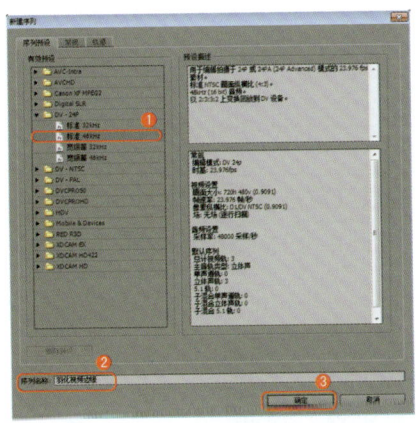

图2-38 新建序列

③ 进入操作界面，在【项目】窗口中【名称】区域下空白处双击鼠标左键，在弹出的对话框中选择随书附带光盘"素材\Cha02\羽化视频边缘01.avi和羽化视频边缘02.psd"文件，单击【打开】按钮，如图2-39所示。

④ 由于素材中包括psd文件，在导入的过程中会弹出【导入分层文件：羽化视频边缘02】对话框，将

【导入为】设置为"单层"，单击【确定】按钮，如图2-40所示。

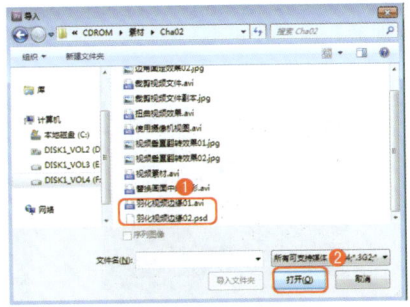

图2-39 打开素材

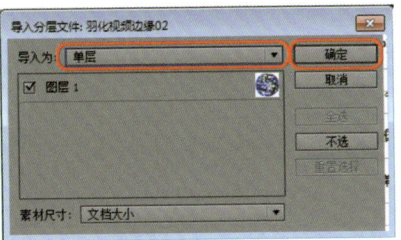

图2-40 导入分层

⑤ 导入素材后，将"羽化视频边缘01.avi"拖至【时间线】窗口的【视频2】轨道中，如图2-41所示。

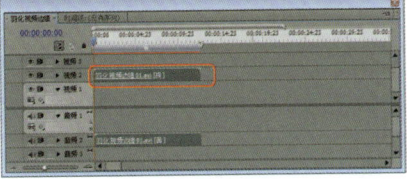

图2-41 拖入素材

⑥ 确定【时间线】窗口中素材选中的情况下，激活【特效控制台】面板，将【运动】区域下的【缩放比例】设置为104.0，将【透明度】设置为0.0，如图2-42所示。

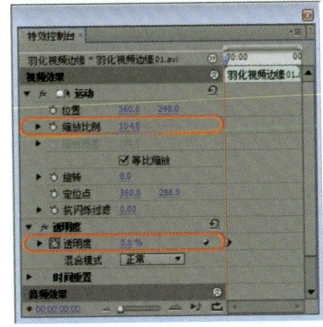

图2-42 设置【透明度】关键帧

⑦ 将时间设置为00:00:01:09，在【特效控制台】面板中，设置

【透明度】为100.0。激活【效果】面板，将【视频特效】|【变换】|【羽化边缘】特效拖至素材上，将【羽化边缘】区域下的【数量】设置为90，如图2-43所示。

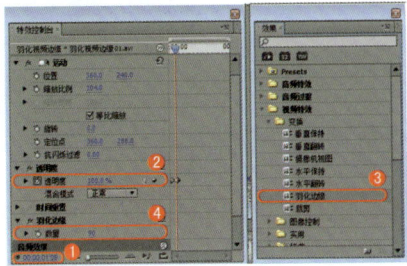

图2-43 拖入并设置特效

⑧ 将"羽化视频边缘02.psd"拖至【时间线】窗口的【视频1】轨道上，拖动该素材的结束处与"羽化视频边缘01.avi"的结束处对齐，如图2-44所示。

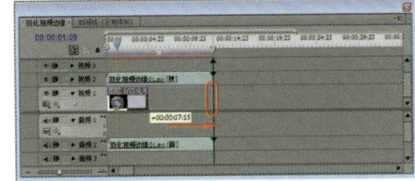

图2-44 拖入并对齐素材

⑨ 设置当前时间为00:00:00:00，确定"羽化视频边缘02.psd"选中的情况下，激活【特效控制台】面板，将【运动】区域下的【缩放比例】设置为600.0，【旋转】设置为0.0，分别单击【缩放比例】和【旋转】左侧的 按钮，打开动画关键帧的记录，如图2-45所示。

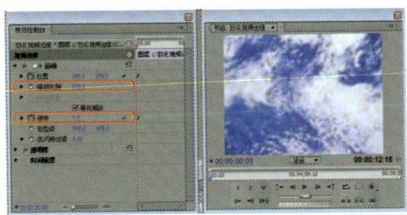

图2-45 设置第一处关键帧

⑩ 将时间设置为00:00:01:09，将【运动】区域下的【缩放比例】设置为70.0，如图2-46所示。

11 将时间设置为00:00:12:00，将【运动】区域下的【旋转】设置为360.0，如图2-47所示。

12 将场景进行保存，然后单击【节目监视器】窗口中的 ▶（播放）按钮观看效果。

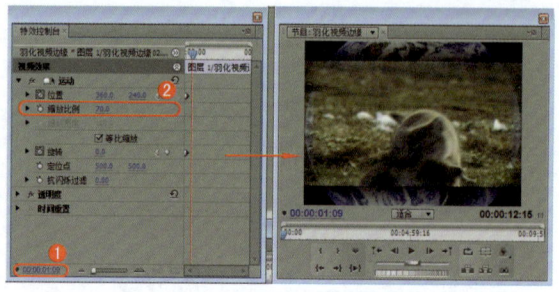
图2-46 设置第二处关键帧

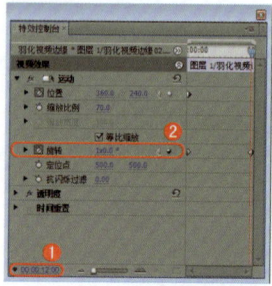
图2-47 设置第三处关键帧

实例021　将彩色视频黑白化

实例导航

- **案例文件**：场景 \ Cha02 \ 将彩色视频黑白化.prproj
- **视频文件**：视频教学 \ Cha02 \ 将彩色视频黑白化.avi
- **难易程度**：★★☆☆
- **视频时长**：1分52秒
- **实例要点**：【黑白】特效的应用
- **思路分析**：本例将通过【黑白】特效将彩色的视频转换为黑白的，然后通过【灰度系数（Gamma）校正】特效提高画面的亮度，其效果如图2-48所示。

图2-48 将彩色视频黑白化

1 运行Premiere Pro CS5，在欢迎界面中单击【新建项目】按钮，在【新建项目】对话框中选择项目的保存路径，对项目名称进行命名，单击【确定】按钮，如图2-49所示。

2 进入【新建序列】对话框中，在【序列预置】选项卡中【有效预置】区域下选择【DV-24P】|【标准48kHz】选项，对序列名称进行命名，单击【确定】按钮，如图2-50所示。

3 进入操作界面，在【项目】窗口中【名称】区域下空白处双击鼠标左键，在弹出的对话框中选择随书附带光盘"素材 \ Cha02 \ 将彩色视频黑白化.avi"文件，单击【打开】按钮，如图2-51所示。

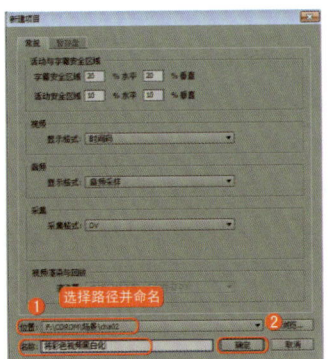
图2-49 新建项目

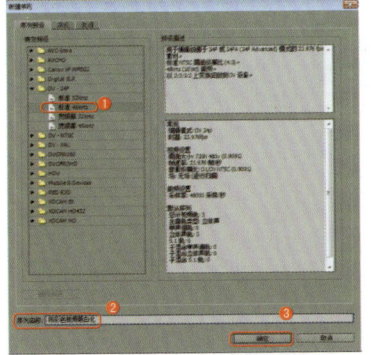
图2-50 新建序列

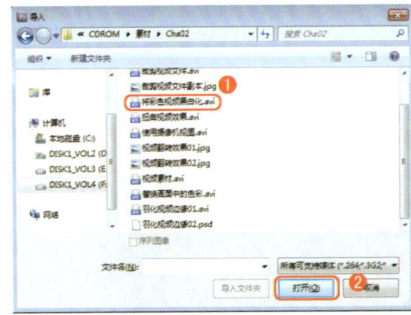
图2-51 打开素材

4 将"将彩色视频黑白化.avi"拖至【时间线】窗口的【视频1】轨道上，激活【效果】面板，将【视频特效】|【图像控制】|【黑白】和【灰度系数（Gamma）校正】两个特效拖至素材上，在【特效控制台】面板中，设置【灰度系数（Gamma）校正】下的【灰度系数】为9，如图2-52所示。

5 将时间设置为00:00:00:00，将【运动】区域下的【位置】设置为467.0、90.0，【缩放比例】设置为140.0，打开【位置】、【缩放比例】的关键帧记录，修改时间为00:00:04:20，设置【运动】区域下的【位置】为428.0、200.0，【缩放比例】设置为100.0，将时间设置为00:00:10:00，将【运动】区域下的【位置】设置为360.0、240.0，【缩放比例】设置为85.0，如图2-53～图2-55所示。

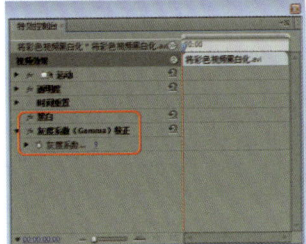
图2-52 设置【灰度系数】

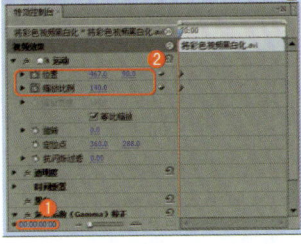
图2-53 设置参数

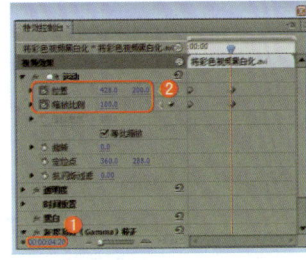
图2-54 设置参数

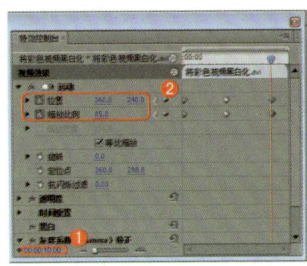
图2-55 设置参数

6 将场景保存，单击【节目监视器】窗口中的 ▶（播放）按钮观看效果。

实例022 替换画面中的色彩

实例导航

- **案例文件**：场景\Cha02\替换画面中的色彩.prproj
- **视频文件**：视频教学\Cha02\替换画面中的色彩.avi
- **难易程度**：★★☆☆☆
- **视频时长**：2分11秒
- **实例要点**：【颜色替换】命令的应用
- **思路分析**：本例通过【颜色替换】特效对视频中的颜色进行替换，效果如图2-56所示。

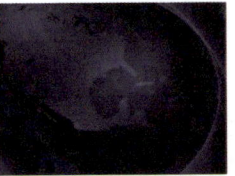

图2-56 替换画面中的色彩

1. 运行Premiere Pro CS5，在欢迎界面中单击【新建项目】按钮，在【新建项目】对话框中选择项目的保存路径，对项目名称进行命名，单击【确定】按钮，如图2-57所示。

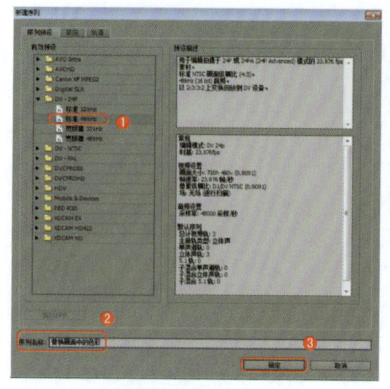

图2-58 新建序列

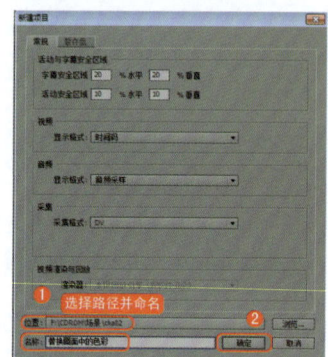

图2-57 新建项目

2. 进入【新建序列】对话框中，在【序列预置】选项卡中【有效预置】区域下选择【DV-24P】|【标准48kHz】选项，对序列名称进行命名，单击【确定】按钮，如图2-58所示。

3. 进入操作界面，在【项目】窗口中【名称】区域下空白处双击鼠标左键，在弹出的对话框中选择随书附带光盘"素材\Cha02\替换画面中的色彩.avi"文件，单击【打开】按钮，如图2-59所示。

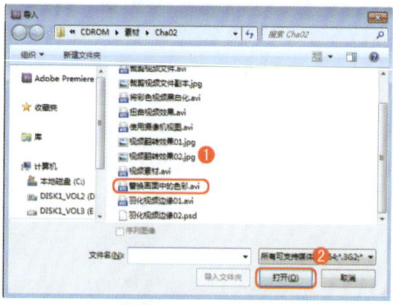

图2-59 打开素材

4. 将"替换画面中的色彩.avi"拖至【时间线】窗口的【视频1】轨道上，激活【效果】面板，将【视频特效】|【图像控制】|【颜色替换】特效拖至素材上，在【特效控制台】面板中，设置时间为00:00:00:00，设置【颜色替换】|【相似性】为70，单击【目标颜色】右侧的 ✎ （吸管）按钮，吸取节目监视器中的蓝色，单击【替换颜色】右侧的色块，在弹出的对话框中设置RGB值为219、251、3，并单击其左侧的 ◉ （切换动画）按钮，设置时间为00:00:02:00，单击【目标颜色】右侧的 ✎ （吸管）按钮，吸取节目监视器中的蓝色，单击【替换颜色】右侧的色块，在弹出的对话框中设置RGB值为105、96、189，单击【确定】按钮，如图2-60和图2-61所示。

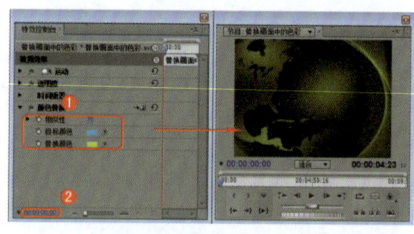

图2-60 设置替换颜色

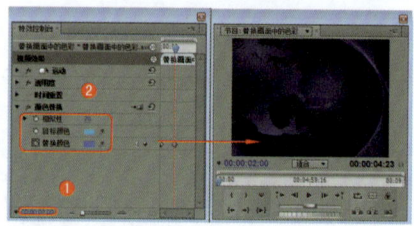

图2-61 设置替换颜色

5. 将场景保存，单击【节目监视器】窗口中的 ▶ （播放）按钮观看效果。

实例023　扭曲视频效果

实例导航

➡ **案例文件**：场景\Cha02\扭曲视频效果.prproj

➡ **视频文件**：视频教学\Cha02\扭曲视频效果.avi

➡ **难易程度**：★★☆☆☆

➡ **视频时长**：1分26秒

➡ **实例要点**：【弯曲】特效的应用

➡ **思路分析**：本例将对画面添加扭曲的视频效果，其中应用到【弯曲】特效，效果如图2-62所示。

图2-62 扭曲视频效果

1 运行Premiere Pro CS5，在欢迎界面中单击【新建项目】按钮，在【新建项目】对话框中选择项目的保存路径，对项目名称进行命名，单击【确定】按钮，如图2-63所示。

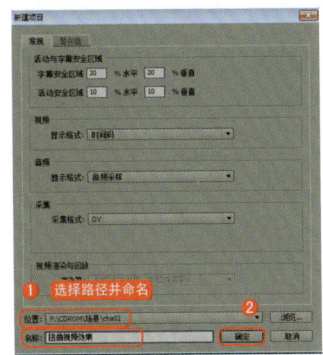

图2-63 新建项目

2 进入【新建序列】对话框中，在【序列预置】选项卡中【有效预置】区域下选择【DV-24P】|【标准48kHz】选项，对序列名称进行命名，单击【确定】按钮，如图2-64所示。

3 进入操作界面，在【项目】窗口中【名称】区域下空白处双击鼠标左键，在弹出的对话框中选择随书附带光盘"素材\Cha02\扭曲视频效果.avi"文件，单击【打开】按钮，如图2-65所示。

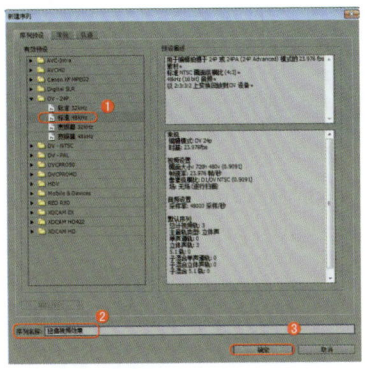

图2-64 新建序列

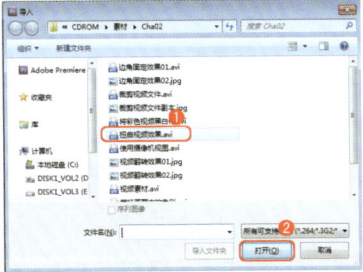

图2-65 打开素材

4 将"扭曲视频效果.avi"拖至【时间线】窗口的【视频1】轨道上，激活【效果】面板，将【视频特效】|【扭曲】|【旋转扭曲】特效拖至素材上，在【特效控制台】面板中设置时间为00:00:00:00，【旋转扭曲】|【角度】设置为300.0，【旋转扭曲】设置为100.0，单击左侧 按钮，打开【角度】和【旋转扭曲】关键帧记录，设置时间为00:00:01:00，【角度】设置为50.0，【旋转扭曲】设置为100.0，设置时间为00:00:03:00，【角度】设置为0.0，如图2-66～图2-68所示。

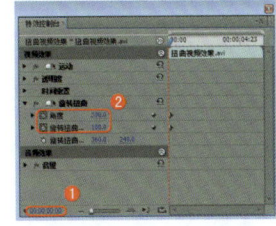

图2-66 设置【角度】和【旋转扭曲】

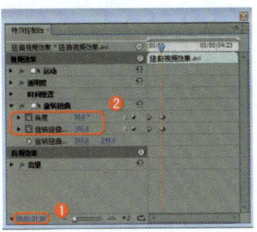

图2-67 设置【角度】和【旋转扭曲】

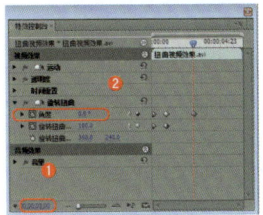

图2-68 设置角度

5 将场景保存，单击【节目监视器】窗口中的 （播放）按钮观看效果。

实例024 边角固定效果

实例导航

→ 案例文件：场景\Cha02\边角固定效果.prproj
→ 视频文件：视频教学\Cha02\边角固定效果.avi
→ 难易程度：★★☆☆☆
→ 视频时长：2分10秒
→ 实例要点：【边角固定】特效的应用
→ 思路分析：本例通过【边角固定】特效，将一段视频放在背景的电视上，其中通过【灰度系数（Gamma）校正】特效对画面进行调整，效果如图2-69所示。

图2-69 边角固定效果

① 运行Premiere Pro CS5，在欢迎界面中单击【新建项目】按钮，在【新建项目】对话框中选择项目的保存路径，对项目名称进行命名，单击【确定】按钮，如图2-70所示。

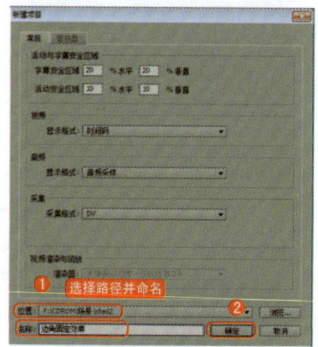

图2-70 新建项目

② 进入【新建序列】对话框中，在【序列预置】选项卡中【有效预置】区域下选择【DV-24P】|【标准48kHz】选项，对序列名称进行命名，单击【确定】按钮，如图2-71所示。

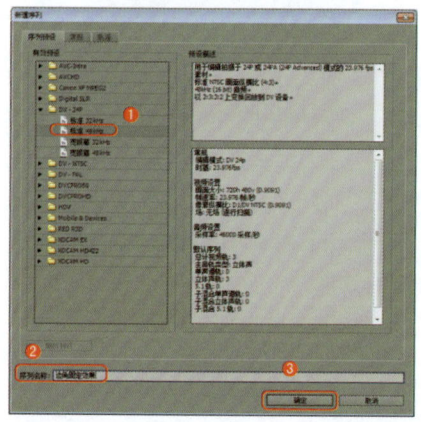

图2-71 新建序列

③ 进入操作界面，在【项目】窗口中【名称】区域下空白处双击鼠标左键，在弹出的对话框中选择随书附带光盘"素材 \ Cha02 \ 边角固定效果01.avi和边角固定效果02.jpg"文件，单击【打开】按钮，如图2-72所示。

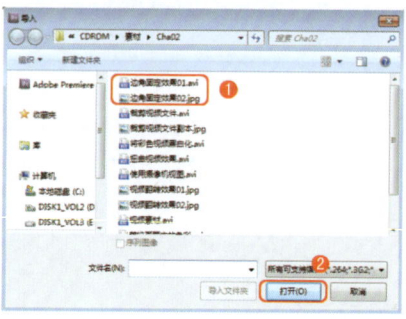

图2-72 打开素材

④ 将"边角固定效果01.avi"拖至【时间线】窗口的【视频2】轨道上，将"边角固定效果02.jpg"拖至【时间线】窗口的【视频1】轨道上，并拖动其结束处与"边角固定效果01.avi"结束处对齐，如图2-73所示。

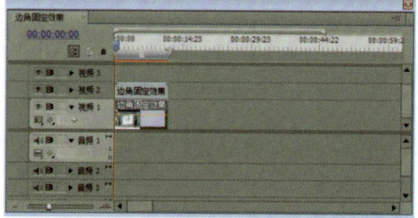

图2-73 拖入素材

⑤ 确定"边角固定效果02.jpg"选中的情况下激活【特效控制台】面板，将【运动】下的【缩放比例】设置为90.0，如图2-74所示。

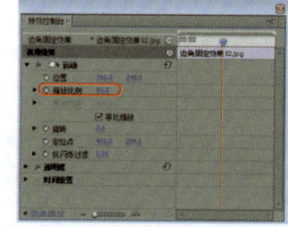

图2-74 设置缩放比例

⑥ 激活【效果】面板，将【视频特效】|【扭曲】|【边角固定】特效和【视频特效】|【图像控制】|【灰度系数（Gamma）校正】特效拖至"边角固定效果01.avi"上，在【特效控制台】面板中，将【运动】下的【缩放比例】设置为50.0，将【边角固定】区域下的【左上】设置为91.0、117.0，【右上】设置为628.0、50.0，【左下】设置为66、592，【右下】设置为642.0、558.0，【灰度系数（Gamma）校正】下的【灰度系数】设置为5.0，如图2-75所示。

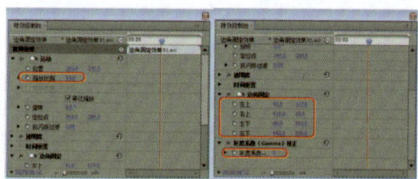

图2-75 设置参数

⑦ 将场景保存，单击【节目监视器】窗口中的▶（播放）按钮观看效果。

实例025　球面化效果

实例导航

➡ **案例文件**：场景 \ Cha02 \ 球面化效果.prproj

➡ **视频文件**：视频教学 \ Cha02 \ 球面化效果.avi

➡ **难易程度**：★★☆☆☆

（续）

→ 视频时长：1分49秒
→ 实例要点：【球面化】特效的应用
→ 思路分析：本例通过【球面化】特效为图像添加动态效果，效果如图2-76所示。

图2-76 球面化效果

1 运行Premiere Pro CS5，在欢迎界面中单击【新建项目】按钮，在【新建项目】对话框中选择项目的保存路径，对项目名称进行命名，单击【确定】按钮，如图2-77所示。

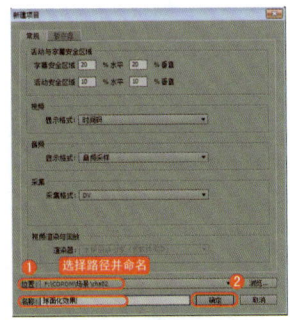

图2-77 新建项目

2 进入【新建序列】对话框中，在【序列预置】选项卡中【有效预置】区域下选择【DV-24P】|【标准48kHz】选项，对序列名称进行命名，单击【确定】按钮，如图2-78所示。

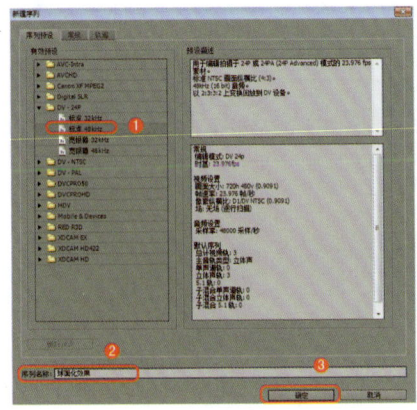

图2-78 新建序列

3 进入操作界面，在【项目】窗口中【名称】区域下空白处双击鼠标左键，在弹出的对话框中选择随书附带光盘"素材\Cha02\球面化效果.jpg"文件，单击【打开】按钮，如图2-79所示。

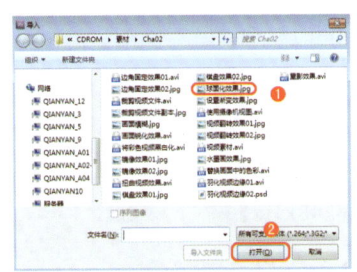

图2-79 打开素材

4 将"球面化效果.jpg"拖至【时间线】窗口的【视频1】轨道上，确定素材处于选中状态，右击鼠标，将【速度\持续时间】更改为00:00:20:00，如图2-80所示。

5 为其添加【球面化】特效，激活【特效控制台】面板，设置时间为00:00:00:00，将【球面化】|【半径】设置为200.0，【球面中心】设置为300.0、515.0，单击其左侧的 （切换动画）按钮，打开动画关键帧，设置时间为00:00:05:00，【球面中心】设置为500.0、400.0，设置时间为00:00:10:00，【球面中心】设置为600.0、350.0，设置时间为00:00:15:00，【半径】设置为300.0，如图2-81～图2-84所示。

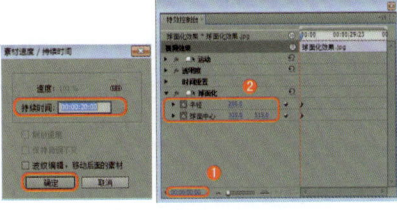

图2-80 设置【持续时间】 图2-81 设置【球面化】特效

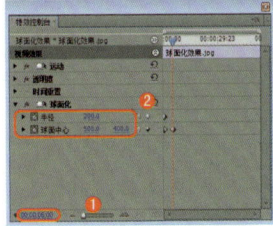

图2-82 设置【球面化】特效

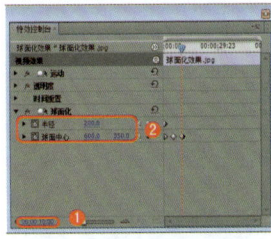

图2-83 设置【球面化】

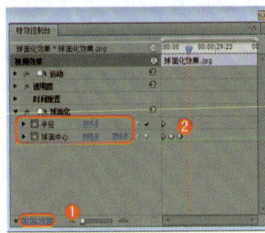

图2-84 设置【球面化】

6 将场景保存，单击【节目监视器】窗口中的 （播放）按钮观看效果。

实例026 水墨画效果

实例导航

- **案例文件**：场景 \ Cha02 \ 水墨画效果.prproj
- **视频文件**：视频教学 \ Cha02 \ 水墨画效果.avi
- **难易程度**：★★☆☆☆
- **视频时长**：3分57秒
- **实例要点**：【查找边缘】特效的应用
- **思路分析**：水墨画具有很强的民族文化特色，将画面处理成水墨画效果，会给人一种古色古香、韵味十足的感觉。本例将一幅山水风景画面处理成水墨画，其效果如图2-85所示。

图2-85 水墨画效果

1 运行Premiere Pro CS5，进入欢迎界面，单击【新建项目】按钮，在【新建项目】对话框中选择项目保存的路径，对项目进行命名"水墨画效果"，单击【确定】按钮，如图2-86所示。

2 进入【新建序列】对话框，在【序列预置】选项卡中，选择【有效预置】区域下的【标准48kHz】选项，将【序列名称】设置为"水墨画效果"，单击【确定】按钮，如图2-87所示。

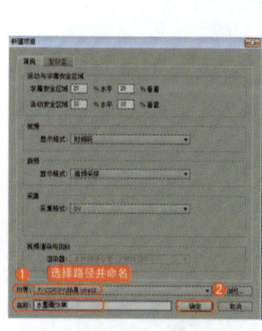
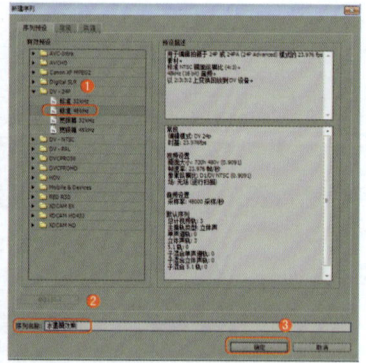

图2-86 新建项目　　　　图2-87 新建序列

3 进入操作界面，在【项目】窗口的【名称】区域下双击鼠标左键，在弹出的对话框中，选择随书附带光盘"素材 \ Cha02 \ 水墨画效果.jpg"文件，单击【打开】按钮，如图2-88所示。

4 按Ctrl+T键，新建字幕，在打开的对话框中，将【名称】命名为"背景"，单击【确定】按钮。进入字幕窗口，在字幕工具栏中，选择▢工具，在字幕设计栏中创建矩形，在字幕属性栏中的【填充】区域下，将【色彩】的RGB分别设置为191、191、164，如图2-89所示，关闭字幕窗口。

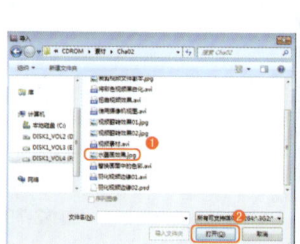
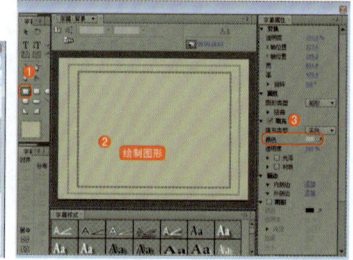

图2-88 打开素材　　　　图2-89 设置【背景】

5 将"背景"拖至【时间线】窗口的【视频1】轨道中，将"水墨画效果.jpg"拖至【时间线】窗口的【视频2】轨道中，设置时间为00:00:06:06，并将其选中，激活【特效控制台】面板，取消【等比缩放】复选框的勾选，将【缩放高度】、【缩放宽度】分别设置为67.0、81.0，如图2-90所示。

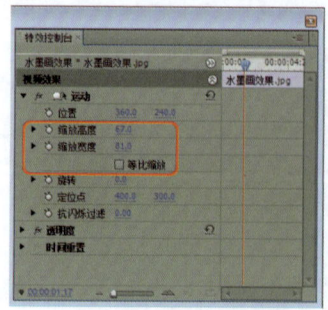

图2-90 设置【缩放比例】

6 按Ctrl+T键，新建字幕，在打开的对话框中，默认名称，单击【确定】按钮。进入字幕窗口，在字幕工具栏中，选择 ▦ 工具，在字幕设计栏中输入文字，在【字幕属性】栏中【填充】区域下，【字体】设置为"FZXingKai-S04S"，【字体大小】设置为22.0，【色彩】设置为黑色，如图2-91所示，关闭字幕窗口。

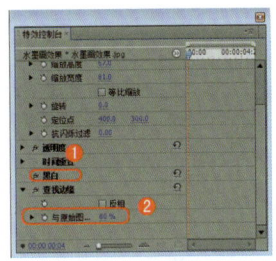

图2-92 添加【黑白】【查找边缘】特效

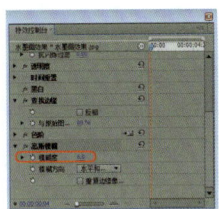

图2-94 添加并设置【高斯模糊】

图2-91 设置字幕

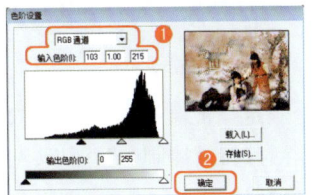

图2-93 设置【色阶】

7 激活【效果】面板，选择【视频特效】|【图像控制】|【黑白】特效，将其拖至【特效控制台】面板中，为画面去色。为素材添加【查找边缘】特效，在【特效控制台】面板中，将【与原始图像混合】设置为80，如图2-92和图2-93所示。

8 为素材添加【色阶】特效，在【特效控制台】面板中单击【色阶】右侧的按钮，在弹出的对话框中，将【输入色阶】分别设置为103、1.00、215，单击【确定】按钮。为素材添加【高斯模糊】特效，在【特效控制台】面板中，将【高斯模糊】区域下的【模糊度】设置为6.0，如图2-93和图2-94所示。

9 将"字幕02"拖至【视频3】轨道中，拖动其结尾处与【视频1】轨道中素材的结尾处对齐，为"字幕02"添加【亮度键】特效，在【特效控制台】面板中，将【阈值】、【屏蔽度】分别设置为0、100，如图2-95所示。

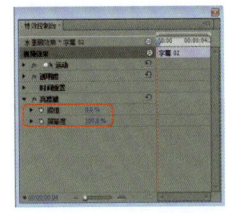

图2-95 添加并设置【亮度键】特效

10 将场景保存，单击【节目监视器】窗口中的 ▶（播放）按钮观看效果。

实例027　镜像效果

实例导航

➡ **案例文件**：场景 \ Cha02 \ 镜像效果.prproj

➡ **视频文件**：视频教学 \ Cha02 \ 镜像效果.avi

➡ **难易程度**：★★☆☆☆

➡ **视频时长**：2分48秒

➡ **实例要点**：【镜像】特效的应用

➡ **思路分析**：本例将通过【镜像】特效制作水中倒影的效果，如图2-96所示。

图2-96 镜像效果

1 运行Premiere Pro CS5，进入欢迎界面，单击【新建项目】按钮，在【新建项目】对话框中选择项目保存的路径，对项目进行命名"镜像效果"，单击【确定】按钮，如图2-97所示。

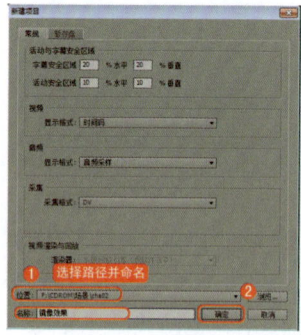

图2-97 新建项目

2 进入【新建序列】对话框，在【序列预置】选项卡中，选择【有效预置】区域下的【标准48kHz】选项，将【序列名称】设置为"镜像效果"，单击【确定】按钮，如图2-98所示。

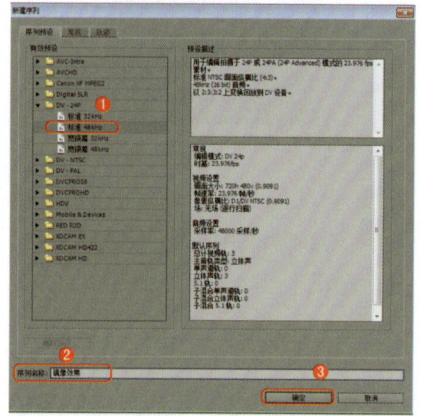

图2-98 新建序列

3 进入操作界面，在【项目】窗口【名称】区域下双击鼠标左键，在弹出的对话框中，选择随书附带光盘"素材\Cha02\镜像效果01.jpg和镜像效果02.jpg"文件，单击【打开】按钮，如图2-99所示。

4 将"镜像效果01.jpg"拖至【时间线】窗口的【视频1】轨道中，如图2-100所示。

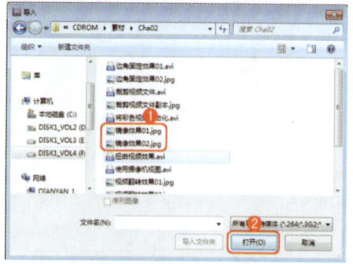

图2-99 打开素材

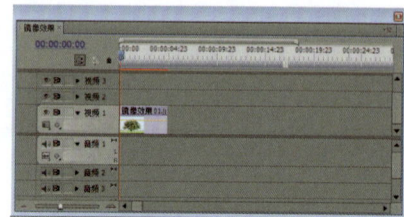

图2-100 拖入素材

5 确定"镜像效果01.jpg"文件选中的情况下，为其添加【镜像】特效，激活【特效控制台】面板，在【运动】区域下将【缩放比例】设置为66.0，【位置】设置为360.0、200.0，在【镜像】区域下将【反射中心】设置为508.0、694.0，【反射角度】设置为90.0，如图2-101所示。

6 将"镜像效果02.jpg"拖至【时间线】窗口的【视频2】轨道中，并为其添加【裁剪】特效，激活【特效控制台】面板，将【运动】区域下的【缩放比例】设置为70.0，【位置】设置为360.0、415.0，将【透明度】设置为94.0，并单击其左侧的 按钮，取消动画关键帧的记录；在【裁剪】区域下将【顶部】设置为50.0，如图2-102和图2-103所示。

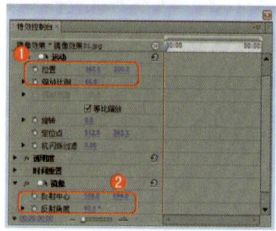 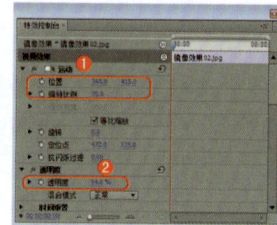 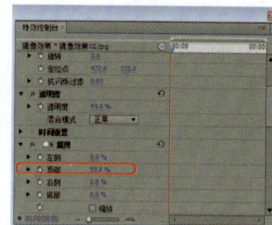

图2-101 设置【镜像】特效　图2-102 添加并设置【裁剪】特效　图2-103 设置【顶部】参数

7 为"镜像效果02.jpg"文件添加【照明效果】特效，将【光照1】下的【灯光类型】设置为"平行光"，【照明颜色】的RGB分别设置为225、210、135，将【中心】设置为472.0、485.0，【强度】设置为30.0，如图2-104所示。

8 将场景保存，单击【节目监视器】窗口中的 （播放）按钮观看效果。

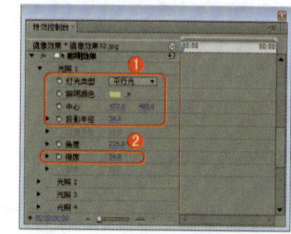

图2-104 添加并设置【照明效果】

实例028　画面模糊效果

实例导航

➤ **案例文件**：场景\Cha02\画面模糊效果.prproj

➤ **视频文件**：视频教学\Cha02\画面模糊效果.avi

（续）

- 视频时长：★★☆☆☆
- 视频时长：1分45秒
- 实例要点：【通道模糊】特效的应用
- 思路分析：本例将通过【通道模糊】特效为图像添加模糊，其效果如图2-105所示。

图2-105 画面模糊效果

2. 运行Premiere Pro CS5，进入欢迎界面，单击【新建项目】按钮，在【新建项目】对话框中选择项目保存的路径，对项目进行命名"画面模糊"，单击【确定】按钮，如图2-106所示。

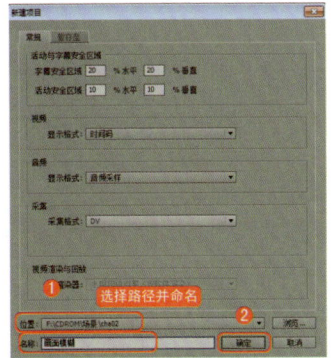

图2-106 新建项目

2. 进入【新建序列】对话框，在【序列预置】选项卡中，选择【有效预置】区域下的【标准48kHz】选项，将【序列名称】设置为"画面模糊"，单击【确定】按钮，如图2-107所示。

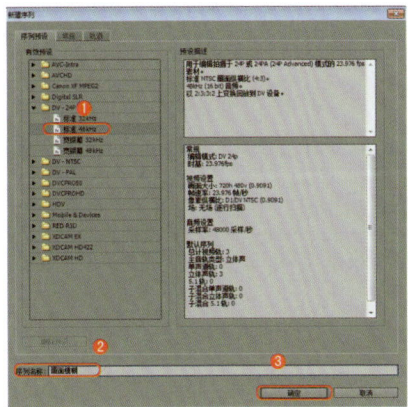

图2-107 新建序列

3. 在【项目】窗口的【名称】区域下双击鼠标左键，在弹出的对话框中选择随书附带光盘"素材\Cha02\画面模糊.jpg"文件，单击【打开】按钮，如图2-108所示。

图2-108 打开素材

4. 将导入的素材拖至【时间线】窗口的【视频1】轨道中，如图2-109所示。

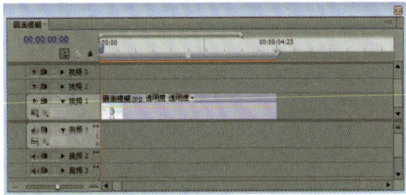

图2-109 将素材拖至【时间线】窗口

5. 确定"画面模糊.jpg"文件选中的情况下，激活【特效控制台】面板，将【运动】区域下的【缩放比例】设置为82.0，如图2-110所示。

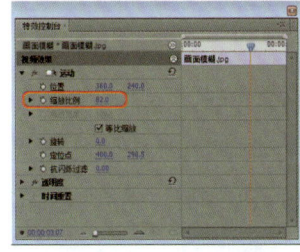

图2-110 设置【缩放比例】

6. 为"画面模糊.jpg"添加【通道模糊】特效，在【特效控制台】面板中设置时间为00:00:00:00，将【通道模糊】区域下的【红色模糊度】设置为10.0，【绿色模糊度】设置为10.0，【蓝色模糊度】设置为100.0，【Alpha模糊度】设置为300.0，打开关键帧记录，如图2-111所示。

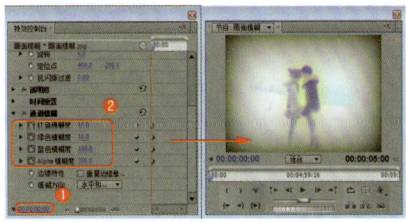

图2-111 添加并设置【通道模糊】

7. 设置时间为00:00:02:20，将【通道模糊】区域下的【红色模糊度】设置为0.0，【绿色模糊度】设置为0.0，【蓝色模糊度】设置为0.0，如图2-112所示。

8. 设置时间为00:00:04:20，【Alpha模糊度】设置为60.0，如图2-113所示。

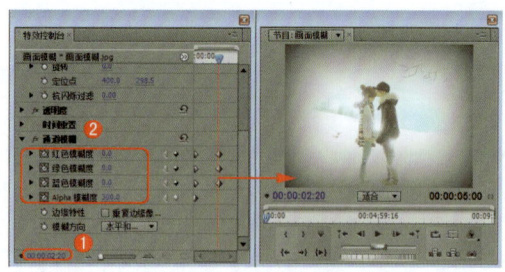
图2-112 设置特效

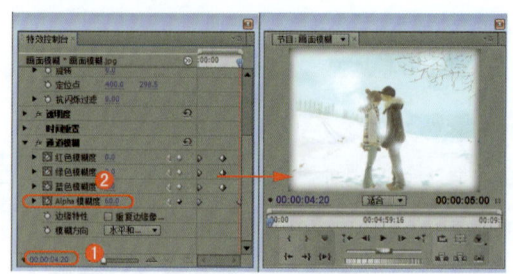
图2-113 设置特效

9 将场景保存，单击【节目监视器】窗口中的 ▶（播放）按钮观看效果。

实例029　重影效果

实例导航

➜ **案例文件**：场景 \ Cha02 \ 重影效果.prproj

➜ **视频文件**：视频教学 \ Cha02 \ 重影效果.avi

➜ **难易程度**：★★☆☆☆

➜ **视频时长**：36秒

➜ **实例要点**：【残像】特效的应用

➜ **思路分析**：本例通过【残像】特效使画面中的一个动作产生重影的效果，如图2-114所示。

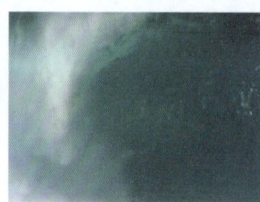

图2-114 影片重影效果

1 运行Premiere Pro CS5，进入欢迎界面，单击【新建项目】按钮，在【新建项目】对话框中选择项目保存的路径，对项目进行命名，单击【确定】按钮，如图2-115所示。

2 进入【新建序列】对话框，在【序列预置】选项卡中，选择【有效预置】区域下的【标准48kHz】选项，将【序列名称】设置为"重影效果"，单击【确定】按钮，如图2-116所示。

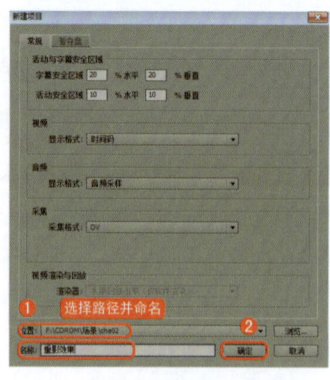
图2-115 新建项目

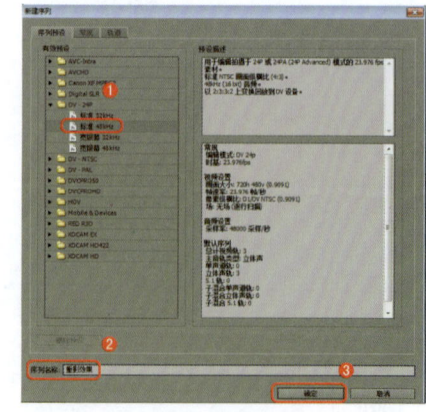
图2-116 新建序列

3 在【项目】窗口的【名称】区域下双击鼠标左键,在弹出的对话框中选择随书附带光盘"素材 \ Cha02 \ 重影效果.avi"文件,单击【打开】按钮,如图2-117所示。

4 将导入的素材拖至【时间线】窗口的【视频1】轨道中,确定"重影效果.avi"文件选中的情况下,激活【效果】面板,为其添加【残像】特效,如图2-118所示。

5 将场景保存,单击【节目监视器】窗口中的 ▶（播放）按钮观看效果。

图2-117 打开素材

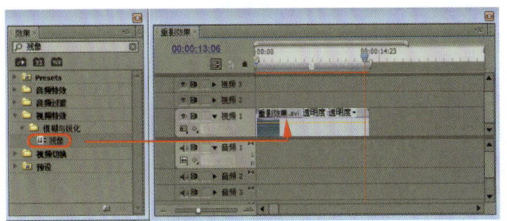
图2-118 添加【残像】特效

实例030　画面锐化效果

实例导航

- **案例文件**：场景 \ Cha02 \ 画面锐化效果.prproj
- **视频文件**：视频教学 \ Cha02 \ 画面锐化效果.avi
- **难易程度**：★★☆☆☆
- **视频时长**：1分23秒
- **实例要点**：【亮度与对比度】和【锐化】特效的应用
- **思路分析**：本例通过【亮度与对比度】特效提高画面的亮度,然后使用【锐化】特效对画面进行锐化,效果如图2-119所示。

图2-119 画面锐化效果

1 运行Premiere Pro CS5,进入欢迎界面,单击【新建项目】按钮,在【新建项目】对话框中选择项目保存的路径,对项目进行命名,单击【确定】按钮,如图2-120所示。

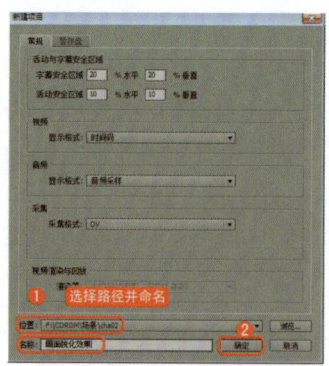

图2-120 新建项目

2 进入【新建序列】对话框，在【序列预置】选项卡中，选择【有效预置】区域下的【标准48kHz】选项，将【序列名称】设置为"画面锐化效果"，单击【确定】按钮，如图2-121所示。

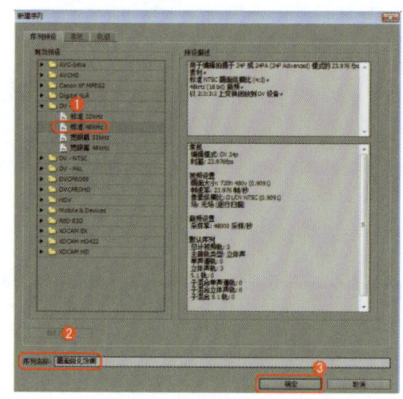

图2-121 新建序列

3 在【项目】窗口的【名称】区域下双击鼠标左键，在弹出的对话框中选择随书附带光盘"素材 \ Cha02 \ 画面锐化效果.avi"文件，单击【打开】按钮，如图2-122所示。

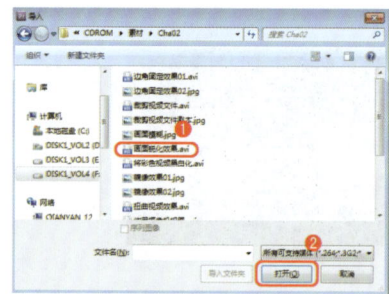

图2-122 打开素材

4 将导入的素材拖至【时间线】窗口的【视频1】轨道中，确定"画面锐化效果.avi"文件选中的情况下，激活【效果】面板，为其添加【亮度与对比度】和【锐化】特效，在【特效控制台】面板中，设置时间为00:00:00:00，【透明度】为0.0，【混合模式】设置为"正常"，打开关键帧记录，设置时间为00:00:00:20，在【运动】区域下设置【透明度】为50.0，【混合模式】设置为"正常"，如图2-123和图2-124所示。

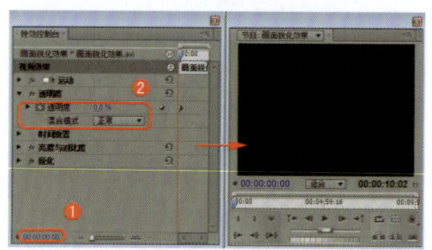

图2-123 设置【透明度】

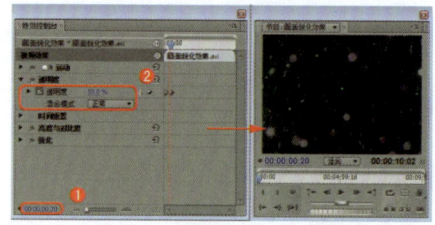

图2-124 设置【透明度】

5 设置时间为00:00:01:20，设置【透明度】为100.0、【亮度】为20.0、【锐化数量】为50，如图2-125所示。

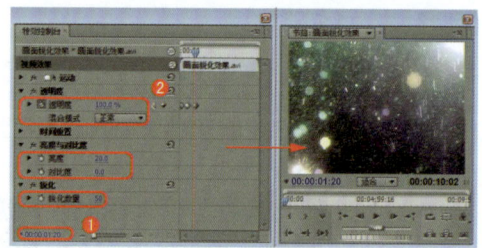

图2-125 设置参数

6 将场景进行保存，在【节目监视器】窗口中观看效果。

实例031 设置渐变效果

实例导航

- **案例文件**：场景 \ Cha02 \ 设置渐变效果.prproj
- **视频文件**：视频教学 \ Cha02 \ 设置渐变效果.avi
- **难易程度**：★★☆☆☆
- **视频时长**：2分30秒
- **实例要点**：【渐变】和【镜头光晕】特效的应用
- **思路分析**：本例通过【渐变】特效为天空添加渐变的效果，然后使用【镜头光晕】特效对画面添加照射效果，如图2-126所示。

图2-126 设置渐变效果

1 运行Premiere Pro CS5，进入欢迎界面，单击【新建项目】按钮，在【新建项目】对话框中选择项目保存的路径，对项目进行命名，单击【确定】按钮，如图2-127所示。

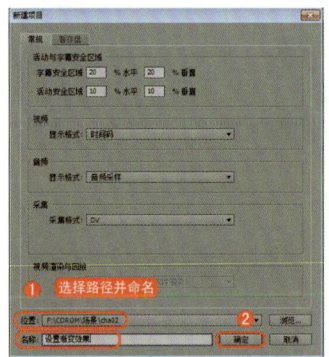

图2-127 新建项目

2 进入【新建序列】对话框，在【序列预置】选项卡中，选择【有效预置】区域下的【标准48kHz】选项，将【序列名称】设置为"设置渐变效果"，单击【确定】按钮，如图

2-128所示。

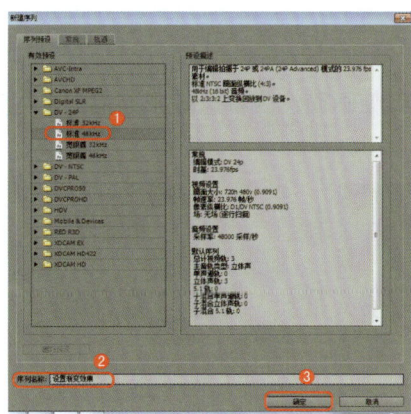

图2-128 新建序列

3 在【项目】窗口的【名称】区域下双击鼠标左键，在弹出的对话框中选择随书附带光盘中"素材 \ Cha02 \ 设置渐变效果.jpg"文件，单击【打开】按钮，如图2-129所示。

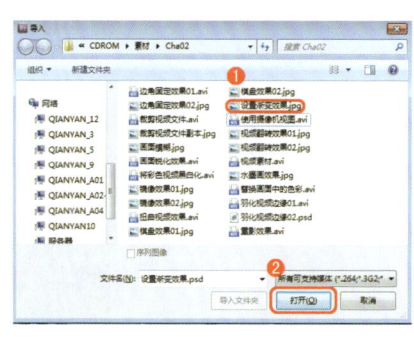

图2-129 打开素材

4 在【项目】窗口的【名称】区域下右击鼠标左键，在弹出的对话框中选择【新建分项】|【彩色蒙板】，设置RGB值为110、143、229，单击【确定】按钮。

5 将"彩色蒙版"、"设置渐变效果.jpg"分别拖至【时间线】窗口的【视频1】、【视频2】轨道中，为"彩色蒙版"添加【渐变】特效，激活【特效控制台】面板，设置【渐变】|【渐变起点】为18.0、15.0、

【起始颜色】的RGB值为171、182、217，【渐变终点】为360.0、480.0，【结束颜色】的RGB值为80、140、224，【渐变形状】为"径向渐变"，【渐变扩散】为0.0，【与原始图像混合】为20.0，如图2-130所示。

为"50-300毫米变焦"，【与原始图像混合】设置为20，如图2-131所示。

6 为"设置渐变效果"添加【镜头光晕】特效，激活【特效控制台】面板，将【镜头光晕】|【光晕中心】设置为160.0、300.0，【亮度】设置为140.0，【镜头类型】设置

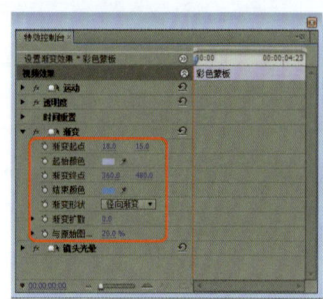

图2-130 设置参数

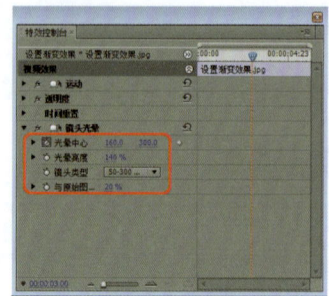

图2-131 设置参数

7 将场景进行保存，在【节目监视器】窗口中观看效果。

实例032 棋盘效果

实例导航

- **案例文件**：场景 \ Cha02 \ 棋盘效果.prproj
- **视频文件**：视频教学 \ Cha02 \ 棋盘效果.avi
- **难易程度**：★★☆☆☆
- **视频时长**：1分57秒
- **实例要点**：【棋盘】特效的应用
- **思路分析**：本例通过【棋盘】特效使画面产生棋盘效果，然后通过对【棋盘】特效参数的设置产生效果，如图2-132所示。

图2-132 棋盘效果

1 运行Premiere Pro CS5，进入欢迎界面，单击【新建项目】按钮，在【新建项目】对话框中选择项目保存的路径，对项目进行命名，单击【确定】按钮，如图2-133所示。

2 进入【新建序列】对话框，在【序列预置】选项卡中，选择【有效预置】区域下的【标准48kHz】选项，将【序列名称】设置为"棋盘渐变效果"，单击【确定】按钮，如图2-134所示。

3 在【项目】窗口的【名称】区域下双击鼠标左键，在弹出的对话框中选择随书附带光盘"素材 \ Cha02 \ 棋盘效果01.jpg 和棋盘效果02.jpg"文件，单击【打开】按钮，如图2-135所示。

第2章 视频特效

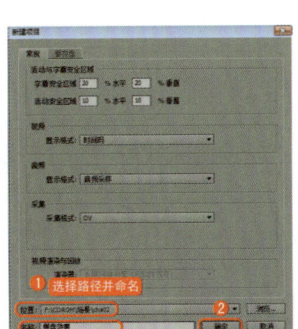
图2-133 新建项目

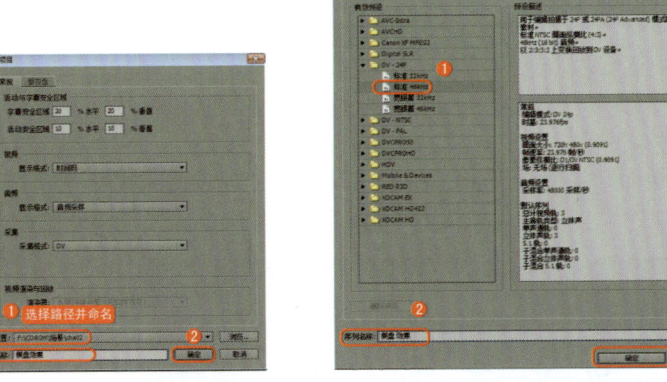
图2-134 新建序列

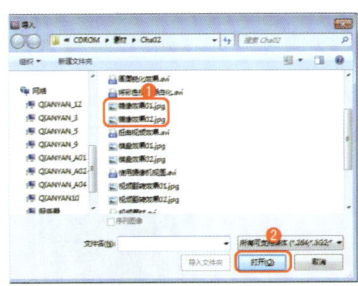
图2-135 打开素材

4. 将"棋盘效果01.jpg"和"棋盘效果02.jpg"素材拖至【时间线】窗口的【视频1】、【视频2】轨道中，确定"棋盘效果01.jpg"文件选中的情况下，激活【特效控制台】面板，将【缩放比例】设置为70.0，如图2-136所示。

5. 确定"棋盘效果02.jpg"文件选中的情况下，激活【特效控制台】面板，将【缩放比例】设置为50，为其添加【棋盘】特效，激活【特效控制台】面板，设置时间为00:00:00:00，【棋盘】下的【定位点】为365.0、233.0，设置【从以下位的大小】为"角点"，设置【边角】为640.0、445.0，设置【混合模式】为"模板Alpha"，打开关键帧记录，如图2-137和图2-138所示。

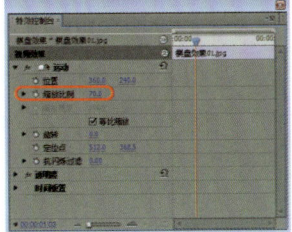
图2-136 设置【缩放比例】

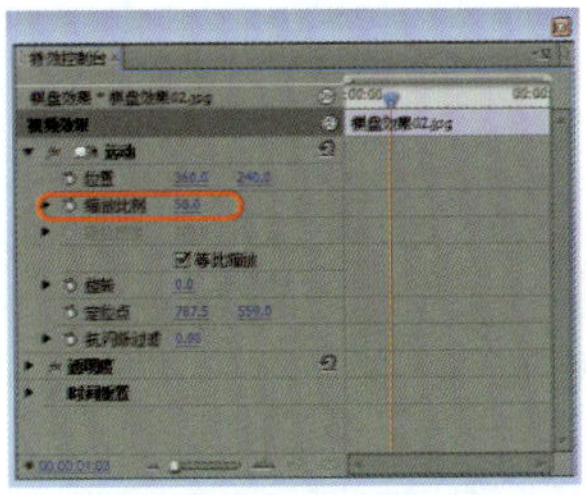

图2-137 设置【缩放比例】

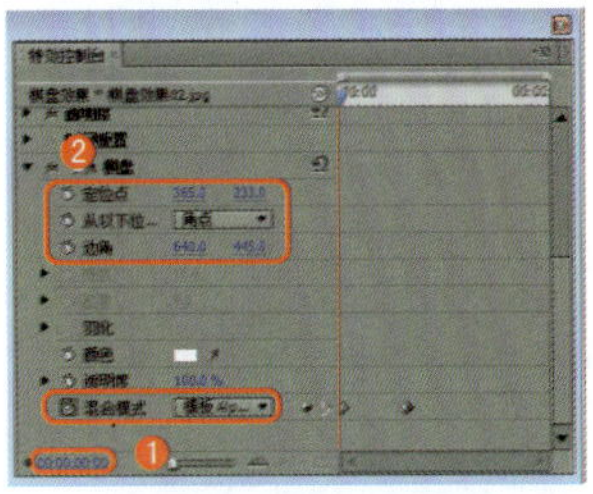

图2-138 设置基本参数

6. 设置时间为00:00:02:00，【混合模式】设置为"无"，设置时间为00:00:04:00，【混合模式】设置为"正常"，如图2-139和图2-140所示。

7. 将场景进行保存，在【节目监视器】窗口中观看效果。

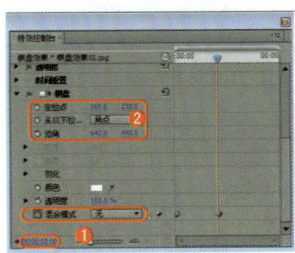
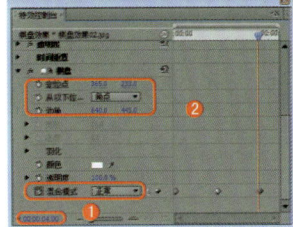
图2-139 设置【混合模式】为无　　图2-140 设置【混合模式】为正常

实例033　动态色彩背景

实例导航

- **案例文件**：场景 \ Cha02 \ 动态色彩背景.prproj
- **视频文件**：视频教学 \ Cha02 \ 动态色彩效果.avi
- **难易程度**：★★☆☆☆

41

（续）

- 视频时长：3分36秒
- 实例要点：【四色渐变】特效的应用
- 思路分析：本例通过【四色渐变】特效为画面产生4种不同的颜色，然后对特效设置关键帧产生动态效果，如图2-141所示。

图2-141 动态色彩背景效果

1 运行Premiere Pro CS5，进入欢迎界面，单击【新建项目】按钮，在【新建项目】对话框中选择项目保存的路径，对项目进行命名，单击【确定】按钮，如图2-142所示。

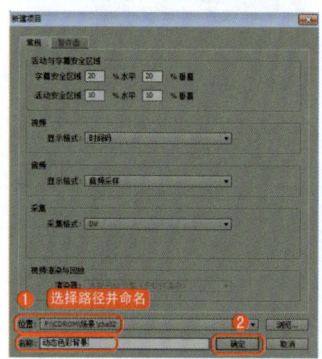

图2-142 新建项目

2 进入【新建序列】对话框，在【序列预置】选项卡中，选择【有效预置】区域下的【标准48kHz】选项，将【序列名称】设置为"设置渐变效果"，单击【确定】按钮，如图2-143所示。

3 在【项目】窗口的【名称】区域下右击鼠标左键，在弹出的对话框中选择【新建分项】|【彩色蒙板】，单击【确定】按钮。

4 将"彩色蒙版"拖至【时间线】窗口的【视频1】轨道中，将时间设置为00:00:12:00，拖动尾部

与编辑标识线对齐，激活【效果】面板，为其添加【四色渐变】特效，如图2-144所示。

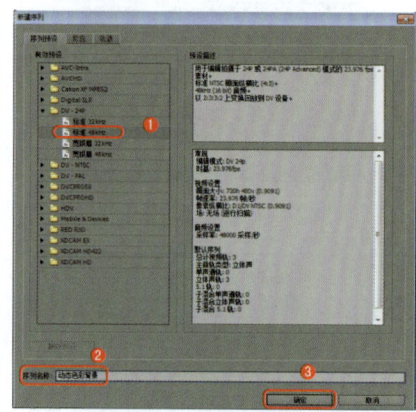

图2-143 新建序列

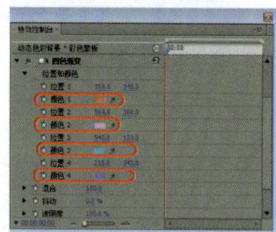

图2-144 设置【颜色】

5 在【特效控制台】面板中，设置【四色渐变】|【位置和颜色】区域下【颜色1】的RGB值为230、98、57，【颜色2】的RGB值为233、167、231，【颜色3】的RGB值为58、182、218，【颜色4】的RGB值为118、118、188，设置时间为00:00:00:00，将【位置

1】设置为170.0、145.0，添加一处关键帧，如图2-145所示。设置时间为00:00:03:00，将【位置1】设置为564.0、360.0，如图2-146所示。设置时间为00:00:06:00，将【位置1】设置为542.0、133.0，如图2-147所示。设置时间为00:00:10:00，将【位置1】设置为210.0、343.0，如图2-148所示。

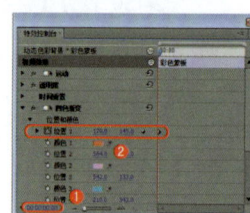

图2-145 设置【位置1】

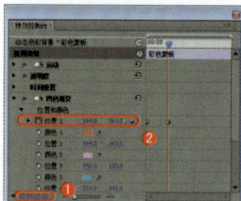

图2-146 设置【位置1】

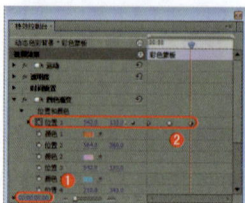

图2-147 设置【位置1】

第2章 视频特效

6 修改时间为00:00:12:00，复制并粘贴【彩色蒙版】，如图2-149所示。

7 将场景进行保存，在【节目监视器】窗口中观看效果。

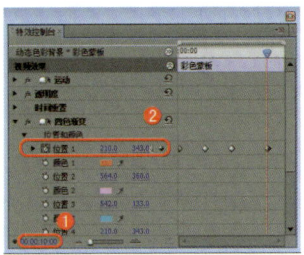
图2-148 设置【位置1】

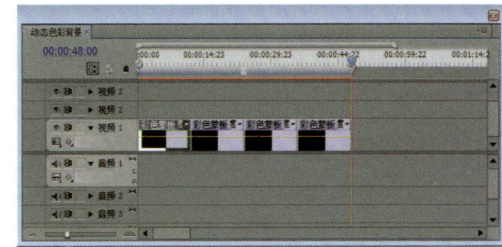
图2-149 复制粘贴【彩色蒙版】

实例034 镜头光晕

实例导航

- **案例文件**：场景 \ Cha02 \ 镜头光晕.prproj
- **视频文件**：视频教学 \ Cha02 \ 镜头光晕.avi
- **难易程度**：★★☆☆☆
- **视频时长**：1分59秒
- **实例要点**：【镜头光晕】特效的应用
- **思路分析**：本例将通过【镜头光晕】特效为画面添加平时拍摄时的光晕效果，如图2-150所示。

图2-150 镜头光晕效果

实例035 闪电效果

实例导航

- **案例文件**：场景 \ Cha02 \ 闪电效果.prproj
- **视频文件**：视频教学 \ Cha02 \ 闪电效果.avi
- **难易程度**：★★☆☆☆
- **视频时长**：1分3秒
- **实例要点**：【闪电】特效的应用
- **思路分析**：本例将通过【闪电】特效，在【特效控制台】面板中调整闪电的参数，效果如图2-151所示。

图2-151 闪电效果

实例036　画面亮度调整

实例导航

- 案例文件：场景 \ Cha02 \ 画面亮度调整.prproj
- 视频文件：视频教学 \ Cha02 \ 画面亮度调整.avi
- 难易程度：★★☆☆☆
- 视频时长：53秒
- 实例要点：【亮度与对比度】特效的应用
- 思路分析：本例将通过【亮度与对比度】特效，在【特效控制台】面板中调整亮度的参数，效果如图2-152所示。

图2-152　画面亮度调整前后

实例037　改变颜色效果

实例导航

- 案例文件：场景 \ Cha02 \ 改变颜色.prproj
- 视频文件：视频教学 \ Cha02 \ 改变颜色效果.avi
- 难易程度：★★☆☆☆
- 视频时长：1分51秒
- 实例要点：【更改颜色】特效的应用
- 思路分析：本例将通过【更改颜色】特效为画面中的实物更改颜色，效果如图2-153所示。

图2-153　改变颜色前后的效果

实例038　调整阴影（高光）

实例导航

- 案例文件：场景 \ Cha02 \ 调整阴影（高光）.prproj
- 视频文件：视频教学 \ Cha02 \ 调整阴影（高光）.avi

（续）

- ➡ 难易程度：★★☆☆☆
- ➡ 视频时长：1分45秒
- ➡ 实例要点：【阴影/高光】特效的应用
- ➡ 思路分析：本例将通过【阴影/高光】特效，在【特效控制台】面板中调整画面的效果，如图2-154所示。

图2-154 调整阴影（高光）效果

实例039　块溶解效果

实例导航

- ➡ 案例文件：场景 \ Cha02 \ 块溶解效果.prproj
- ➡ 视频文件：视频教学 \ Cha02 \ 块溶解效果.avi
- ➡ 难易程度：★★☆☆☆
- ➡ 视频时长：1分31秒
- ➡ 实例要点：【块溶解】特效的应用
- ➡ 思路分析：本例将通过【块溶解】特效，在【特效控制台】面板中为块溶解设置动画效果，如图2-155所示。

图2-155 块溶解效果

实例040　阴影效果

实例导航

- ➡ 案例文件：场景 \ Cha02 \ 阴影效果.prproj

（续）

- ➡ 视频文件：视频教学 \ Cha02 \ 阴影效果.avi
- ➡ 难易程度：★★☆☆☆
- ➡ 视频时长：2分08秒
- ➡ 实例要点：【阴影（投影）】特效的应用
- ➡ 思路分析：本例通过【阴影（投影）】特效，在【特效控制台】面板中设置阴影（投影）特效的参数，效果如图2-156所示。

图2-156 阴影效果

实例041 3D空间效果

实例导航

- ➡ 案例文件：场景 \ Cha02 \ 3D空间效果.prproj
- ➡ 视频文件：视频教学 \ Cha02 \ 3D空间效果.avi
- ➡ 难易程度：★★☆☆☆
- ➡ 视频时长：10分05秒
- ➡ 实例要点：【彩色蒙板】的应用
- ➡ 思路分析：本例将制作3D空间的效果。新建多个不同颜色的【彩色蒙板】，然后通过特效调整出3D空间的效果，再对空间进行装饰，效果如图2-157所示。

图2-157 3D空间效果

实例042 斜角边效果

实例导航

- 案例文件：场景 \ Cha02 \ 斜角边效果.prproj
- 视频文件：视频教学 \ Cha02 \ 斜角边效果.avi
- 难易程度：★★★☆☆
- 视频时长：1分29秒
- 实例要点：【斜边】和【斜角边】特效的应用
- 思路分析：本例通过【斜边】和【斜角边】特效，在【特效控制台】面板中设置特效的参数，效果如图2-158所示。

图2-158 斜角边效果

实例043 线条化效果

实例导航

- 案例文件：场景 \ Cha02 \ 线条化效果.prproj
- 视频文件：视频教学 \ Cha02 \ 线条化效果.avi
- 难易程度：★★★☆☆
- 视频时长：2分23秒
- 实例要点：【查找边缘】、【曝光过度】和【边缘粗糙】特效的应用
- 思路分析：本例将通过【查找边缘】、【曝光过度】、【边缘粗糙】特效，在【特效控制台】面板中设置特效的参数，效果如图2-159所示。

图2-159 线条化效果

实例044 无信号遮罩

实例导航

- 案例文件：场景 \ Cha02 \ 无信号遮罩.prproj
- 视频文件：视频教学 \ Cha02 \ 无信号遮罩.avi
- 难易程度：★★★☆☆
- 视频时长：1分55秒
- 实例要点：【16点无用信号遮罩】特效的应用
- 思路分析：本例将通过【16点无用信号遮罩】特效，在【特效控制台】面板中设置特效的参数，效果如图2-160所示。

图2-160 无信号遮罩效果

实例045 视频抠像

实例导航

- 案例文件：场景 \ Cha02 \ 视频抠像.prproj
- 视频文件：视频教学 \ Cha02 \ 视频抠像.avi
- 难易程度：★★★☆☆
- 视频时长：1分25秒
- 实例要点：【亮度键】特效的应用
- 思路分析：本例将制作视频抠像效果。通过【亮度键】特效将素材融合，效果如图2-161所示。

图2-161 视频抠像效果

实例046 单色保留效果

实例导航

- 案例文件：场景 \ Cha02 \ 单色保留效果.prproj
- 视频文件：视频教学 \ Cha02 \ 单色保留效果.avi
- 难易程度：★☆☆☆☆
- 视频时长：1分05秒
- 实例要点：【色彩传递】特效的应用
- 思路分析：本例将通过【色彩传递】特效，在【特效控制台】面板中设置特效的参数，效果如图2-162所示。

图2-162 单色保留效果

实例047 辉光效果

实例导航

- 案例文件：场景 \ Cha02 \ 辉光效果.prproj
- 视频文件：视频教学 \ Cha02 \ 辉光效果.avi
- 难易程度：★★☆☆☆
- 视频时长：6分47秒
- 实例要点：【Alpha 辉光】特效的应用
- 思路分析：本例将通过【Alpha 辉光】特效为花瓣添加辉光效果，然后设置位置关键帧，产生飘下的效果，如图2-163所示。

图2-163 辉光效果

实例048　画面浮雕效果

实例导航

- **案例文件**：场景 \ Cha02 \ 画面浮雕效果.prproj
- **视频文件**：视频教学 \ Cha02 \ 画面浮雕效果.avi
- **难易程度**：★☆☆☆☆
- **视频时长**：1分23秒
- **实例要点**：【查找边缘】和【浮雕】特效的应用
- **思路分析**：本例将通过【查找边缘】和【浮雕】特效对画面进行浮雕化，效果如图2-164所示。

图2-164　画面浮雕效果

实例049　相机闪光灯效果

实例导航

- **案案文件**：场景 \ Cha02 \ 相机闪光灯效果.prproj
- **视频文件**：视频教学 \ Cha02 \ 相机闪光灯效果.avi
- **难易程度**：★★★☆☆
- **视频时长**：3分41秒
- **实例要点**：【闪光灯】特效的应用
- **思路分析**：本例将通过【闪光灯】特效，模仿相机闪光的效果，在【特效控制台】面板中设置特效的参数，效果如图2-165所示。

图2-165　相机闪光灯效果

实例050　画面马赛克效果

实例导航

- 案例文件：场景 \ Cha02 \ 画面马赛克效果.prproj
- 视频文件：视频教学 \ Cha02 \ 画面马赛克效果.avi
- 难易程度：★★★☆☆
- 视频时长：1分11秒
- 实例要点：【裁剪】和【马赛克】特效的应用
- 思路分析：本例将通过【裁剪】和【马赛克】特效制作画面马赛克效果，如图2-166所示。

图2-166　画面马赛克效果

实例051　重复画面效果

实例导航

- 案例文件：场景 \ Cha02 \ 重复画面效果.prproj
- 视频文件：视频教学 \ Cha02 \ 重复画面效果.avi
- 难易程度：★★★☆☆
- 视频时长：1分28秒
- 实例要点：【复制】和【网格】特效的应用
- 思路分析：本例将通过【复制】和【网格】特效为画面制作重复效果，如图2-167所示。

图2-167　重复画面效果

第3章
视频切换效果

本章中制作的实例主要运用了【效果】面板中常用的视频切换效果，在后面章节的实例中也会用到视频切换效果。用户只有熟练掌握切换效果，在使用时才会得心应手。

- 摆入（摆出）效果
- 旋转切换
- 映射切换
- 划像切换
- 页面剥落
- 卷走切换
- 交叉叠化切换
- 随机反相
- 伸展切换
- 时钟式划变切换
- 油漆飞溅切换
- 软百叶窗切换
- 风车切换
- 旋涡切换
- 纹理切换

实例052 摆入（摆出）效果

实例导航

- 案例文件：场景\Cha03\摆入（摆出）效果.prproj
- 视频文件：视频教学\Cha03\摆入（摆出）效果.avi
- 难易程度：★★☆☆☆
- 视频时长：1分31秒
- 实例要点：【摆入】和【摆出】效果的应用
- 思路分析：本例将通过视频切换中的【摆入】和【摆出】效果来完成制作。在【特效控制台】面板中调整切换，效果如图3-1所示。

图3-1 摆入（摆出）效果

1 运行Premiere Pro CS5，在欢迎界面中单击【新建项目】按钮，在【新建项目】对话框中选择项目的保存路径，对项目进行命名，单击【确定】按钮，如图3-2所示。

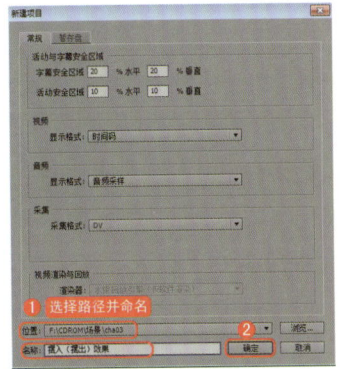

图3-2 新建项目

2 进入【新建序列】对话框中，在【序列预置】选项卡中【有效预置】区域下选择【DV-24P】|【标准48kHz】选项，对【序列名称】进行命名，单击【确定】按钮，如图3-3所示。

3 进入操作界面，在【项目】窗口中【名称】区域下的空白处双击鼠标左键，在弹出的对话框中选择随书附带光盘"素材\Cha03\摆入（摆出）01.jpg和摆入（摆出）

02.jpg"文件，单击【打开】按钮，如图3-4所示。

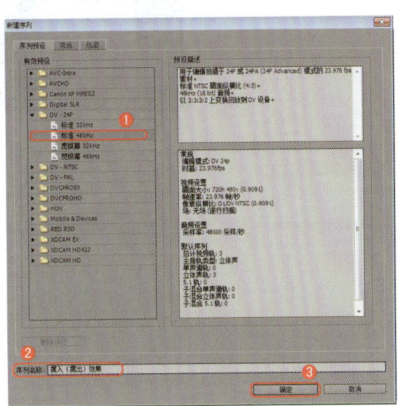

图3-3 新建序列

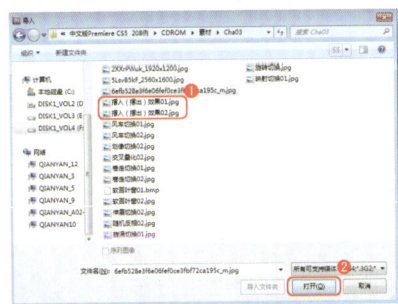

图3-4 导入素材

> **提示** 在导入素材时，按Ctrl+I键，也可以打开【导入】对话框。

4 将导入的素材按顺序拖至【时间线】窗口的【视频1】轨道中，确定两个素材选中的情况下单击鼠标右键，在弹出的快捷菜单中选择【缩放为当前画面大小】命令，如图3-5所示。

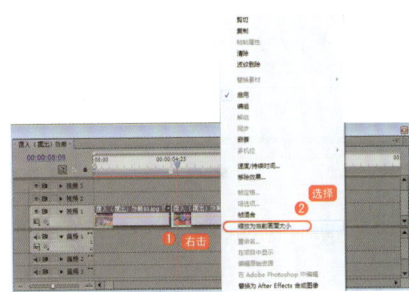

图3-5 调整素材

5 激活【效果】面板，选择【视频切换】|【3D运动】|【摆入】效果，将其分别拖至【时间线】窗口的【视频1】轨道中的"摆入（摆出）效果01.jpg"文件的开始处两个素材的中间。将【摆出】效果拖至【时间线】窗口的【视频1】轨道中的"摆入（摆出）效果02.jpg"文件的结束处，如图3-6所示。

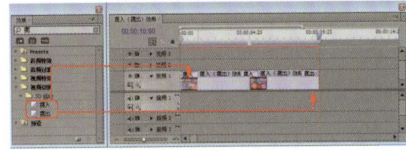

图3-6 拖入切换效果

53

6　确定两个素材之间的【摆入】效果选中的情况下激活【特效控制台】面板,在切换预览窗口中选择右边的三角形,如图3-7所示。

7　将场景进行保存,在【节目监视器】窗口中观看效果。

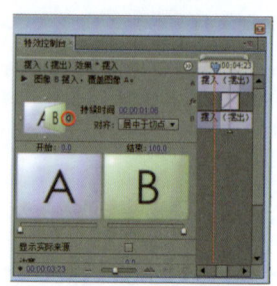

图3-7　设置切换效果的方向

实例053　旋转切换

实例导航

→ 案例文件:场景\Cha02\旋转切换.prproj
→ 视频文件:视频教学\Cha02\旋转切换.avi
→ 难易程度:★★☆☆☆
→ 视频时长:1分03秒
→ 实例要点:旋转切换效果的应用
→ 思路分析:本例将通过视频切换中的【旋转】|【旋转离开】特效制作画面

中进入、离开的效果,如图3-8所示。

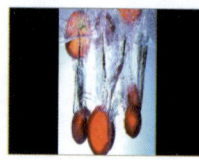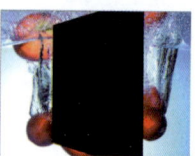

图3-8　旋转切换效果

1　运行Premiere Pro CS5,在欢迎界面中单击【新建项目】按钮,在【新建项目】对话框中选择项目的保存路径,对项目进行命名,单击【确定】按钮,如图3-9所示。

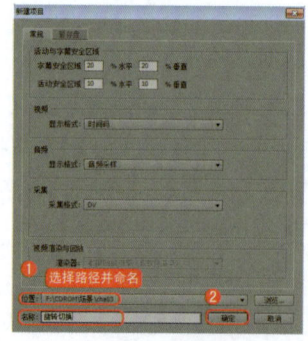

图3-9　新建项目

2　进入【新建序列】对话框中,在【序列预置】选项卡中【有效预置】区域下选择【DV-24P】|

【标准48kHz】选项,对【序列名称】进行命名,单击【确定】按钮,如图3-10所示。

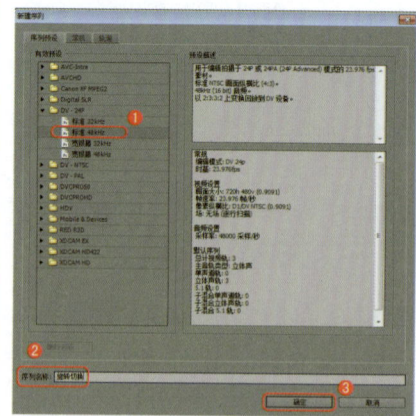

图3-10　新建序列

3　进入操作界面,在【项目】窗口中【名称】区域下的空白处双击鼠标左键,在弹出的对话框中选

择随书附带光盘"素材\Cha03\旋转切换.jpg"文件,单击【打开】按钮,如图3-11所示。

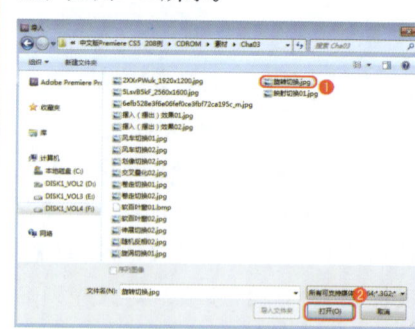

图3-11　打开素材

4　将导入的素材拖至【时间线】窗口的【视频1】轨道中,确定素材选中,在【特效控制台】面板中将【缩放】比例设置为73.0,选择【效果】|【视频切换】|【3D运

第3章 视频切换效果

动】，分别为素材开始和结束处添加【旋转】和【旋转离开】切换效果，如图3-12所示。

5 保存场景，在【节目监视器】窗口中观看效果。

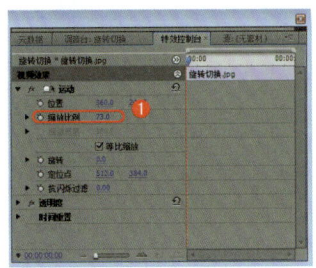

图3-12 设置参数

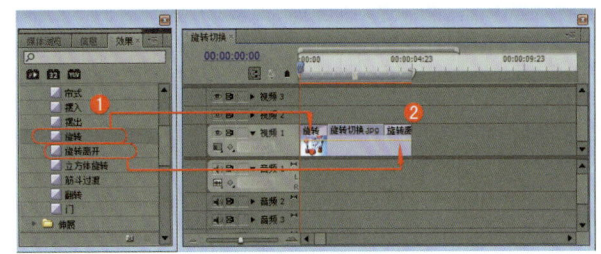

图3-13 拖入切换效果

实例054 映射切换

实例导航

- 案例文件：场景 \ Cha03 \ 映射切换.prproj
- 视频文件：视频教学 \ Cha03 \ 映射切换.avi
- 难易程度：★★☆☆☆
- 视频时长：1分04秒
- 实例要点：【映射切换】效果的应用
- 思路分析：本例将介绍使用【明亮度映射】特效制作画面映射切换效果，如图3-14所示。

图3-14 映射切换效果

1 运行Premiere Pro CS5，在欢迎界面中单击【新建项目】按钮，在【新建项目】对话框中选择项目的保存路径，对项目进行命名，单击【确定】按钮，如图3-15所示。

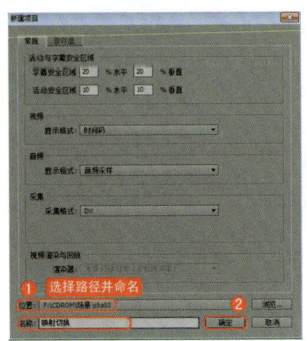

图3-15 新建项目

2 进入【新建序列】对话框中，在【序列预置】选项卡中【有效预置】区域下选择【DV-24P】|【标准48kHz】选项，对【序列名称】进行命名，单击【确定】按钮，如图3-16所示。

3 进入操作界面，在【项目】窗口中【名称】区域下的空白处双击鼠标左键，在弹出的对话框中选择随书附带光盘"素材 \ Cha03 \ 映射切换01.jpg和映射切换02.jpg"文件，单击【打开】按钮，如图3-17所示。

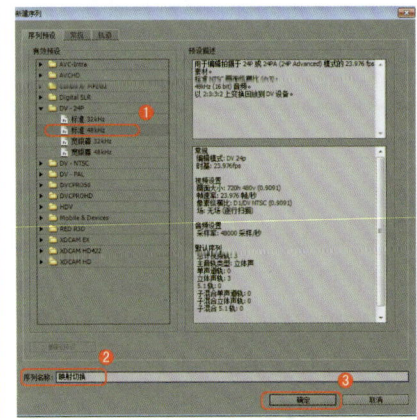

图3-16 新建序列

55

4 将导入的素材按顺序拖至【时间线】窗口的【视频1】轨道中,确定两个素材选中的情况下单击鼠标右键,在弹出的快捷菜单中选择【缩放为当前画面大小】命令,如图3-18所示。

5 激活【效果】面板,选择【视频切换】|【映射】|【明亮度映射】效果,将其拖至【时间线】窗口的【视频1】轨道中的两个素材的中间,如图3-19所示。

6 保存场景,在【节目监视器】窗口中观看效果。

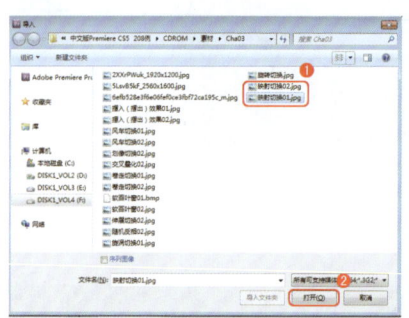
图3-17 打开素材

图3-18 调整素材

图3-19 拖入特效

实例055　划像切换

实例导航

→ 案例文件：场景 \ Cha03 \ 划像切换.prproj

→ 视频文件：视频教学 \ Cha03 \ 划像切换.avi

→ 难易程度：★★☆☆☆

→ 视频时长：53秒

→ 实例要点：划像切换效果的应用

→ 思路分析：本例将通过【圆划像】特效使两个素材产生过渡效果,如图3-20所示。

图3-20 划像切换效果

1 运行Premiere Pro CS5,在欢迎界面中单击【新建项目】按钮,在【新建项目】对话框中选择项目的保存路径,对项目进行命名,单击【确定】按钮,如图3-21所示。

2 进入【新建序列】对话框中,在【序列预置】选项卡中【有效预置】区域下选择【DV-24P】|【标准48kHz】选项,对【序列名称】进行命名,单击【确定】按钮,如图3-22所示。

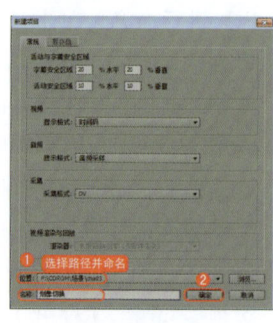
图3-21 新建项目

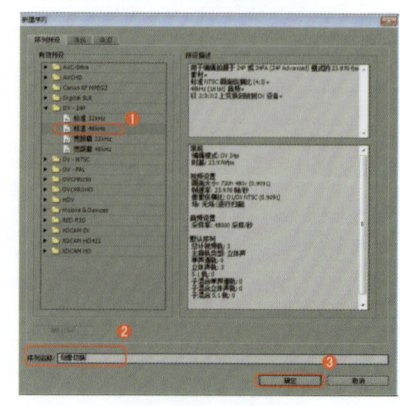
图3-22 新建序列

第3章 视频切换效果

3 进入操作界面，在【项目】窗口中【名称】区域下的空白处双击鼠标左键，在弹出的对话框中选择随书附带光盘"素材\Cha03\划像切换01.jpg和划像切换02.jpg"文件，单击【打开】按钮，如图3-23所示。

4 将导入的素材按顺序拖至【时间线】窗口的【视频1】轨道中，确定两个素材选中的情况下单击鼠标右键，在弹出的快捷菜单中选择【缩放为当前画面大小】命令，如图3-24所示。

5 激活【效果】面板，选择【视频切换】|【划像】|【圆划像】特效，将其拖至【时间线】窗口的【视频1】轨道中的两个素材的中间，如图3-25所示。

6 保存场景，在【节目监视器】窗口中观看效果。

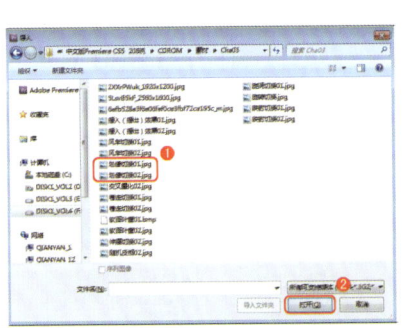

图3-23 打开素材

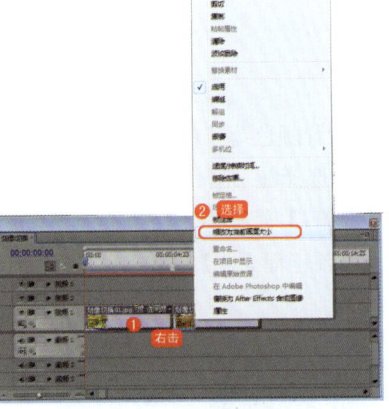

图3-24 调整素材

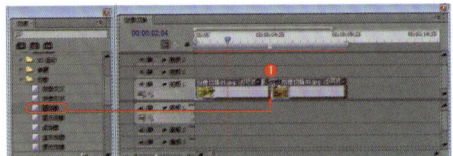

图3-25 拖入素材

实例056 页面剥落

实例导航

- **案例文件**：场景\Cha03\页面剥落.prproj
- **视频文件**：视频教学\Cha03\页面剥落.avi
- **难易程度**：★★☆☆☆
- **视频时长**：1分22秒
- **实例要点**：页面剥落效果的应用
- **思路分析**：本例将通过【页面剥落】特效使两个素材产生翻页过渡效果，如图3-26所示。

图3-26 页面剥落效果

1 运行Premiere Pro CS5，在欢迎界面中单击【新建项目】按钮，在【新建项目】对话框中选择项目的保存路径，对项目进行命名，单击【确定】按钮，如图3-27所示。

2 进入【新建序列】对话框中，在【序列预置】选项卡中【有效预置】区域下选择【DV-24P】|【标准48kHz】选项，对【序列名称】进行命名，单击【确定】按钮，如图3-28所示。

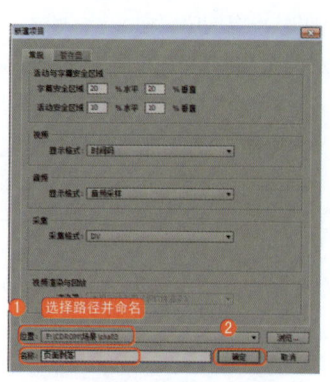
图3-27 新建项目图

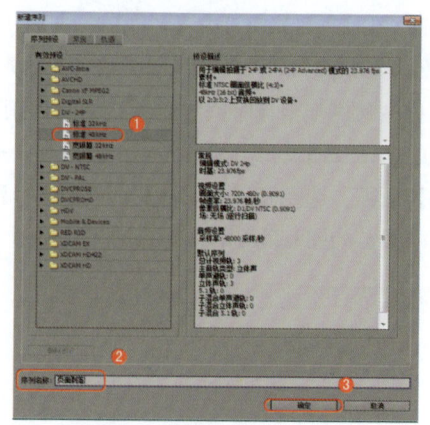
图3-28 新建序列

3 进入操作界面，首先新建"彩色蒙板"，设置颜色为"白色"，如图3-29所示。在【项目】窗口中【名称】区域下的空白处双击鼠标左键，在弹出的对话框中选择随书附带光盘"素材 \ Cha03 \ 页面剥落.jpg"文件，单击【打开】按钮，如图3-30所示。将"彩色蒙版"拖至【视频1】轨道中，"页面剥落.jpg"拖至【视频2】轨道中，确定"页面剥落.jpg"选中的情况下，右击鼠标选择【缩放为当前画面大小】命令，如图2-31所示。

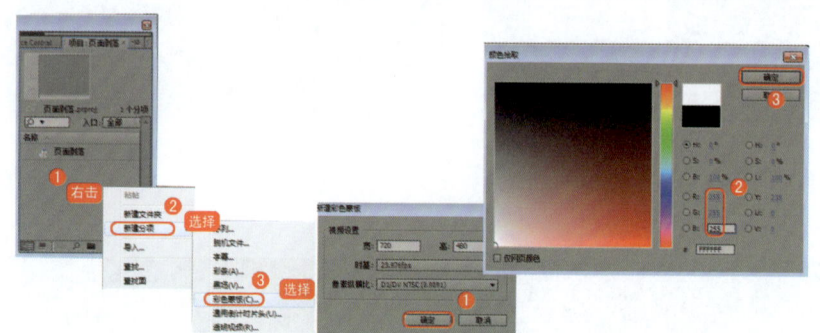

图3-29 新建彩色蒙版设置颜色　　　　　　　图3-30 拖入素材

4 激活【效果】面板将【视频切换】|【卷页】|【页面剥落】切换效果拖至【页面剥落】开始位置，选择切换特效，在【特效控制台】面板中将页面卷曲设置为"从南东到北西"，如图3-32和图3-33所示。

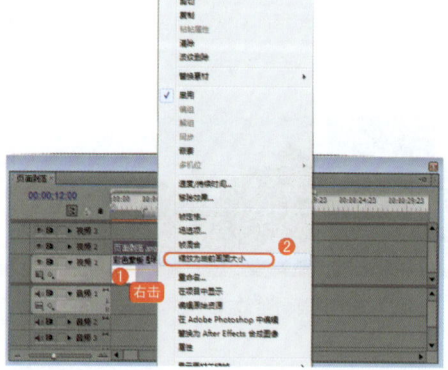 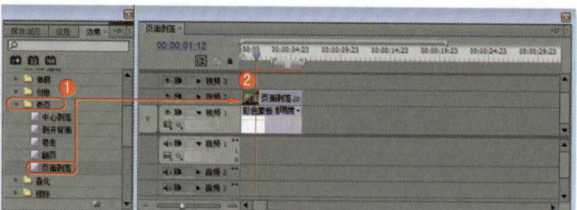 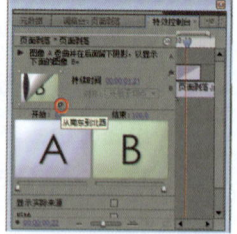

图3-31 调整素材　　　　　　　图3-32 拖入特效　　　　　　　图3-33 调整特效

5 保存场景，在【节目监视器】窗口中观看效果。

第3章 视频切换效果

实例057 卷走切换

实例导航

- **案例文件**：场景 \ Cha03 \ 卷走切换.prproj
- **视频文件**：视频教学 | Cha03 |卷走切换.avi
- **难易程度**：★★☆☆☆
- **视频时长**：56秒
- **实例要点**：卷走切换效果的应用
- **思路分析**：本例将通过【卷走】特效使两个素材产生卷轴过渡效果，如图3-34所示。

图3-34 卷走切换效果

1 运行Premiere Pro CS5，在欢迎界面中单击【新建项目】按钮，在【新建项目】对话框中选择项目的保存路径，对项目进行命名，单击【确定】按钮，如图3-35所示。

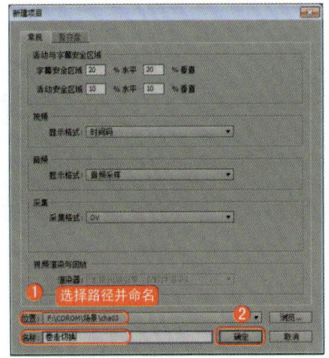

图3-35 新建项目

2 进入【新建序列】对话框中，在【序列预置】选项卡中【有效预置】区域下选择【DV-24P】|【标准48kHz】选项，对【序列名称】进行命名，单击【确定】按钮，如图3-36所示。

3 进入操作界面，在【项目】窗口中【名称】区域下的空白处双击鼠标左键，在弹出的对话框中选择随书附带光盘"素材 \ Cha03 \ 卷走切换01.jpg和卷走切换02.jpg"文件，单击【打开】按钮，如图3-37所示。

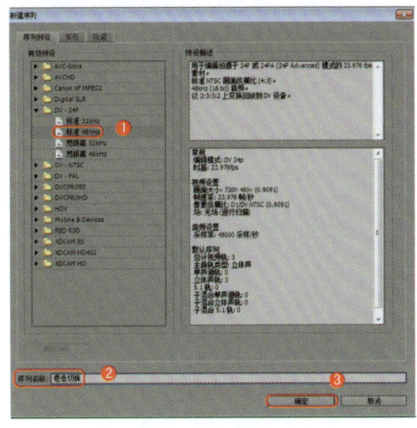

图3-36 新建序列

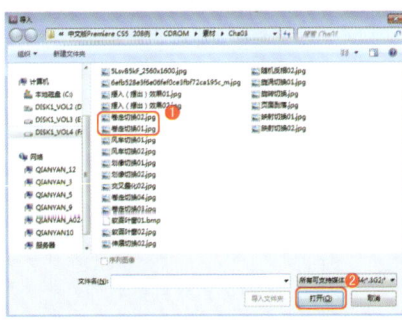

图3-37 打开素材

4 将导入的素材按顺序拖至【时间线】窗口的【视频1】轨道中，确定两个素材选中的情况下单击鼠标右键，在弹出的快捷菜单中选择【缩放为当前画面大小】命令，如图3-38所示。

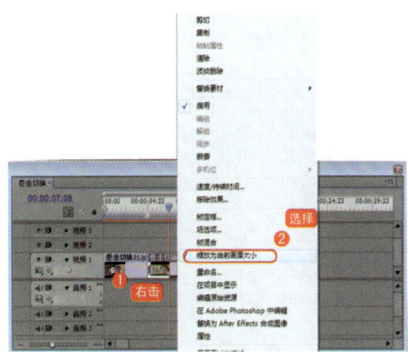

图3-38 调整素材大小

5 激活【效果】面板，选择【视频切换】|【卷页】|【卷走】效果，将其拖至【视频1】轨道中的两个素材的中间，如图3-39所示。

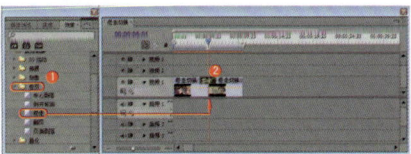

图3-39 添加切换效果

6 保存场景，在【节目监视器】窗口中观看效果。

59

实例058 交叉叠化切换

实例导航

- 案例文件：场景 \ Cha03 \ 交叉叠化切换.prproj
- 视频文件：视频教学 \ Cha03 \ 交叉叠化切换.avi
- 难易程度：★★☆☆
- 视频时长：58秒
- 实例要点：交叉叠化切换效果的应用
- 思路分析：本例将通过【交叉叠化（标准）】特效为两个素材添加叠化切换效果，如图3-40所示。

图3-40 交叉叠化切换效果

1 运行Premiere Pro CS5，在欢迎界面中单击【新建项目】按钮，在【新建项目】对话框中选择项目的保存路径，对项目进行命名，单击【确定】按钮，如图3-41所示。

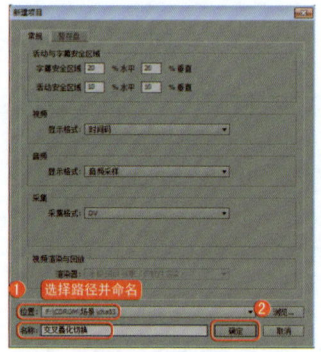

图3-41 新建项目

2 进入【新建序列】对话框中，在【序列预置】选项卡中【有效预置】区域下选择【DV-24P】|【标准48kHz】选项，对【序列名称】进行命名，单击【确定】按钮，如图3-42所示。

3 在【项目】窗口中【名称】区域下的空白处双击鼠标左键，在弹出的对话框中选择随书附带光盘"素材 \ Cha03 \ 交叉叠化01.jpg和交叉叠化02.jpg"文件，单击【打开】

按钮，如图3-43所示。

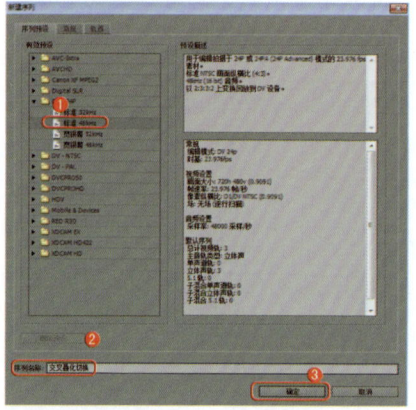

图3-42 新建序列

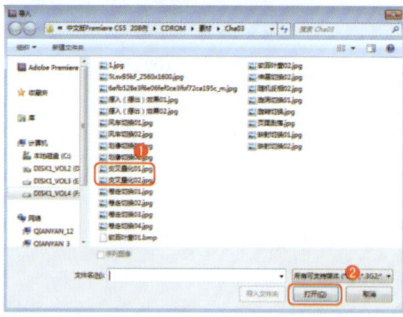

图3-43 打开素材

4 将导入的素材按顺序拖至【时间线】窗口的【视频1】轨道中，确定两个素材选中的情况下单击鼠标右键，在弹出的快捷菜单中选择【缩放为当前画面大小】命令，如图

3-44所示。

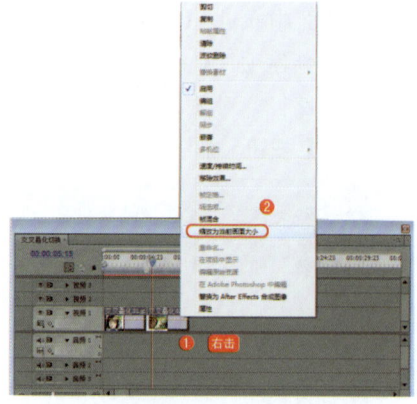

图3-44 调整素材大小

5 激活【效果】面板，选择【视频切换】|【叠化】|【交叉叠化（标准）】特效，将其拖至【视频1】轨道中的两个素材的中间，如图3-45所示。

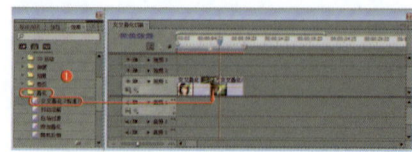

图3-45 添加切换效果

6 保存场景，在【节目监视器】窗口中观看效果。

实例059 随机反相

实例导航

- **案例文件**：场景 \ Cha03 \ 随机反相.prproj
- **视频文件**：视频教学 \ Cha03 \ 随机反相.avi
- **难易程度**：★★☆☆☆
- **视频时长**：2分17秒
- **实例要点**：【随机反相】效果的应用
- **思路分析**：本例将通过【随机反相】特效使两个素材产生溶解过渡效果,如图3-46所示。

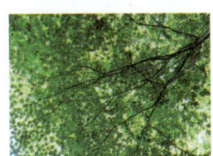  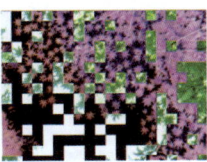 

图3-46 随机反相效果

---

1 运行Premiere Pro CS5,在欢迎界面中单击【新建项目】按钮,在【新建项目】对话框中选择项目的保存路径,对项目进行命名,单击【确定】按钮,如图3-47所示。

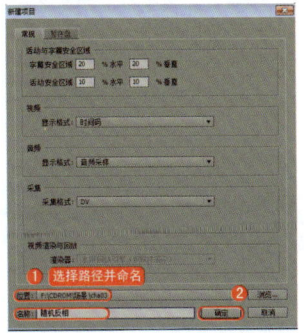

图3-47 新建项目

2 进入【新建序列】对话框中,在【序列预置】选项卡中【有效预置】区域下选择【DV-24P】|【标准48kHz】选项,对【序列名称】进行命名,单击【确定】按钮,如图3-48所示。

3 在【项目】窗口中【名称】区域下的空白处双击鼠标左键,在弹出的对话框中选择随书附带光盘"素材 \ Cha03 \ 随机反相01.jpg和随机反相02.jpg"文件,单击【打开】按钮,如图3-49所示。

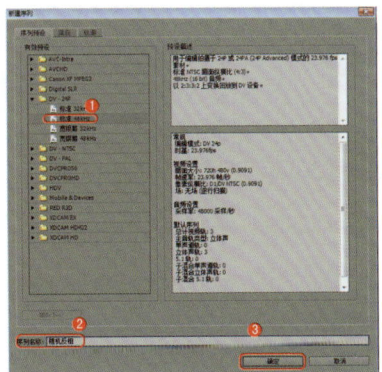

图3-48 新建序列

4 将导入的素材按顺序拖至【时间线】窗口的【视频1】轨道中,确定两个素材选中的情况下单击鼠标右键,在弹出的快捷菜单中选择【缩放为当前画面大小】命令,如图3-50所示。

5 确定"随机反相01.jpg"处于选中状态,设置【速度/持续时间】为00:00:30:23,设置"随机反相02.jpg"的【速度/持续时间】为00:00:33:11,将时间设置为00:00:00:00,

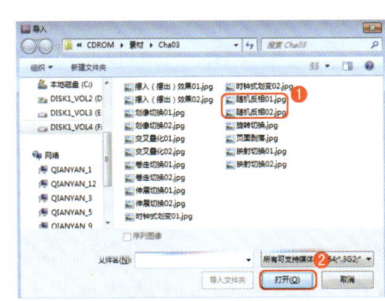

图3-49 打开素材

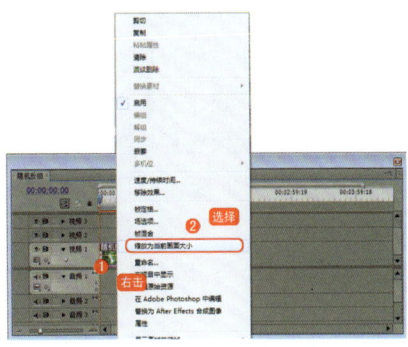

图3-50 调整素材

设置【特效控制台】|【运动】|【位置】为-130.0、400.0，单击左侧 图标，设置关键帧，修改时间为00:00:08:15，设置【位置】为-100.0、150.0，将时间设置为00:00:18:00，设置【缩放比例】为200.0，激活【效果】面板，选择【视频切换】|【叠化】|【随机反相】效果，将其拖至【视频1】轨道中的两个素材的中间，如图3-51和图3-52所示。

6 保存场景，在【节目监视器】窗口中观看效果。

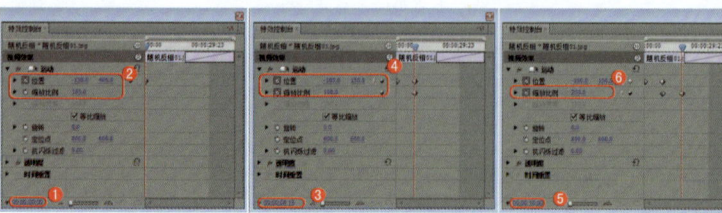
图3-51 设置参数确

图3-52 添加视频切换效果

实例060　伸展切换

实例导航

- 案例文件：场景 \ Cha03 \ 伸展切换.prproj
- 视频文件：视频教学 \ Cha03 \ 伸展切换.avi
- 难易程度：★★☆☆☆
- 视频时长：58秒
- 实例要点：伸展切换效果的应用
- 思路分析：本例将通过【伸展】特效使后一个素材切换到前一个素材，效果如图3-53所示。

图3-53 伸展切换效果

1 运行Premiere Pro CS5，在欢迎界面中单击【新建项目】按钮，在【新建项目】对话框中选择项目的保存路径，对项目进行命名，单击【确定】按钮，如图3-54所示。

2 进入【新建序列】对话框中，在【序列预置】选项卡中【有效预置】区域下选择【DV-24P】|【标准48kHz】选项，对【序列名称】进行命名，单击【确定】按钮，如图3-55所示。

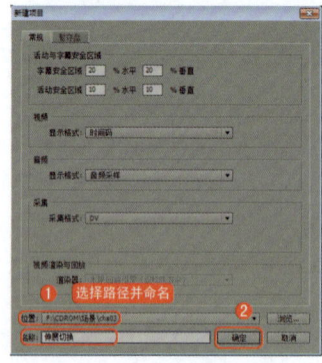
图3-54 新建项目

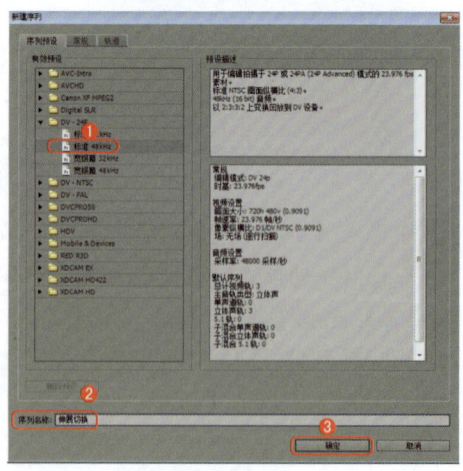
图3-55 新建序列

3 在【项目】窗口中【名称】区域下的空白处双击鼠标左键,在弹出的对话框中选择随书附带光盘"素材\Cha03\伸展切换01.jpg和伸展切换02.jpg"文件,单击【打开】按钮,如图3-56所示。

4 将导入的素材按顺序拖至【时间线】窗口的【视频1】轨道中,确定两个素材选中的情况下单击鼠标右键,在弹出的快捷菜单中选择【缩放为当前画面大小】命令,如图3-57所示。

5 激活【效果】面板,选择【视频切换】|【伸展】|【伸展】效果,将其拖至【视频1】轨道中的两个素材的中间,选中切换特效,在【特效控制台】面板中设置图像伸展为"从北西到南东",如图3-58和图3-59所示。

6 保存场景,在【节目监视器】窗口中观看效果。

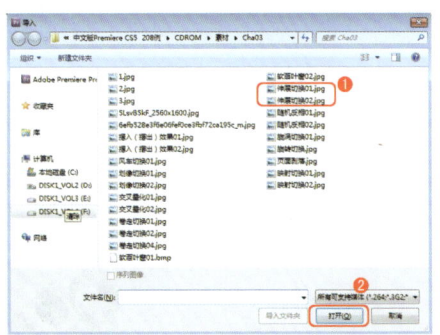

图3-56 打开素材

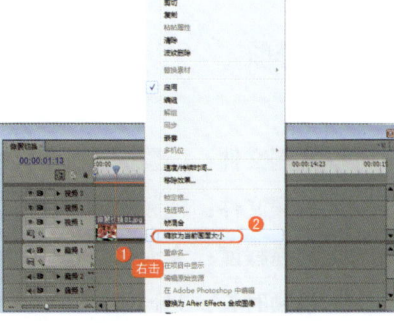

图3-57 调整素材

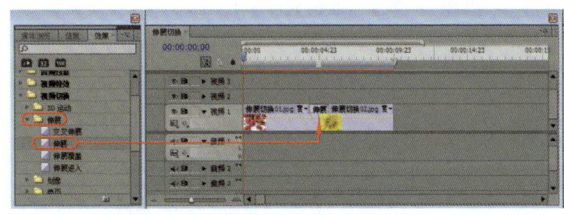

图3-58 添加切换效果

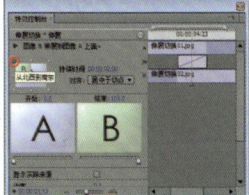

图3-59 设置伸展方向

实例061 时钟式划变切换

实例导航

- 案例文件:场景\Cha03\时钟式划变切换.prproj
- 视频文件:视频教学\Cha03\时钟式划变切换.avi
- 难易程度:★★☆☆☆
- 视频时长:1分13秒
- 实例要点:时钟式划变切换效果的应用
- 思路分析:本例将通过【时钟式划变】特效为两个素材添加时钟滑动的效果,如图3-60所示。

图3-60 时钟式划变切换效果

实例062　油漆飞溅切换

实例导航

- 案例文件：场景 \ Cha03 \ 油漆飞溅切换.prproj
- 视频文件：视频教学 \ Cha03 \ 油漆飞溅切换.avi
- 难易程度：★★☆☆☆
- 视频时长：1分10秒
- 实例要点：油漆飞溅切换效果的应用
- 思路分析：本例将通过【油漆飞溅】特效使两个

素材呈笔的滴点过渡效果，如图3-61所示。

图3-61　油漆飞溅切换效果

实例063　软百叶窗切换

实例导航

- 案例文件：场景 \ Cha03 \ 软百叶窗切换.prproj
- 视频文件：视频教学 \ Cha03 \ 软百叶窗切换.avi
- 难易程度：★★☆☆☆
- 视频时长：45秒
- 实例要点：软百叶窗切换效果的应用
- 思路分析：本例将通过【软百叶窗】特效使两个

素材模仿百叶窗过渡，效果如图3-62所示。

图3-62　软百叶窗切换效果

实例064　风车切换

实例导航

- 案例文件：场景 \ Cha03 \ 风车切换.prproj
- 视频文件：视频教学 \ Cha03 \ 风车切换.avi

(续)

- **难易程度**：★★☆☆☆
- **视频时长**：45秒
- **实例要点**：风车切换效果的应用
- **思路分析**：本例将通过【风车】特效为图像风车转动过渡效果，如图3-63所示。

图3-63 风车切换效果

实例065 旋涡切换

实例导航

- **案例文件**：场景 \ Cha03 \ 旋涡切换.prproj
- **视频文件**：视频教学 \ Cha03 \ 旋涡切换.avi
- **难易程度**：★★☆☆☆
- **视频时长**：47秒
- **实例要点**：漩涡切换特效的应用
- **思路分析**：本例通过【漩涡】特效使图像产生块状旋转效果，如图3-64所示。

图3-64 旋涡切换效果

实例066 纹理切换

实例导航

- **案例文件**：场景 \ Cha03 \ 纹理切换.prproj
- **视频文件**：视频教学 \ Cha03 \ 纹理切换.avi
- **难易程度**：★★☆☆☆
- **视频时长**：44秒
- **实例要点**：纹理切换效果的应用
- **思路分析**：本例通过【纹理】特效将两个素材添加纹理融合到一块的过渡，效果如图3-65所示。

图3-65 纹理切换效果

第4章
字幕制作技法研究

本章中制作的实例主要在字幕窗口中完成，其重点在于如何为背景添加一个静态的字幕，这种方法在广告中是最为常见的。根据本章的实例学习相信用户可以制作出效果更佳的作品。

- 带阴影效果的字幕
- 沿路径弯曲的字幕
- 带辉光效果的字幕
- 颜色渐变的字幕
- 带纹理效果的字幕
- 带镂空效果的字幕
- 字幕排列
- 字幕样式中的英文字幕
- 卡通字效果
- 使用软件自带的字幕模板
- 在视频中添加字幕
- 水平滚动的字幕
- 垂直滚动的字幕
- 逐字打出的字幕
- 文字从远处飞来
- 带卷展效果的字幕
- 随水波动的字幕
- 带滚动效果的字幕
- 沿自定义路径运动的字幕
- 带立体旋转效果的字幕
- 手写字效果
- 文字雨效果
- 数字化字幕
- 动态旋转字幕

实例067　带阴影效果的字幕

实例导航

- **案例文件**：场景\Cha04\带阴影效果的字幕.prproj
- **视频文件**：视频教学\Cha04\带阴影效果的字幕.avi
- **难易程度**：★★☆☆☆
- **视频时长**：4分34秒
- **实例要点**：带阴影效果的字幕
- **思路分析**：本例将制作带阴影效果的字幕，其中主要涉及文字与背景的画面融合，效果如图4-1所示。

图4-1 带阴影效果的字幕

1 运行Premiere Pro CS5，在欢迎界面中单击【新建项目】按钮，在【新建项目】对话框中选择项目的保存路径，对项目进行命名，单击【确定】按钮，如图4-2所示。

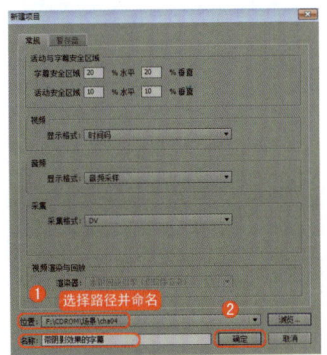

图4-2 新建项目

2 进入【新建序列】对话框中，在【序列预置】选项卡中【有效预置】区域下选择【DV-24P】|【标准48kHz】选项，对【序列名称】进行命名，单击【确定】按钮，如图4-3所示。

3 进入操作界面，在【项目】窗口中【名称】区域下的空白处双击鼠标左键，在弹出的对话框中选择随书附带光盘"素材\Cha04\带阴影效果的字幕.jpg"文件，单击【打开】按钮，如图4-4所示。

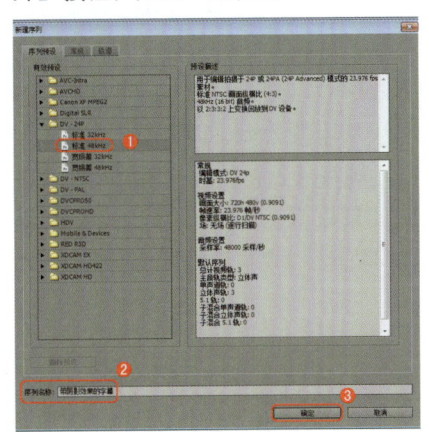

图4-3 新建序列

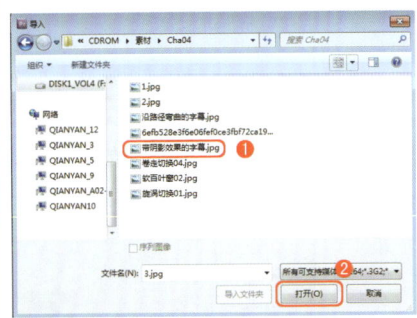

图4-4 导入素材

4 将导入的素材文件拖至【时间线】窗口的【视频1】轨道中，确定素材文件选中的情况下，单击鼠标右键，在弹出的快捷菜单中选择【缩放为当前画面大小】命令，如图4-5所示。

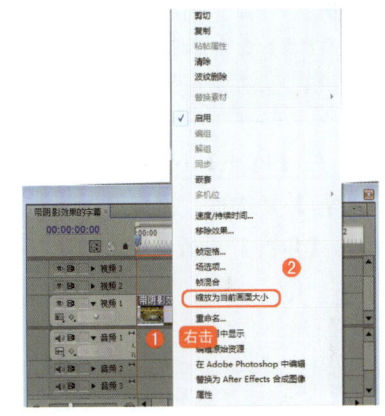

图4-5 调整素材

5 按Ctrl+T键，在弹出的对话框中使用默认命名，单击【确定】按钮，进入字幕窗口，选择【字幕工具】栏中的 ■ 工具，在字幕设计栏中输入"秋高衣爽"，在【字幕属性】栏中【属性】区域下，设置【字体】为"FZChaoCuHei-M10S"，【字体大小】设置为100.0，【字距】设置为20.0；在【填充】区域下将【填充类型】设置为"4色渐变"，然后在【色彩】右侧，将左上方色彩的RGB分别设置为193、93、20，将右上方色彩的RGB分别设置为203、205、23，将左下方色彩设置为"白色"，将右下方色彩的RGB分别设置为244、149、36，在【字幕动作】栏中，分别单击 按钮，将字幕居中对齐，如图4-6所示。

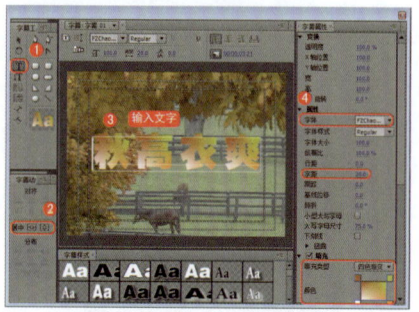

图4-6 设置字幕

提示 除了使用快捷键外，还可以选择【文件】|【新建】|【字幕】命令；或在【项目】窗口中【名称】区域下空白处单击鼠标右键，在弹出的快捷菜单中选择【字幕】命令，都可以打开字幕窗口。

6 在【填充】区域下勾选【光泽】复选框，设置【大小】为100，【角度】设置为335；在【描边】区域下添加一个【内侧边】，【填充类型】设置为"线性渐变"，设置【色彩】左侧色块的RGB为130、240、247，设置【色彩】右侧色块的RGB为94、2、8，如图4-7所示。

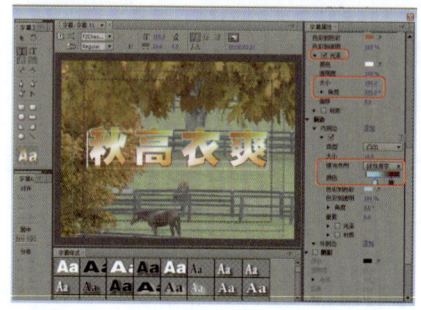

图4-7 设置字幕的【光泽】【内侧边】

7 添加一处【外侧边】，将【类型】设置为"凹进"，【角度】设置为90.0，【级别】设置为16.0，【填充类型】设置为"放射渐变"，将【色彩】左侧的色块RGB设置为140、145、145，右侧的色块的RGB均设置为0；勾选【阴影】复选框，确定【色彩】为"黑色"，【透明度】设置为54.0，【角度】设置为-205.0，【距离】设置为12.0，【大小】设置为0.0，【扩散】设置为31.0，如图4-8所示。

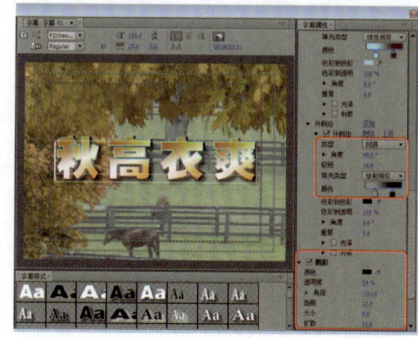

图4-8 设置字幕的【外侧边】、【阴影】

8 将字幕窗口关闭，将"字幕01"拖至【时间线】窗口的【视频2】轨道中，如图4-9所示。

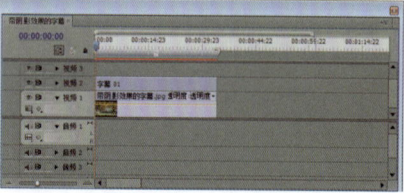

图4-9 将字幕拖入【时间线】窗口

9 将场景进行保存，在【节目监视器】窗口中观看效果。

实例068　沿路径弯曲的字幕

实例导航

- 案例文件：场景\Cha04\沿路径弯曲的字幕.prproj
- 视频文件：视频教学\Cha04\沿路径弯曲的字幕.avi
- 难易程度：★★☆☆☆
- 视频时长：3分57秒
- 实例要点：沿路径弯曲的字幕
- 思路分析：本例将制作沿路径弯曲的字幕，其中用到字幕窗口中的工具来绘制路径并输入文字，效果如图4-10所示。

图4-10 沿路径弯曲的字幕

第4章 字幕制作技法研究

1. 运行Premiere Pro CS5，在欢迎界面中单击【新建项目】按钮，在【新建项目】对话框中选择项目的保存路径，对项目进行命名，单击【确定】按钮，如图4-11所示。

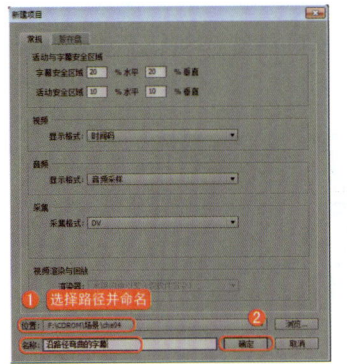

图4-11 新建项目

2. 进入【新建序列】对话框中，在【序列预置】选项卡中【有效预置】区域下选择【DV-24P】|【标准48kHz】选项，对【序列名称】进行命名，单击【确定】按钮，如图4-12所示。

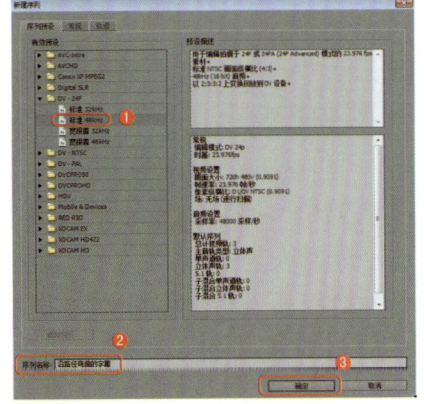

图4-12 新建序列

3. 进入操作界面，在【项目】窗口中【名称】区域下的空白处双击鼠标左键，在弹出的对话框中选择随书附带光盘"素材\Cha04\沿路径弯曲的字幕.jpg"文件，单击【打开】按钮，如图4-13所示。

4. 将导入的素材文件拖至【时间线】窗口的【视频1】轨道中，确定素材文件选中的情况下，单击鼠标右键，在弹出的快捷菜单中选择【缩放为当前画面大小】命令，如图4-14所示。

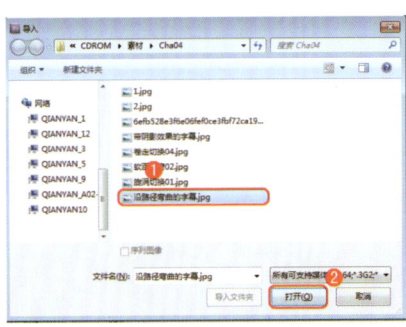

图4-13 打开素材

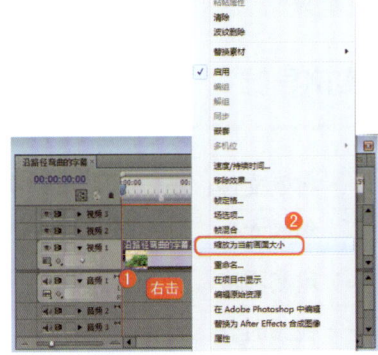

图4-14 调整素材

5. 按Ctrl+T键，在弹出的对话框中使用默认命名，单击【确定】按钮，进入字幕窗口，使用路径文字工具在字幕设计栏中绘制路径，在字幕设计栏中输入"青青墙边草"，在【字幕属性】栏中【属性】区域下，【字体】设置为"FZShaoEr-M11S"，【字体大小】设置为48.0，【字距】设置为80.0，设置【跟踪】为2.0，在【填充】区域下将【填充类型】设置为"线性渐变"，然后将【色彩】左侧色彩的RGB设置为255、255、25，右侧色彩的RGB设置为0、0、0，添加一处【外侧边】，设置【大小】为2.5，【填充类型】设置为"线性渐变"，设置【色彩】左侧的RGB为241、251、250，【色彩】右侧的RGB为191、229、235，勾选【阴影】复选框，色彩设置为黑色，如图4-15和图4-16所示。

图4-15 设置字幕外侧边　　图4-16 设置字幕阴影

6. 将字幕窗口关闭，将"字幕01"拖至【时间线】窗口的【视频2】轨道中，将【效果】|【翻页】切换效果拖入【字幕01】结束处，选中切换效果，在【特效控制台】面板中将持续时间设置为00:00:02:00，翻页方向为"从北东到南西"，如图4-17和图4-18所示。

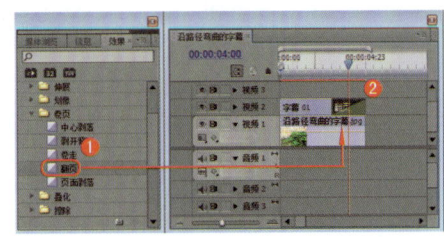

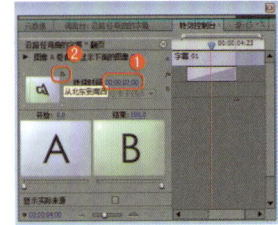

图4-17 添加切换效果图　　图4-18 设置翻页方向

7. 将场景进行保存，在【节目监视器】窗口中观看效果。

69

实例069 带辉光效果的字幕

实例导航

- **案例文件**：场景 \ Cha04 \ 带辉光效果的字幕.prproj
- **视频文件**：视频教学 \ Cha04 \ 带辉光效果的字幕.avi
- **难易程度**：★★☆☆☆
- **视频时长**：3分53秒
- **实例要点**：带辉光效果的字幕
- **思路分析**：本例将介绍带辉光效果字幕的制作，其中在对字幕进行设置时应用到了对【光泽】的设置，产生的效果如图4-19所示。

图4-19 带辉光效果的字幕

1 运行Premiere Pro CS5，在欢迎界面中单击【新建项目】按钮，在【新建项目】对话框中选择项目的保存路径，对项目进行命名，单击【确定】按钮，如图4-20所示。

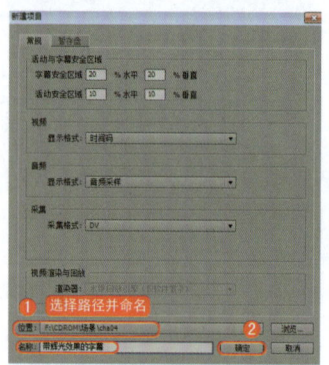

图4-20 新建项目

2 进入【新建序列】对话框中，在【序列预置】选项卡中【有效预置】区域下选择【DV-24P】|【标准48kHz】选项，对【序列名称】进行命名，单击【确定】按钮，如图4-21所示。

3 进入操作界面，在【项目】窗口中【名称】区域下的空白处双击鼠标左键，在弹出的对话框中选择随书附带光盘"素材 \ Cha04 \ 带辉光效果的字幕.jpg"文件，单击【打开】按钮，如图4-22所示。

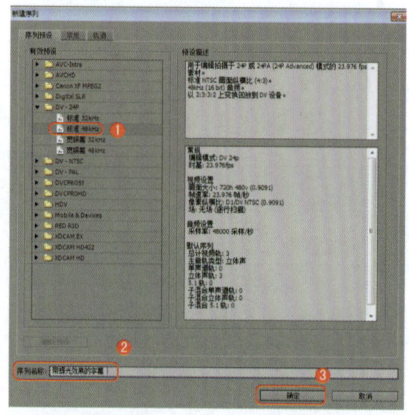

图4-21 新建序列

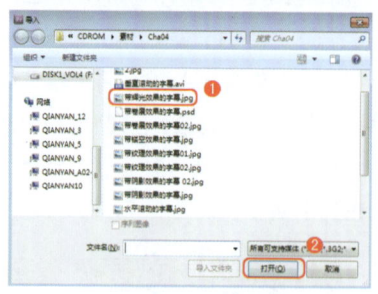

图4-22 打开素材

4 将导入的素材文件拖至【时间线】窗口的【视频1】轨道中，确定素材文件选中的情况下，单击鼠标右键，在弹出的快捷菜单中选择【缩放为当前画面大小】命令，如图4-23所示。

图4-23 调整素材

5 按Ctrl+T键，在弹出的对话框中使用默认命名，单击【确定】按钮，进入字幕窗口，使用矩形工具在字幕设计栏中创建矩形，【宽度】设置为75.8，【高度】设置为510.9，在【填充】区域下将【填充类型】设置为"实色"，【色彩】设置为"白色"，【透明度】设置为20.0，在【变换】区域下将【X轴位置】设置为586.4，【Y轴位置】设置为238，用垂直文字工具输入文字，在设计栏中输入"玉制平安瓶"，在【字幕属性】栏中【属性】区域下将【字体】设置为"FZKangTi"，【字体大小】设置为60.0，【字距】设置为30.0，在【填充】区域下将【填类型】设置为"实色",然后将【色彩】的RGB设置为95、93、72,【透明度】设置为100.0,如图4-24和图4-25所示。

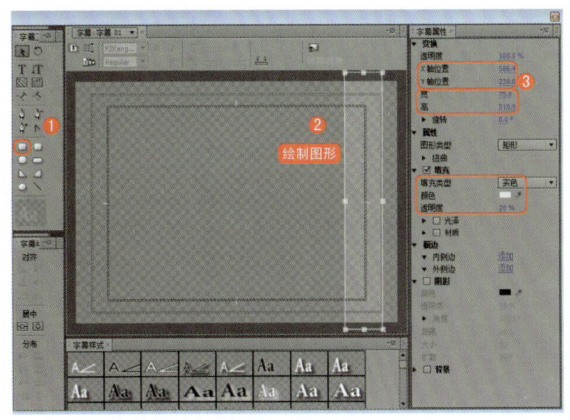

图4-24 绘制图形

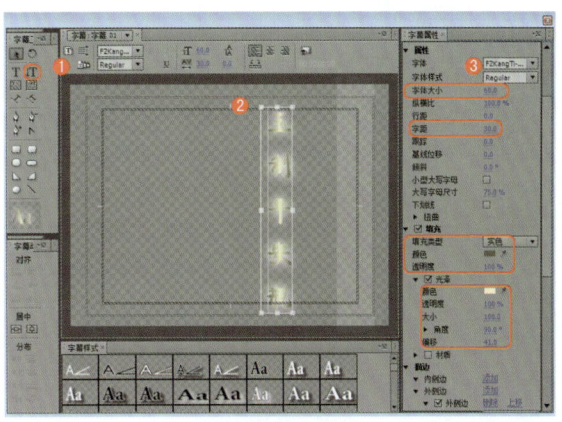

图4-25 设置字幕

6. 勾选【光泽】复选框,设置【色彩】的RGB为255、247、203,【透明度】为100.0,【大小】设置为100.0,【角度】设置为90.0,【偏移】设置为41.0,在【描边】区域下,添加一处【外侧边】,【类型】设置为"凸出",【大小】设置为3.0,设置【填充类型】为"实色",【颜色】的RGB设置为247、255、209,勾选【阴影】复选框,【色彩】设置为白色,【透明度】设置为100.0,【角度】设置为45.0,【距离】设置为0.0,【大小】为6.0,【扩散】设置为100.0,在【变换】区域下,【X轴位置】设置为584.1,【Y轴位置】设置为239.4,如图4-26所示。

7. 将"字幕01"拖至【时间线】窗口的【视频2】轨道中,将场景进行保存,在【节目监视器】窗口中观看效果。

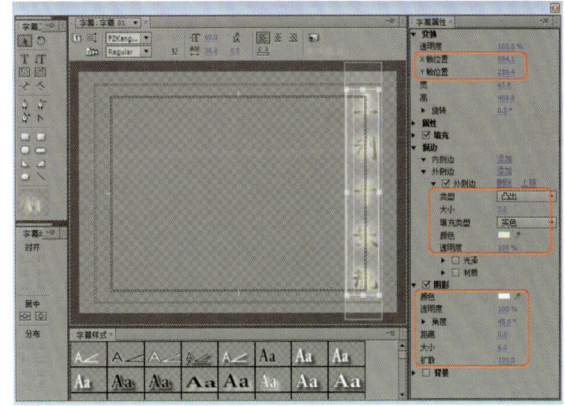

图4-26 设置参数

实例070 颜色渐变的字幕

实例导航

- **案例文件**:场景 \ Cha04 \ 颜色渐变的字幕.prproj
- **视频文件**:视频教学 \ Cha04 \ 颜色渐变的字幕.avi
- **难易程度**:★★☆☆☆
- **视频时长**:3分24秒
- **实例要点**:颜色渐变的字幕
- **思路分析**:本例将制作颜色渐变的字幕效果,其中在对字幕设置填充时,应用了【线性渐变】类型,其效果如图4-27所示。

图4-27 颜色渐变的字幕

1. 运行Premiere Pro CS5，在欢迎界面中单击【新建项目】按钮，在【新建项目】对话框中选择项目的保存路径，对项目进行命名，单击【确定】按钮，如图4-28所示。

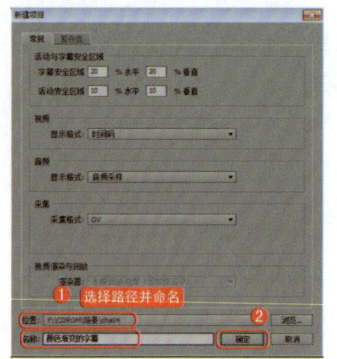

图4-28 新建项目

2. 进入【新建序列】对话框中，在【序列预置】选项卡中【有效预置】区域下选择【DV-24P】|【标准48kHz】选项，对【序列名称】进行命名，单击【确定】按钮，如图4-29所示。

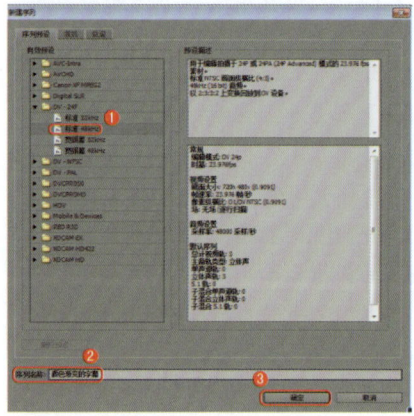

图4-29 新建序列

3. 进入操作界面，在【项目】窗口中【名称】区域下的空白处双击鼠标左键，在弹出的对话框中选择随书附带光盘"素材\Cha04\颜色渐变的字幕.jpg"文件，单击【打开】按钮，如图4-30所示。

4. 将导入的素材拖至【时间线】窗口的【视频1】轨道中，确定素材选中的情况下，单击鼠标右键，

在弹出的快捷菜单中选择【缩放为当前画面大小】命令，如图4-31所示。

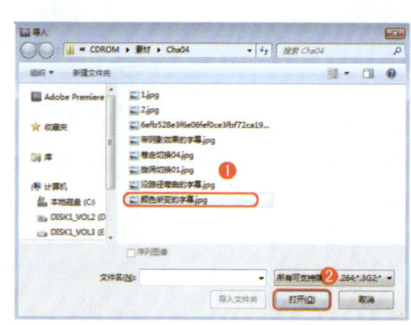

图4-30 打开素材

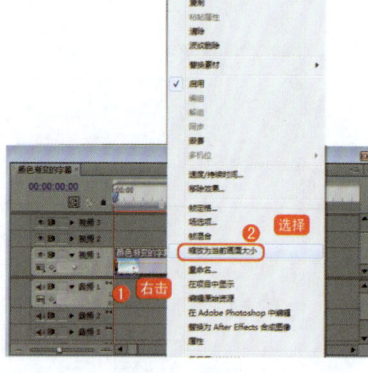

图4-31 调整素材

5. 按Ctrl+T键，在弹出的对话框中使用默认命名，单击【确定】按钮，进入字幕窗口，使用路径文字工具在字幕设计栏中绘制路径，如图4-32所示。

6. 在字幕设计栏中输入"快乐每一天"，在【字幕属性】栏中【属性】区域下，【字体】设置为"FZCuQian-M175"，【字体大小】设置为48.0，【字距】设置为12.0，【跟踪】设置为2.0，在【填充】区域下将【填充类型】设置为"线性渐变"，然后将【色彩】左侧色彩的RGB设置为181、195、230，右侧色彩的RGB设置为203、181、230，添加一处【外侧边】，设置【大小】为2.5，【填充类型】设置为"线性渐变"，设置【色彩】左侧的RGB为241、251、250，【色彩】右侧的RGB为191、229、235，勾选【阴影】复选框，色彩设置为"黑色"，【透明度】设置为70.0，【角度】设置为-225.0，【距离】设置为3.4，【大小】设置为0.0，【扩散】设置为8.1，如图4-33所示。

图4-32 绘制路径

图4-33 设置字幕

7. 将字幕窗口关闭，将"字幕01"拖至【时间线】窗口的【视频2】轨道中，如图4-34所示。

8. 将场景进行保存，在【节目监视器】窗口中观看效果。

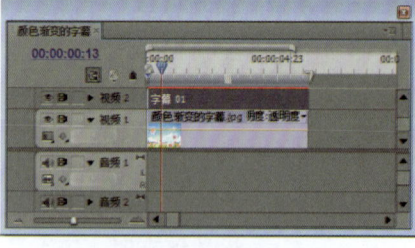

图4-34 拖入【视频2】轨道

实例071 带纹理效果的字幕

实例导航

- 案例文件：场景 \ Cha04 \ 带纹理效果的字幕.prproj
- 视频文件：视频教学 \ Cha04 \ 带纹理效果的字幕.avi
- 难易程度：★★☆☆☆
- 视频时长：4分12秒
- 实例要点：带纹理效果的字幕
- 思路分析：本例将介绍带纹理效果的字幕，在对字幕进行设置时应用到了材质效果，然后再通过特效对字幕进一步设置，效果如图4-35所示。

图4-35 带纹理效果的字幕

1 运行Premiere Pro CS5，在欢迎界面中单击【新建项目】按钮，在【新建项目】对话框中选择项目的保存路径，对项目进行命名，单击【确定】按钮，如图4-36所示。

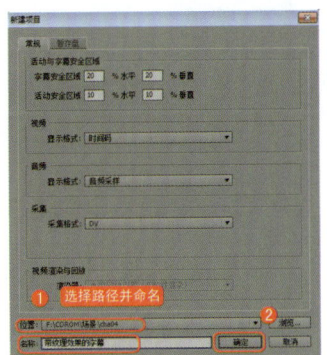

图4-36 新建项目

2 进入【新建序列】对话框中，在【序列预置】选项卡中【有效预置】区域下选择【DV-24P】|【标准48kHz】选项，对【序列名称】进行命名，单击【确定】按钮，如图4-37所示。

3 进入操作界面，在【项目】窗口中【名称】区域下的空白处双击鼠标左键，在弹出的对话框中选择随书附带光盘"素材 \ Cha04 \ 带纹理效果的字幕02.jpg"文件，单击【打开】按钮，将导入的素材拖至【时间线】窗口的【视频1】轨道中，如图4-38和图4-39所示。

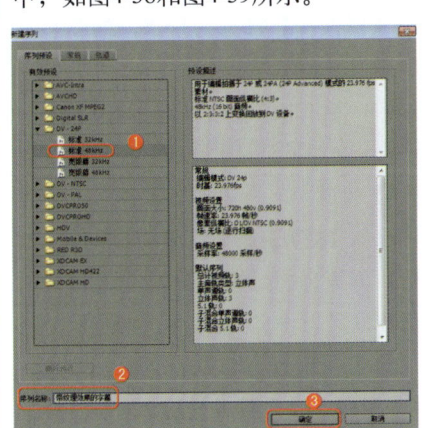

图4-37 新建序列

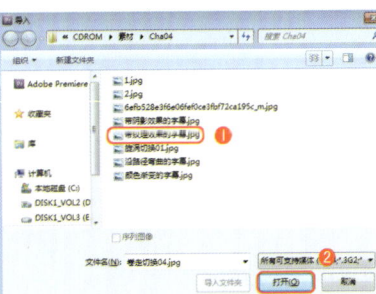

图4-38 打开素材

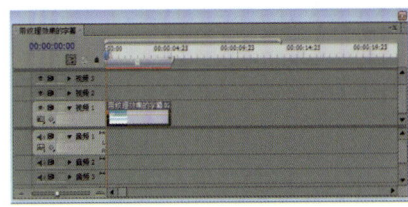

图4-39 拖入【视频1】轨道

4 按Ctrl+T键新建字幕，使用默认名称，进入字幕窗口，使用【字幕工具】栏中的工具，在字幕设计栏中输入"blue"，将【字体大小】设置为100.0，【字体】选择"FZHuPo"样式，在【字幕动作】中分别单击 、 按钮，将字幕居中对齐，选中字幕设计栏中的"blue"，在【字幕属性】栏中勾选【填充】区域下的【材质】复选框，单击【材质】右侧的 图标，在弹出的对话框中选择随书附带光盘中"素材 \ Cha04 \ 带纹理效果的字幕01.jpg"文件，单击【打开】按钮，在【缩放】下将【X轴对象】、【Y轴对象】分别设置为"面"，【水平】、【垂直】分别设置为160.0、100.0，如图4-40所示。

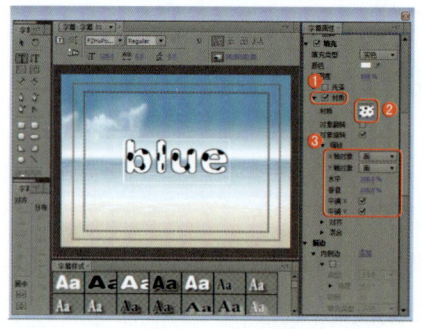

图4-40 设置字体

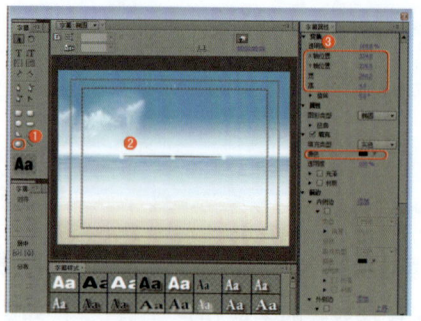

图4-41 设置"椭圆"

5 单击字幕窗口中的 按钮,新建字幕并将其进行命名为"椭圆",将字幕设计栏中的"blue"删除,使用 工具,在字幕设计栏中创建椭圆,在【字幕属性】栏中将【变换】区域下的【宽】、【高】分别设置为290.2、4.0,【X位置】、【Y位置】分别设置为324.0、236.5。在【填充】区域下,设置【填充类型】为"实色",将【色彩】设置为"黑色",取消【材质】复选框的勾选,删除所有的描边,取消【阴影】复选框的勾选,如图4-41所示。

6 关闭字幕窗口,将"字幕01"拖至【时间线】窗口的【视频3】轨道中,为"字幕01"添加【镜像】特效,激活【特效控制台】面板,将【镜像】区域下的【反射中心】设置为384.1、235.0,【反射角度】设置为90.0,如图4-42所示。

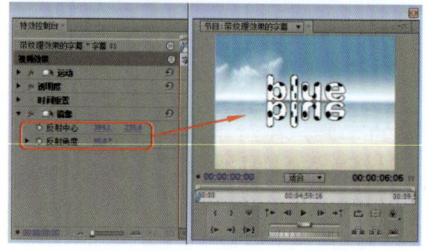

图4-42 添加并设置【镜像】特效

7 将"椭圆"拖至【时间线】窗口的【视频2】轨道中,为其添加【高斯模糊】特效,激活【特效控制台】面板,将【高斯模糊】区域下的【模糊度】设置为13.8,如图4-43所示。

8 将"带纹理效果的字幕02.jpg"文件拖至【时间线】窗口的【视频4】轨道中,为【视频4】轨道中的文件添加【裁剪】特效,激活【特效控制台】面板,将【裁剪】区域下的【顶部】设置为50.5,设置【透明度】区域下的【透明度】为80.0,【混合模式】

设置为"变亮",将【运动】区域下的【位置】设置为366.3、233.6,如图4-44和图4-45所示。

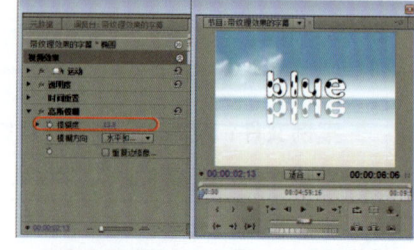

图4-43 添加并设置【高斯模糊】特效

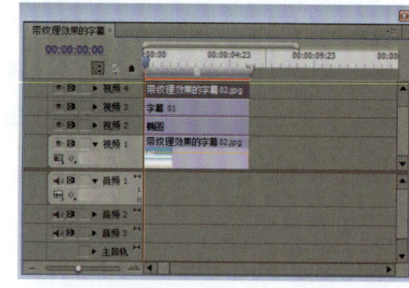

图4-44 将字幕拖入【视频4】

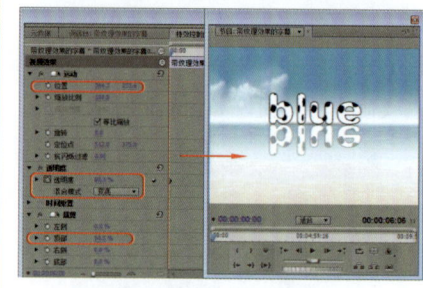

图4-45 添加并设置特效

9 将设置完的场景进行保存,然后在【节目监视器】窗口中观看效果。

实例072 带镂空效果的字幕

实例导航

- **案例文件**:场景 \ Cha04 \ 带镂空效果的字幕.prproj
- **视频文件**:视频教学 \ Cha04 \ 带镂空效果的字幕.avi
- **难易程度**:★★☆☆☆

（续）

- 视频时长：6分30秒
- 实例要点：带镂空效果的字幕
- 思路分析：本例将介绍带镂空效果的字幕，在字幕窗口中主要对【外侧边】、【内侧边】进行设置，使其更像是刻在背景上的字，效果如图4-46所示。

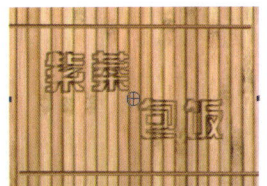

图4-46 带镂空效果的字幕

1 运行Premiere Pro CS5，在欢迎界面中单击【新建项目】按钮，在【新建项目】对话框中选择项目的保存路径，对项目进行命名，单击【确定】按钮，如图4-47所示。

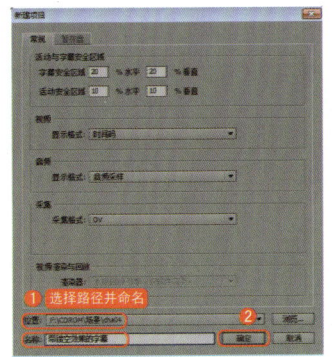

图4-47 新建项目

2 进入【新建序列】对话框中，在【序列预置】选项卡中【有效预置】区域下选择【DV-24P】|【标准48kHz】选项，对【序列名称】进行命名，单击【确定】按钮，如图4-48所示。

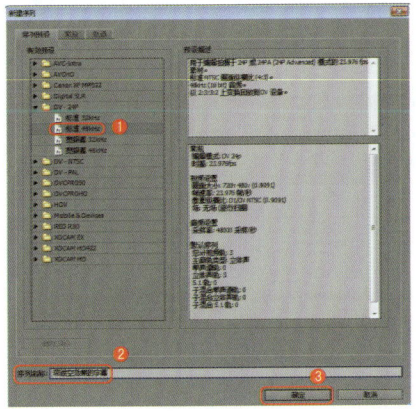

图4-48 新建序列

3 进入操作界面，在【项目】窗口中【名称】区域下空白处双击鼠标左键，在弹出的对话框中选择随书附带光盘"素材\Cha04\带镂空效果的字幕.jpg"文件，单击【打开】按钮，如图4-49所示。

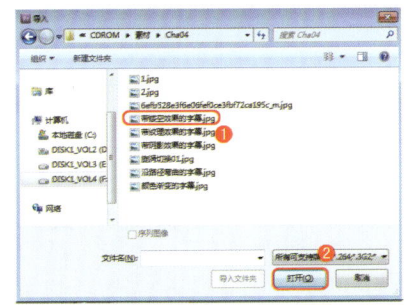

图4-49 打开素材

4 将"带镂空效果的字幕.jpg"文件拖至【时间线】窗口的【视频1】轨道中。按Ctrl+T键新建字幕，使用默认命名，进入字幕窗口，使用 工具，在字幕设计栏中输入"紫菜包饭"，在【字幕属性】栏中【属性】区域下，将【字体】设置为"FZZongYi-M05S"，【字体大小】设置为100.0，【行距】设置为20.0，【字距】设置为10.0；添加一处【内侧边】，将【类型】设置为"凸出"，【大小】设置为10.0，【填充类型】设置为"线性渐变"，设置【色彩】左侧色标的RGB为98、42、3，右侧色标RGB设置为229、160、109，【角度】设置为90.0，【重复】设置为2.0；再添加一处【内侧边】，

将【填充类型】设置为"线性渐变"，将【色彩】左侧色标的RGB设置为229、160、109，右侧色标RGB设置为98、42、3，调整两个色标的位置，将【角度】、【重复】分别设置为90.0、2.0；单击【字幕动作】栏中的 、 按钮，将文字居中对齐，在【填充】区域下，将【透明度】设置为0.0，如图4-50所示。

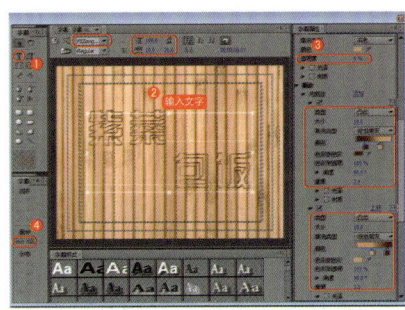

图4-50 设置字幕

5 勾选第二个【内侧边】下的【光泽】复选框，将【色彩】的RGB设置为226、164、119，【大小】、【角度】、【偏移】分别设置为29、90、2；添加一处【外侧边】，将【填充类型】设置为"线性渐变"，设置【色彩】左侧色标RGB为98、42、3，右侧色标RGB设置为229、160、109，【角度】、【重复】分别设置为90、2；添加第二处【外侧边】，将【填充类型】设置为"线性渐变"，将【色彩】左侧的色标RGB设置为229、160、109，设置右侧色标RGB为98、42、3，【色彩

到透明】设置为80.0,【角度】设置为90.0,如图4-51所示。

置为"线性渐变",分别设置【色彩】左、右侧色标RGB为126、44、8,将两个色标的【色彩到透明】分别设置为100.0,勾选【光泽】复选框,将【色彩】RGB设置为239、176、120,【大小】设置为6.0,再对设置完成后的直线进行复制粘贴,调整它们的位置,如图4-52所示。

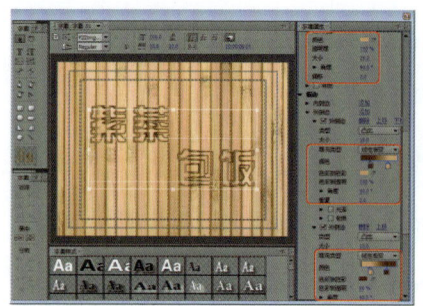

图4-51 设置【光泽】、【外侧边】

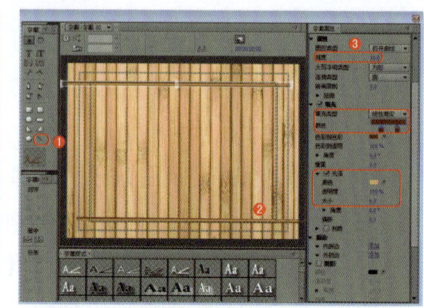

图4-52 设置直线

6 新建字幕,使用默认命名,使用■工具,在字幕设计栏中创建直线,在【字幕属性】栏中将【属性】区域下的【线宽】设置为10.0;将【填充】区域下的【填充类型】设

7 将"字幕01"、"字幕02"分别拖至【时间线】窗口的【视频2】、【视频3】轨道中,如图4-53所示。

8 此时将设置完成的场景保存,然后在【节目监视器】窗口中观看效果。

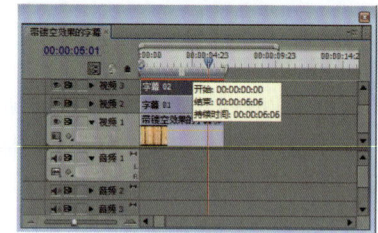

图4-53 拖入相应的轨道中

实例073 字幕排列

实例导航

- 案例文件:场景 \ Cha04 \ 字幕排列.prproj
- 视频文件:视频教学 \ Cha04 \ 字幕排列.avi
- 难易程度:★★☆☆☆
- 视频时长:4分17秒
- 实例要点:字幕排列的应用
- 思路分析:本例的制作主要是对不同的字进行不同的设置,效果如图4-54所示。

图4-54 字幕排列效果

实例074 字幕样式中的英文字幕

实例导航

- 案例文件:场景 \ Cha04 \ 字幕样式中的英文字幕.prproj
- 视频文件:视频教学 \ Cha04 \ 字幕样式中的英文字幕.avi

（续）

- 难易程度：★★☆☆☆
- 视频时长：1分54秒
- 实例要点：字幕样式中英文字幕的应用
- 思路分析：本例将主要对字幕应用【字幕样式】栏中的样式，并对添加样式后的字幕进行设置，效果如图4-55所示。

图4-55 字幕样式中的英文字幕

实例075 卡通字效果

实例导航

- 案例文件：场景\Cha04\卡通字效果.prproj
- 视频文件：视频教学\Cha04\卡通字效果.avi
- 难易程度：★★☆☆☆
- 视频时长：3分59秒
- 实例要点：▧ 工具的应用
- 思路分析：本例通过 ▧ 工具，绘制字的形状，再通过绘制不同的高光、阴影，产生卡通效果，如图4-56所示。

图4-56 卡通字效果

实例076 使用软件自带的字幕模板

实例导航

- 案例文件：场景\Cha04\使用软件自带的字幕模板.prproj
- 视频文件：视频教学\Cha04\使用软件自带的字幕模板.avi
- 难易程度：★★☆☆☆
- 视频时长：57秒
- 实例要点：使用软件自带的字幕模板
- 思路分析：本例介绍如何在软件中使用自带模板，效果如图4-57所示。

图4-57 使用软件自带的字幕模板

实例077 在视频中添加字幕

实例导航

- 案例文件：场景 \ Cha04 \ 在视频中添加字幕.prproj
- 视频文件：视频教学 \ Cha04 \ 在视频中添加字幕.avi
- 难易程度：★★☆☆☆
- 视频时长：3分34秒
- 实例要点：在视频中添加字幕的应用
- 思路分析：本例将介绍为视频添加字幕，主要是字幕与背景的融合效果，如图4-58所示。

图4-58 在视频中添加字幕

实例078 水平滚动的字幕

实例导航

- 案例文件：场景 \ Cha04 \ 水平滚动的字幕.prproj
- 视频文件：视频教学 \ Cha04 \ 水平滚动的字幕.avi
- 难易程度：★★☆☆☆
- 视频时长：4分06秒
- 实例要点：水平滚动的字幕
- 思路分析：本例将制作水平滚动的字幕，主要通过【滚动/游动选项】对话框来设置，效果如图4-59所示。

图4-59 水平滚动的字幕

1. 运行Premiere Pro CS5，在欢迎界面中单击【新建项目】按钮，在【新建项目】对话框中选择项目的保存路径，对项目进行命名，单击【确定】按钮，如图4-60所示。

2. 进入【新建序列】对话框中，在【序列预置】选项卡中【有效预置】区域下选择【DV-24P】|【标准48kHz】选项，对【序列名称】进行命名，单击【确定】按钮，如图4-61所示。

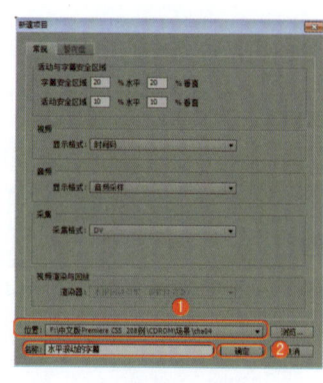

图4-60 新建项目

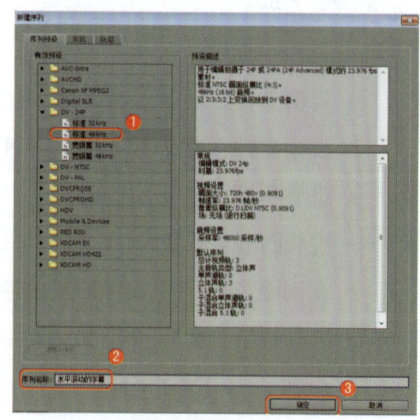

图4-61 新建序列

3 进入操作界面，在【项目】窗口中【名称】区域下的空白处双击鼠标左键，在弹出的对话框中选择随书附带光盘"素材\Cha04\水平滚动的字幕.jpg"文件，单击【打开】按钮，如图4-62所示。

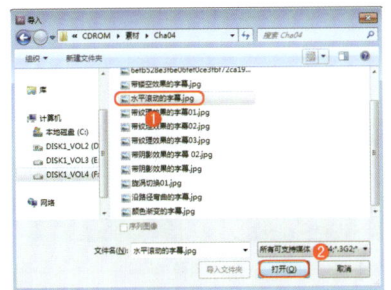

图4-62 导入素材

4 将导入的素材拖至【时间线】窗口的【视频1】轨道中，确定素材选中的情况下，单击鼠标右键，在弹出的快捷菜单中选择【缩放为当前画面大小】命令，如图4-63所示。

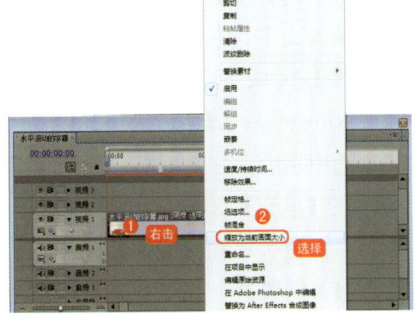

图4-63 调整素材

5 按Ctrl+T键，使用默认命名，单击【确定】按钮，进入字幕窗口，选择【字幕工具】栏中的 工具，在字幕设计栏中输入文字。在【字幕属性】栏中【属性】区域下，设置【字体】为"STXinwei"，【字体大小】设置为35.0；在【填充】区域下将【色彩】的RGB值设置为239、240、235，勾选【阴影】复选框，将【色彩】设置为"黑色"，【透明度】设置为70.0，【角度】设置为-150.0，【距离】设置为2.0，【大小】设置为5.0，【扩散】设置为16.0，在【变换】区域下，设置【X位置】、【Y位置】分别为313.0、86.0，如图4-64所示。

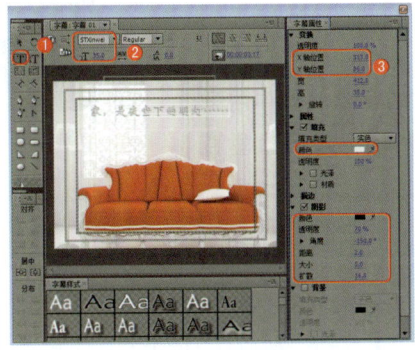

图4-64 设置字幕

6 在字幕窗口中单击 按钮，进入【滚动/游动选项】对话框，选择【字幕类型】区域下的【左游动】单选按钮，勾选【时间（帧）】区域下的【开始于屏幕外】复选框，单击【确定】按钮，如图4-65所示。

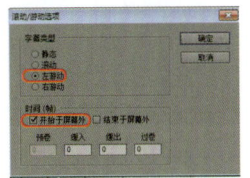

图4-65 设置字幕游动的方向

7 单击字幕窗口中的 按钮，新建"字幕02"，使用 工具，将字幕设计栏中的文字删除，输入新的文字，在【字幕属性】栏中，将【属性】区域下的【字体】设置为"STXinwei"，【字体大小】设置为45.0，【行距】设置为2.0；【填充】、【阴影】区域的设置与步骤5的设置一样。在【变换】区域下，设置【X位置】、【Y位置】分别为382.9、155.0，如图4-66所示。

8 关闭字幕窗口，将时间设置为00:00:08:17，将"字幕01"拖至【时间线】窗口的【视频2】轨道中，拖动【视频1】、【视频2】轨道中文件、字幕的结束处与编辑标识线对齐，将时间设置为00:00:03:17，将"字幕02"拖至【时间线】窗口的【视频2】轨道中，将其与编辑标识线对齐，并将其结束处与其他文件的结束处对齐，如图4-67所示。

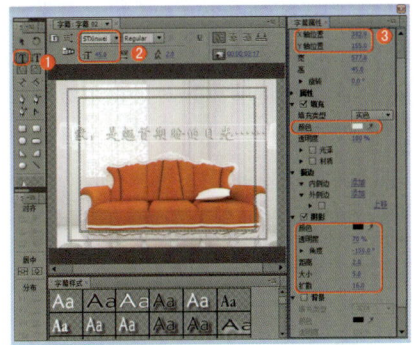

图4-66 设置"字幕002"

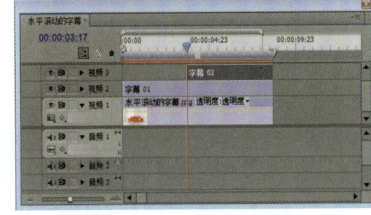

图4-67 拖入并设置"字幕02"

9 此时将设置完成的场景保存，然后在【节目监视器】窗口中观看效果。

实例079 垂直滚动的字幕

实例导航

→ **案例文件**：场景\Cha04\垂直滚动的字幕.prproj
→ **视频文件**：视频教学\Cha04\垂直滚动的字幕.avi
→ **难易程度**：★★☆☆☆
→ **视频时长**：2分31秒
→ **实例要点**：垂直滚动的字幕
→ **思路分析**：本例将制作垂直滚动的字幕，其中用到【滚动/游动选项】对话框来设置垂直滚动的字幕，效果如图4-68所示。

图4-68 垂直滚动的字幕

---

1 运行Premiere Pro CS5，在欢迎界面中单击【新建项目】按钮，在【新建项目】对话框中选择项目的保存路径，对项目进行命名，单击【确定】按钮，如图4-69所示。

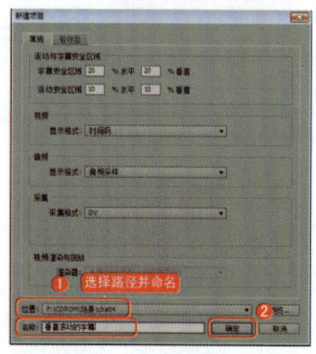

图4-69 新建项目

2 进入【新建序列】对话框中，在【序列预置】选项卡中【有效预置】区域下选择【DV-24P】|【标准48kHz】选项，对【序列名称】进行命名，单击【确定】按钮，如图4-70所示。

3 进入操作界面，在【项目】窗口中【名称】区域下的空白处双击鼠标左键，在弹出的对话框中选择随书附带光盘"素材\Cha04\垂直滚动的字幕.jpg"文件，单击【打开】按钮，如图4-71所示。

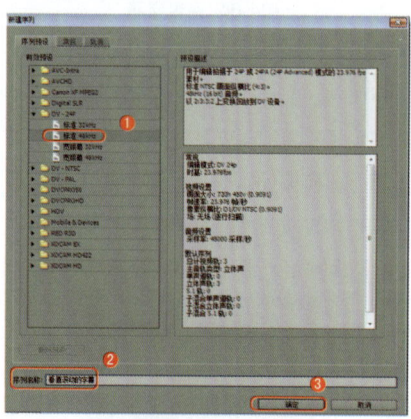

图4-70 新建序列

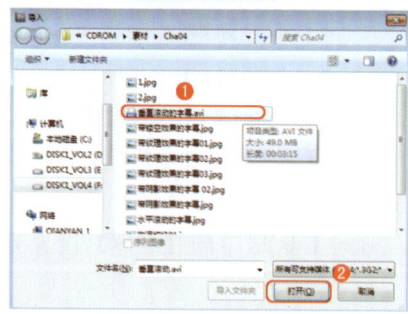

图4-71 打开素材

4 在素材源窗口中设置时间为00:03:02:07，设置出点，在时间线窗口，设置时间为00:00:00:00，单击 按钮，如图4-72所示。新建字幕，使用默认命名，单击【确定】按钮，进入字幕窗口，选择【字幕工具】栏中选择 工具，在字幕设计栏中输入文字，在【字幕属性】栏中【属性】区域下，设置【字体】为"STXinwei"，【字体大小】设置为20；选中所有文字，【行距】设置为30，在【填充】区域下将【色彩】设置为"白色"，在【变换】区域下，设置【X位置】、【Y位置】分别为411.8、326.5，添加一处【内侧边】设置【颜色】为"黑色"，单击【滚动/游动选项】按钮，勾选【滚动】选项，选中【开始于屏幕外】、【结束于屏幕外】，如图4-73和图4-74所示。

图4-72 设置出点

第4章 字幕制作技法研究

5 关闭字幕窗口,将"字幕01"拖至【时间线】窗口【视频2】轨道中,设置时间为00:01:35:00,拖动【视频2】轨道中字幕的结束处与编辑标识线对齐,激活【效果】面板,为字幕添加【裁剪】特效,设置【特效控制台】|【裁剪】的顶部和底部都为12,如图4-75所示。

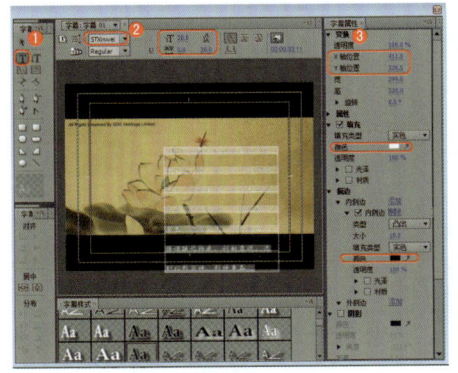

图4-73 设置"字幕01"

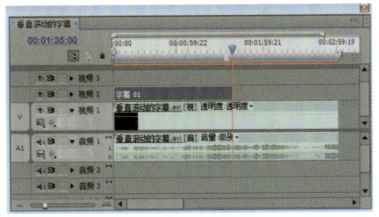

图4-74 调整素材

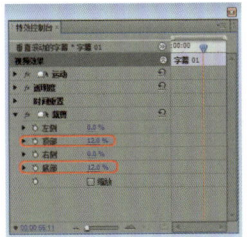

图4-75 设置参数

6 将设置完成的场景保存,然后在【节目监视器】窗口中观看效果。

实例080　逐字打出的字幕

实例导航

- **案例文件**：场景 | Cha04 |逐字打出的字幕.prproj
- **视频文件**：视频教学 | Cha04 |逐字打出的字幕.avi
- **难易程度**：★★☆☆☆
- **视频时长**：4分57秒
- **实例要点**：逐字打出的字幕
- **思路分析**：本例将介绍逐字打出的字幕效果,其中在字幕窗口中将文字制作出来,再通过

【裁剪】特效制作,产生的效果如图4-76所示。

图4-76 逐字打出的字幕

1 运行Premiere Pro CS5,在欢迎界面中单击【新建项目】按钮,在【新建项目】对话框中选择项目的保存路径,对项目进行命名,单击【确定】按钮,如图4-77所示。

2 进入【新建序列】对话框中,在【序列预置】选项卡中【有效预置】区域下选择【DV-24P】|【标准48kHz】选项,对【序列名称】进行命名,单击【确定】按钮,如图4-78所示。

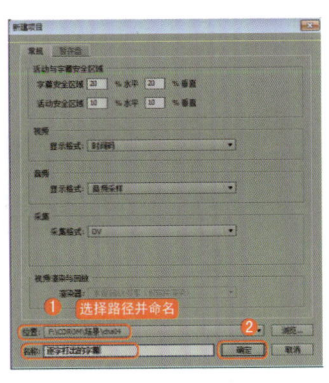

图4-77 新建项目

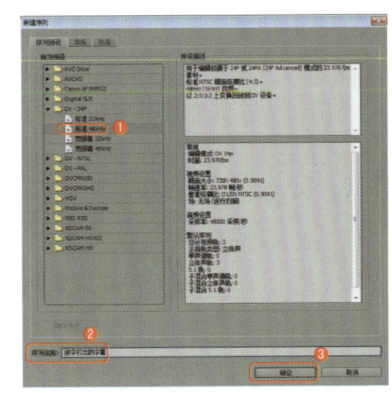

图4-78 新建序列

③ 进入操作界面，在【项目】窗口中【名称】区域下的空白处双击鼠标左键，在弹出的对话框中选择随书附带光盘"素材\Cha04\逐字打出的字幕.jpg"文件，单击【打开】按钮，如图4-79所示。

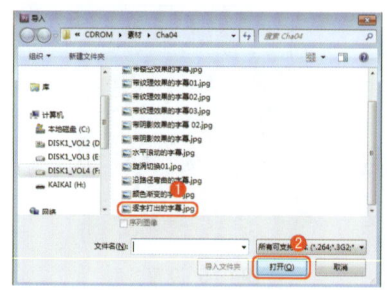

图4-79 打开素材

④ 将导入的素材文件拖至【时间线】窗口的【视频1】轨道中，确定素材文件选中的情况下，单击鼠标右键，在弹出的快捷菜单中选择【缩放为当前画面大小】命令，设置【速度/持续时间】为00:00:06:06。

⑤ 按Ctrl+T键，使用默认字幕名称，进入字幕窗口，使用【字幕工具】栏中的 工具，在字幕设计栏中输入"special focus"，在字幕设计栏上设置【字体】为"STXinWei"，【字体大小】设置为87.0，【字距】设置为0.0。在【字幕属性】栏中设置【填充】区域下【填充类型】为"线性渐变"，将【色彩】左侧色块的RGB设置为211、205、205，右侧色块的RGB设置为0、0、0，勾选【光泽】复选框，设置【大小】为2.0；在【描边】区域下添加【外侧边】，设置【类型】为"凸出"。在【变换】区域下，设置【X位置】、【Y位置】分别为327.8、83.7，如图4-80所示。

⑥ 关闭字幕窗口，将"字幕01"拖至【时间线】窗口【视频2】轨道中，并为其添加【裁剪】特效，确定当前时间为00:00:00:00，激活【特效控制台】面板，设置【裁剪】区域下的【右侧】为85.0，并单击其左侧的 按钮，打开动画关键帧的记录，如图4-81所示。

图4-80 输入并设置字母

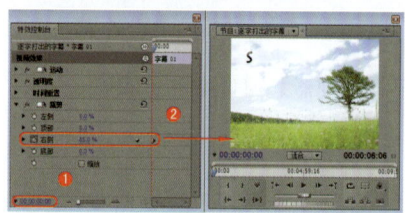

图4-81 设置关键帧

⑦ 设置当前时间为00:00:00:11，在【特效控制台】面板中，设置【裁剪】区域下的【右侧】为77，如图4-82所示。

图4-82 设置关键帧

⑧ 将时间设置为00:00:00:22，在【特效控制台】面板中，单击【裁剪】区域下【右侧】右侧的 按钮，添加一处关键帧，如图4-83所示。

图4-83 添加一处关键帧

⑨ 将时间设置为00:00:01:12，在【特效控制台】面板中，将【裁剪】区域下的【右侧】设置为69.0，如图4-84所示。

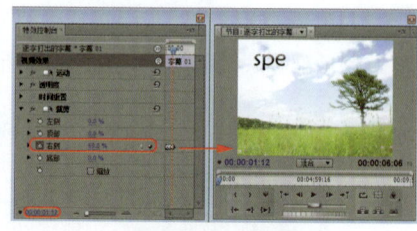

图4-84 设置关键帧

⑩ 将时间设置为00:00:01:23，在【特效控制台】面板中，单击【裁剪】区域下【右侧】右侧的 按钮，添加一处关键帧，如图4-85所示。

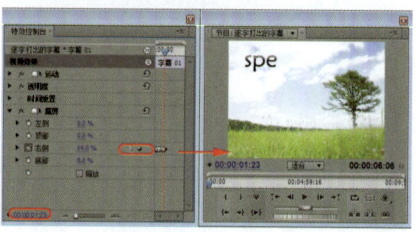

图4-85 添加一处关键帧

⑪ 将时间设置为00:00:02:04，在【特效控制台】面板中，将【裁剪】区域下【右侧】设置为61.5，如图4-86所示。

图4-86 设置关键帧

⑫ 将时间设置为00:00:02:16，在【特效控制台】面板中，单击【右侧】右侧的 按钮，添加一处关键帧，如图4-87所示。

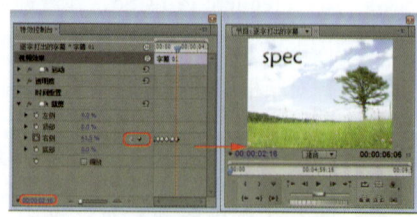

图4-87 添加一处关键帧

⑬ 将时间设置为00:00:03:05，在【特效控制台】面板中，将【裁剪】区域下的【右侧】设置为

51.2，如图4-88所示。

图4-88 设置关键帧

14 将时间设置为00:00:03:15，在【特效控制台】面板中，单击【右侧】右侧的 按钮，添加一处关键帧，如图4-89所示。

图4-89 添加一处关键帧

15 将时间设置为00:00:04:14，在【特效控制台】面板中，将【裁剪】区域下的【右侧】设置为29.0，如图4-90所示。

图4-90 设置关键帧

16 将时间设置为00:00:04:16，在【特效控制台】面板中，单击【右侧】右侧的 按钮，添加一处关键帧，如图4-91所示。

图4-91 添加一处关键帧

17 将时间设置为00:00:05:01，在【特效控制台】面板中，将【裁剪】区域下的【右侧】设置为22.5，如图4-92所示。

图4-92 设置关键帧

18 将时间设置为00:00:05:13，在【特效控制台】面板中，单击【右侧】右侧的 按钮，添加一处关键帧，如图4-93所示。

19 将时间设置为00:00:05:20，在【特效控制台】面板中，将【裁剪】区域下的【右侧】设置为15.0，如图4-94所示。

图4-93 添加一处关键帧

图4-94 设置关键帧

20 将时间设置为00:00:06:03，在【特效控制台】面板中，将【裁剪】区域下的【右侧】设置为7.0，如图4-95所示。

图4-95 设置关键帧

21 保存场景，单击【节目监视器】窗口中的 ▶ 按钮，观看效果。

实例081 文字从远处飞来

实例导航

- **案例文件**：场景 \ Cha04 \ 文字从远处飞来.prproj
- **视频文件**：视频教学 \ Cha04 \ 文字从远处飞来.avi
- **难易程度**：★★☆☆☆
- **视频时长**：3分43秒
- **实例要点**：文字从远处飞来
- **思路分析**：本例将制作文字从远处飞来的字幕效果，其中在字幕窗口中设置字幕，然后通过【旋转离开】切换效果制作，如图4-96所示。

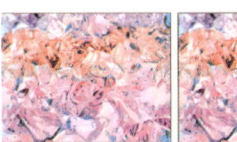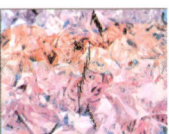

图4-96 文字从远处飞来

1. 运行Premiere Pro CS5，在欢迎界面中单击【新建项目】按钮，在【新建项目】对话框中选择项目的保存路径，对项目进行命名，单击【确定】按钮，如图4-97所示。

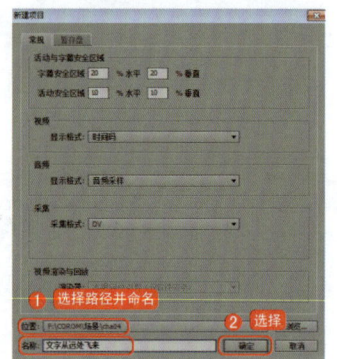

图4-97 新建项目

2. 进入【新建序列】对话框中，在【序列预置】选项卡中【有效预置】区域下选择【DV-24P】|【标准48kHz】选项，对【序列名称】进行命名，单击【确定】按钮，如图4-98所示。

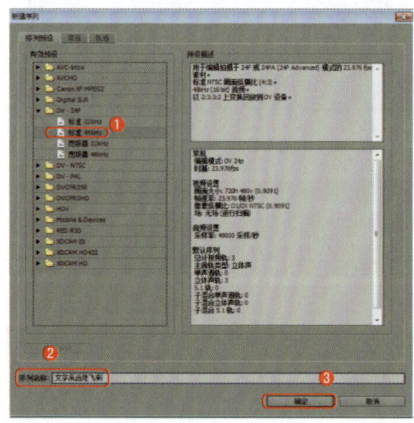

图4-98 新建序列

3. 进入操作界面，在【项目】窗口中【名称】区域下的空白处双击鼠标左键，在弹出的对话框中选择随书附带光盘"素材\Cha04\文字从远处飞来.jpg"文件，单击【打开】按钮，如图4-99所示。

4. 将导入的素材文件拖至【时间线】窗口的【视频1】轨道中，确定素材文件选中的情况下，单击鼠标右键，在弹出的快捷菜单中选择

【缩放为当前画面大小】命令。

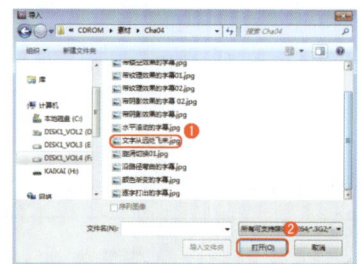

图4-99 打开素材

5. 选中素材，在【特效控制台】面板中设置【缩放比例】为191.1，按Ctrl+T键，使用默认字幕名称，进入字幕窗口，使用【字幕工具】栏中的 工具，在字幕设计栏中输入英文，在【字幕属性】栏中，设置【属性】区域下的【字体】为"Edwardian Script ITC"，【字体大小】设置为120.0，在【填充】区域下，设置【色彩】为黑色，在【变换】区域下设置【宽】为180.1、【高】为120.0、【旋转】为23.0、【X位置】、【Y位置】分别设置为429.1、382.3，如图4-100所示。

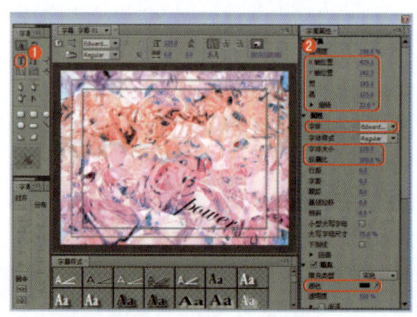

图4-100 设置"字幕01"

6. 单击字幕窗口中的 按钮，新建"字幕02"，使用 工具，选择字幕设计栏中的英文，在【字幕属性】栏中，设置【属性】区域下的【字体】为"Gigi"，【字体大小】设置为80.0，设置【填充】区域下的【色彩】为黑色；在【变换】区域下设置【宽】为156.4、【高】为80、【旋转】为16.9、【X位置】、【Y位置】分别设置为235.7、123.6，如图4-101所示。

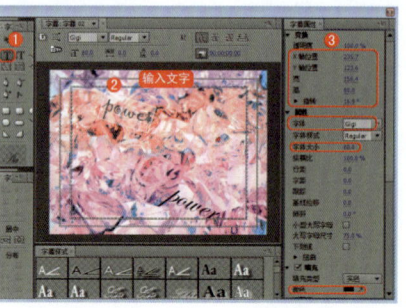

图4-101 设置"字幕02"

7. 单击字幕窗口中的 按钮，新建"字幕03"，使用 工具，选择字幕设计栏中的英文，在【字幕属性】栏中，设置【属性】区域下的【字体】为"Harlow Solid Italic"，【字体大小】设置为100；设置【填充】区域下的【色彩】为黑色；在【变换】区域下设置【宽】为185.8、【高】为100、【旋转】为28.2、【X位置】、【Y位置】分别设置为526.2、62.6，如图4-102所示。

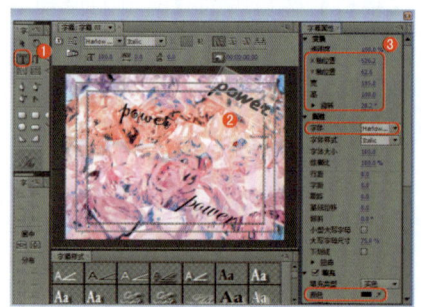

图4-102 设置"字幕03"

8. 单击字幕窗口中的 按钮，新建"字幕04"，使用 工具，选择字幕设计栏中的英文，在【字幕属性】栏中，设置【属性】区域下的【字体】为"Edwardian Script ITC"，【字体大小】设置为220.0；设置【填充】区域下的【色彩】为黑色；在【变换】区域下设置【宽】为330.1、【高】为220、【旋转】为315、【X位置】、【Y位置】分别设置为293.6、236，如图4-103所示。

9. 关闭字幕窗口，分别将"字幕01"、"字幕02"、"字幕03"、"字幕04"拖至【时间线】窗口的

第4章 字幕制作技法研究

【视频2】、【视频3】、【视频4】、【视频5】轨道中，分别为4个字幕开始处添加【旋转离开】切换效果，拖动【视频1】中的素材使其与字幕结尾处对齐，如图4-104所示。

10 将场景保存，单击【节目监视器】窗口中的 ▶ 按钮，观看效果。

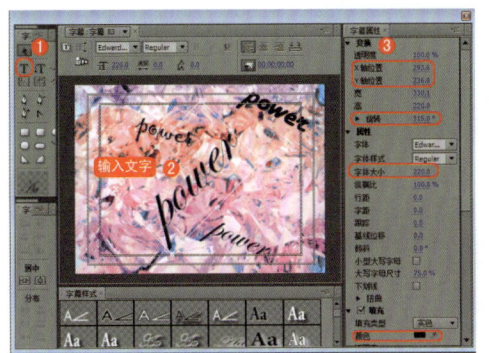

图4-103 设置"字幕04"

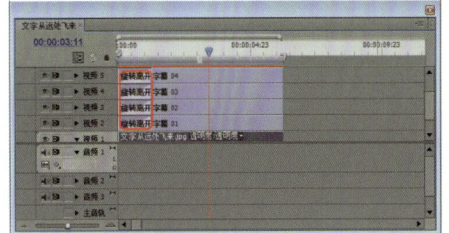

图4-104 拖入并设置字幕

实例082　带卷展效果的字幕

实例导航

- 案例文件：场景\Cha04\带卷展效果的字幕.prproj
- 视频文件：视频教学\Cha04\带卷展效果的字幕.avi
- 难易程度：★★☆☆☆
- 视频时长：4分39秒
- 实例要点：带卷展效果的字幕
- 思路分析：本例将介绍卷展效果的字幕，通过字幕窗口将文字制作出来，然后为素材、字幕添加【卷走】特效，使之产生卷页的效果，如图4-105所示。

图4-105 带卷展效果的字幕

1 运行Premiere Pro CS5，在欢迎界面中单击【新建项目】按钮，在【新建项目】对话框中选择项目的保存路径，对项目进行命名，单击【确定】按钮，如图4-106所示。

2 进入【新建序列】对话框中，在【序列预置】选项卡中【有效预置】区域下选择【DV-24P】|【标准48kHz】选项，对【序列名称】进行命名，单击【确定】按钮，如图4-107所示。

3 进入操作界面，在【项目】窗口中【名称】区域下的空白处双击鼠标左键，在弹出的对话框中选择随书附带光盘"素材\Cha04\带卷展效果的字幕.psd和带卷展效果的字幕02.jpg"文件，单击【打开】按钮，如图4-108所示。

85

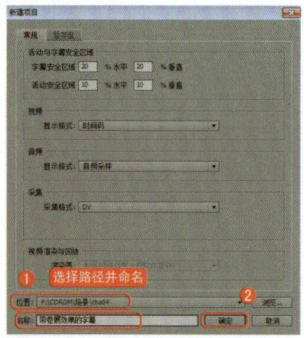

图4-106 新建项目

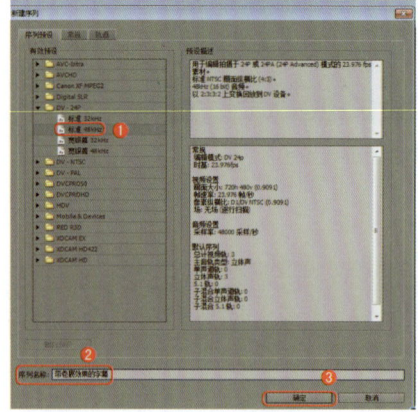

图4-107 新建序列

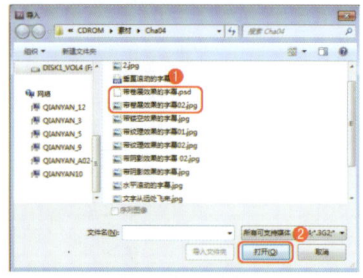

图4-108 打开素材

4 由于导入的素材文件中有分层文件，所以会弹出【导入分层文件：带卷展效果的字幕】对话框，设置【导入为：】为"单层"，单击【确定】按钮，将素材文件导入到【项目】窗口中。

5 将导入的"带卷展效果的字幕.psd"文件拖至【时间线】窗口的【视频1】轨道中，右击素材文件，在弹出的快捷菜单中选择【缩放为当前画面大小】命令，为"带卷展效果的字幕.psd"文件添加【卷走】切换效果，确定【卷走】切换效果选中的情况下，激活【特效控制台】面

板，勾选【反转】复选框，如图4-109和图4-110所示。

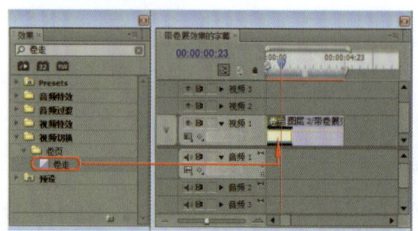

图4-109 拖入素材

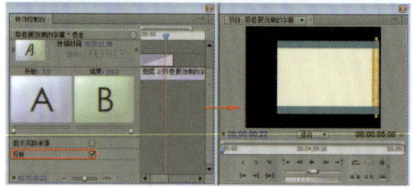

图4-110 勾选【反转】

6 将时间设置为00:00:01:06，将"带卷展效果的字幕02.jpg"文件拖至【时间线】窗口【视频2】轨道中，开始处与编辑标识线对齐，右击鼠标，在弹出的快捷菜单中选择【缩放为当前画面大小】命令，为其开始处添加【卷走】切换效果，确定切换效果选中的情况下，在【特效控制台】面板中，勾选【反转】复选框，将"带卷展效果的字幕.psd"文件的结束处与【视频2】轨道中文件的结束处对齐。

7 确定"带卷展效果的字幕02.jpg"文件选中的情况下，激活【特效控制台】面板，在【运动】区域下，取消【等比缩放】复选框的勾选，设置【缩放高度】、【缩放宽度】分别为66.2、66.2，【位置】设置为357.0、240.0，如图4-111所示。

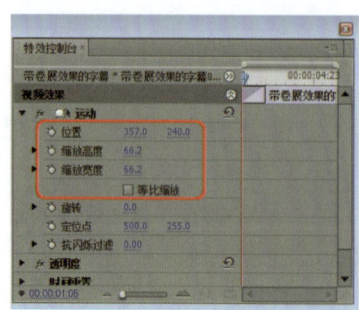

图4-111 设置参数

8 按Ctrl+T键，新建"字幕01"，进入字幕窗口，使用 ■ 按钮，在字幕设计栏中输入"枫桥夜泊 张继"，选中"枫桥夜泊"，在【字幕属性】栏中，设置【属性】区域下的【字体】为"STXinwei"，【字体大小】设置为30.0，【行距】设置为18.0，【字距】设置为5.0；在【填充】区域下将【色彩】设置为黑色；选中"张继"，在【字幕属性】栏中设置【字体大小】为15.0，其他的与"枫桥夜泊"的设置相同，如图4-112所示。

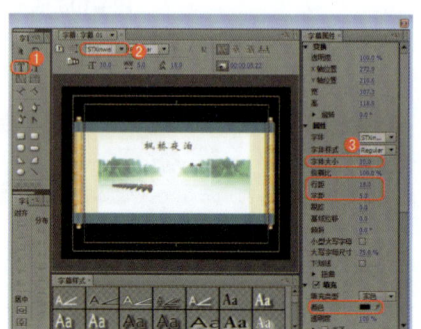

图4-112 输入并设置诗名

9 使用 ■ 工具，在字幕设计栏中输入诗句，在【字幕属性】栏中，设置【属性】区域下的【字体】为"STXinwei"，【字体大小】设置为25.0，【行距】设置为18.0；在【填充】区域下，设置【色彩】为黑色，如图4-113所示。调整文本的位置，关闭字幕窗口。

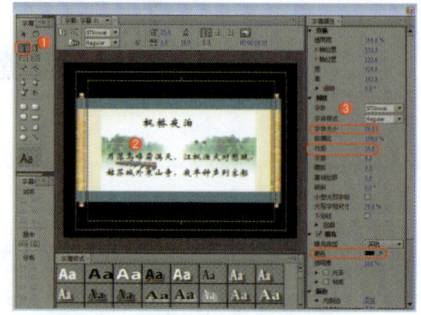

图4-113 设置诗句

第4章 字幕制作技法研究

10 将时间设置为00:00:02:12，将"字幕01"拖至【时间线】窗口的【视频3】轨道中，与编辑标识线对齐，并将其结束处与其他文件的结束处对齐，为"字幕01"添加【卷走】切换效果，确定"字幕01"上的【卷走】切换效果选中的情况下，激活【特效控制台】面板中，将持续时间设置为00:00:03:00，勾选【反转】复选框，如图4-114所示。

11 将场景保存，在【节目监视器】窗口中单击 ▶ 按钮，观看效果。

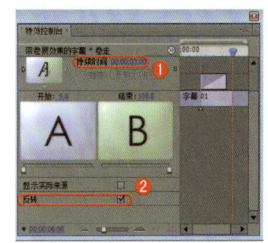

图4-114 设置【持续时间】、【反转】

实例083 随水波动的字幕

实例导航

➡ **案例文件**：场景 \ Cha04 \ 随水波动的字幕.prproj
➡ **视频文件**：视频教学 \ Cha04 \ 随水波动的字幕.avi
➡ **难易程度**：★★☆☆☆
➡ **视频时长**：4分12秒
➡ **实例要点**：随水波动的字幕
➡ **思路分析**：本例将介绍随水波动的字幕，在字幕窗口中制作字幕，然后为字幕添加【波形弯曲】特效，使字幕产生水上波动的效果，如图4-115所示。

图4-115 随水波动的字幕

1 运行Premiere Pro CS5，在欢迎界面中单击【新建项目】按钮，在【新建项目】对话框中选择项目的保存路径，对项目进行命名，单击【确定】按钮，如图4-116所示。

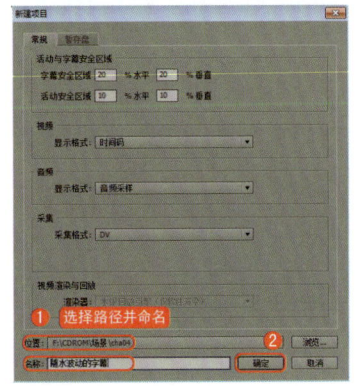

图4-116 新建项目

2 进入【新建序列】对话框中，在【序列预置】选项卡中【有效预置】区域下选择【DV-24P】|【标准48kHz】选项，对【序列名称】进行命名，单击【确定】按钮，如图4-117所示。

3 进入操作界面，在【项目】窗口中【名称】区域下的空白处双击鼠标左键，在弹出的对话框中选择随书附带光盘"素材 \ Cha04 \ 随水波动的字幕.jpg"文件，单击【打开】按钮，如图4-118所示。

4 将导入的素材拖至【时间线】窗口的【视频1】轨道中，设置【速度/持续时间】为00:00:06:06，按Ctrl+T键，使用默认字幕名称，进入字幕窗口，使用字幕栏中的输入工具，在字幕设计栏中输入"心随水动"，在【字幕属性】栏中，设置【属性】区域下的【字体】为"FZHuangCao-S09S"，【字体大小】设置为90.0，【字距】设置为30.0，设置【填充类型】为"线性渐变"，将左色块的RGB分别设置为255、255、255，将右色块的RGB分别设置为125、191、214，并调整色块位置，在变换区域下将【X位置】、【Y位置】分别设置为318.9、122.7，勾选【阴影】复选框，设置【透明度】为50.0、【角度】

87

为-200.0,【距离】为0.0,【大小】为12.0,【扩散】为0.0,如图4-119和图4-120所示。

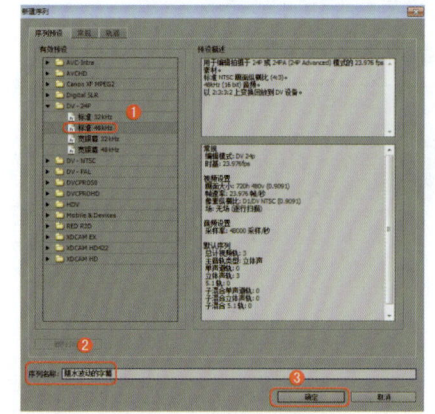

图4-117 新建序列

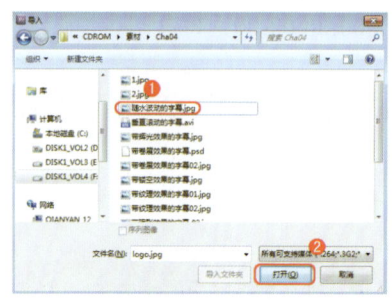

图4-118 打开素材

图4-119 设置字幕

5 关闭字幕窗口,将"字幕01"拖至【时间线】窗口的【视频2】轨道中,激活【效果】面板,为字幕添加【波形弯曲】特效,在【特效控制台】面板中设置时间为00:00:00:00,将【波形弯曲】|【波形类型】设置为"正弦",【波形高度】设置为5.0,【波形宽度】设置为20.0,【方向】设置为60.0,【波形速度】设置为1.0,单击【波形速度】左侧按钮,添加一处关键帧,如图4-121所示。

6 将时间设置为00:00:01:08,设置【波形速度】为2.0,将时间设置为00:00:02:18,设置【波形速度】为3.0,将时间设置为00:00:04:10,设置【波形速度】为2.0,将时间设置为00:00:05:20,设置【波形速度】为0.8,如图4-122所示。

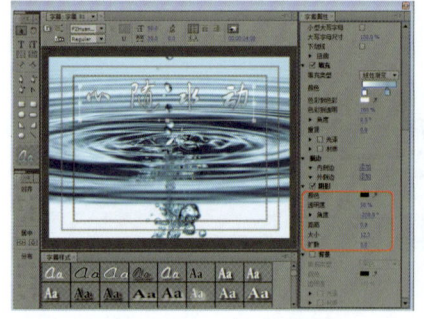

图4-120 设置【阴影】

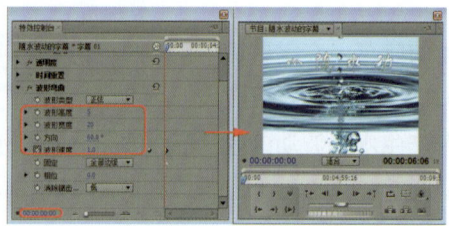

图4-121 设置【波形弯曲】

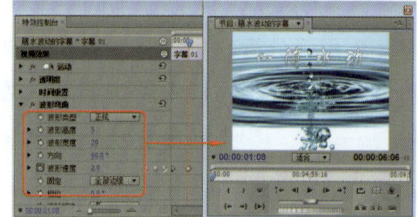

图4-122 设置波形速度

7 此时将设置完成的场景保存,然后在【节目监视器】窗口中观看效果。

实例084 带滚动效果的字幕

实例导航

- **案例文件**:场景 \ Cha04 \ 带滚动效果的字幕.prproj
- **视频文件**:视频教学 \ Cha04 \ 带滚动效果的字幕.avi
- **难易程度**:★★☆☆☆
- **视频时长**:2分53秒
- **实例要点**:带滚动效果的字幕

（续）

> **思路分析**：本例的制作主要是将两种滚动效果结合到一起，具体的操作可以参考随书附带光盘视频教程，效果如图4-123所示。

图4-123 带滚动效果的字幕

① 运行Premiere Pro CS5，在欢迎界面中单击【新建项目】按钮，在【新建项目】对话框中选择项目的保存路径，对项目进行命名，单击【确定】按钮，如图4-124所示。

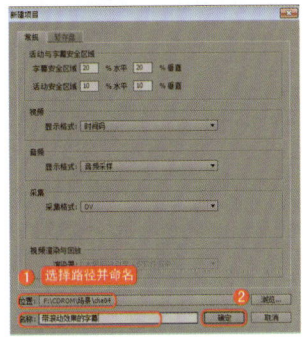

图4-124 新建项目

② 进入【新建序列】对话框中，在【序列预置】选项卡中【有效预置】区域下选择【DV-24P】|【标准48kHz】选项，对【序列名称】进行命名，单击【确定】按钮，如图4-125所示。

③ 进入操作界面，在【项目】窗口中【名称】区域下的空白处双击鼠标左键，在弹出的对话框中选择随书附带光盘"素材\Cha04\带滚动效果的字幕.jpg"文件，单击【打开】按钮，如图4-126所示。

④ 将导入的素材拖至【时间线】窗口的【视频1】轨道中，确定素材处于选中状态，右击鼠标，将【速度/持续时间】更改为00:00:08:20，如图4-127所示。

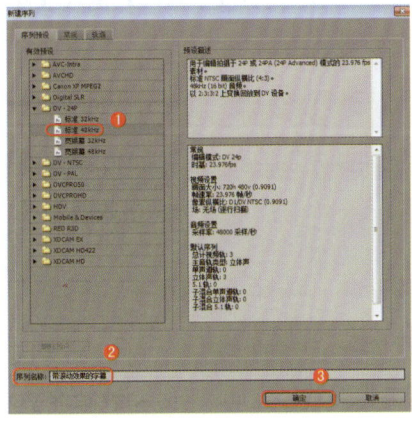

图4-125 新建序列

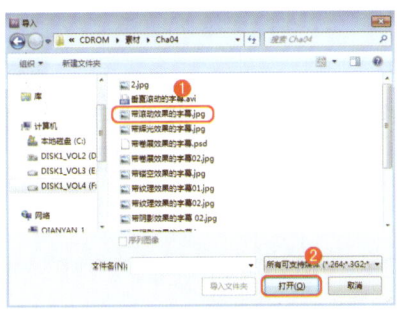

图4-126 打开素材

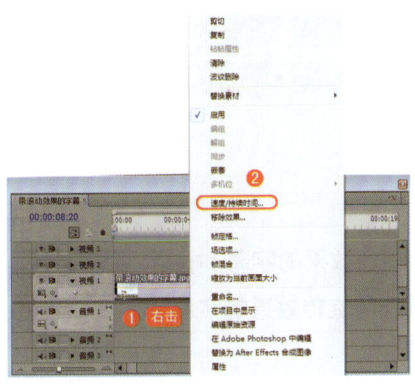

图4-127 设置【速度/持续时间】

⑤ 按Ctrl+T键，使用默认字幕名称，进入字幕窗口，使用字幕栏中的输入工具，在字幕设计栏中输入"Take your bike scenery along the way"，在【字幕属性】栏中，设置【属性】区域下的【字体】为"FZXingKai-S04S"，【字体大小】设置为35.0，【颜色】设置为黑色，在变换区域下将【宽】设置为517.4，【高】设置为70.0，【X位置】、【Y位置】分别设置为934.9、106.4，如图4-128所示。

图4-128 设置字幕

⑥ 在字幕窗口中单击 按钮，进入【滚动/游动选项】对话框，选择【字幕类型】区域下的【左游动】单选按钮，勾选【时间帧】区域下的【开始于屏幕外】复选框，单击【确定】按钮，如图4-129所示。

⑦ 单击字幕窗口中的 工具，新建"字幕02"，使用 按钮，将字幕设计栏中的文字删除，输入新

的文字，在【字幕属性】栏中，将【属性】区域下的【字体】设置为"STXinhei"，【字体大小】设置为80.0，在【变换】区域下，设置【宽】为524.7、【高】为80，【X位置】、【Y位置】分别设置为328.7、203.7，如图4-130所示。

图4-130 设置"字幕02"

8. 关闭字幕窗口，将"字幕01"拖入"视频2"轨道中，在【时间线】窗口中将时间设置为00:00:08:20，将【字幕02】拖入【视频3】轨道中与编辑标志线对齐，在开始部分添加【旋转】切换效果，结尾部分添加【多旋转】切换效果，如图4-131所示。

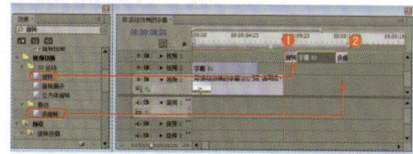

图4-131 添加切换效果

9. 此时将设置完成的场景保存，然后在【节目监视器】窗口中观看效果。

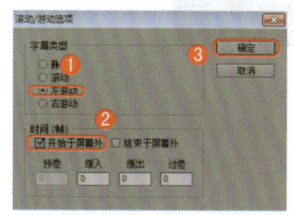

图4-129 设置【滚动/游动选项】

实例085　沿自定义路径运动的字幕

实例导航

- 案例文件：场景 \ Cha04 \ 沿自定义路径运动的字幕.prproj
- 视频文件：视频教学 \ Cha04 \ 沿自定义路径运动的字幕.avi
- 难易程度：★★★☆☆
- 视频时长：8分42秒
- 实例要点：位置添加关键帧的应用
- 思路分析：本例将制作沿自定义路径运动的字幕，其中为字幕的位置添加关键帧，产生运动的效果，如图4-132所示。

图4-132 沿自定义路径运动的字幕

实例086　带立体旋转效果的字幕

实例导航

- 案例文件：场景 \ Cha04 \ 带立体旋转效果的字幕.prproj
- 视频文件：视频教学 \ Cha04 \ 带立体旋转效果的字幕.avi
- 难易程度：★★★☆☆

（续）

- 视频时长：4分16秒
- 实例要点：【基本3D】效果特效的应用
- 思路分析：本例将制作立体旋转效果的字幕，主要对字幕运用【基本3D】特效，效果如图4-133所示。

图4-133 带立体旋转效果的字幕

实例087 手写字效果

实例导航

- 案例文件：场景 \ Cha04 \ 手写字效果.prproj
- 视频文件：视频教学 \ Cha04 \ 手写字效果.avi
- 难易程度：★★★☆☆
- 视频时长：6分04秒
- 实例要点：【4点无用信号遮罩】特效的应用
- 思路分析：本例将制作手写字效果，其中主要运用【4点无用信号遮罩】特效，将文字依照笔画进行设置，效果如图4-134所示。

图4-134 手写字效果

实例088 文字雨效果

实例导航

- 案例文件：场景 \ Cha04 \ 文字雨效果.prproj
- 视频文件：视频教学 \ Cha04 \ 文字雨效果.avi
- 难易程度：★★☆☆☆
- 视频时长：53秒
- 实例要点：【重影】特效的应用
- 思路分析：本例制作文字雨效果，其中主要对字幕添加【重影】特效，效果如图4-135所示。

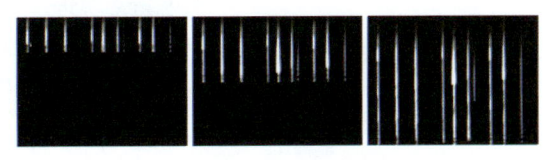

图4-135 文字雨效果

实例089 数字化字幕

实例导航

- **案例文件**：场景 \ Cha04 \ 数字化字幕.prproj
- **视频文件**：视频教学 \ Cha04 \ 数字化字幕.avi
- **难易程度**：★★★☆☆
- **视频时长**：6分57秒
- **实例要点**：【Alpha辉光】特效的应用
- **思路分析**：本例制作数字化字幕，其中运用【Alpha辉光】效果为文字添加辉光效果，然后通过为【位置】添加关键帧，产生动态的效果，如图4-136所示。

图4-136 数字化字幕

实例090 动态旋转字幕

实例导航

- **案例文件**：场景 \ Cha04 \ 动态旋转字幕.prproj
- **视频文件**：视频教学 \ Cha04 \ 动态旋转字幕.avi
- **难易程度**：★★☆☆☆
- **视频时长**：3分29秒
- **实例要点**：文字路径工具的应用
- **思路分析**：本例制作动态旋转效果的字幕，其制作比较简单，效果如图4-137所示。

图4-137 动态旋转字幕

第5章
音频的编辑技巧

本章所讲述的是音频素材的编辑方法，用户可以选用一些音频素材进行分割、连接、转换等操作练习来熟悉最基本的知识。

- 为视频插入背景音乐
- 使音频和视频同步对齐
- 调节关键帧上的音量
- 调节音频的速度
- 声音的淡入与淡出
- 使用调音台调节轨道效果
- 录制音频文件
- 使用均衡器优化高低音
- 山谷回声效果
- 消除音频中嗡嗡的电流声
- 屋内混响效果
- 为自己的歌声增加伴唱
- 左右声道的渐变转化
- 高低音的转换
- 制作奇异音调的音频
- 普通音乐中交响乐效果
- 超重低音效果
- 左右声道各自为主的效果

实例091 为视频插入背景音乐

实例导航

- 案例文件：场景 \ Cha05 \ 为视频插入背景音乐.prproj
- 视频文件：视频教学 \ Cha05 \ 为视频插入背景音乐.avi
- 难易程度：★★☆☆☆
- 视频时长：54秒
- 实例要点：为视频插入背景音乐
- 思路分析：只有画面和字幕的影片肯定不是完整的影片，因为还缺少音频。声音在影片中是非常重要的，只有音频与视频相结合才是一个完美的作品，效果如图5-1所示。

图5-1 为视频插入背景音乐

实例092 使音频和视频同步对齐

实例导航

- 案例文件：场景 \ Cha05 \ 使音频和视频同步对齐.prproj
- 视频文件：视频教学 \ Cha05 \ 使音频和视频同步对齐.avi
- 难易程度：★★☆☆☆
- 视频时长：58秒
- 实例要点：使音频和视频同步对齐
- 思路分析：本例主要将分开的音频与视频链接到一起，这样在移动其中任意一个时，另一个将跟着移动，如图5-2所示。

图5-2 使用音频和视频同步对齐效果

实例093 调节关键帧上的音量

实例导航

- 案例文件：场景 \ Cha05 \ 调节关键帧上的音量.prproj
- 视频文件：视频教学 \ Cha05 \ 调节关键帧上的音量.avi

（续）

- **难易程度：** ★★★☆☆
- **视频时长：** 13分31秒
- **实例要点：** 调节关键帧上的音量
- **思路分析：** 在调节音量时，通常在【调音台】面板中进行调整。本例介绍如何在轨道中通过关键帧对音量进行调整。

实例094　调节音频的速度

实例导航

- **案例文件：** 场景 \ Cha05 \ 调节音频的速度.prproj
- **视频文件：** 视频教学 \ Cha05 \ 调节音频的速度.avi
- **难易程度：** ★★☆☆☆
- **视频时长：** 41秒
- **实例要点：** 调节音频的速度
- **思路分析：** 本例介绍调节音频的速度。

实例095　声音的淡入与淡出

实例导航

- **案例文件：** 场景 \ Cha05 \ 声音的淡入与淡出.prproj
- **视频文件：** 视频教学 \ Cha05 \ 声音的淡入与淡出.avi
- **难易程度：** ★★☆☆☆
- **视频时长：** 1分29秒
- **实例要点：** 声音的淡入与淡出
- **思路分析：** 本例介绍声音淡入、淡出效果的操作方法，在调节的过程中主要应用到【钢笔工具】，画面效果如图5-3所示。

图5-3　淡入淡出的画面效果

实例096　使用调音台调节轨道效果

实例导航

- 案例文件：场景 \ Cha05 \ 使用调音台调节轨道效果.prproj
- 视频文件：视频教学 \ Cha05 \ 使用调音台调节轨道效果.avi
- 难易程度：★★☆☆☆
- 视频时长：40秒
- 实例要点：使用调音台调节轨道效果
- 思路分析：本例介绍使用调音台调节音频的左右声道的音量。

实例097　录制音频文件

实例导航

- 视频文件：视频教学 \ Cha05 \ 录制音频文件.avi
- 难易程度：★☆☆☆☆
- 视频时长：44秒
- 实例要点：录制音频文件
- 思路分析：如果在制作作品时，想在音频中加入自己的声音，可以学习本例。

实例098　使用均衡器优化高低音

实例导航

- 案例文件：场景 \ Cha05 \ 使用均衡器优化高低音.prproj
- 视频文件：视频教学 \ Cha05 \ 使用均衡器优化高低音.avi
- 难易程度：★★☆☆☆

(续)

- 视频时长：1分03秒
- 实例要点：【EQ】特效的应用
- 思路分析：本例的制作主要是通过【EQ】特效调整音频效果的高低音。

实例099　山谷回声效果

实例导航

- 案例文件：场景 \ Cha05 \ 山谷回声效果.prproj
- 视频文件：视频教学 \ Cha05 \ 山谷回声效果.avi
- 难易程度：★★☆☆☆
- 视频时长：56秒
- 实例要点：【延迟】特效的应用
- 思路分析：山谷回声在影视作品中也是常见的一种音效，通过添加设置【延迟】特效，可以非常逼真地模拟出声音的传播、反射、弱减效果。

实例100　消除音频中嗡嗡的电流声

实例导航

- 案例文件：场景 \ Cha05 \ 消除音频中嗡嗡的电流声.prproj
- 视频文件：视频教学 \ Cha05 \ 消除音频中嗡嗡的电流声.avi
- 难易程度：★★☆☆☆
- 视频时长：55秒
- 实例要点：【DeNoiser】特效的应用
- 思路分析：音频中嗡嗡的电流声是常见到的，在Premiere Pro CS5中通过添加并设置【DeNoiser】特效，可以将音频中的嗡嗡声减轻。

实例 101　屋内混响效果

实例导航

- 案例文件：场景 \ Cha05 \ 屋内混响效果.prproj
- 视频文件：视频教学 \ Cha05 \ 屋内混响效果.avi
- 难易程度：★★☆☆☆
- 视频时长：1分08秒
- 实例要点：【Reverb】特效的应用
- 思路分析：屋内混响可以模拟用通过音响向外传播音频的效果，主要应用到了【Reverb】特效。

实例 102　为自己的歌声增加伴唱

实例导航

- 案例文件：场景 \ Cha05 \ 为自己的歌声增加伴唱.prproj
- 视频文件：视频教学 \ Cha05 \ 为自己的歌声增加伴唱.avi
- 难易程度：★★☆☆☆
- 视频时长：1分13秒
- 实例要点：【多功能延迟】特效的应用
- 思路分析：为自己的歌声增加伴唱效果，是通过添加设置【多功能延迟】特效来实现的。

实例 103　左右声道的渐变转化

实例导航

- 案例文件：场景 \ Cha05 \ 左右声道的渐变转化.prproj
- 视频文件：视频教学 \ Cha05 \ 左右声道的渐变转化.avi
- 难易程度：★★☆☆☆

（续）

- ➡ 视频时长：1分15秒
- ➡ 实例要点：【声道音量】特效的应用
- ➡ 思路分析：左右声道的渐变转化效果是通过调节【声道音量】特效中的【左】、【右】参数来实现的。

实例104　高低音的转换

实例导航

- ➡ 案例文件：场景 \ Cha05 \ 高低音的转换.prproj
- ➡ 视频文件：视频教学 \ Cha05 \ 高低音的转换.avi
- ➡ 难易程度：★★☆☆☆
- ➡ 视频时长：1分52秒
- ➡ 实例要点：【Dynamics】特效的应用
- ➡ 思路分析：高低音的转换是通过【Dynamics】特效来实现的。

实例105　制作奇异音调的音频

实例导航

- ➡ 案例文件：场景 \ Cha05 \ 制作奇异音调的音频.prproj
- ➡ 视频文件：视频教学 \ Cha05 \ 制作奇异音调的音频.avi
- ➡ 难易程度：★★☆☆☆
- ➡ 视频时长：1分20秒
- ➡ 实例要点：【PitchShifter】特效的应用
- ➡ 思路分析：在一些视频中经常可以听到奇怪的声音，主要是通过【PitchShifter】特效来实现的。

实例106 普通音乐中交响乐效果

实例导航

- 案例文件：场景 \ Cha05 \ 普通音乐中交响乐效果.prproj
- 视频文件：视频教学 \ Cha05 \ 普通音乐中交响乐效果.avi
- 难易程度：★★☆☆☆
- 视频时长：2分04秒
- 实例要点：【MultibandCompressor】特效的应用
- 思路分析：普通音乐中交响乐效果的制作，主要是通过为音频添加【MultibandCompressor】特效并设置关键帧来完成的。

实例107 超重低音效果

实例导航

- 案例文件：场景 \ Cha05 \ 超重低音效果.prproj
- 视频文件：视频教学 \ Cha05 \ 超重低音效果.avi
- 难易程度：★★☆☆☆
- 视频时长：59秒
- 实例要点：【低音】特效的应用
- 思路分析：超重低音效果是影视中很常见的一种效果，它加重了声音的低频强度，这样提高了音效的震撼力，特别是在动作片和科幻片中常用到。

实例108 左右声道各自为主的效果

实例导航

- 案例文件：场景 \ Cha05 \ 左右声道各自为主的效果.prproj
- 视频文件：视频教学 \ Cha05 \ 左右声道各自为主的效果.avi
- 难易程度：★★☆☆☆
- 视频时长：55秒
- 实例要点：【调音台】的应用
- 思路分析：如果想让左右声道各自播放声音，可以通过【调音台】来完成。

第6章
影视特技编辑

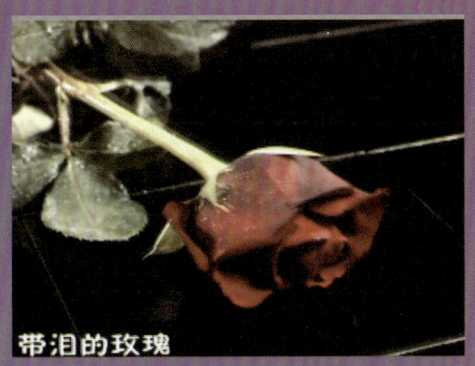

本章中制作的实例，主要对Premiere Pro CS5中【视频特效】的使用进行了介绍，视频特效可以对一些实际拍摄中出现的瑕疵进行处理，同时也可以制作一些拍摄不到的特技效果。

- 多画面电视墙效果
- 实现镜头快播慢播效果
- 视频的条纹拖尾效果
- 彩色方格浮雕效果
- 动态幻影效果
- 按图案轮廓显现背景
- 电视放映的效果
- 画面望远镜效果
- 云朵飘动
- 视频画中画
- 动态柱状图

- 动态饼图
- 带相框的画面效果
- 动态偏移
- 电视节目暂停荧屏效果
- 边界朦胧效果
- 电视片段倒计时效果
- 视频片段倒放效果
- 电视信号不稳的屏幕
- 制作宽荧屏电影
- 立体电影效果
- MTV歌词色彩渐变效果

实例109　多画面电视墙效果

实例导航

- **案例文件**：场景\Cha06\多画面电视墙效果.prproj
- **视频文件**：视频教学\Cha06\多画面电视墙效果.avi
- **难易程度**：★★☆☆☆
- **视频时长**：5分57秒
- **实例要点**：多画面电视墙效果
- **思路分析**：本例将制作多画面电视墙效果，主要通过【棋盘】、【复制】、【亮度与对比度】特效对画面进行设置，效果如图6-1所示。

图6-1　多画面电视墙效果

1 运行Premiere Pro CS5，在欢迎界面中单击【新建项目】按钮，在【新建项目】对话框中选择项目的保存路径，对项目进行命名，单击【确定】按钮，如图6-2所示。

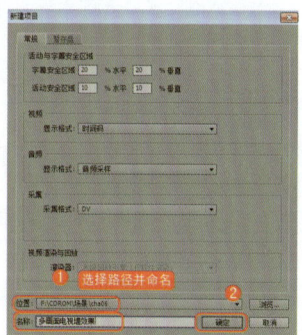

图6-2　新建项目

2 进入【新建序列】对话框中，在【序列预置】选项卡中【有效预置】区域下选择【DV-24P】|【标准48kHz】选项，对【序列名称】进行命名，单击【确定】按钮，如图6-3所示。

3 进入操作界面，在【项目】窗口中【名称】区域下的空白处双击鼠标左键，在弹出的对话框中选择随书附带光盘"素材\Cha06\多画面电视墙效果01.avi和多画面电视墙效果02.avi"文件，单击【打开】按钮，如图6-4所示。

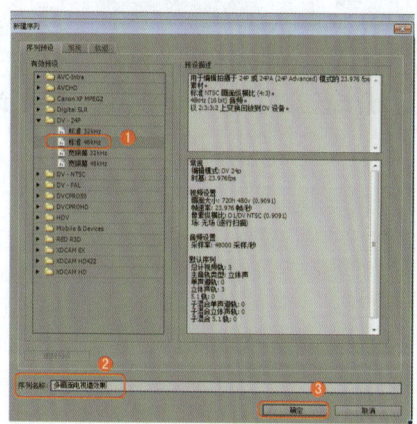

图6-3　新建序列

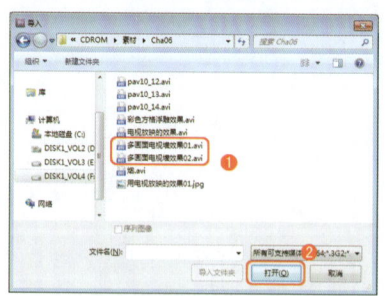

图6-4　打开素材

4 将"多画面电视墙效果01.avi"文件拖至【时间线】窗口的【视频1】轨道中，确定"多画面电视墙效果01.avi"文件选中的情况下，右击鼠标，选择【缩放为当前画面大小】命令，为其添加【复制】、【亮度与对比度】特效，激活【特效控制台】面板，设置【复制】区域下的【计数】为3，设置【亮度与对比度】区域下的【亮度】为20.0，【对比度】为3.0，设置后的效果可以在右侧的【节目监视器】窗口中预览，如图6-5所示。

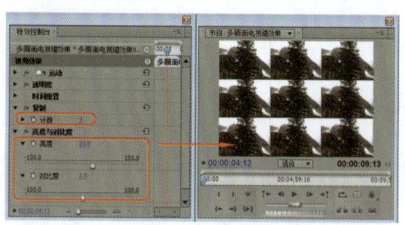

图6-5　设置【复制】、【亮度与对比度】特效

5 再为"多画面电视墙效果01.avi"文件添加【棋盘】特效，设置当前时间为00:00:00:00，在【特效控制台】面板中，设置【棋盘】区域下【从以下位置开始的大小】为"角点"，设置【定位点】为482.0，381.0，设置【边角】为729.7、

575.3，【混合模式】为"差值"，分别单击【定位点】、【边角】、【混合模式】左侧的按钮，打开动画关键帧的记录，如图6-6所示。

6 设置当前时间为00:00:00:22，设置【棋盘】区域下的【定位点】为482.4、381.0，【边角】为730.7、575.3，添加一处【混合模式】的关键帧，如图6-7所示。

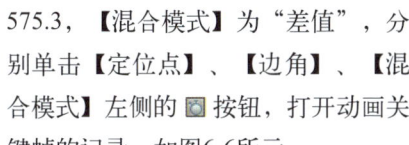

图6-6 设置【棋盘】特效

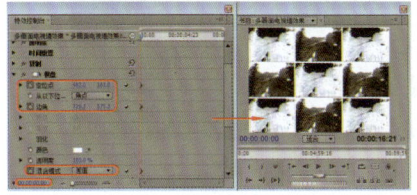

图6-7 设置【定位点】

7 设置当前时间为00:00:01:20，设置【棋盘】区域下的【边角】为730.7、572.3，【混合模式】设置为"叠加"，为【定位点】添加一处关键帧，如图6-8所示。

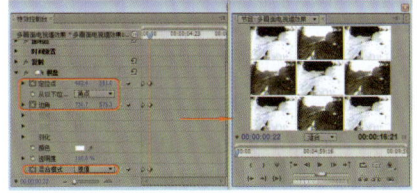

图6-8 设置【边角】

8 为"多画面电视墙效果01.avi"添加【网格】特效，激活【特效控制台】面板，设置【网格】区域下的【定位点】为479.6、191.9，设置【边角】为721.6、386.0，设置【边框】为7.0，【混合模式】设置为"正常"，如图6-9所示。

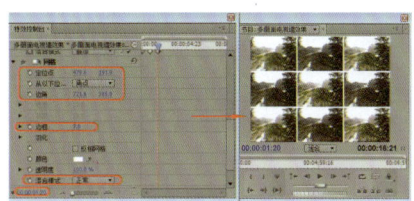

图6-9 设置【棋盘】特效

9 设置当前时间为00:00:03:13，将"多画面电视墙效果02.avi"拖至【视频2】轨道中与编辑标识线对齐，再将当前时间设置为00:00:05:00，在【工具】面板中选择剃刀工具，在"多画面电视墙效果02.avi"文件的编辑标识线处单击，删除素材前半部分，确定调整后的"多画面电视墙效果02.avi"文件选中的情况下，为其添加【复制】、【亮度与对比度】特效，在【特效控制台】面板中，设置【复制】区域下【计数】为3，设置【亮度与对比度】区域下的【亮度】为20.0、【对比度】为3.0，如图6-10所示。

10 设置当前时间为00:00:06:00，为"多画面电视墙效果02.avi"文件添加【棋盘】特效，在【特效控制台】面板中【棋盘】区域下，设置【从以下位置开始的大小】为"角点"，设置【定位点】为62.0、550.0，设置【边角】为671.0、376.1，分别单击它们左侧的按钮，打开动画关键帧的记录，【混合模式】设置为"模板Alpha"，添加一处关键帧，如图6-11所示。

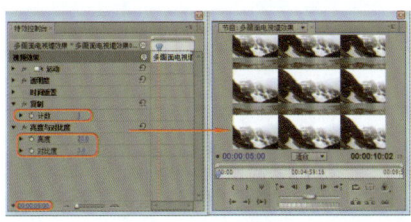 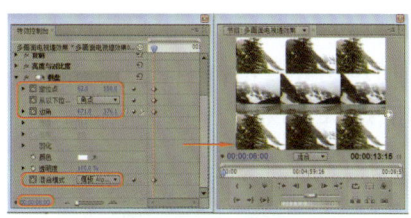

图6-10 设置【复制】、【亮度与对比度】特效　　图6-11 设置【棋盘】特效

11 修改当前时间为00:00:08:00，在【特效控制台】面板中，设置【从以下位置开始的大小】为"宽度滑块"，【混合模式】为"叠加"。设置当前时间为00:00:10:00，设置【从以下位置开始的大小】为"角点"，添加一处【混合模式】关键帧，如图6-12所示。

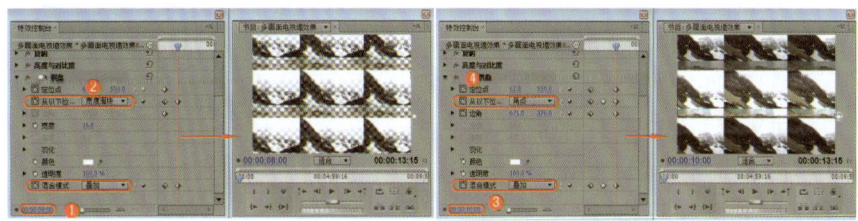

图6-12 设置【棋盘】特效

12 设置完成后，在【节目监视器】窗口中观看效果。

实例110　实现镜头快播慢播效果

实例导航

- **案例文件**：场景\Cha06\实现镜头快播慢播效果.prproj
- **视频文件**：视频教学\Cha06\实现镜头快播慢播效果.avi
- **难易程度**：★★☆☆☆
- **视频时长**：2分15秒
- **实例要点**：实现镜头快播慢播效果
- **思路分析**：本例将制作镜头快播慢播效果，主要对素材裁剪，再通过设置【速度】制作，效果如图6-13所示。

图6-13　实现镜头快播慢播效果

1. 运行Premiere Pro CS5，在欢迎界面中单击【新建项目】按钮，在【新建项目】对话框中选择项目的保存路径，对项目进行命名，单击【确定】按钮，如图6-14所示。

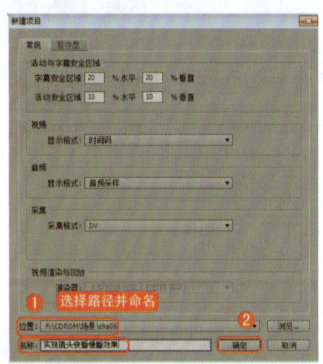

图6-14　新建项目

2. 进入【新建序列】对话框中，在【序列预置】选项卡中【有效预置】区域下选择【DV-24P】|【标准48kHz】选项，对【序列名称】进行命名，单击【确定】按钮，如图6-15所示。

3. 进入操作界面，在【项目】窗口中【名称】区域下的空白处双击鼠标左键，在弹出的对话框中选择随书附带光盘"素材\Cha06\实现镜头的快播慢播效果.avi"文件，单击【打开】按钮，如图6-16所示。

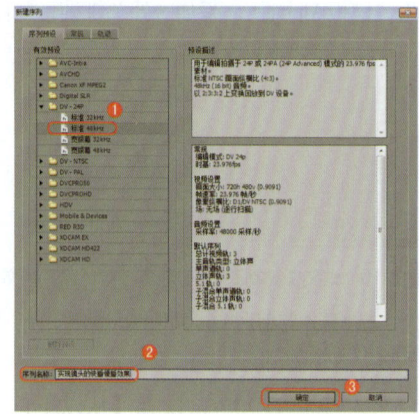

图6-15　新建序列

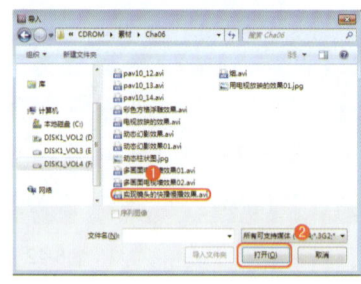

图6-16　打开素材

4. 将"实现镜头的快播慢播效果.avi"文件拖至【时间线】窗口的【视频1】轨道中，确定"实现镜头的快播慢播效果.avi"文件选中的情况下，右击鼠标，选择【速度\持续时间】命令，将【速度】设置为150，在素材源窗口中将时间设置为00:00:05:20，单击 按钮，为其设置出点，如图6-17～图6-19所示。

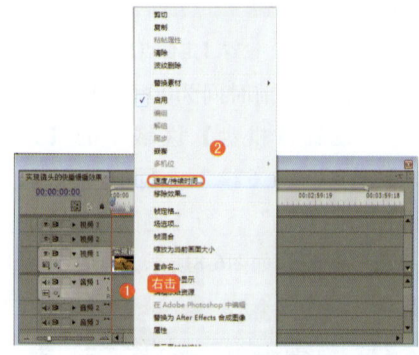

图6-17　调整素材

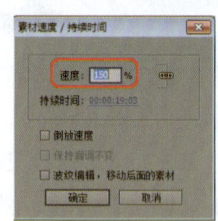

图6-18　设置【速度】

图6-19　设置出点

第6章　影视特技编辑

5　将"实现镜头的快播慢播效果.avi"文件再次拖至【时间线】窗口的【视频1】轨道中,确定"实现镜头的快播慢播效果.avi"文件选中的情况下,右击鼠标,选择【速度\持续时间】命令,将【速度】设置为70,在素材源窗口中将时间设置为00:00:10:18,单击 按钮,为其设置入点,修改时间为00:00:24:09,单击 按钮,为其设置出点,调整素材如图6-20～图6-22所示。

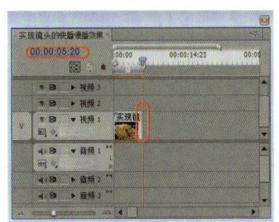　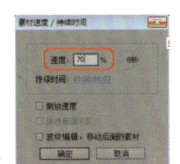　　

图6-20　调整素材　　图6-21　设置【速度】　　图6-22　设置出点、入点

6　分别为【视频1】轨道中的两个素材添加【亮度与对比度】特效,打开【特效控制台】面板,设置【亮度】为13.0,如图6-23所示。

7　调整素材如图6-24所示。设置完成后,在【节目监视器】窗口中观看效果。

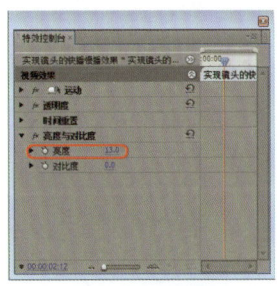　

图6-23　设置【亮度】　　图6-24　调整素材

实例111　视频的条纹拖尾效果

实例导航

- 案例文件：场景\Cha06\视频的条纹拖尾效果.prproj
- 视频文件：视频教学\Cha06\视频的条纹拖尾效果.avi
- 难易程度：★★☆☆☆
- 视频时长：1分59秒
- 实例要点：视频的条纹拖尾效果
- 思路分析：本例将介绍视频的条纹拖尾效果的制作,为视频添加特效,效果如图6-25所示。

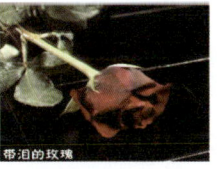

图6-25　视频的条纹拖尾效果

1　运行Premiere Pro CS5,在欢迎界面中单击【新建项目】按钮,在【新建项目】对话框中选择项目的保存路径,对项目进行命名,单击【确定】按钮,如图6-26所示。

2　进入【新建序列】对话框中,在【序列预置】选项卡中【有效预置】区域下选择【DV-24P】|【标准48kHz】选项,对【序列名称】进行命名,单击【确定】按钮,如图6-27所示。

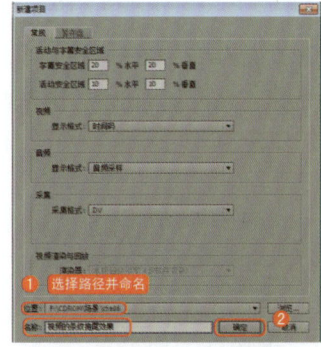

图6-26 新建项目

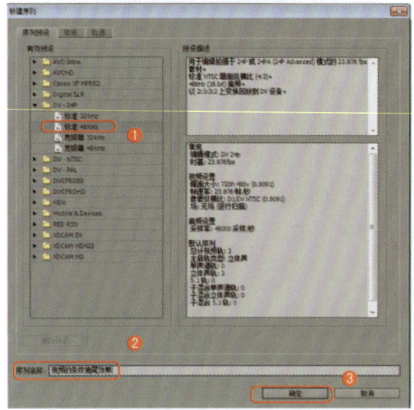

图6-27 新建序列

③ 进入操作界面，在【项目】窗口中【名称】区域下的空白处双击鼠标左键，在弹出的对话框中选择随书附带光盘"素材\Cha06\视频的条纹拖尾效果.avi"文件，单击【打开】按钮，如图6-28所示。

④ 将"视频的条纹拖尾效果.avi"文件拖至【时间线】窗口的

【视频1】轨道中，确定"视频的条纹拖尾效果.avi"文件选中的情况下，为其添加【重影】特效，在【特效控制台】面板中的【重影】区域下，设置【回显时间】为-1.000，【重影数量】设置为2，【衰减】设置为0.30，如图6-29所示。

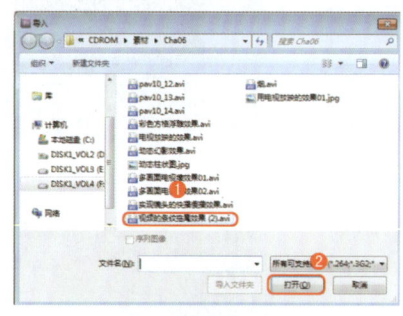

图6-28 导入素材

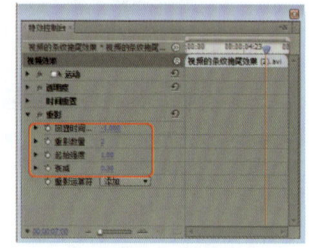

图6-29 拖入素材

⑤ 按Ctrl+T键，使用默认命名，进入字幕窗口，使用 工具，在字幕设计栏中输入文字"带泪的玫瑰"，在【字幕属性】栏中，设置【属性】区域下【字体】为"FZShaoEr—M11S"；【字体大小】

设置为30.0，【纵横比】设置为127.0，在【填充】区域下，设置【色彩】为"白色"，在【字幕属性】栏中，设置【宽】、【高】分别为223.3、30.0，【X位置】、【Y位置】设置为119.0、458.1，如图6-30所示。

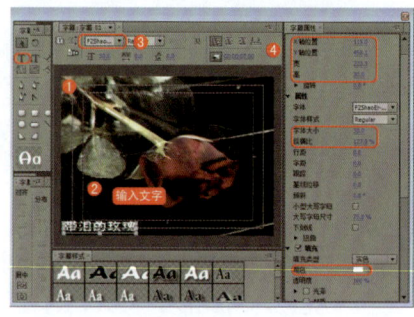

图6-30 设置字幕

⑥ 关闭字幕窗口，设置时间为00:00:07:00，将"字幕01"拖入"视频2"轨道中与编辑标识线处对齐，如图6-31所示。

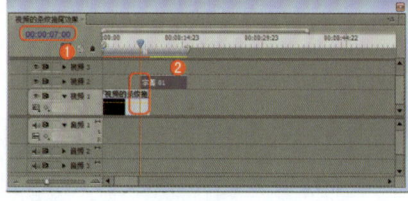

图6-31 调整素材

⑦ 设置完成后，在【节目监视器】窗口中观看效果。

实例112　彩色方格浮雕效果

实例导航

- 案例文件：场景\Cha06\彩色方格浮雕效果.prproj
- 视频文件：视频教学\Cha06\彩色方格浮雕效果.avi
- 难易程度：★★☆☆☆
- 视频时长：2分01秒
- 实例要点：彩色方格浮雕效果

（续）

> **思路分析**：本例将制作彩色方格浮雕效果，主要对视频添加的【马赛克】、【查找边缘】、【锐化】特效进行设置，效果如图6-32所示。

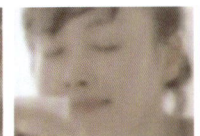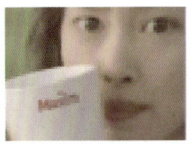

图6-32 彩色方格浮雕效果

1 运行Premiere Pro CS5，在欢迎界面中单击【新建项目】按钮，在【新建项目】对话框中选择项目的保存路径，对项目进行命名，单击【确定】按钮，如图6-33所示。

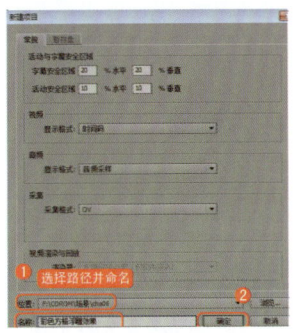

图6-33 新建项目

2 进入【新建序列】对话框中，在【序列预置】选项卡中【有效预置】区域下选择【DV-24P】|【标准48kHz】选项，对【序列名称】进行命名，单击【确定】按钮，如图6-34所示。

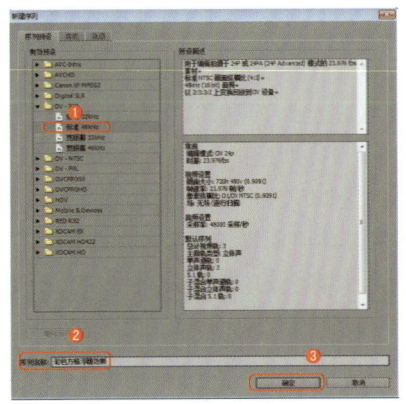

图6-34 新建序列

3 进入操作界面，在【项目】窗口中【名称】区域下的空白处双击鼠标左键，在弹出的对话框中选择随书附带光盘"素材 \ Cha06 \ 彩色方格浮雕效果.avi"文件，单击【打开】按钮，如图6-35所示。

4 将"彩色方格浮雕效果.avi"文件拖至【时间线】窗口的【视频1】轨道中，确定"彩色方格浮雕效果.avi"文件选中的情况下，为其添加【马赛克】、【查找边缘】特效，在【特效控制台】面板中的【马赛克】区域下，设置【水平块】、【垂直块】均为70.0，将【查找边缘】区域下的【与原始素材混合】设置为80.0，如图6-36所示。

图6-35 导入素材　　图6-36 设置【马赛克】、【查找边缘】特效

5 为"彩色方格浮雕效果.avi"文件添加【快速模糊】特效，在【特效控制台】面板中设置时间为00:00:00:00，设置【模糊量】为0.0，设置【模糊量】为"水平与垂直"，单击左侧的 图标添加关键帧，如图6-37所示。

6 设置时间为0:00:04:00，设置【模糊量】为15.0，设置【模糊量】为"水平与垂直"，如图6-38所示。

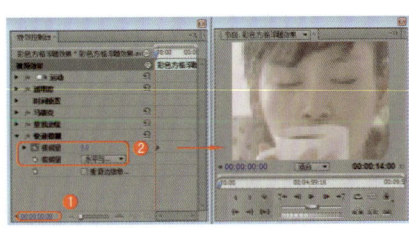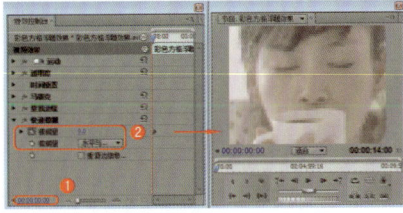

图6-37 设置【快速模糊】　　图6-38 设置【快速模糊】特效

7 修改时间为00:00:13:00，设置【模糊量】为0，设置【模糊量】为"水平与垂直"，如图6-39所示。

8 将场景进行保存，然后在【节目监视器】窗口中观看效果。

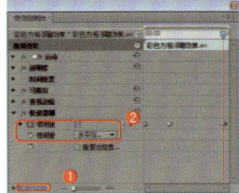

图6-39 设置参数

实例113 动态幻影效果

实例导航

- 案例文件：场景 \ Cha06 \ 动态幻影效果.prproj
- 视频文件：视频教学 \ Cha06 \ 动态幻影效果.avi
- 难易程度：★★☆☆☆
- 视频时长：1分51秒
- 实例要点：制作动态幻影效果
- 思路分析：本例将制作动态幻影效果，主要对视频添加的【高斯模糊】、【残像】特效进行设置，效果如图6-40所示。

图6-40 动态幻影效果

1. 运行Premiere Pro CS5，在欢迎界面中单击【新建项目】按钮，在【新建项目】对话框中选择项目的保存路径，对项目进行命名，单击【确定】按钮，如图6-41所示。

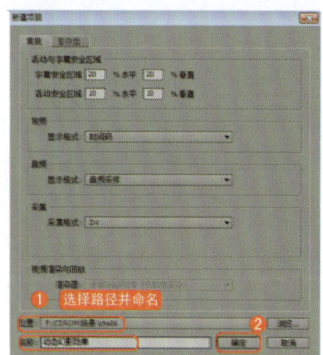

图6-41 新建项目

2. 进入【新建序列】对话框中，在【序列预置】选项卡中【有效预置】区域下选择【DV-24P】|【标准48kHz】选项，对【序列名称】进行命名，单击【确定】按钮，如图6-42所示。

3. 进入操作界面，在【项目】窗口中【名称】区域下的空白处双击鼠标左键，在弹出的对话框中选择随书附带光盘"素材 \ Cha06 \ 动态幻影效果.avi"文件，单击【打开】

按钮，如图6-43所示。

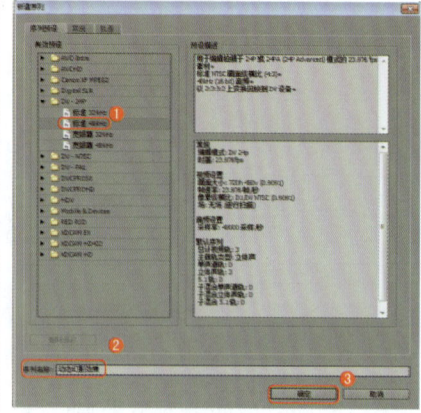

图6-42 新建序列

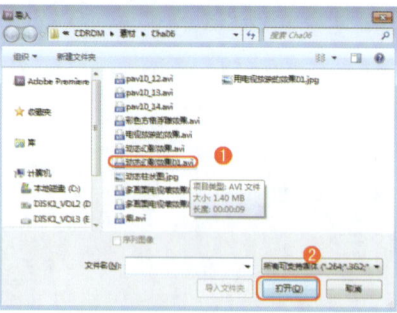

图6-43 打开素材

4. 在素材窗口中，将时间设置为00:00:27:00，设置入点，设置时间为00:00:00:00，单击 图标将素材插入到【时间线】窗口的【视频1】轨道中，如图6-44和图6-45所示。

图6-44 设置入点

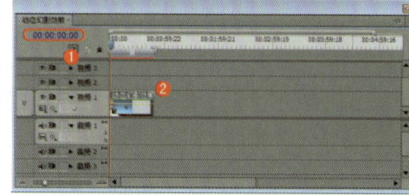

图6-45 插入素材

5. 确定"彩色方格浮雕效果.avi"文件选中的情况下，为其添加【亮度与对比度】、【高斯模糊】、【残像】特效，在【特效控制台】面板中的【亮度与对比度】区域下，设置【亮度】为20.0，【对比度】为7.0，【高斯模糊】区域下的【模糊】设置为2.0，如图6-46所示。

6. 将时间设置为00:00:00:00，在【特效控制台】面板下，设置【运动】|【旋转】为9.0，设置关键帧，修改时间为00:00:03:00，将【旋转】设置为4.0，如图6-47和图6-48所示。

第6章 影视特技编辑

7 设置时间为00:00:06:00，将【旋转】设置为1.0，修改时间为00:00:09:00，将【旋转】设置为-9.0，如图6-49和图6-50所示。

8 将场景进行保存，然后在【节目监视器】窗口中观看效果。

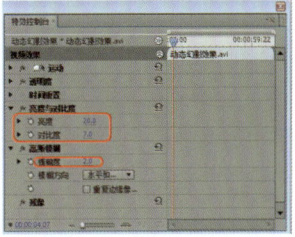

图6-46 设置【亮度与对比度】

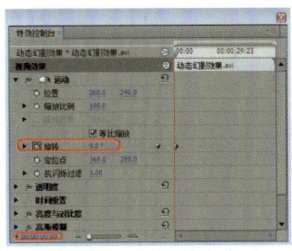

图6-47 设置【旋转】

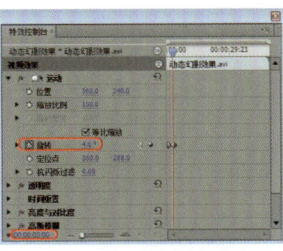

图6-48 设置【旋转】

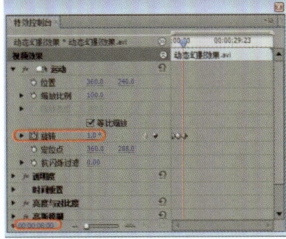

图6-49 设置【旋转】

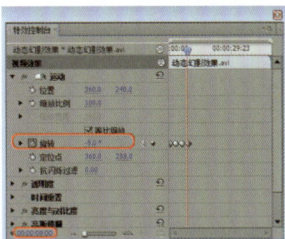

图6-50 设置【旋转】

实例114　按图案轮廓显现背景

实例导航

- **案例文件**：场景 \ Cha06 \ 按图案轮廓显现背景.prproj
- **视频文件**：视频教学 \ Cha06 \ 按图案轮廓显现背景.avi
- **难易程度**：★★☆☆☆
- **视频时长**：1分14秒
- **实例要点**：按图案轮廓显现背景
- **思路分析**：本例将介绍按图案轮廓显现背景效果，

如图6-51所示。

图6-51 按图像轮廓显现背景

1 运行Premiere Pro CS5，在欢迎界面中单击【新建项目】按钮，在【新建项目】对话框中选择项目的保存路径，对项目进行命名，单击【确定】按钮，如图6-52所示。

2 进入【新建序列】对话框中，在【序列预置】选项卡中【有效预置】区域下选择【DV-24P】|【标准48kHz】选项，对【序列名称】进行命名，单击【确定】按钮，如图6-53所示。

3 进入操作界面，在【项目】窗口中【名称】区域下的空白处双击鼠标左键，在弹

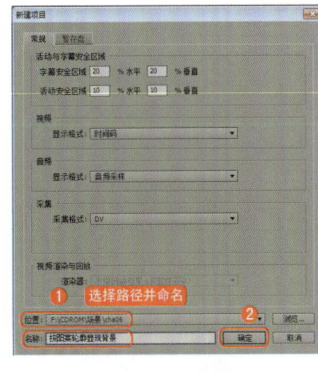

图6-52 新建项目

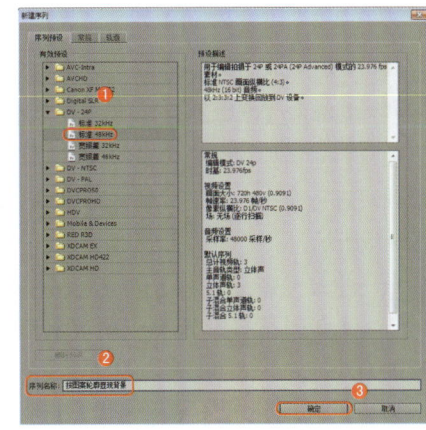

图6-53 新建序列

109

出的对话框中选择随书附带光盘"素材\Cha06\按图像轮廓显现背景01.avi和按图像轮廓显现背景.avi"文件,单击【打开】按钮,如图6-54所示。

显现背景01.avi"文件选中的情况下,为其添加【亮度与对比度】、【蓝屏键】特效,在【特效控制台】面板中,设置【运动】|【位置】为295.0、288.0,在【亮度与对比度】区域下,设置【亮度】为100.0,设置【对比度】为20.0,【蓝屏键】区域下的【阈值】设置为22.0,【屏蔽度】设置为0.0,如图6-55~图6-57所示。

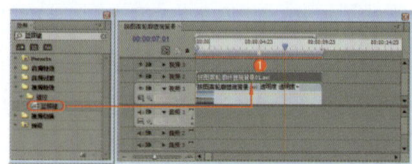

图6-56 添加特效

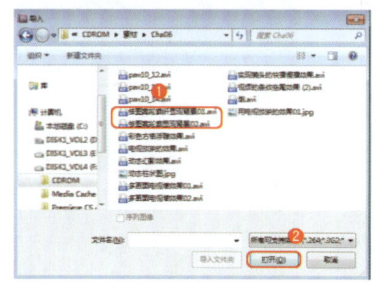

图6-54 打开素材

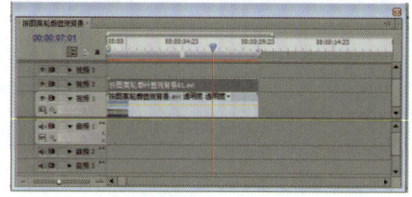

图6-55 拖入素材

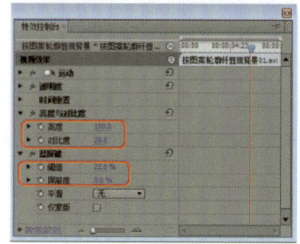

图6-57 设置【亮度与对比度】

4 将"按图像轮廓显现背景01.avi"文件拖至【视频2】轨道中,"按图像轮廓显现背景.avi"拖至【视频1】轨道中,确定"按图像轮廓

5 将场景进行保存,然后在【节目监视器】窗口中观看效果。

实例115 电视放映的效果

实例导航

➡ **案例文件**:场景\Cha06\电视放映的效果.prproj
➡ **视频文件**:视频教学\Cha06\电视放映的效果.avi
➡ **难易程度**:★★☆☆☆
➡ **视频时长**:2分12秒
➡ **实例要点**:电视放映的效果
➡ **思路分析**:本例的制作主要通过【视频特效】文件夹

中的特效来模仿电视播放的效果,如图6-58所示。

图6-58 电视放映的效果

1 运行Premiere Pro CS5,在欢迎界面中单击【新建项目】按钮,在【新建项目】对话框中选择项目的保存路径,对项目进行命名,单击【确定】按钮,如图6-59所示。

2 进入【新建序列】对话框中,在【序列预置】选项卡中【有效预置】区域下选择【DV-24P】|【标准48kHz】选项,对【序列名称】进行命名,单击【确定】按钮,如图6-60所示。

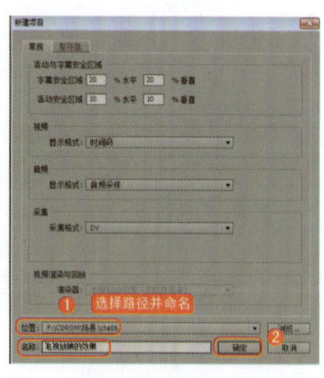

图6-59 新建项目

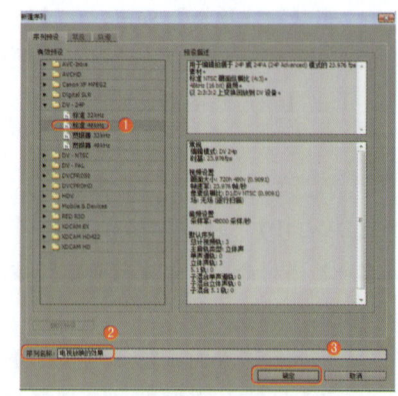

图6-60 新建序列

3 进入操作界面，在【项目】窗口中【名称】区域下的空白处双击鼠标左键，在弹出的对话框中选择随书附带光盘"素材\Cha06\电视放映的效果.jpg和用电视放映的效果.avi"文件，单击【打开】按钮，如图6-61所示。

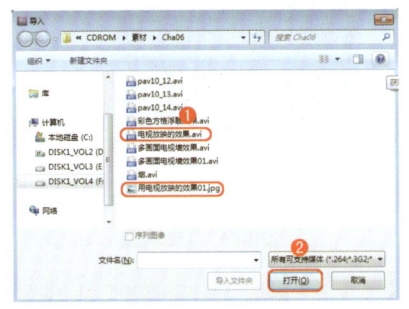

图6-61 打开素材

4 将"电视放映的效果.jpg"文件拖至【时间线】窗口的【视频1】轨道中，确定"电视放映的效果01.jpg"文件选中的情况下，右击鼠标，选择【缩放为当前画面大小】命令，激活【特效控制台】面板，在【运动】区域下，设置【缩放比例】为103.0，如图6-62所示。

5 将"用电视放映的效果.avi"文件拖至【时间线】窗口的【视频2】轨道中，确定"用电视放映的效果.avi"文件选中的情况下，为其添加【裁剪】特效，激活【特效控制台】面板，设置【运动】区域下的【位置】为306.8，200.8，【缩放比例】设置为74.0；设置【裁剪】区域下的【左侧】为4.0、【顶部】为9.0、【右侧】为9.0、【底部】为0.0，如图6-63所示。

6 再为"用电视放映的效果.avi"文件添加【羽化边缘】、【杂波】、【杂波Alpha】特效，在【特效控制台】面板中，设置【羽化边缘】区域下的【数量】为80，【杂波】区域下的【杂波数量】为54.0，【杂波Alpha】区域下的【杂波】为"统一随机"，【数量】设置为20.0，如图6-64所示。

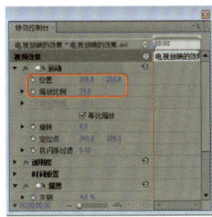 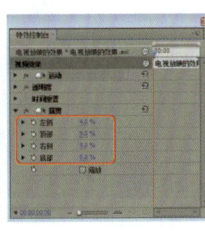 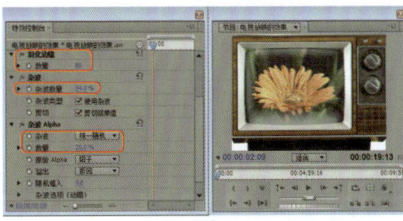

图6-62 设置【缩放比例】　　图6-63 设置【裁剪】　　图6-64 设置特效参数

7 拖动"用电视放映的效果01.jpg"文件的结束处与"用电视放映的效果02.avi"文件的结束处对齐，将场景进行保存，然后在【节目监视器】窗口中观看效果。

实例116　画面望远镜效果

实例导航

- **案例文件**：场景\Cha06\画面望远镜效果.prproj
- **视频文件**：视频教学\Cha06\画面望远镜效果.avi
- **难易程度**：★★☆☆☆
- **视频时长**：9分31秒
- **实例要点**：画面望远镜效果
- **思路分析**：本例将介绍画面望远镜的效果，其中通过【亮度键】、【放大】特效来产生望远镜的效果，如图6-65所示。

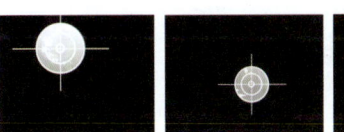

图6-65 画面望远镜效果

1 运行Premiere Pro CS5，在欢迎界面中单击【新建项目】按钮，在【新建项目】对话框中选择项目的保存路径，对项目进行命名，单击【确定】按钮，如图6-66所示。

2 进入【新建序列】对话框中，在【序列预置】选项卡中【有效预置】区域下选择【DV-24P】|【标准48kHz】选项，对【序列名称】进行命名，单击【确定】按钮，如图6-67所示。

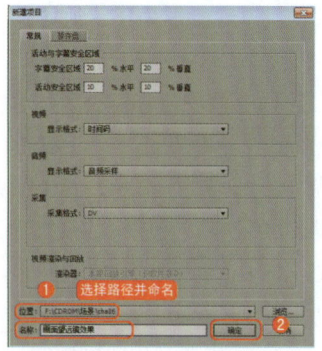

图6-66 新建项目

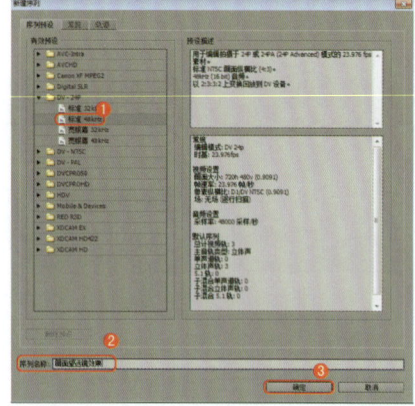

图6-67 新建序列

3 进入操作界面，在【项目】窗口的【名称】区域下空白处双击鼠标左键，在弹出的对话框中选择随书附带光盘"素材\Cha06\画面望远镜效果02.avi和画面望远镜效果01.jpg"文件，单击【打开】按钮，如图6-68所示。

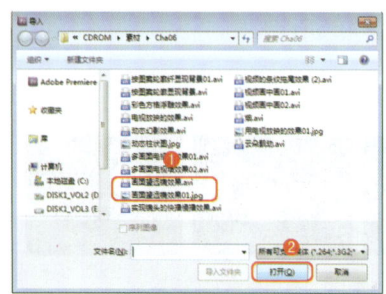

图6-68 打开素材

4 按Ctrl+T新建字幕，使用矩形工具在字幕设计栏中绘制矩形，【图形类型】设置为打开曲线，【线宽】设置为3.0，设置【填充】|【颜色】为白色，【宽】设置为283.9，【高】设置为3.0，【X位置】设置为328.2，【Y位置】设置为241.9，如图6-69所示。

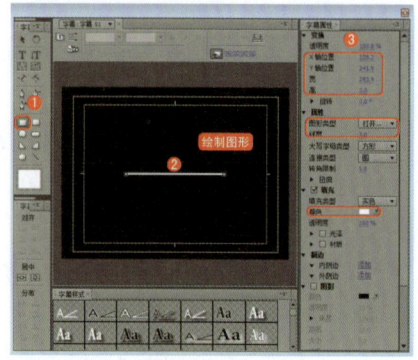

图6-69 设置矩形

5 再次绘制矩形，【图形类型】设置为打开曲线，【线宽】设置为3.0，设置【填充】|【颜色】为白色，【宽】设置为3.0，【高】设置为242.2，【X位置】设置为329.1，【Y位置】设置为241.0，如图6-70所示。

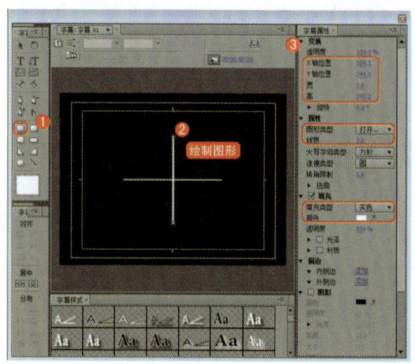

图6-70 设置矩形

6 使用椭圆工具在字幕设计栏中绘制圆形，【绘图类型】设置为关闭曲线，【线宽】设置为5.0，设置【填充】|【颜色】为白色，【宽】、【高】均设置为27.4，【X位置】设置为328.2，【Y位置】设置为241.0，如图6-71所示。

7 复制并粘贴圆形，在【字幕属性】栏中将【变换】区域下的【宽】、【高】均设置为89.8，【X位置】、【Y位置】分别设置为328.2、241.0，如图6-72所示。再一次复制圆形，在【字幕属性】栏中将【变换】区域下的【宽】、【高】均设置为143.9，【X位置】、【Y位置】分别设置为328.2、241.0，关闭字幕窗口。

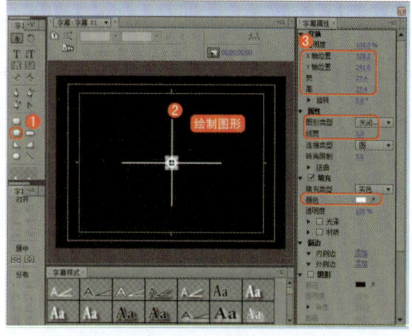

图6-71 设置椭圆

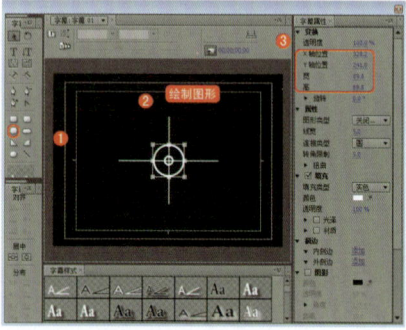

图6-72 复制并粘贴圆形

8 将"画面望远镜效果.avi"和"画面望远镜效果01.jpg"分别导入的素材拖至【时间线】窗口的【视频1】、【视频2】轨道中，将"字幕01"拖入【视频3】轨道中，将时间设置为00:00:02:03，调整素材结尾位置与编辑标识线对齐，为"画面望远镜效果.avi"添加【放大】特效，激活【特效控制台】面板，设置【放大】|【形状】为"圆形"，将时间设置为00:00:00:00，【放大】|【居中】为461.7、284.0，打开动画关键帧记录，将【放大率】设置为100，打开动画关键帧记录，将【链接】设置为"无"，【大小】设置为100.0，【羽化】为0.0，【透明度】为100.0，如图6-73所示。

9 将时间设置为00:00:00:15，设置【放大】|【居中】为223.3、

237.0，添加一处【放大率】关键帧，如图6-74所示。将时间设置为00:00:01:06，【居中】设置为289.4、130.0，添加一处【放大率】关键帧，将时间设置为00:00:01:09，【放大率】设置为160.0，如图6-75所示。

10 为"画面望远镜效果01.jpg"添加【亮度键】特效，设置【阈值】为0.0，【屏蔽度】设置为100.0，将时间设置为00:00:00:00，设置【运动】|【位置】为473.4、325.4，打开动画关键帧记录，如图6-76所示。将时间设置为00:00:00:15，设置【位置】为235.8、279.9，将时间设置为00:00:01:06，设置【位置】为303.7、170.8，修改时间为00:00:01:10，【缩放比例】设置为79.0，打开动画关键帧将记录。将时间设置为00:00:01:12，【位置】设置为303.7、184.7，将时间设置为00:00:01:13，设置【位置】为307.3、188.7，【缩放比例】设置为108.0，

【阈值】设置为0.0，【屏蔽度】设置为100.0，如图6-77所示。

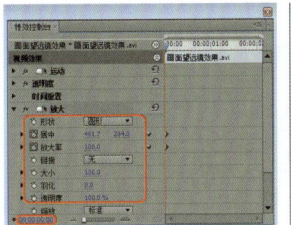
图6-73 设置【放大】

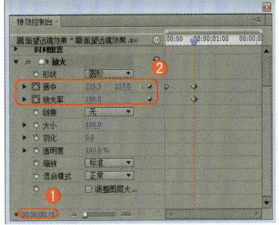
图6-74 设置参数

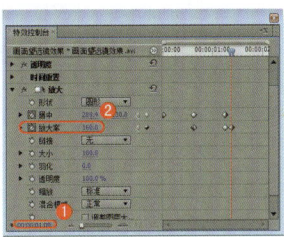
图6-75 设置【放大率】

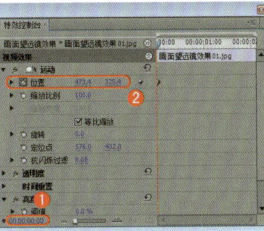
图6-76 设置【位置】

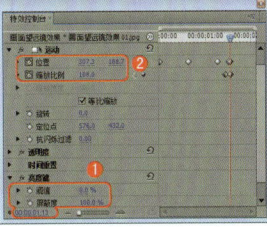
图6-77 设置参数

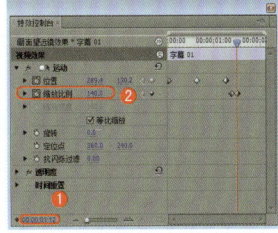
图6-78 设置【缩放比例】

11 选中"字幕01"，在【运动】区域下设置时间为00:00:00:00，设置【位置】为460.9、282.4，打开位置动画关键帧记录，设置时间为00:00:00:15，设置【位置】为221.5、236.8，设置时间为00:00:01:06，设置【位置】为289.4、130.2，设置时间为00:00:01:09，打开【缩放比例】动画关键帧记录，设置时间为00:00:01:12，设置【缩放比例】为140.0，如图6-78所示。

12 保存场景，在【节目监视器】窗口中观看效果。

实例117 云朵飘动

实例导航

- **案例文件**：场景 \ Cha06 \ 云朵飘动.prproj
- **视频文件**：视频教学 \ Cha06 \ 云朵飘动.avi
- **难易程度**：★★☆☆☆
- **视频时长**：2分56秒
- **实例要点**：云朵飘动
- **思路分析**：本例将介绍云朵飘动的效果，其中主要通过【钢笔工具】制作一个云朵，再通过【弯曲】、【旋转】特效，使云朵产生飘动的效果，如图6-79所示。

图6-79 云朵飘动效果

1 运行Premiere Pro CS5，在欢迎界面中单击【新建项目】按钮，在【新建项目】对话框中选择项目的保存路径，对项目进行命名，单击【确定】按钮，如图6-80所示。

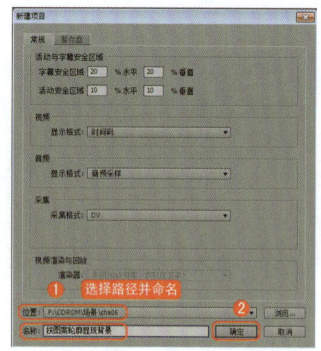

图6-80 新建项目

2 进入【新建序列】对话框中，在【序列预置】选项卡中【有效预置】区域下选择【DV-24P】|【标准48kHz】选项，对【序列名称】进行命名，单击【确定】按钮，如图6-81所示。

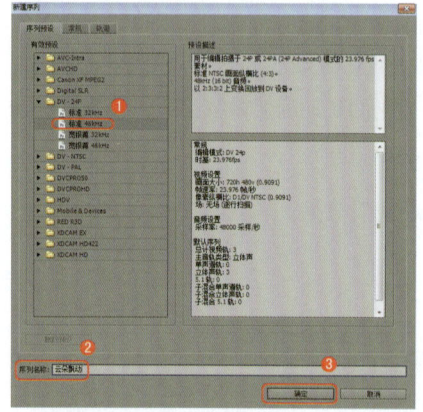

图6-81 新建序列

3 进入操作界面，在【项目】窗口的【名称】区域下空白处双击鼠标左键，在弹出的对话框中选择随书附带光盘"素材\Cha06\云朵飘

动.avi"文件，单击【打开】按钮，如图6-82所示。

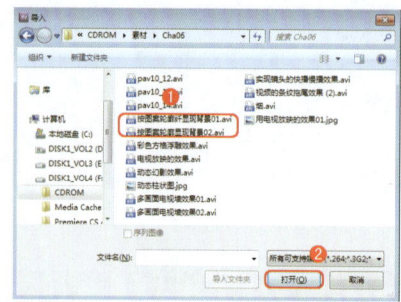

图6-82 打开素材

4 将导入的素材拖至【时间线】窗口的【视频1】轨道中，按Ctrl+T键，使用默认命名，进入字幕窗口，使用钢笔工具在字幕设计栏中进行绘制曲线，在【填充】区域下，设置【颜色】的RGB值为221、229、239；在【变换】区域下设置【宽】、【高】分别为120.0、27.9，设置【X位置】、【Y位置】分别为359.4、33.5，如图6-83所示。再次绘制曲线，在【填充】区域下，设置【颜色】的RGB为202、206、211；在【变换】区域下设置【宽】、【高】分别为55.3、9.3，设置【X位置】、【Y位置】分别为98.0、34.0，如图6-84所示。

5 关闭字幕窗口，将其拖至【视频2】轨道中，为"字幕01"添加【弯曲】、【旋转扭曲】特效。激活【特效控制台】面板，设置【弯

曲】|【垂直强度】为57.0、【垂直速率】为14.0、【垂直宽度】为29.0，设置【旋转扭曲】为375.0、305.0，如图6-85所示。

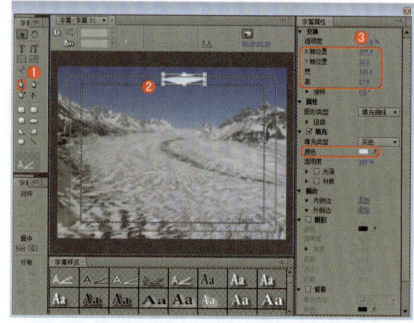

图6-83 设置曲线

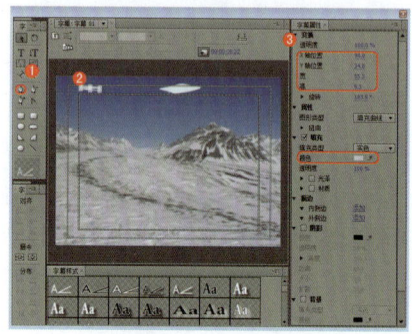

图6-84 设置曲线

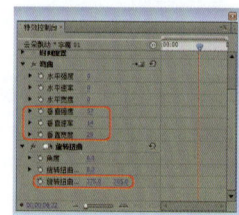

图6-85 设置【弯曲】、【旋转扭曲】

6 保存场景，在【节目监视器】窗口中观看效果。

实例118 视频画中画

实例导航

➡ **案例文件**：场景\Cha06\视频画中画.prproj

➡ **视频文件**：视频教学\Cha06\视频画中画.avi

➡ **难易程度**：★★☆☆☆

（续）

- 视频时长：2分11秒
- 实例要点：视频画中画
- 思路分析：本例将制作视频画中画效果，为视频添加【裁剪】特效，再对画面进行设置，具体的操作可以参考随书附带光盘视频教程，效果如图6-86所示。

图6-86 视频画中画效果

1 运行Premiere Pro CS5，在欢迎界面中单击【新建项目】按钮，在【新建项目】对话框中选择项目的保存路径，对项目进行命名，单击【确定】按钮，如图6-87所示。

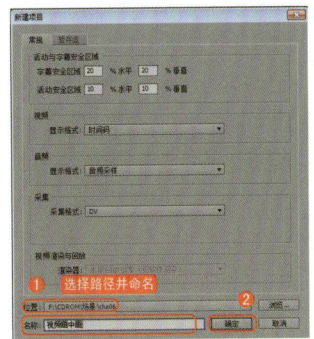

图6-87 新建项目

2 进入【新建序列】对话框中，在【序列预置】选项卡中【有效预置】区域下选择【DV-24P】|【标准48kHz】选项，对【序列名称】进行命名，单击【确定】按钮，如图6-88所示。

3 进入操作界面，在【项目】窗口的【名称】区域下空白处双击鼠标左键，在弹出的对话框中选择随书附带光盘"素材\Cha06\视频画中画01.avi和视频画中画02.avi"文件，单击【打开】按钮，如图6-89所示。

4 将"视频画中画01.avi"和"视频画中画02.avi"分别导入的素材拖至【时间线】窗口的【视频1】、【视频2】轨道中，调整素材，

如图6-90所示。选中"视频画中画01.avi"，在【特效控制台】面板中，将时间设置为00:00:00:21，设置【运动】|【位置】为362.0、290.7，单击左侧 图标，打开位置动画关键帧记录，如图6-91所示。

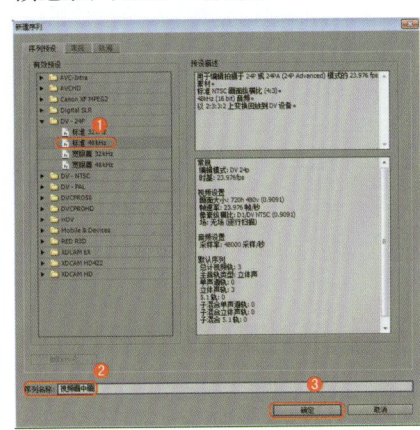

图6-88 新建序列

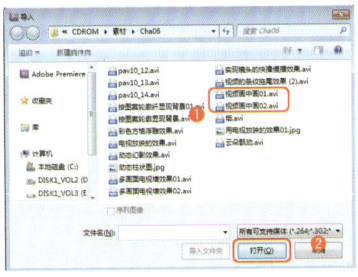

图6-89 打开素材

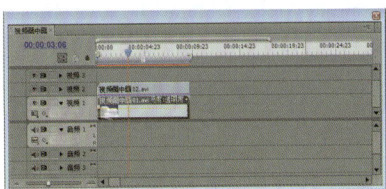

图6-90 拖入素材

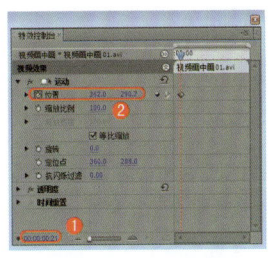

图6-91 设置【位置】

5 修改时间为00:00:07:19，设置【运动】|【位置】为361.1、288.1，选中"视频画中画02.avi"，为其添加【裁剪】、【Alpha辉光】特效，激活【特效控制台】面板，在【裁剪】区域下，设置【顶部】为62.0，设置【Alpha辉光】|【发光】为21.0，【亮度】设置为255.0，设置【起始颜色】的RGB值为198、198、200，【结束颜色】设置为白色，如图6-92和图6-93所示。

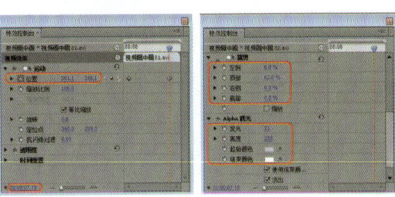

图6-92 设置【位置】　图6-93 设置参数

6 保存场景，在【节目监视器】窗口中观看效果。

实例119 动态柱状图

实例导航

- **案例文件**：场景 \ Cha06 \ 动态柱状图.prproj
- **视频文件**：视频教学 \ Cha06 \ 动态柱状图.avi
- **难易程度**：★★☆☆☆
- **视频时长**：9分36秒
- **实例要点**：动态柱状图
- **思路分析**：本例将介绍动态柱状图的制作，其中主要对字幕进行设置，使柱状图产生增值的效果，如图6-94所示。

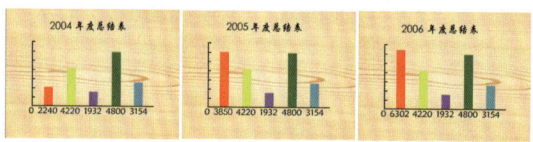

图6-94 动态柱状图效果

1 运行Premiere Pro CS5，在欢迎界面中单击【新建项目】按钮，在【新建项目】对话框中选择项目的保存路径，对项目进行命名，单击【确定】按钮，如图6-95所示。

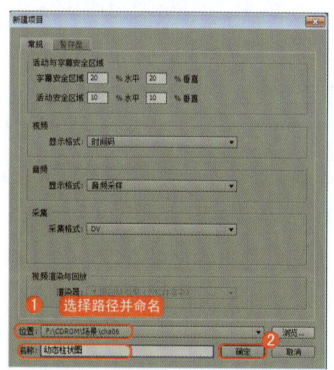

图6-95 新建项目

2 进入【新建序列】对话框中，在【序列预置】选项卡中【有效预置】区域下选择【DV-24P】|【标准48kHz】选项，对【序列名称】进行命名，单击【确定】按钮，如图6-96所示。

3 进入操作界面，在【项目】窗口的【名称】区域下空白处双击鼠标左键，在弹出的对话框中选择随书附带光盘"素材 \ Cha06 \ 动态柱状图.jpg"文件，单击【打开】按钮，如图6-97所示。

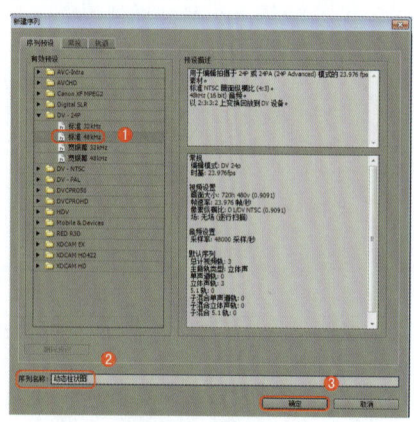

图6-96 新建序列

图6-97 导入素材

4 将导入的素材拖至【时间线】窗口的【视频1】轨道中，按Ctrl+T键，使用默认命名，进入字幕窗口，使用 ▬ 工具，在字幕设计栏中绘制一个直线，在【字幕属性】栏中，设置【属性】区域下的【线宽】为3.0；在【填充】区域下，设置【色彩】为黑色，在【字幕属性】栏中，设置【宽】、【高】分别为3.0、240.2，【X位置】、【Y位置】设置为99.8、241.0，如图6-98所示。

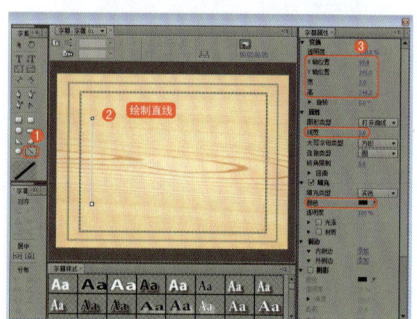

图6-98 绘制直线

5 使用 ▬ 工具，在字幕设计栏中绘制一个如图6-99所示的垂直直线，在【字幕属性】栏中，设置【填充】区域下的【色彩】为黑色，设置【变换】区域下的【宽】、【高】分别为460.6、3.0，【X位置】、【Y位置】设置为328.2、360.0。

6 使用 ▬ 工具，在字幕设计栏中绘制一个如图6-100所示的水平直线，在【字幕属性】栏中，设置【属性】区域下的【线宽】为3.0，设置【填充】区域下的【色彩】为黑色；【变换】区域下的【宽】、【高】分别设置为10.0、3.0，【X位置】、【Y位置】分别设置为105.4、328.4。

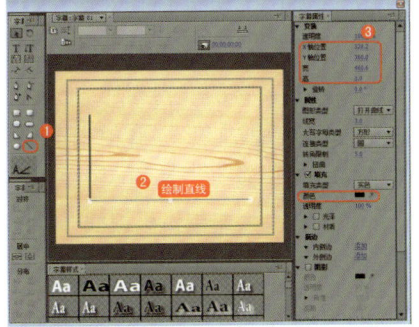

图6-99 创建直线

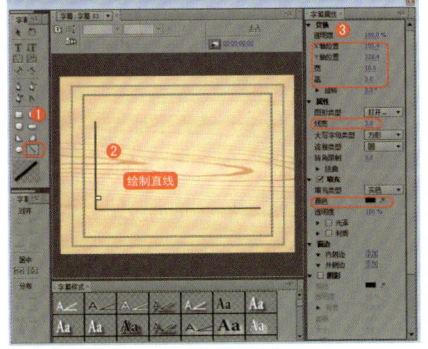

图6-100 创建小线段

7 对水平直线进行复制,并调整复制后线段的位置,如图6-101所示。

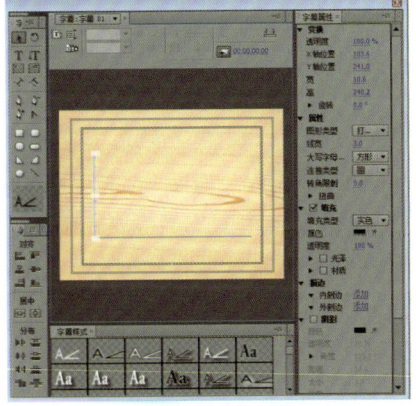

图6-101 复制并调整线段

8 使用 工具,在字幕设计栏中创建一个矩形,在【字幕属性】栏中,设置【填充】区域下的【色彩】为红色;在【变换】区域下,设置【宽】、【高】分别为32.8、68.2,设置【X位置】、【Y位置】分别为160.9、325.0,如图6-102所示。

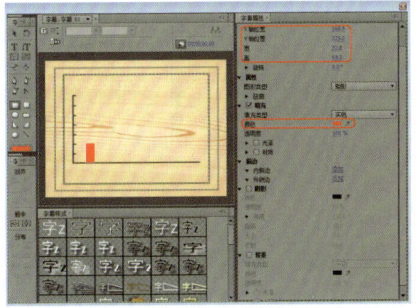

图6-102 创建并设置矩形

9 使用 工具,在字幕设计栏中创建一个矩形,在【字幕属性】栏中,设置【填充】区域下的【色彩】为黄色;在【变换】区域下,设置【宽】、【高】分别为32.8、137.2,设置【X位置】、【Y位置】分别为246.7、290.3,如图6-103所示。

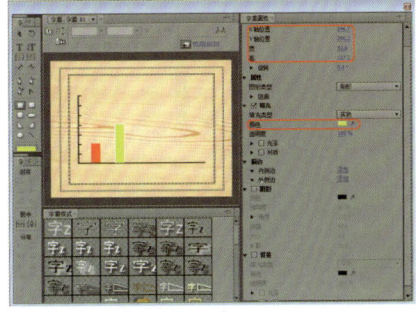

图6-103 创建并设置第二个矩形

10 使用同样的方法在字幕设计栏中创建不同高度、不同颜色的矩形,如图6-104所示。

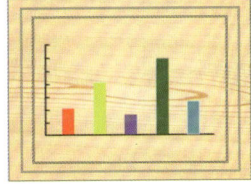

图6-104 设置多个矩形

11 使用 工具,在字幕设计栏中输入数字"0",在【字幕】栏中设置【字体】为"STXinWei",【字体大小】为30.0,在【字幕属性】栏中设置【变换】区域下的【宽】为18.9、【高】为30.0,【X位置】、【Y位置】分别设置为96.6、380.3,填充【色彩】为黑色,如图6-105所示。

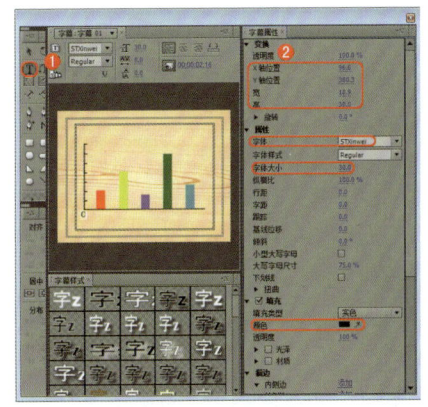

图6-105 输入数字

12 输入多个字幕数值,并调整它们的位置,如图6-106所示。

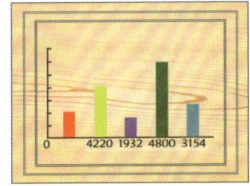

图6-106 输入多个数值

13 使用 工具,在字幕设计栏中输入"年度总结表",在【字幕】栏中设置【字体】为"STXingkai",设置【字体大小】为30.0;在【字幕属性】栏中,设置【填充】区域下的【色彩】为黑色,在【变换】区域下设置【宽】为197.3、【高】为30.0,【X位置】、【Y位置】分别设置为356.2、68.6,如图6-107所示。

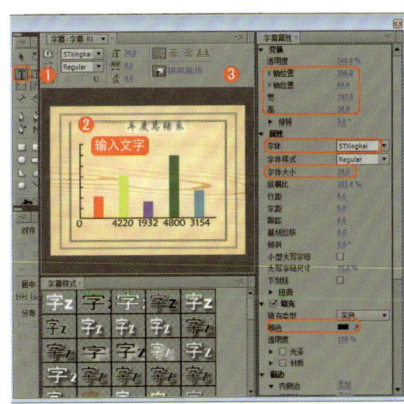

图6-107 输入并设置文本

14 将"字幕01"拖至【时间线】窗口的【视频2】轨道中,如图6-108所示。

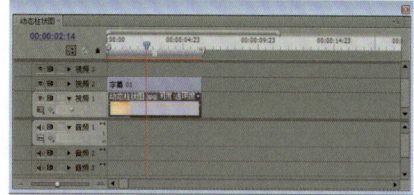

图6-108 将"字幕01"拖至【时间线】窗口中

> **提示** 一般【时间线】窗口中视频轨道有3个,如果不够用,可以直接将素材拖至【视频3】轨道的上方深色区域,此时会自动添加轨道。

15 新建字幕,在字幕设计栏中输入一个数值,如图6-109所示。

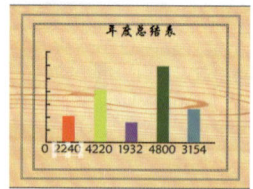

图6-109 输入数字

16 新建"字幕03",使用 ▢ 工具,输入"2004",在【字幕】栏中,设置【字体】为"FZXiHei",设置【字体大小】为35.0,并调整文本的位置,如图6-110所示。

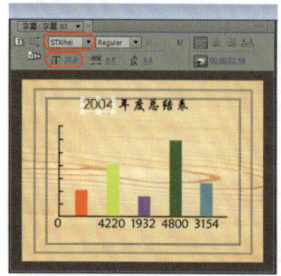

图6-110 设置"字幕03"

17 新建"字幕04",使用 ▢ 工具,在字幕设计栏中创建矩形,并对其设置,如图6-111所示。

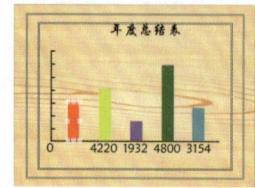

图6-111 设置矩形

18 新建"字幕05",输入数字,调整其位置,如图6-112所示。

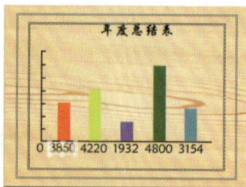

图6-112 输入数值

19 新建"字幕06",在字幕设计栏中输入"2005",然后参照步骤16进行设置,如图6-113所示。

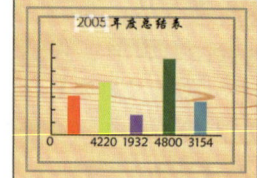

图6-113 设置"字幕06"

20 新建"字幕07",输入数字,调整其位置,如图6-114所示。

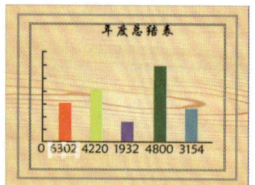

图6-114 设置"字幕07"

21 新建"字幕08",在字幕设计栏中输入"2006",然后参照"字幕06"进行设置,如图6-115所示。

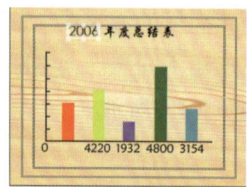

图6-115 设置"字幕08"

22 分别将"字幕02"、"字幕03"拖至【时间线】窗口的【视频3】、【视频4】轨道中,设置当前时间为00:00:00:06,将"字幕02"、"字幕03"的结束处与编辑标识对齐,如图6-116所示。

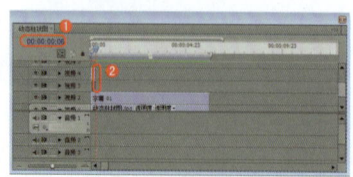

图6-116 拖字幕

23 将"字幕04"拖至【时间线】窗口的【视频4】轨道中,开始处与"字幕03"的结束处对齐;再将"字幕05"、"字幕06"分别拖至【时间线】窗口的【视频5】、【视频6】轨道中,设置当前时间为00:00:00:16,拖动"字幕05"、"字幕06"的结束处与编辑标识线对齐,如图6-117所示。

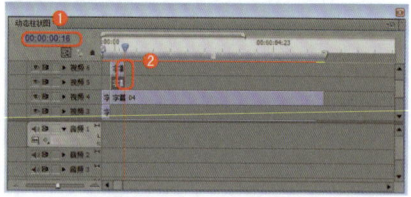

图6-117 拖入字幕

24 确定当前时间为00:00:00:16,将"字幕07"拖至【时间线】窗口的【视频3】轨道中,与编辑标识线对齐,并将其结束处与"字幕01"的结束处对齐,如图6-118所示。

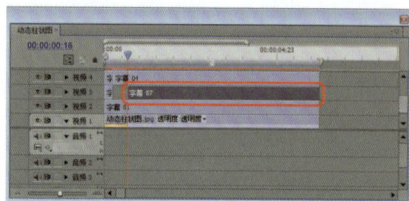

图6-118 拖入"字幕07"

25 再向【时间线】窗口的【视频5】、【视频6】轨道中分别拖入"字幕04"、"字幕08",与编辑标识线对齐,并将它们与"字幕07"的结束处对齐,如图6-119所示。

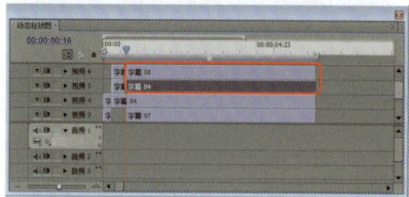

图6-119 拖入字幕

26 选中【时间线】窗口的【视频4】轨道中的"字幕04",激活【特效控制台】面板,设置当前时间为00:00:00:06,在【运动】区域下,取消【等比缩放】复选框的勾选,分

第6章 影视特技编辑

别单击【位置】、【缩放高度】左侧的 按钮，打开动画关键帧的记录。设置当前时间为00:00:00:13，设置【位置】为360.0、239.0，【缩放高度】设置为99.0，如图6-120和图6-121所示。

27 选中【时间线】窗口的【视频5】轨道中的"字幕04"，激活【特效控制台】面板，设置当前时间为00:00:00:16，取消【等比缩放】复选框的勾选，分别单击【位置】、【缩放高度】左侧的 按钮，打开关键帧记录；设置当前时间为00:00:01:01，设置【运动】区域下的【位置】为360.0、122.0，【缩放高度】设置为120.0，如图6-122和图6-123所示。

28 保存场景，在【节目监视器】窗口中观看效果。

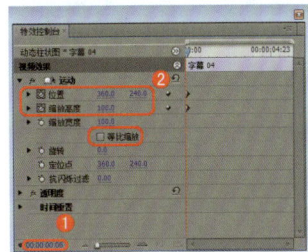
图6-120 设置两处关键帧

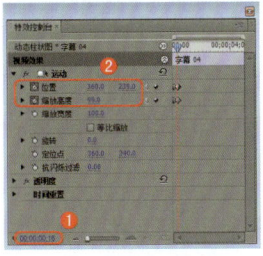
图6-121 设置两处关键帧

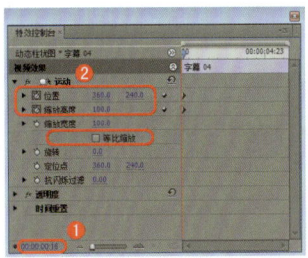
图6-122 设置两处关键帧

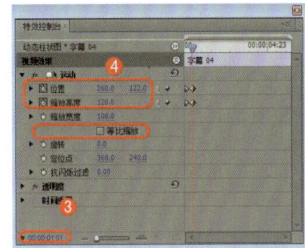
图6-123 设置两处关键帧

实例120 动态饼图

实例导航

- 案例文件：场景 \ Cha06 \ 动态饼图.prproj
- 视频文件：视频教学 \ Cha06 \ 动态饼图.avi
- 难易程度：★★★☆☆
- 视频时长：8分41秒
- 实例要点：字幕设置的应用
- 思路分析：通过实例119中对柱状图的制作，本例对动态饼图的设置就容易了，效果如图6-124所示。

图6-124 动态饼图

实例121 带相框的画面效果

实例导航

- 案例文件：场景 \ Cha06 \ 带相框的画面效果.prproj
- 视频文件：视频教学 \ Cha06 \ 带相框的画面效果.avi
- 难易程度：★★★☆☆
- 视频时长：10分13秒

（续）

- ➔ 实例要点：【随机反相】、【擦除】切换效果的应用
- ➔ 思路分析：本例主要介绍将分层文件与不分层文件结合到一起，使拍摄的数码照片与相框结合到一起，效果如图6-125所示。

图6-125 带相框的画面效果

实例122 动态偏移

实例导航

- ➔ 案例文件：场景 \ Cha06 \ 动态偏移.prproj
- ➔ 视频文件：视频教学 \ Cha06 \ 动态偏移.avi
- ➔ 难易程度：★★★☆☆
- ➔ 视频时长：6分37秒
- ➔ 实例要点：【基本3D】特效的应用
- ➔ 思路分析：本例主要介绍【基本3D】特效的使用，通过对其添加关键帧使"光圈"产生三维效果，如图6-126所示。

 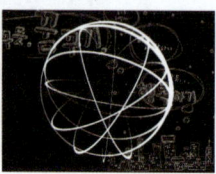 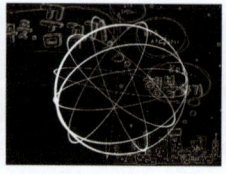 

图6-126 动态偏移效果

实例123 电视节目暂停荧屏效果

实例导航

- ➔ 案例文件：场景 \ Cha06 \ 电视节目暂停荧屏效果.prproj
- ➔ 视频文件：视频教学 \ Cha06 \ 电视节目暂停荧屏效果.avi

第6章 影视特技编辑

（续）

- 难易程度：★☆☆☆☆
- 视频时长：43秒
- 实例要点：【彩条】的应用
- 思路分析：本例制作电视节目暂停荧屏效果，如图6-127所示。

图6-127 电视节目暂停荧屏效果

实例124 边界朦胧效果

实例导航

- 案例文件：场景 \ Cha06 \ 边界朦胧效果.prproj
- 视频文件：视频教学 \ Cha06 \ 边界朦胧效果.avi
- 难易程度：★★☆☆☆
- 视频时长：1分钟
- 实例要点：【羽化边缘】特效的应用
- 思路分析：本例介绍边界朦胧效果的制作，对视频添加【羽化边缘】特效，通过

设置产生如图6-128所示的效果。

图6-128 边界朦胧效果

实例125 电视片段倒计时效果

实例导航

- 案例文件：场景 \ Cha06 \ 电视片段倒计时效果.prproj
- 视频文件：视频教学 \ Cha06 \ 电视片段倒计时效果.avi
- 难易程度：★★☆☆☆
- 视频时长：13分30秒
- 实例要点：字幕中【材质】的应用
- 思路分析：本例的制作主要通过对字幕设置关键帧，产生如图6-129所示的效果。

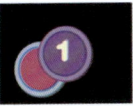

图6-129 电视片段倒计时效果

实例126 视频片段倒放效果

实例导航

- 案例文件：场景 \ Cha06 \ 视频片段倒放效果.prproj
- 视频文件：视频教学 \ Cha06 \ 视频片段倒放效果.avi
- 难易程度：★★☆☆☆
- 视频时长：37秒
- 实例要点：【倒放速度】复选框的应用
- 思路分析：本例将介绍为正常运动的视频设置倒放的效果，效果如图6-130所示。

图6-130 视频片段倒放效果

实例127 电视信号不稳的屏幕

实例导航

- 案例文件：场景 \ Cha06 \ 电视信号不稳的屏幕.prproj
- 视频文件：视频教学 \ Cha06 \ 电视信号不稳的屏幕.avi
- 难易程度：★★★☆☆
- 视频时长：5分23秒
- 实例要点：【8点无用信号遮罩】特效和【羽化边缘】特效的应用
- 思路分析：本例介绍电视信号不稳的屏幕效果，它的制作与"用电视放映的效果"差不多，效果如图6-131所示。

图6-131 电视信号不稳的屏幕效果

实例128 制作宽荧屏电影

实例导航

- 案例文件：场景 \ Cha06 \ 制作宽荧屏电影.prproj
- 视频文件：视频教学 \ Cha06 \ 制作宽荧屏电影.avi
- 难易程度：★★☆☆☆

第6章 影视特技编辑

（续）

- 视频时长：1分22秒
- 实例要点：【亮度与对比度】特效的应用
- 思路分析：本例介绍宽荧屏电影播放的效果，它的制作主要在【特效控制台】面板中进行设置，效果如图6-132所示。

图6-132 制作宽荧屏电影效果

实例129 立体电影效果

实例导航

- 案例文件：场景 \ Cha06 \ 立体电影效果.prproj
- 视频文件：视频教学 | Cha06 | 立体电影效果.avi
- 难易程度：★★☆☆☆
- 视频时长：3分钟
- 实例要点：【摆入】切换效果的应用
- 思路分析：本例将介绍立体电影效果的制作，主要通过【摆入】切换效果，产生立体电影效果，如图6-133所示。

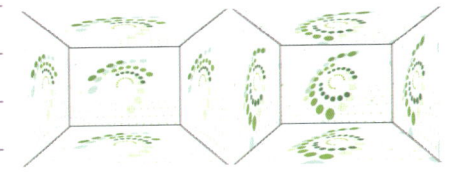

图6-133 立体电影效果

实例130 MTV歌词色彩渐变效果

实例导航

- 案例文件：场景 \ Cha06 \ MTV歌词色彩渐变效果.prproj
- 视频文件：视频教学 \ Cha06 \ MTV歌词色彩渐变效果.avi
- 难易程度：★★★★☆
- 视频时长：6分51秒
- 实例要点：【裁剪】特效的应用
- 思路分析：本例将介绍歌词色彩渐变效果的制作，主要通过【裁剪】特效进行设置产生渐变的效果，如图6-134所示。

图6-134 MTV歌词色彩渐变效果

第7章
数码相册

在Premiere Pro CS5中，视频特效与切换效果在视频后期制作中起着重要的作用，一个视频可以添加多个视频特效。本章的实例主要对视频特效、切换效果进行设置。

- 效果图的展览
- 底片效果
- 怀旧老照片效果
- 让照片按一定路径转动
- 三维立体照片效果
- 制作DV相册

实例131 效果图展览

实例导航

- **案例文件**：场景 \ Cha07 \ 效果图展示.prproj
- **视频文件**：视频教学 \ Cha07 \ 效果图展览.avi
- **难易程度**：★★★☆☆
- **视频时长**：14分07秒
- **实例要点**：效果图展览
- **思路分析**：本例将制作效果图的展览过程，主要在【特效控制台】面板中设置关键帧，效果如图7-1所示。

图7-1 效果图展览

1 运行Premiere Pro CS5，在欢迎界面中单击【新建项目】按钮，在【新建项目】对话框中选择项目的保存路径，对项目进行命名，单击【确定】按钮，如图7-2所示。

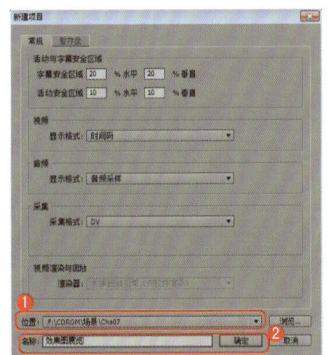

图7-2 新建项目

2 进入【新建序列】对话框中，在【序列预置】选项卡中【有效预置】区域下选择【DV-24P】|【标准48kHz】选项，对【序列名称】进行命名，单击【确定】按钮，如图7-3所示。

3 进入操作界面，在【项目】窗口中【名称】区域下的空白处双击鼠标左键，在弹出的对话框中选择随书附带光盘"素材 \ Cha07 \ 效果图展览文件夹"，单击【导入文件夹】按钮，如图7-4所示。

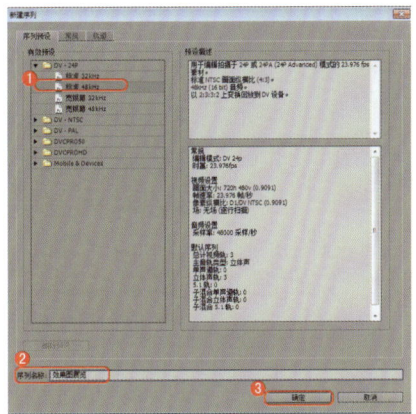

图7-3 新建序列

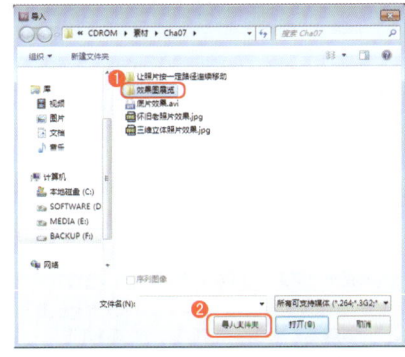

图7-4 导入素材文件夹

4 按Ctrl+T键，新建"字幕01"，使用 ◯ 工具，在字幕设计栏中创建椭圆形，在【字幕属性】栏中，设置【填充】区域下的【色彩】为白色；在【变换】区域下，设置【宽度】、【高度】分别为5.0、340.0，【X位置】、【Y位置】分别设置为509.9、172.5，如图7-5所示。

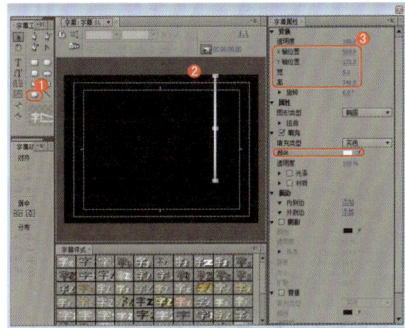

图7-5 创建并设置"字幕01"

5 单击 T 按钮，新建"字幕02"，在字幕设计栏中选中椭圆形，在【字幕属性】栏中，设置【宽度】、【高度】分别为5.0、340.1，【X位置】、【Y位置】分别为143.8、299.5，如图7-6所示。

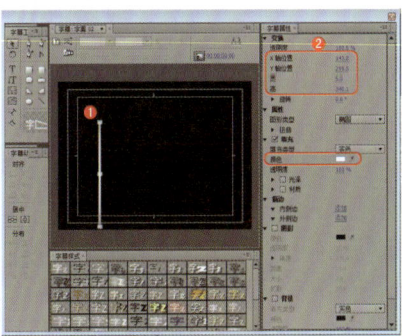

图7-6 创建并设置"字幕02"

6 单击 按钮，新建"字幕03"，将字幕设计栏中的椭圆删除，选择 工具，在字幕设计栏中输入"宏伟建筑"，在【字幕】栏中，设置【字体】为"FZXingKai-S04S"，【字体大小】设置为75.0，【字距】设置为15.0；在【字幕属性】栏中，设置【填充】区域下的【填充类型】为"线性渐变"，将【色彩】左侧色标的RGB设置为255、234、190，右侧色标的RGB设置为255、236、178，【角度】设置为90.0，勾选【光泽】复选框，设置【色彩】为白色，【大小】设置为100.0，【角度】设置为90.0；在【描边】区域下，添加一处【外侧边】，设置【类型】为"凸出"，【大小】设置为35.0，【色彩】RGB设置为155、141、111；在【变换】区域下，设置【X位置】、【Y位置】分别为72.4、181.4，如图7-7所示。

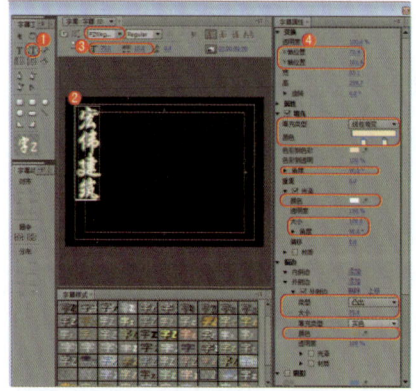

图7-7 创建并设置"字幕03"

7 关闭字幕窗口，将"01.jpg"文件拖至【时间线】窗口的【视频1】轨道中，设置当前时间为00:00:00:14，拖动"01.jpg"文件的结束处与编辑标识线对齐，如图7-8所示。

8 确定"01.jpg"文件选中的情况下，激活【特效控制台】面板，设置当前时间为00:00:00:05，勾选【运动】区域下【等比缩放】复选

框，设置【缩放宽度】为37.0、【缩放高度】为37.0，设置【透明度】为0.0。修改当前时间为00:00:00:08，设置【透明度】设置为100.0，如图7-9所示。

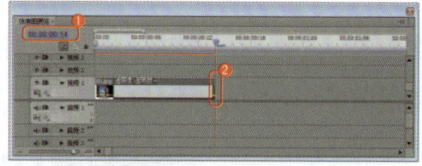

图7-8 拖入并设置"01.jpg"文件

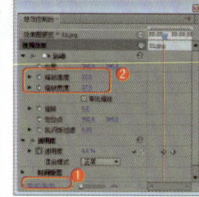 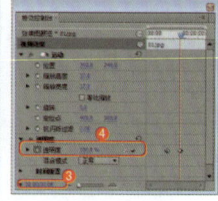

图7-9 设置两处【透明度】关键帧

9 修改当前时间为00:00:00:20，将"02.jpg"文件拖至【时间线】窗口的【视频1】轨道中，与"01.jpg"文件的结束处对齐，拖动"02.jpg"文件的结束处与编辑标识线对齐，如图7-10所示。

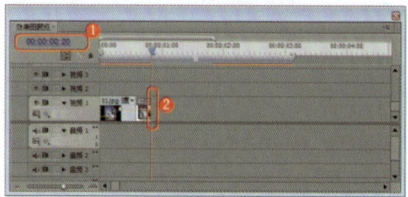

图7-10 拖入并设置"02.jpg"文件

10 确定"02.jpg"选中的情况下，激活【特效控制台】面板，勾选【运动】区域下【等比缩放】复选框，设置【缩放宽度】为36.0，设置【缩放高度】为37，如图7-11所示。

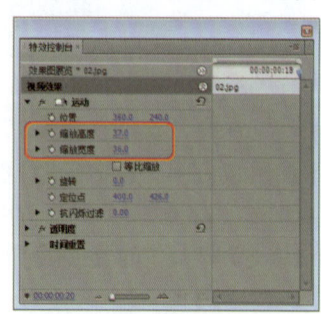

图7-11 设置【缩放比例】

11 依次向【时间线】窗口的【视频1】轨道中拖入"03.jpg"、"04.jpg"、"05.jpg"、"06.jpg"、"07.jpg"、"08.jpg"文件，设置它们的长度与"02.jpg"文件的长度一样，如图7-12所示，然后分别设置它们的【缩放比例】。选中"03.jpg"，激活【特效控制台】面板，勾选【运动】区域下【等比缩放】复选框，设置【缩放宽度】为37.0、【缩放高度】为37.0。选中"04.jpg"，激活【特效控制台】面板，勾选【运动】区域下【等比缩放】复选框，设置【缩放宽度】为38.0、【缩放高度】为34.0。选中"05.jpg"，激活【特效控制台】面板，勾选【运动】区域下【等比缩放】复选框，设置【缩放宽度】为38.3、【缩放高度】为72.0。选中"06.jpg"，激活【特效控制台】面板，勾选【运动】区域下【等比缩放】复选框，设置【缩放宽度】为38.0、【缩放高度】为29.0。选中"07.jpg"，激活【特效控制台】面板，勾选【运动】区域下【等比缩放】复选框，设置【缩放宽度】为38.0、【缩放高度】为33.0。选中"08.jpg"，激活【特效控制台】面板，勾选【运动】区域下【等比缩放】复选框，设置【缩放宽度】为38.0、【缩放高度】为30.5。

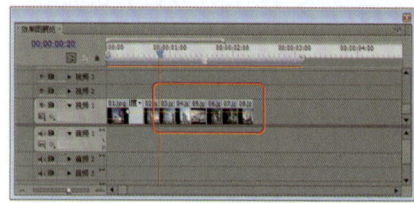

图7-12 拖入并设置多个文件

12 设置当前时间为00:00:03:03，将"09.jpg"文件拖至【时间线】窗口的【视频1】轨道中，与"08.jpg"文件的结束处对齐，拖动"09.jpg"文件的结束处与编辑标识

线对齐，如图7-13所示。激活【特效控制台】面板，勾选【运动】区域下【等比缩放】复选框，设置【缩放宽度】为37.0，【缩放高度】为36.0。

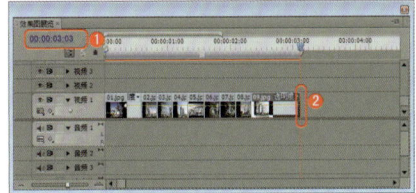

图7-13 设置"09.jpg"文件

13 依次向【时间线】窗口的【视频1】轨道中文件的中间位置添加【抖动溶解】切换效果，如图7-14所示，分别将它们的【持续时间】设置为00:00:00:03，如图7-15所示。

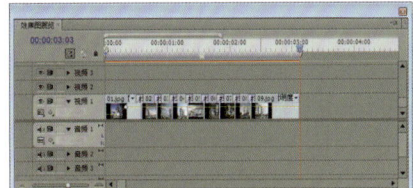

图7-14 添加切换效果

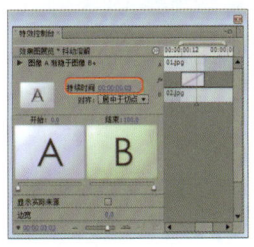

图7-15 设置【持续时间】

14 将"字幕03"拖至【时间线】窗口的【视频2】轨道中，拖动"字幕03"的结束处与"09.jpg"文件的结束处对齐，如图7-16所示。

图7-16 拖入并设置"字幕03"

15 将"字幕01"、"字幕02"分别拖至【时间线】窗口的【视频3】、【视频4】轨道中，并分别将它们的结束处与"字幕03"的结束处

对齐，如图7-17所示。

16 确定当前时间为00:00:00:00，选中"字幕01"，激活【特效控制台】面板，设置【运动】区域下的【位置】为360.0、-100.0，单击其左侧的 按钮，打开动画关键帧的记录。设置当前时间为00:00:00:06，设置【运动】区域下的【位置】为360.0、375.6，如图7-18所示。

 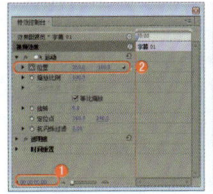 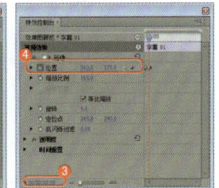

图7-17 拖入"字幕01"、"字幕02"　　图7-18 设置两处【位置】关键帧

17 选中"字幕02"，设置当前时间为00:00:00:00，激活【特效控制台】面板，设置【运动】区域下的【位置】为360.0、600.0，单击其左侧的 按钮，打开动画关键帧的记录。设置当前时间为00:00:00:06，设置【运动】区域下的【位置】为360.0、112.7，如图7-19所示。

18 将"02.jpg"文件拖至【时间线】窗口的【视频5】轨道中，将其结束处与"字幕02"的结束处对齐，如图7-20所示。

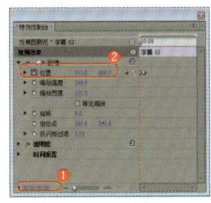 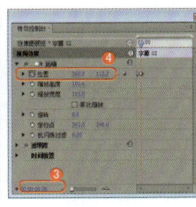 

图7-19 添加两处关键帧　　图7-20 拖入并设置"02.jpg"

19 确定"02.jpg"文件选中的情况下，激活当前时间为00:00:00:08，设置【特效控制台】面板中，设置【运动】区域下的【位置】为627.4、519.8，单击其左侧的 按钮，打开动画关键帧的记录，并勾选【运动】区域下【等比缩放】复选框，设置【缩放宽度】为11.0，设置【缩放高度】为12。

20 修改当前时间为00:00:01:05，在【特效控制台】面板中，添加【透明度】关键帧。修改当前时间为00:00:01:10，设置【运动】区域下的【位置】为627.3、100.0，【透明度】设置为0.0，如图7-21所示。

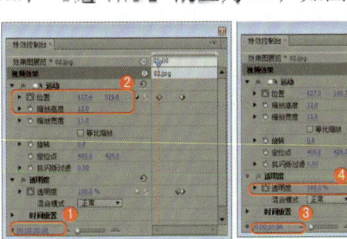 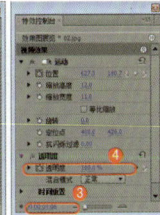 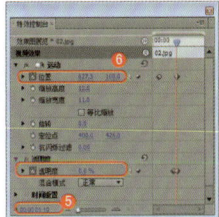

图7-21 设置多处关键帧

21 设置当前时间为00:00:00:00:14，将"03.jpg"文件拖至【时间线】窗口的【视频6】轨道中，与编辑标识线对齐，并拖动其结束处与"02.jpg"文件的结束处对齐，如图7-22所示。

22 确定"03.jpg"文件选中的情况下，激活【特效控制台】面板，设置【运动】区域下的【位置】为627.4、522.5，单击其左侧的 按钮，打开动画关键帧的记录，设置【缩放比例】为11.0。

23 修改当前时间为00:00:01:11，在【特效控制台】面板中，添加【透明度】关键帧。修改当前时间为00:00:01:16，设置【运动】区域下的【位置】为627.4、100.0，【透明度】设置为0.0，如图7-23所示。

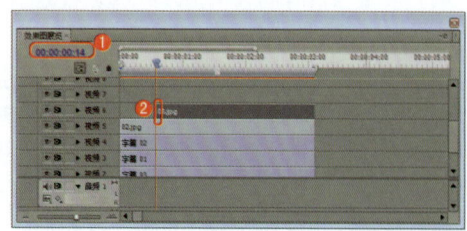
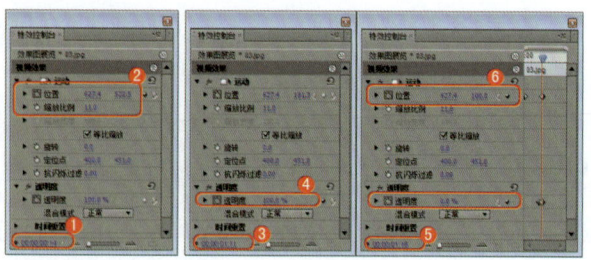

图7-22 拖入并设置"03.jpg"　　　　　　　　　图7-23 设置三处关键帧

24 设置当前时间为00:00:00:20，将"04.jpg"文件拖至【时间线】窗口的【视频7】轨道中，与编辑标识线对齐，拖动其结束处与"03.jpg"文件的结束处对齐，如图7-24所示。

25 确定"04.jpg"文件选中的情况下，激活【特效控制台】面板，设置【位置】为627.4、521.8，单击其左侧的 ◎ 按钮，打开动画关键帧的记录，设置【缩放比例】为11.3。

26 设置当前时间为00:00:01:17，添加一处【透明度】关键帧。修改当前时间为00:00:01:22，设置【运动】区域下的【位置】为627.4、100.0，设置【透明度】为0.0，如图7-25所示。

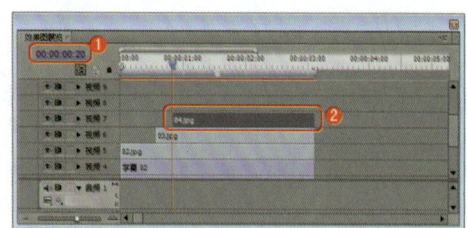
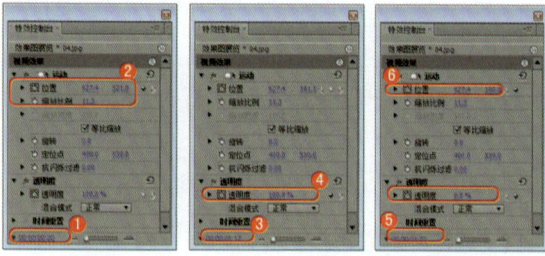

图7-24 拖入并设置"04.jpg"文件　　　　　　图7-25 为"04.jpg"文件设置三处关键帧

27 设置当前时间为00:00:01:02，将"05.jpg"文件拖至【时间线】窗口的【视频8】轨道中，与编辑标识线对齐，拖动其结束处与"04.jpg"文件的结束处对齐，如图7-26所示。

28 确定"05.jpg"文件选中的情况下，激活【特效控制台】面板，设置【运动】区域下的【位置】为624.7、520.7，单击其左侧的 ◎ 按钮，打开动画关键帧的记录，并勾选【运动】区域下【等比缩放】复选框，设置【缩放宽度】10.0，设置【缩放高度】为18.3。

29 设置当前时间为00:00:01:23，添加一处【透明度】关键帧。修改当前时间为00:00:02:04，设置【运动】区域下的【位置】为627.4、100.0，设置【透明度】为0.0，如图7-27所示。

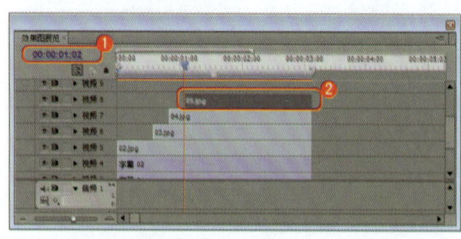
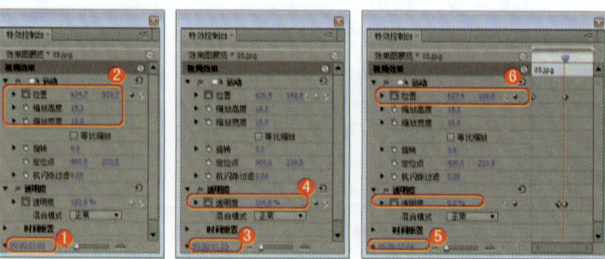

图7-26 拖入并设置"05.jpg"文件障碍　　　　图7-27 为"05.jpg"文件设置三处关键帧

30 设置当前时间为00:00:01:08，将"06.jpg"文件拖至【时间线】窗口的【视频9】轨道中，与编辑标识线对齐，拖动其结束处与"05.jpg"文件的结束处对齐，如图7-28所示。

31 确定"06.jpg"文件选中的情况下，激活【特效控制台】面板，设置【运动】区域下的【位置】为627.4、525.0，单击其左侧的 ◎ 按钮，打开动画关键帧的记录，设置【缩放比例】为11.0。

32 设置当前时间为00:00:02:05,添加一处【透明度】关键帧。修改当前时间为00:00:02:10,设置【运动】区域下的【位置】为627.4、100.0,设置【透明度】为0.0,如图7-29所示。

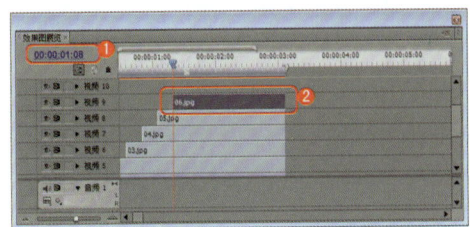

图7-28 拖入并设置"06.jpg"

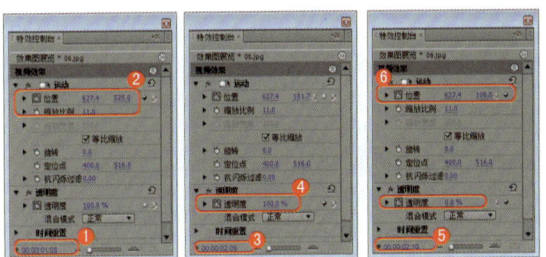

图7-29 为"06.jpg"文件添加三处关键帧

33 设置当前时间为00:00:01:14,将"07.jpg"文件拖至【时间线】窗口【视频10】轨道中,与编辑标识线对齐,拖动其结束处与"06.jpg"文件的结束处对齐,如图7-30所示。

34 确定"07.jpg"文件选中的情况下,激活【特效控制台】面板,设置【运动】区域下的【位置】为627.4、523.3,单击其左侧的 按钮,打开动画关键帧的记录,设置【缩放比例】为11.4。

35 设置当前时间为00:00:02:11,添加一处【透明度】关键帧。修改当前时间为00:00:02:16,设置【运动】区域下的【位置】为627.4、100,设置【透明度】为0.0,如图7-31所示。

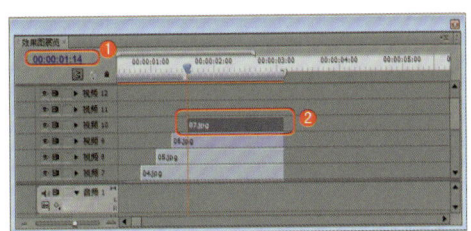

图7-30 拖入并设置"07.jpg"文件

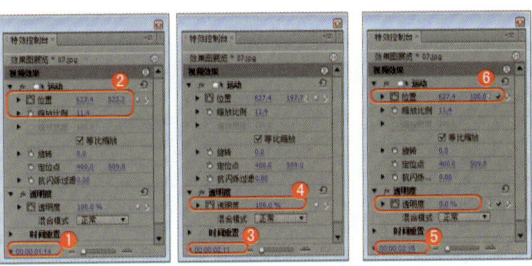

图7-31 为"07.jpg"文件设置三处关键帧

36 设置当前时间为00:00:01:20,将"08.jpg"文件拖至【时间线】窗口的【视频11】轨道中,与编辑标识线对齐,拖动其结束处与"07.jpg"文件的结束处对齐,如图7-32所示。

37 确定"08.jpg"文件选中的情况下,激活【特效控制台】面板,设置【运动】区域下的【位置】为627.4、522.7,单击其左侧的 按钮,打开动画关键帧的记录,设置【缩放比例】为10.5。

38 设置当前时间为00:00:02:17,添加一处【透明度】关键帧。修改当前时间为00:00:02:22,设置【运动】区域下的【位置】为627.4、100.0,设置【透明度】为0.0,如图7-33所示。

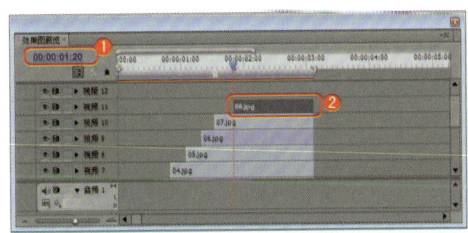

图7-32 拖入并设置"08.jpg"

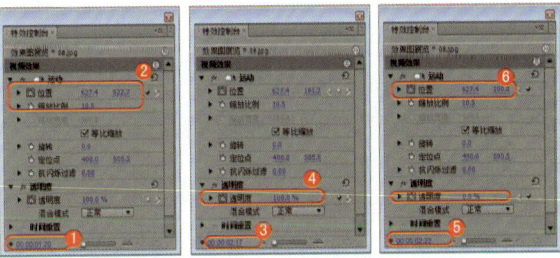

图7-33 为"08.jpg"文件设置三处关键帧

39 设置当前时间为00:00:02:02,将"09.jpg"文件拖至【时间线】窗口的【视频12】轨道中,与编辑标识线对齐,拖动其结束处与"08.jpg"文件的结束处对齐,如图7-34所示。

40 确定"09.jpg"文件选中的情况下,激活【特效控制台】面板,设置【运动】区域下的【位置】为628.2、520.2,单击其左侧的 按钮,打开动画关键帧的记录,设置【缩放比例】为10.5。

41 设置当前时间为00:00:02:22,添加一处【透明度】关键帧。修改当前时间为00:00:03:03,设置【运动】区域下的【位置】为628.2、100.0,设置【透明度】为0.0,如图7-35所示。

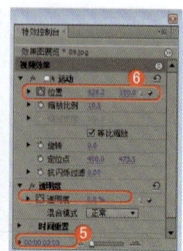

图7-34 拖入并设置"09.jpg"　　　　图7-35 为"09.jpg"文件添加三处关键帧

42 保存场景，在【节目监视器】窗口中观看效果。

实例132　底片效果

实例导航

- **案例文件**：场景 \ Cha07 \ 底片效果.prproj
- **视频文件**：视频教学 \ Cha07 \ 底片效果.avi
- **难易程度**：★★☆☆☆
- **视频时长**：1分45秒
- **实例要点**：底片效果
- **思路分析**：在视频中添加底片效果，可以给画面带来神秘感，主要运用了【反转】特效，如图7-36所示。

图7-36 底片效果

1 运行Premiere Pro CS5，在欢迎界面中单击【新建项目】按钮，在【新建项目】对话框中选择项目的保存路径，对项目进行命名，单击【确定】按钮，如图7-37所示。

2 进入【新建序列】对话框中，在【序列预置】选项卡中【有效预置】区域下选择【DV-24P】|【标准48kHz】选项，对【序列名称】进行命名，单击【确定】按钮，如图7-38所示。

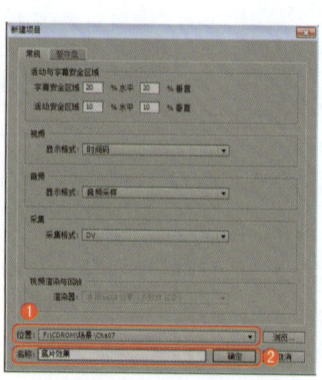
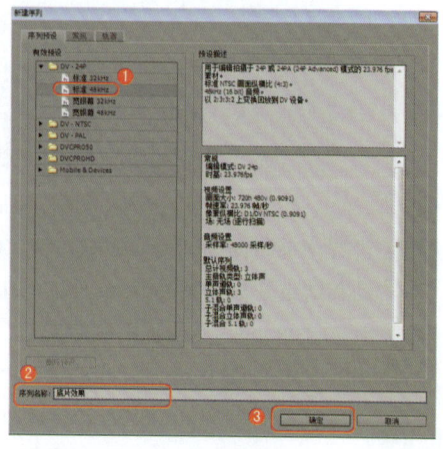

图7-37 新建项目　　　　图7-38 新建序列

3 进入操作界面，在【项目】窗口中【名称】区域下的空白处双击鼠标，在弹出的对话框中选择随书附带光盘"素材\Cha07\底片效果.avi"文件，单击【打开】按钮，如图7-39所示。

图7-39 导入素材

4 设置当前时间为00:00:01:08，将"底片效果.avi"文件拖至【时间线】窗口【视频1】轨道中，在工具面板中选择 工具，在"底片效果.avi"文件的编辑标识线处单击鼠标，将文件裁剪为两部分，如图7-40所示。

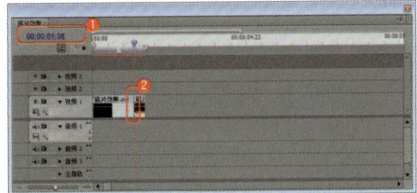

图7-40 拖入并裁剪素材

5 再将当前时间修改为00:00:01:17，使用 工具，在后半部分文件上编辑标识线处单击鼠标，对文件进行裁剪，如图7-41所示。

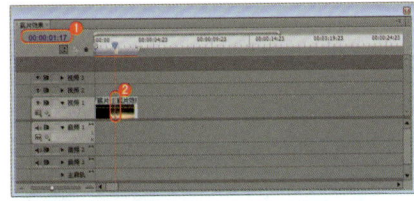

图7-41 裁剪素材

6 将裁剪后的中间部分文件选中，为这段文件添中【反转】特效，激活【特效控制台】面板，设置【反转】区域下的【通道】为RGB，如图7-42所示。

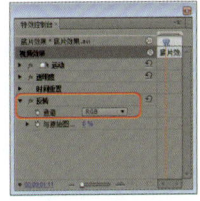

图7-42 添加并设置【反转】特效

7 使用同样的方法，在后面的文件中进行裁剪，如图7-43所示，对裁剪后的文件进行【反转】特效的设置。

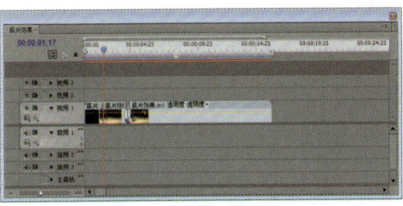

图7-43 设置另一段文件

8 保存场景，在【节目监视器】窗口中观看效果。

实例133 怀旧老照片效果

实例导航

- **案例文件：** 场景\Cha07\怀旧老照片效果.prproj
- **视频文件：** 视频教学\Cha07\怀旧老照片效果.avi
- **难易程度：** ★★☆☆☆
- **视频时长：** 2分10秒
- **实例要点：** 怀旧老照片效果
- **思路分析：** 本例将介绍怀旧老照片效果的制作，在制作的过程中对【灰度系数（Gamma）校正】、【黑白】、【RGB曲线】、【自动杂波HLS】特效进行调整，调整后产生的效果如图7-44所示。

图7-44 怀旧老照片效果

1 运行Premiere Pro CS5，在欢迎界面中单击【新建项目】按钮，在【新建项目】对话框中选择项目的保存路径，对项目进行命名，单击【确定】按钮，如图7-45所示。

2 进入【新建序列】对话框中，在【序列预置】选项卡中【有效预置】区域下选择【DV-24P】|【标准48kHz】选项，对【序列名称】进行命名，单击【确定】按钮，如图7-46所示。

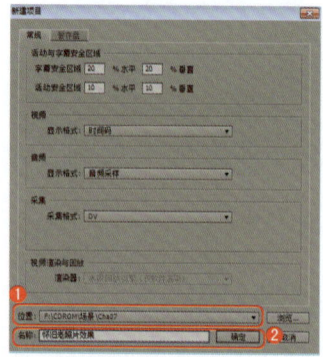

图7-45 新建项目

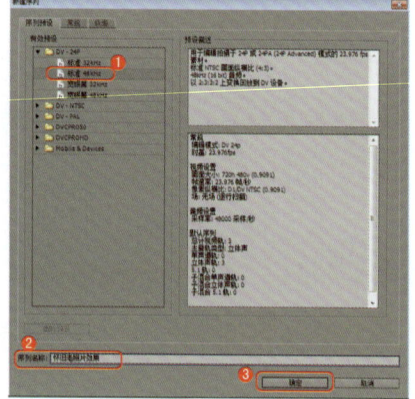

图7-46 新建序列

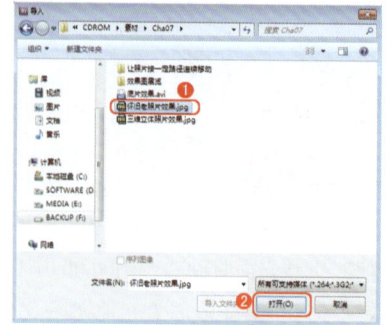

图7-47 导入素材

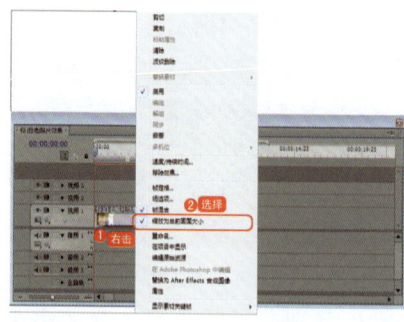

图7-48 拖入并设置素材文件

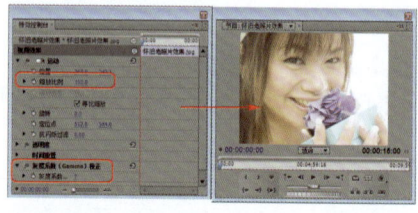

图7-49 设置【灰度系数（Gamma）校正】特效

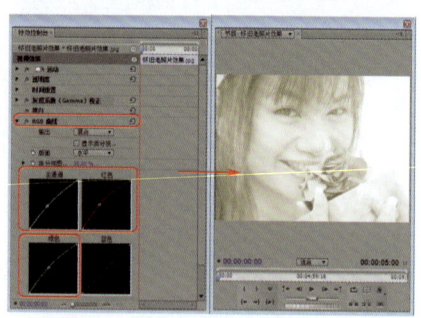

图7-50 设置【黑白】、【RGB曲线】特效

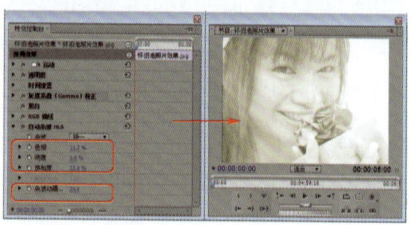

图7-51 设置【自动噪波HLS】特效关键帧

③ 进入操作界面，在【项目】窗口中【名称】区域下的空白处双击鼠标左键，在弹出的对话框中选择随书附带光盘"素材\Cha07\怀旧老照片效果.jpg"文件，单击【打开】按钮，如图7-47所示。

④ 将"怀旧老照片效果.jpg"文件拖至【时间线】窗口的【视频1】轨道中，并右击鼠标，在弹出的快捷菜单中选择【缩放为当前画面大小】命令，如图7-48所示。

⑤ 为"怀旧老照片效果.jpg"文件添加【灰度系数（Gamma）校正】特效，激活【特效控制台】面板，设置【运动】区域下的【缩放比例】为102.0；设置【灰度系数（Gamma）校正】区域下的【灰度系数】为7，如图7-49所示。

⑥ 再为"怀旧老照片效果.jpg"文件添加【黑白】、【RGB曲线】特效，激活【特效控制台】面板，调整【RGB曲线】区域下【主通道】、【红色】、【绿色】的曲线，如图7-50所示。

⑦ 添加【自动杂波HLS】特效，激活【特效控制台】面板，设置【自动杂波HLS】区域下【色相】为11.7、【明度】为0.0、【饱和度】为22.8、【杂波动画速度】为24.0，如图7-51所示。

⑧ 保存场景，在【节目监视器】窗口中观看效果。

实例134 让照片按一定路径转动

实例导航

- 案例文件：场景\Cha07\让照片按一定路径转动.prproj
- 视频文件：视频教学\Cha07\让照片按一定路径转动.avi
- 难易程度：★★★☆☆

（续）

- 视频时长：6分14秒
- 实例要点：让照片按一定路径转动
- 思路分析：本例将介绍让照片按一定路径转动，在制作过程中主要应用到了视频切换效果，如图7-52所示。

图7-52 让照片按一定路径转动效果

1 运行Premiere Pro CS5，在欢迎界面中单击【新建项目】按钮，在【新建项目】对话框中选择项目的保存路径，对项目进行命名，单击【确定】按钮，如图7-53所示。

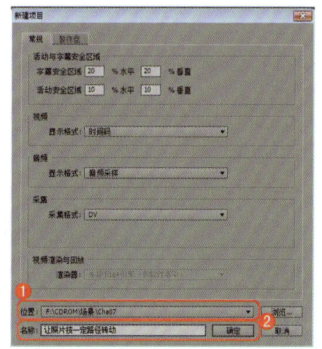

图7-53 新建项目

2 进入【新建序列】对话框中，在【序列预置】选项卡中【有效预置】区域下选择【DV-24P】|【标准48kHz】选项，对【序列名称】进行命名，单击【确定】按钮，如图7-54所示。

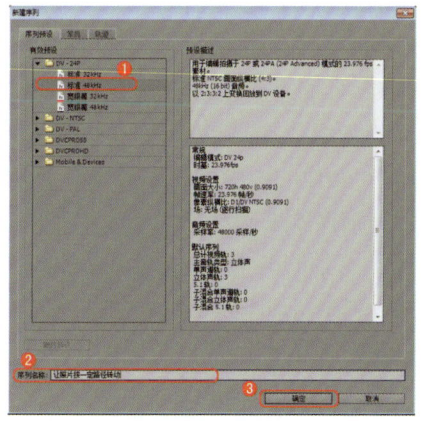

图7-54 新建序列

3 进入操作界面，在【项目】窗口中【名称】区域下的空白处双击鼠标，在弹出的对话框中选择随书附带光盘"素材\Cha07\让照片按一定路径连续转动文件夹"，单击【导入文件夹】按钮，如图7-55所示，在导入的过程中会弹出【导入分层文件:01】对话框，设置【导入为:】为"单层"。单击【序列】|【添加轨道】命令，添加两条视频轨。

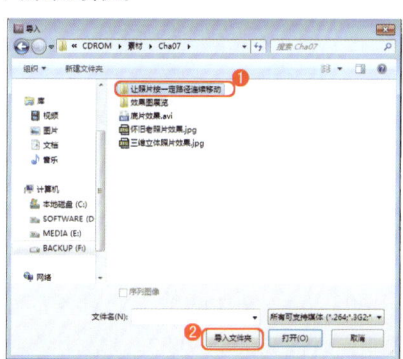

图7-55 导入素材文件夹

4 将"01.psd"文件拖至【时间线】窗口的【视频5】轨道中，右击鼠标，在弹出的快捷菜单中选择【缩放为当前画面大小】命令，将【运动】区域下【缩放比例】设置为110.1，如图7-56所示，拖动该结束处至00:00:15:00位置。

5 将"011.jpg"、"09.jpg"、"06.jpg"文件分别拖至【时间线】窗口的【视频1】、【视频2】、【视频3】轨道中，设置当前时间为00:00:07:17，分别拖动"011.jpg"、

"09.jpg"、"06.jpg"文件的结束处与编辑标识线对齐，如图7-57所示。

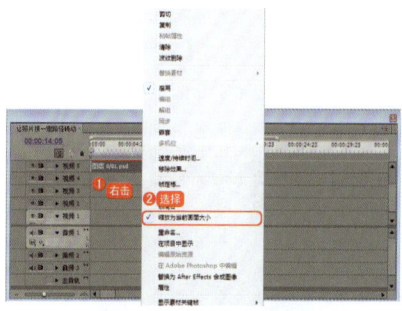

图7-56 拖入并设置"01.psd"文件

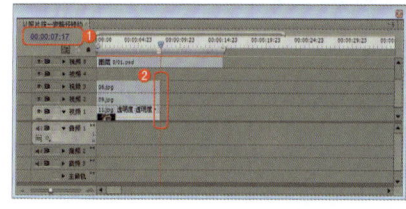

图7-57 拖入并设置多个文件

6 将"02.jpg"文件拖至【时间线】窗口的【视频4】轨道中，设置当前时间为00:00:03:00，拖动"02.jpg"文件的结束处与编辑标识线对齐，如图7-58所示。

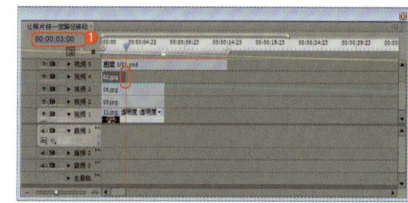

图7-58 拖入并设置"02.jpg"文件

7 将"03.jpg"文件拖至【时间线】窗口的【视频4】轨道中，与"02.jpg"文件的结束处对齐，设置当前时间为00:00:06:00，拖动"03.

133

jpg"文件的结束处与编辑标识线对齐，然后为"02.jpg"、"03.jpg"文件的中间位置添加【摆出】切换效果，如图7-59所示。

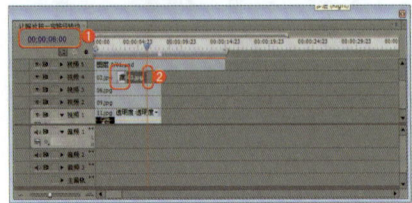

图7-59 拖入并设置"03.jpg"文件

8 确定"11.jpg"文件选中的情况下，激活【特效控制台】面板，设置【运动】区域下的【位置】为656.0、402.4，【缩放比例】设置为17.0，如图7-60所示。

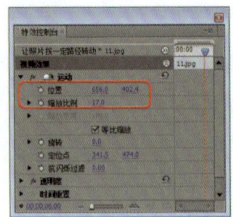

图7-60 设置【位置】、【缩放比例】

9 选中"09.jpg"文件，激活【特效控制台】面板，设置【运动】区域下的【位置】为642.6、240.0，【缩放比例】设置为18.0，如图7-61所示。

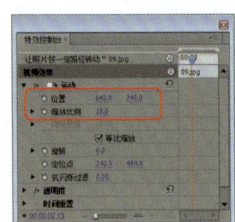

图7-61 设置"09.jpg"文件

10 选中"06.jpg"文件，激活【特效控制台】面板，设置【运动】区域下的【位置】为645.2、78.0，【缩放比例】设置为18.0，如图7-62所示。

11 选中"02.jpg"文件，激活【特效控制台】面板，设置【位置】为203.5、307.0，【缩放比例】

设置为52.0，如图7-63所示。

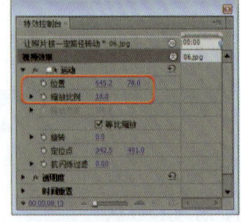

图7-62 设置"06.jpg"文件

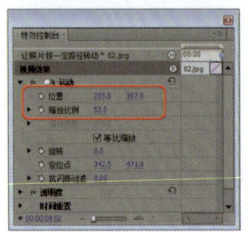

图7-63 设置"02.jpg"文件

12 选中"03.jpg"文件，激活【特效控制台】面板，设置【设置】为203.5、237.1，【缩放比例】设置为52.0，如图7-64所示。

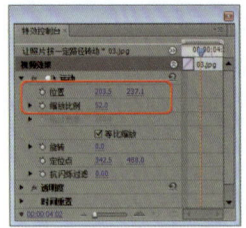

图7-64 设置"03.jpg"文件

13 将"04.jpg"文件拖至【时间线】窗口的【视频4】轨道中，与"03.jpg"文件的结束处对齐，设置当前时间为00:00:08:23，拖动"04.jpg"文件的结束处与编辑标识线对齐，如图7-65所示。为"03.jpg"、"04.jpg"文件的中间位置添加【摆出】切换效果。

图7-65 拖入并设置"04.jpg"

14 确定"04.jpg"文件选中的情况下，激活【特效控制台】面

板，设置【运动】区域下的【位置】为251.4、237.1，【缩放比例】设置为52.0，如图7-66所示。

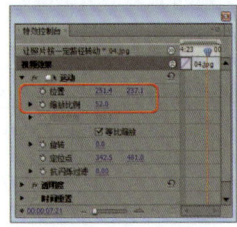

图7-66 设置【位置】、【缩放比例】

15 将"05.jpg"、"07.jpg"文件依次拖至【时间线】窗口的【视频4】轨道中，调整它们的长度，为它们的中间添加【摆出】切换效果。分别将"012.jpg"、"010.jpg"、"08.jpg"文件拖至【时间线】窗口的【视频1】、【视频2】、【视频3】轨道中，分别在【特效控制台】面板中设置它们的【缩放比例】，设置它们的结束处与"01.psd"文件的结束处对齐，如图7-67所示。将"05.jpg"文件的【位置】设置为199.0、347.0【缩放比例】设置为66.0。将"07.jpg"文件的【位置】设置为186.0、240.0，【缩放比例】设置为88.0，"08.jpg"文件的【位置】设置为637.0、39.0【缩放比例】设置为25.0。将"012.jpg"文件的【位置】设置为647.0、259.0，【缩放比例】设置为23.0。将"010.jpg"文件的【位置】设置为649.0、418.0【缩放比例】设置为16.0。

16 为"011.jpg"、"012.jpg"文件的中间位置添加【随机块】切换效果，为"09.jpg"、"010.jpg"文件的中间位置添加【渐变擦除】切换效果，为"06.jpg"、"08.jpg"文件的中间位置添加【点划像】切换效果，如图7-68所示。

17 保存场景，在【节目监视器】窗口中观看效果。

第7章 数码相册

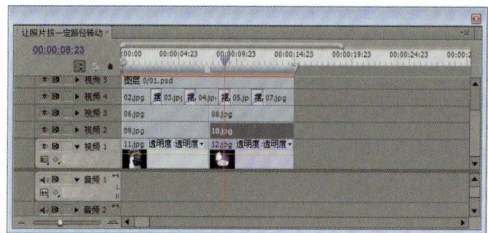

图7-67 拖入多个素材文件

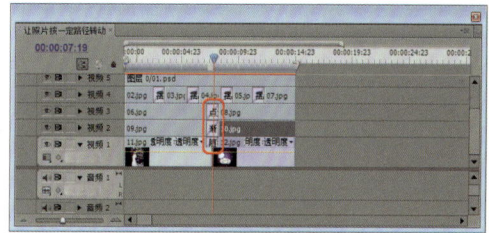

图7-68 添加多个切换效果

实例135　三维立体照片效果

实例导航

- **案例文件**：场景\Cha07\三维立体照片效果.prproj
- **视频文件**：视频教学\Cha07\三维立体照片效果.avi
- **难易程度**：★☆☆☆☆
- **视频时长**：1分33秒
- **实例要点**：三维立体照片效果
- **思路分析**：本例将向图像添加三维效果，主要通过【斜角边】特效产生三维立体效果，如图7-69所示。

图7-69 三维立体照片效果

1 运行Premiere Pro CS5，在欢迎界面中单击【新建项目】按钮，在【新建项目】对话框中选择项目的保存路径，对项目进行命名，单击【确定】按钮，如图7-70所示。

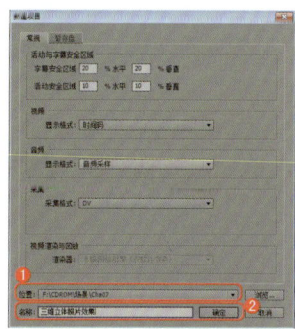

图7-70 新建项目

2 进入【新建序列】对话框中，在【序列预置】选项卡中【有效预置】区域下选择【DV-24P】|【标准48kHz】选项，对【序列名

称】进行命名，单击【确定】按钮，如图7-71所示。

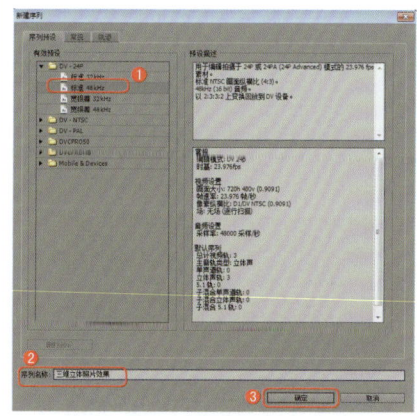

图7-71 新建序列

3 进入操作界面，在【项目】窗口中【名称】区域下的空白处双击鼠标左键，在弹出的对话框中选择随书附带光盘"素材\Cha07\三维立体照片效果.jpg"文件，单击【打

开】按钮，如图7-72所示。

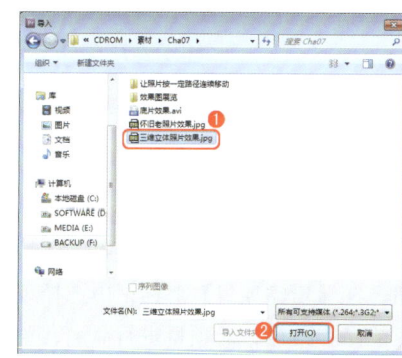

图7-72 导入素材

4 将"三维立体照片效果.jpg"文件拖至【时间线】窗口的【视频1】轨道中，右击鼠标，在弹出的快捷菜单中选择【缩放为当前画面大小】命令，如图7-73所示。激活【特效控制台】面板，设置【运动】区域下【缩放比例】为103.8。

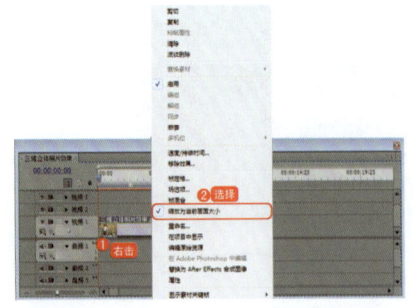

图7-73 拖入并设置"三维立体照片效果.jpg"

5 确定"三维立体照片效果.jpg"文件选中的情况下,为其添加

【斜角边】特效,激活【特效控制台】面板,设置【斜角边】区域下【边缘厚度】为0.50,单击其左侧的按钮,打开动画关键帧的记录,【照明角度】设置为-52.0,【照明颜色】设置为白色,【照明强度】设置为0.40。

6 设置当前时间为00:00:03:16,设置【边缘厚度】为0.10,如图7-74所示。

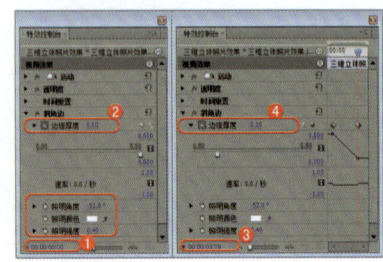

图7-74 设置【斜角边】特效

7 保存场景,在【节目监视器】窗口中观看效果。

实例136 制作DV相册

实例导航

- 案例文件:场景\Cha07\制作DV相册.prproj
- 视频文件:视频教学\Cha07\制作DV相册.avi
- 难易程度:★★★☆☆
- 视频时长:15分35秒
- 实例要点:制作DV相册
- 思路分析:本例将介绍DV相册的制作,主要对图像的基本参数进行设置,效果如图7-75所示。

图7-75 DV相册效果

1 运行Premiere Pro CS5,在欢迎界面中单击【新建项目】按钮,在【新建项目】对话框中选择项目的保存路径,对项目进行命名,单击【确定】按钮,如图7-76所示。

2 进入【新建序列】对话框中,在【序列预置】选项卡中【有效预置】区域下选择【DV-24P】|【标准48kHz】选项,对【序列名称】进行命名,单击【确定】按钮,如图7-77所示。

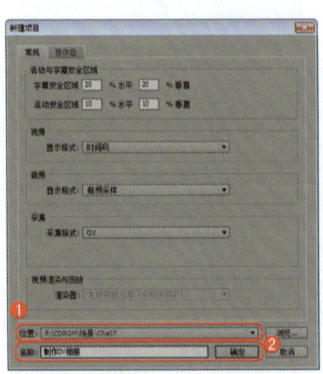

图7-76 新建项目

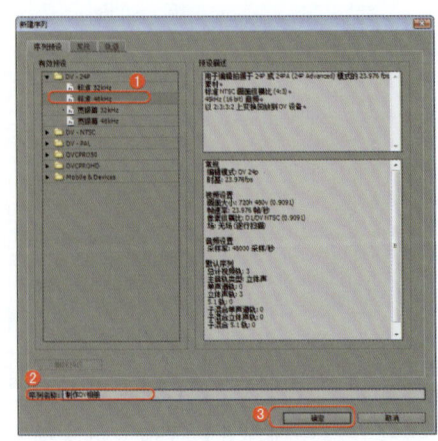

图7-77 新建序列

3 进入操作界面，在【项目】窗口中【名称】区域下的空白处双击鼠标，在弹出的对话框中选择随书附带光盘"素材\Cha07\制作DV相册文件夹"，单击【导入文件夹】按钮，如图7-78所示。

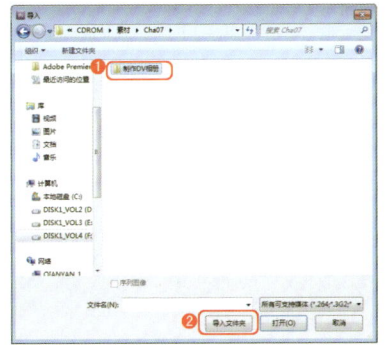

图7-78 导入素材文件夹

4 将素材导入到操作界面中后，按Ctrl+T键，新建"标题"，使用 工具，在字幕设计栏中输入"山清水秀"并将其选中，在【字幕样式】栏中，单击【OrcaWhite80】样式，在【字幕属性】栏中，设置【属性】区域下的【字体】为"FZHuPo-MO4S"，【字体大小】设置为90，在【填充】区域下，设置【颜色】的RGB为255、246、165，勾选【阴影】复选框，将【颜色】RGB设置为240、180、0，如图7-79所示，调整文本的位置。

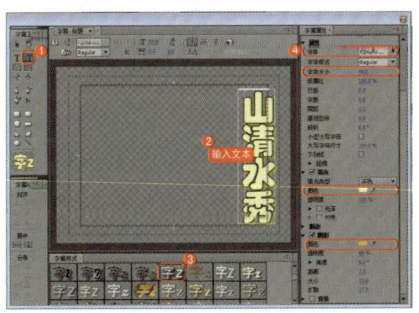

图7-79 创建并设置"标题"

5 单击 按钮，新建"长条"，将字幕设计栏中的文本删除，使用 工具，在字幕设计栏中创建椭圆形，在【字体属性】栏中的【填充】区域下，设置【填充类型】为"实色"，【透明度】设置为100.0，设置【色彩】的RGB为0、117、0；在【描边】区域下删除所有的描边设置，然后添加一处【外侧边】，设置【大小】为4.0，【色彩】为"白色"；在【阴影】区域下，设置【色彩】为白色，【透明度】设置为96.0，【角度】设置为0.0，【距离】设置为0.0，【大小】设置为5.0，【扩散】设置为15.0；设置【变换】区域下的【宽度】、【高度】分别为5.0、428.4，【X位置】、【Y位置】分别设置为496.1、222.1，如图7-80所示。

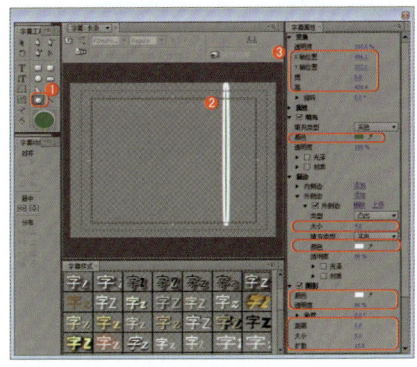

图7-80 创建并设置"长条"

6 单击 按钮，新建"句子01"，将字幕设计栏中的形状删除，使用 工具，在字幕设计栏中输入文本并将其选中，在【字幕属性】栏中，设置【属性】区域下的【字体】为"HYGanLanJ"，【字体大小】设置为31.0，【行距】设置为18.0，【跟踪】设置为10.0；在【填充】区域下，设置【填充类型】为"斜面"，设置【高光色】的RGB为255、252、0，【阴影色】设置为黑色，【大小】设置为15.0，勾选【变亮】右侧复选框，【照明角度】设置为359.0，【亮度】设置为86.0，如图7-81所示，调整文本的位置。

7 修改【外侧边】，设置【大小】为6.0，【色彩】的RGB设置为246、255、207，添加一处【外侧边】，设置【大小】为10.0；勾选【阴影】复选框，【色彩】设置为黑色，设置【透明度】为100.0，【角度】设置为-248.0，【距离】设置为4.0，【大小】设置为0.0，【扩散】设置为21.0，如图7-82所示。

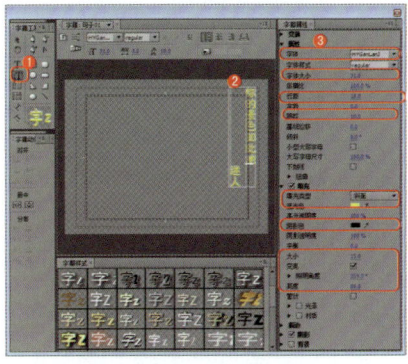

图7-81 创建并设置"句子01"

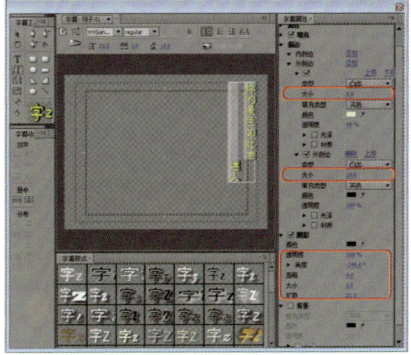

图7-82 设置【外侧边】、【阴影】

8 单击 按钮，新建"句子02"，修改字幕设计栏中的文本，如图7-83所示。

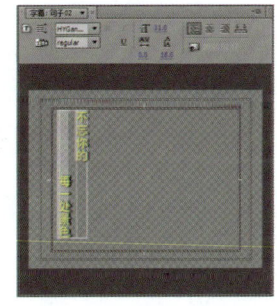

图7-83 创建并设置"句子02"

9 单击 按钮，新建"句子03"，将字幕设计栏中的文本删除，使用 工具，在字幕设计栏中输入文本并将其选中，在【字幕样式】栏中，选择"Lithos Winter32"样式，【字体】设置为"STXingKai，在

137

【字幕属性】栏中，设置【属性】区域下的【字体大小】为31.0，【行距】设置为18.0，【字距】设置为8.0，如图7-84所示。

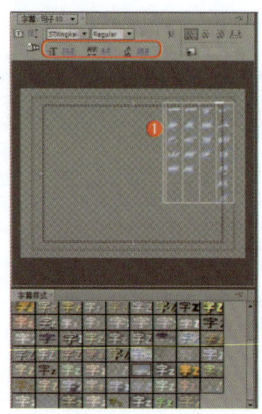

图7-84 创建并设置"句子03"

10 关闭字幕窗口，将"007.jpg"文件拖至【时间线】窗口的【视频1】轨道中，如图7-85所示。

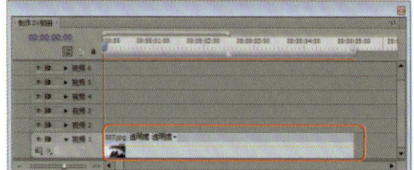

图7-85 拖入并设置"007.jpg"

11 确定"007.jpg"文件选中的情况下，激活【特效控制台】面板，设置【缩放比例】为65.0，如图7-86所示。

图7-86 设置【缩放比例】

12 将"001.jpg"文件拖至【时间线】窗口的【视频1】轨道中，与"007.jpg"文件的结束处对齐，设置当前时间为00:00:08:22，拖动"001.jpg"文件的结束处与编辑标识线对齐，如图7-87所示。

13 确定"001.jpg"文件选中的情况下，激活【特效控制台】面板，设置当前时间为00:00:05:00，设置【运动】区域下的【位置】为178.0、379.2，单击其左侧 按钮，打开动画关键帧的记录。修改当前时间为00:00:08:06，设置【位置】设置为415.1、204.5，如图7-88所示。

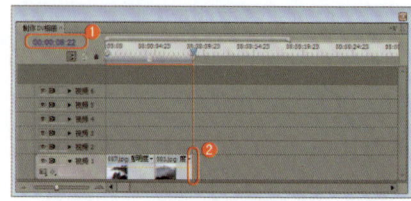

图7-87 拖入并设置"001.jpg"文件

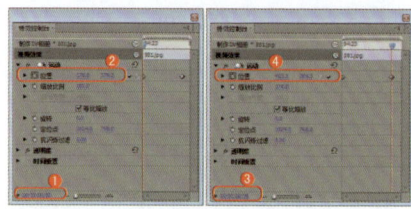

图7-88 设置两处【位置】关键帧

14 设置当前时间为00:00:12:20，将"002.jpg"文件拖至【时间线】窗口的【视频1】轨道中，与"001.jpg"文件的结束处对齐，拖动"002.jpg"文件的结束处与编辑标识线对齐，如图7-89所示。

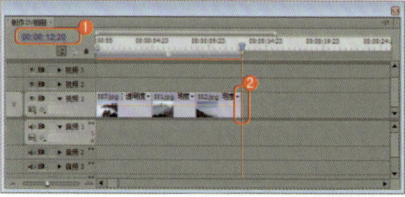

图7-89 拖入并设置"002.jpg"文件

15 确定"002.jpg"文件选中的情况下，激活【特效控制台】面板，设置当前时间为00:00:08:22，设置【运动】区域下的【位置】为354.4、98.6，分别单击【位置】、【缩放比例】左侧的 按钮，打开动画关键帧的记录。修改当前时间为00:00:12:04，设置【位置】为453.4、300.2，【缩放比例】设置为120.0，如图7-90所示。

16 依次将"003.jpg"、"004.jpg"、"006.jpg"、"005.jpg"文件拖至【时间线】窗口【视频1】轨道中，将"003.jpg"文件的【缩放比例】设置为66.0，"005.jpg"文件的【缩放比例】设置为88.0，如图7-91所示。

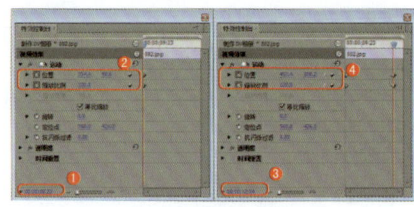

图7-90 设置两处关键帧

图7-91 拖入多个素材文件

17 分别在【时间线】窗口的【视频1】轨道中的【风车】、【油漆飞溅】、【摆出】、【棋盘】、【卷走】、【漩涡】、【星形划像】之间添加切换效果，如图7-92所示。

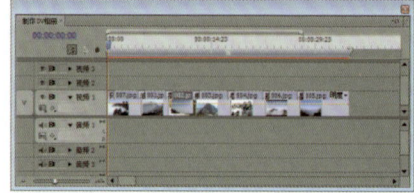

图7-92 添加多个切换效果

18 将"花瓣飞舞.avi"文件拖至【时间线】窗口的【视频2】轨道中，单击鼠标右键，在弹出的快捷菜单中选择【缩放为当前画面大小】命令，然后再选择【速度/持续时间】命令，在打开的对话框中设置【持续时间】为00:00:24:14，单击【确定】按钮，如图7-93所示。

19 确定"花瓣飞舞.avi"文件选中的情况下，激活【特效控制台】面板，设置【缩放比例】为113.0，【混合模式】设置为"变亮"，如图7-94所示。

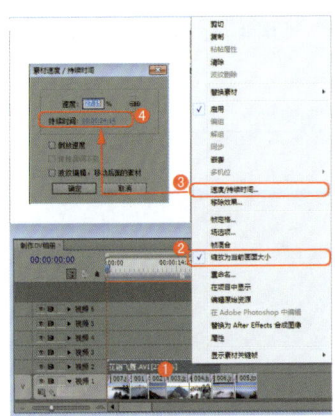

图7-93 拖入"花瓣飞舞.avi"文件

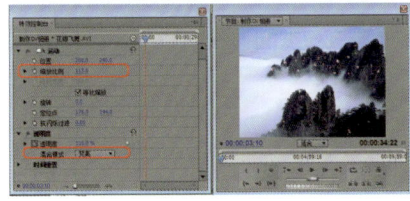

图7-94 设置"花瓣飞舞.avi"文件

20 将时间设置为00:00:24:14,将"句子03"拖至【时间线】窗口的【视频2】轨道中,与编辑标识线对齐,如7-95所示。

21 设置当前时间为00:00:27:11,拖动"句子03"的结束处与编辑标识线对齐,如图7-96所示。

图7-95 拖入"句子03"

图7-96 设置"句子03"的结束

22 确定"句子03"选中的情况下,设置当前时间为00:00:27:05,激活【特效控制台】面板,添加一处【透明度】关键帧。设置当前时间为00:00:27:10,设置【透明度】为0.0,如图7-97所示。

23 为"句子03"的开始处添加【交叉叠化(标准)】切换效果,如图7-98所示。

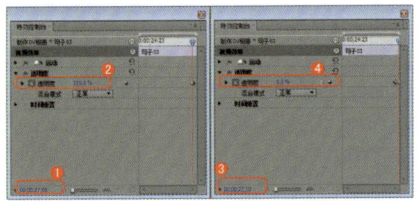

图7-97 设置透明度关键帧

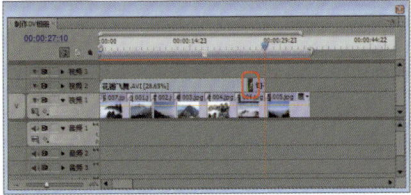

图7-98 添加切换效果

24 设置当前时间为00:00:01:22,将"长条"拖至【时间线】窗口的【视频3】轨道中,与编辑标识线对齐,如图7-99所示。将【时间】设置为00:00:05:15,拖至长条的结束处与编辑标识线对齐。

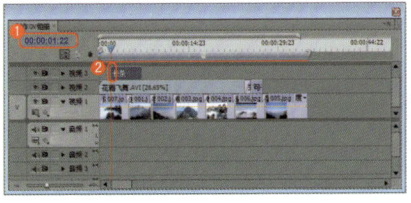

图7-99 拖入并设置"长条"

25 确定"长条"选中的情况下,设置当前时间为00:00:04:00,激活【特效控制台】面板,设置【透明度】为100.0。修改当前时间为00:00:04:17,设置【透明度】为0.0,如图7-100所示。

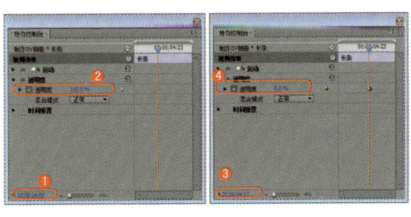

图7-100 设置两处【透明度】关键帧

26 将时间设置为00:00:01:06,将"标题"拖至【时间线】窗口的【视频4】轨道中,与编辑标识线对齐,如图7-101所示,拖动其结束处与"长条"的结束处对齐。

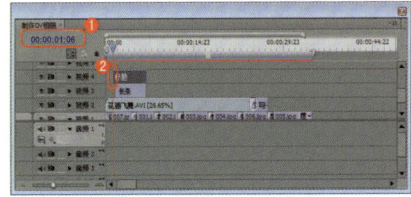

图7-101 导入并设置"标题"

27 将【时间】设置为00:00:04:00,确定"标题"选中的情况下,激活【特效控制台】面板,设置【透明度】为100.0,并添加一处关键帧;设置当前时间为00:00:04:17,设置【透明度】为0.0,如图7-102所示。

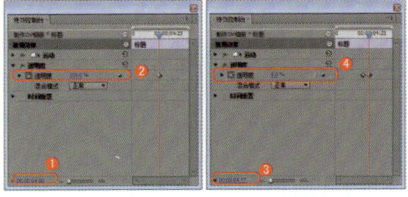

图7-102 拖入并设置【透明度】

28 设置当前时间为00:00:05:15,将"句子01"拖至【时间线】窗口的【视频3】轨道中,与编辑标识线对齐,如图7-103所示。将时间设置为00:00:09:14,将"句子01"的结束处与编辑标识线对齐。

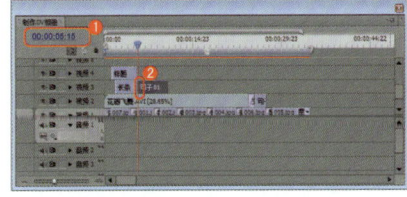

图7-103 拖入并设置"句子01"

29 将【时间】设置为00:00:05:15,确定"句子01"选中的情况下,激活【特效控制台】面板,设置【运动】区域下的【位置】为360.0、-141.4,单击其左侧的按钮,打开动画关键帧的记录。修改当前时间为00:00:07:23,设置【位置】为360.0、240.0,如图7-104所示。

30 将时间设置为00:00:09:14,将"句子02"拖至【时间线】窗口的【视频3】轨道中,与编辑标识线对齐,如图7-105所示。

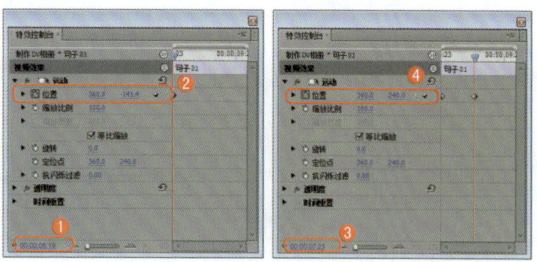
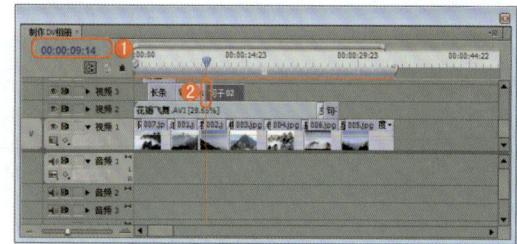

图7-104 设置两处【位置】关键帧　　　　　图7-105 拖入并设置"句子02"

31 确定"句子02"选中的情况下,激活【特效控制台】面板,设置【运动】区域下的【位置】为360.0、696.8,单击其左侧的  按钮,打开动画关键帧的记录。修改当前时间为00:00:11:23,设置【位置】为360.0、240.0,如图7-106所示。

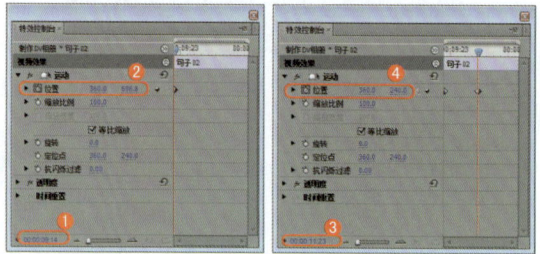

图7-106 设置两处【位置】关键帧

第8章
婚纱电子相册

本章实例的制作主要在字幕窗口中完成，重点在于如何为背景添加一个静态的字幕，使效果更加精彩。如图8-1所示是婚纱电子相册分镜头效果。

- 婚纱电子相册图像的预览
- 导入婚纱素材
- 添加背景音乐
- 创建并设置文本字幕
- 创建并设置图字幕
- 组合素材
- 导出视频

图8-1 婚纱电子相册分镜头效果

实例137 婚纱电子相册图像的预览

实例导航

- **案例文件**：场景 \ Cha08 \ 婚纱电子相册.prproj
- **视频文件**：视频教学 \ Cha08 \ 婚纱电子相册图像的预览.avi
- **难易程度**：★☆☆☆☆
- **视频时长**：10秒
- **实例要点**：婚纱电子相册图像的预览
- **思路分析**：通过Premeire Pro CS5来制作婚纱电子相册，首先搜集一些婚纱图像，如果所需要的图片整体色彩相对暗，则可以在Photoshop中调整【亮度与对比度】。如图8-2所示是本例制作中应用到的图像。

图8-2 婚纱电子相册图像的预览

实例138 导入婚纱素材

实例导航

- **案例文件**：场景 \ Cha08 \ 婚纱电子相册.prproj
- **视频文件**：视频教学 \ Cha08 \ 导入婚纱素材.avi
- **难易程度**：★☆☆☆☆
- **视频时长**：1分05秒
- **实例要点**：导入婚纱素材
- **思路分析**：将介绍新建项目序列，并将素材导入到操作界面中。

1. 运行Premiere Pro CS5，在欢迎界面中单击【新建项目】按钮，在【新建项目】对话框中选择项目的保存路径，对项目命名为"婚纱电子相册"，单击【确定】按钮，如图8-3所示。

2. 进入【新建序列】对话框中，在【序列预置】选项卡中【有效预置】区域下选择【DV-24P】|【标准48kHz】选项，对【序列名称】命名为"婚纱电子相册"，单击【确定】按钮，如图8-4所示。

3. 进入操作界面，在【项目】窗口的【名称】区域下的空白处双击鼠标左键，在弹出的对话框中选择随书附带光盘"素材 \ Cha08文件夹"，单击【导入文件夹】按钮，如图8-5所示。

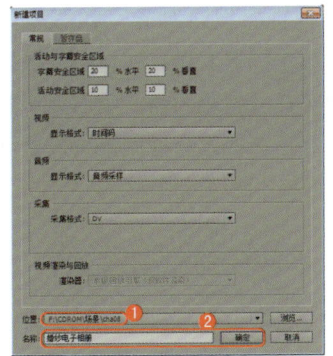

图8-3 新建项目

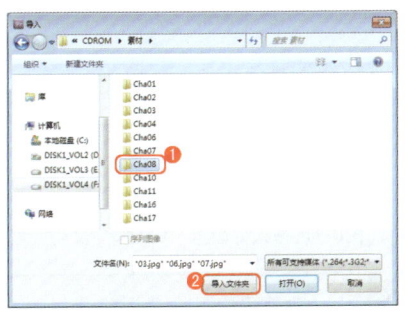

图8-5 导入素材

4 由于导入的"Cha08文件夹"中包括PSD文件，所以在导入的过程中会弹出【导入分层文件：渐变01】对话框，将【导入为：】定义为"单层"，将背景层取消选中，单击【确定】按钮，如图8-6所示。

5 对于后面的分层文件设置与前面的设置一样。选择菜单栏中的【序列】|【添加轨道】命令，弹出【添加视音轨】对话框，在【视频轨】区域下添加11条视频轨，单击【确定】按钮，如图8-7所示。

> 提示：在导入的分层文件中如果包括两个图层，则选择"单个图层"后，取消无用图层复选框的勾选。

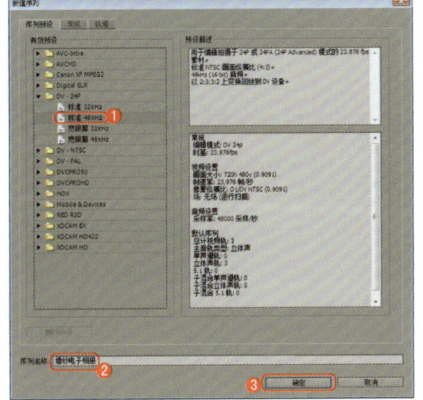

图8-4 新建序列

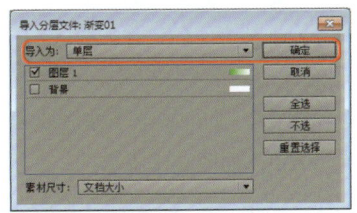

图8-6 设置分层文件

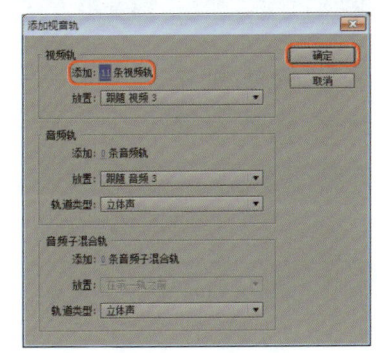

图8-7 添加视频轨

实例139 添加背景音乐

实例导航

- **案例文件**：场景 \ Cha08 \ 婚纱电子相册.prproj
- **视频文件**：视频教学 \ Cha08 \ 添加背景音乐.avi
- **难易程度**：★☆☆☆☆
- **视频时长**：6分41秒
- **实例要点**：添加背景音乐
- **思路分析**：介绍背景音乐的添加及设置特效，同时在操作界面中对导入的素材进行简单的设置。

1 在【项目】窗口中，展开"Cha08文件夹"，将"背景音乐.mp3"文件拖至【时间线】窗口的【音频1】轨道中，如图8-8所示。

2 激活【效果】面板，选择【音频特效】|【立体声】|【MultibandCompressor】特效，将其拖至【时间线】窗口中的"背景音乐.mp3"文件上，激活【特效控制台】面板，在【Multiband Compressor】区域下，展开【自定义设

置】，设置如图8-9所示。

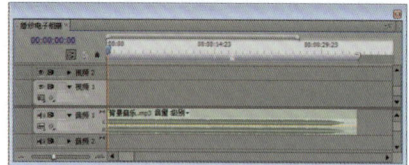

图8-8 拖入音频素材

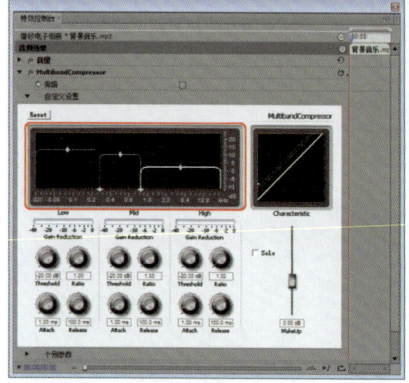

图8-9 设置音频特效

提示 设置音频的淡入淡出效果，在【时间线】窗口中的音频素材的前端添加两个音量关键帧，将第一处关键帧移至最底部，保持第二处关键帧在原始位置，就可以制作音频淡入效果。音频淡出效果的制作与上面相似，只不过两个关键帧添加在音频的结束处，然后再调整。

3 新建一个白色的"彩色蒙板"，设置当前时间为00:00:26:15，将"彩色蒙板"拖至【时间线】窗口的【视频1】轨道中，拖动"彩色蒙板"的结束处与编辑标识线对齐，如图8-10所示。

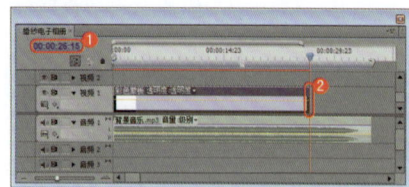

图8-10 拖入并设置"彩色蒙板"

4 设置当前时间为00:00:01:23，将"01.jpg"文件拖至【时间线】窗口的【视频2】轨道中，拖动文件的结束处与编辑标识线对齐，如图8-11所示。

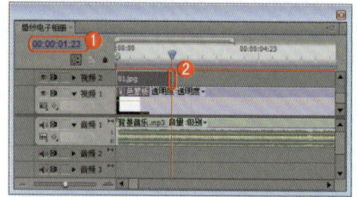

图8-11 拖入并设置"01.jpg"文件

提示 除使用拖入方法调整素材的长度外，还可以在【素材速度/持续时间】对话框中调整【持续时间】。如果调整图像的【持续时间】，长度会有变化；如果对视频的【持续时间】进行调整，则长度、播放速度都会有变化。

5 确定"01.jpg"文件选中的情况下，激活【特效控制台】面板，在【运动】区域下，设置【位置】为216.0、264.0，【缩放比例】设置为67.0，如图8-12所示。

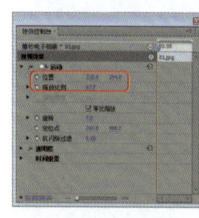 

图8-12 设置【位置】、【缩放比例】

6 在【时间线】窗口中为"01.jpg"文件的开始处添加【卷走】切换效果，如图8-13所示。

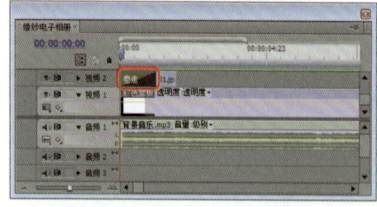

图8-13 添加【卷走】切换效果

7 确定【卷走】切换效果选中的情况下，激活【特效控制台】面板，设置【持续时间】为00:00:01:20，勾选【反转】复选框，如图8-14所示。

8 确定当前时间为00:00:01:23，将"02.psd"文件拖至【时间线】窗口的【视频3】轨道中，拖动其结束

处与编辑标识线对齐，如图8-15所示。单击鼠标右键，在弹出的快捷菜单中选择【缩放为当前画面大小】命令，然后在特效命令面板中设置【运动】面板下的【缩放比例】为102。

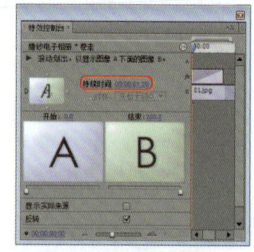

图8-14 设置【持续时间】

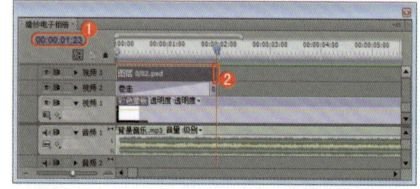

图8-15 拖入并设置"02.psd"文件

9 为"02.psd"文件添加【卷走】切换效果，并将该切换效果的【持续时间】设置为00:00:01:20，勾选【反转】复选框，如图8-16所示。

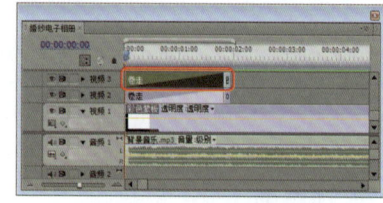

图8-16 添加并设置视频切换

10 设置当前时间为00:00:01:14，将"03.psd"文件拖至【时间线】窗口的【视频4】轨道中，将其开始处与编辑标识线对齐，如图8-17所示。

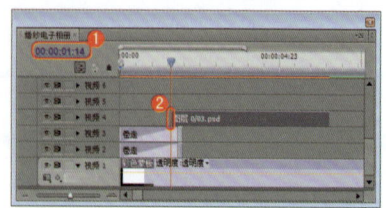

图8-17 拖入"03.psd"文件

11 确定"03.psd"文件选中的情况下，激活【特效控制台】面板，设置时间为00:00:02:03，在【运

动】区域下,设置【位置】为292.0、80.0,单击其左侧的 按钮,打开动画关键帧的记录。再将当前时间设置为00:00:03:20,在【运动】区域下,设置【位置】为292.0、208.0,如图8-18所示。

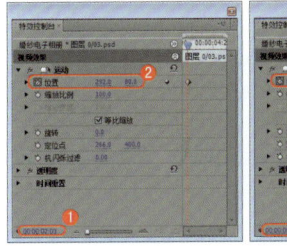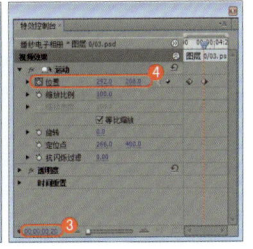

图8-18 设置两处关键帧

12 设置当前时间为00:00:04:08,在【特效控制台】面板中单击【透明度】右侧的 按钮,添加一处关键帧。再将时间设置为00:00:05:12,在【特效控制台】面板中,设置【透明度】为0.0,如图8-19所示。

13 为"03.psd"文件的开始处添加【交叉叠化(标准)】切换效果,并将该切换效果的【持续时间】设置为00:00:00:20,如图8-20所示。

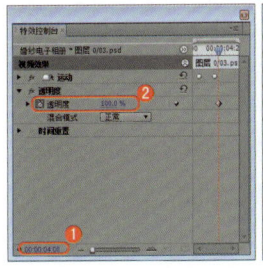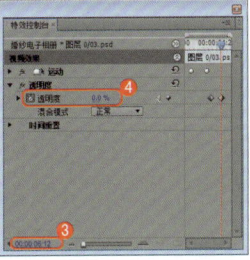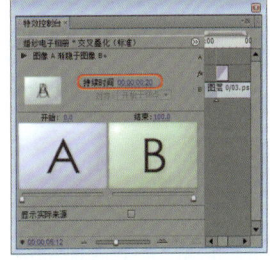

图8-19 设置两处关键帧　　图8-20 添加并设置切换效果

14 设置当前时间为00:00:04:08,将"06.psd"文件拖至【时间线】窗口的【视频5】轨道中,与编辑标识线对齐,如图8-21所示。

15 设置当前时间为00:00:08:20,拖动"06.psd"文件的结束处与编辑标识线对齐,如图8-22所示。

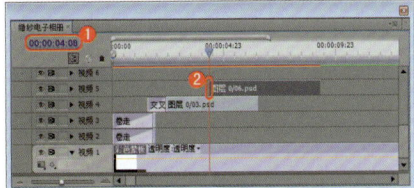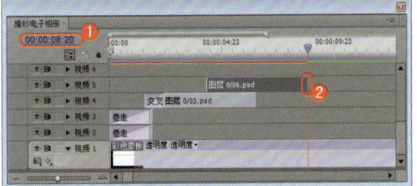

图8 21 拖入"06.psd"文件　　图8-22 调整结束处

16 确定"06.psd"文件选中的情况下,激活【特效控制台】面板,设置当前时间为00:00:05:07,设置【运动】区域下的【位置】为181.0、218.0,【缩放比例】设置为89.0,分别单击【位置】、【缩放比例】左侧的 按钮,打开动画关键帧的记录。设置当前时间为00:00:06:21,【缩放比例】设置为124.0,设置【运动】区域下的【位置】为181.0、308.0,如图8-23所示。

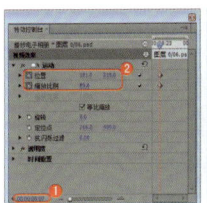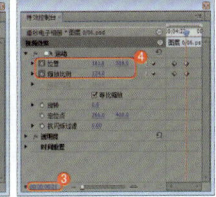

图8-23 设置两处关键帧

17 为"06.psd"文件的开始处添加【交叉叠化(标准)】切换效果,并将【持续时间】设置为00:00:01:00,如图8-24所示。

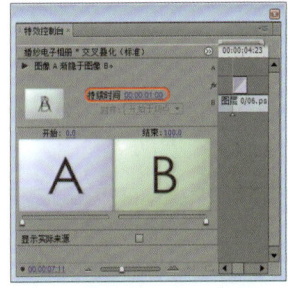

图8-24 设置切换效果的持续时间

实例140　创建并设置文本字幕

实例导航

- **案例文件**:场景 \ Cha08 \ 婚纱电子相册.prproj
- **视频文件**:视频教学 \ Cha08 \ 创建并设置文本字幕.avi
- **难易程度**:★☆☆☆☆

（续）

- ➡ **视频时长**：6分33秒
- ➡ **实例要点**：创建并设置文本字幕
- ➡ **思路分析**：介绍婚纱电子相册中文本字幕的制作。

1 按Ctrl+T键，新建字幕"文字01"，在字幕面板中，使用 工具，在字幕设计栏中输入"Angel love……"，并将"Ange love"选中，在【字幕】栏中，设置【字体】为"HYZhongKaiJ"，设置【字体大小】为50.0，在【字幕属性】栏中，设置【变换】区域下的【X位置】、【Y位置】为531.0、237.9，【旋转】设置为90.0；在【填充】区域下设置【色彩】的RGB值为0、246、255；添加一处【外侧边】，【大小】设置为3.0，【色彩】设置为黑色，如图8-25所示。将"……"选中，设置【字体】为"HYZongYiJ"，设置【字体大小】为44.0，填充颜色、外侧边的设置与"Angel love"的设置相同。

> **提示** Windows操作系统自带的中文字体很少，绝大部分艺术字体是需要另外安装的。如果用户没有本例中需要的字体，可以通过安装字体达到需要。另外，本例对字体、颜色的设置仅供参考，用户可以根据自己的喜好进行设置。

2 单击 按钮，新建"文字02"，将字幕设计栏中的文字删除，然后再输入文本，在【字幕】栏中，设置【字体】为"SimHei"，设置【字体大小】为11.0；在【字幕属性】栏中，设置【变换】区域下的【X位置】、【Y位置】为72.4、255.6；设置【填充】区域下的【色彩】为白色；将【描

边】区域下的【类型】设置为"凸出"，设置【大小】为7.0，【色彩】设置为白色，【透明度】设置为70.0，如图8-26所示。

> **提示** 在图8-26中用户可以发现背景图像已经没有了，背景图像的显示主要是通过【字幕】栏中的 按钮来控制。

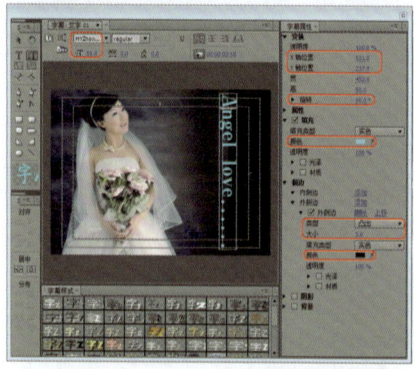

图8-25 新建并设置"文字01"

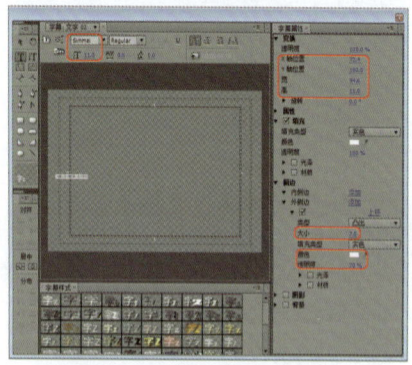

图8-26 新建并设置"文字02"

3 使用同样的设置方法设置其他的文本，如图8-27所示。

4 单击 按钮，新建"文字03"，将字幕设计栏中的文字删除，然后再输入"Forever love……"，在

【字幕】栏中，设置【字体】为"STLiti"，【字体大小】设置为60.0；在【字幕属性】栏中，设置【变换】区域下的【X位置】、【Y位置】分别为474.9、446.1，删除【外侧边】，勾选【阴影】复选框，设置【色彩】为黑色，设置【透明度】为54.0，设置【角度】为-205.0，设置【距离】为4.0，设置【扩散】为19.0，如图8-28所示。

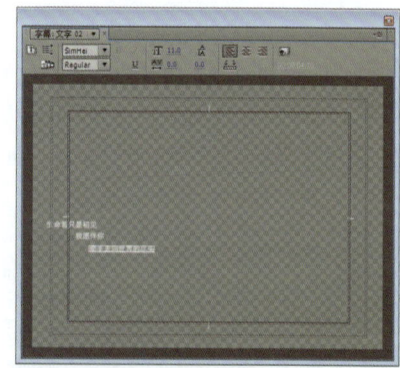

图8-27 设置其他的文本

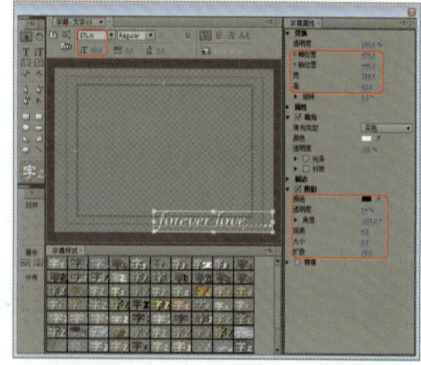

图8-28 创建并设置"文字03"

5 单击 按钮，新建"文字04"，将字幕设计栏中的文字删除，然后再输入文本，在【字幕】栏中，设置【字体】为"STLiti"，【字体

第8章 婚纱电子相册

大小】设置为30.0;在【字幕属性】栏中,【旋转】设置为90.0,设置【变换】区域下的【X位置】、【Y位置】分别为48.8、203.4;设置【填充】区域下的【色彩】为白色;勾选【阴影】复选框,设置【色彩】为黑色,设置【透明度】为54.0,设置【角度】为-205.0,设置【距离】为4.0,设置【大小】为0.0,设置【扩散】为19.0,如图8-29所示。

6 单击 按钮,新建"文字05",将字幕设计栏中的文字删除,然后再输入文本,在【字幕】栏中,设置【字体】为"HYZhongLiShuJ",【字体大小】设置为88.0;在【字幕属性】栏中,设置【变换】区域下的【X位置】、【Y位置】分别为323.2、241.0,设置【填充】区域下的【填充类型】为"线性渐变",设置【色彩】左侧的色标为白色,将右侧的色标RGB设置为0、246、255,调整一下色标的位置;添加一处【外侧边】,设置【大小】为5.0,如图8-30所示。

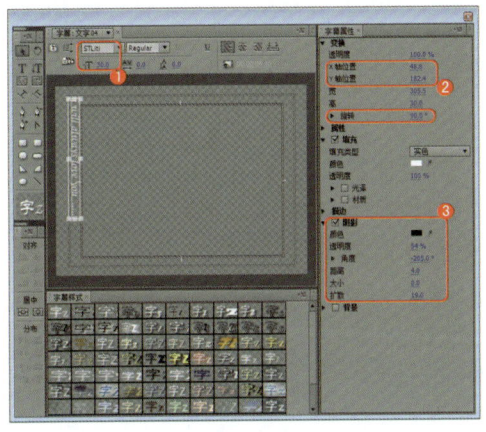 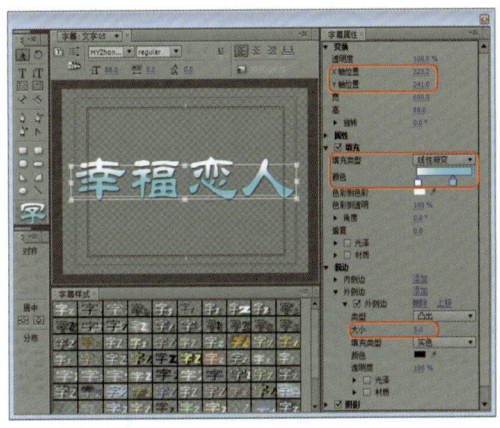

图8-29 创建并设置"文字04"　　　　　　图8-30 创建并设置"文字05"

实例141　创建并设置图字幕

实例导航

- 案例文件：场景 \ Cha08 \ 婚纱电子相册.prproj
- 视频文件：视频教学 \ Cha08 \ 创建并设置图字幕.avi
- 难易程度：★☆☆☆☆
- 视频时长：13分51秒
- 实例要点：创建并设置图字幕
- 思路分析：在字幕窗口中通过矩形工具创建形状,然后再为形状添加纹理效果。

1 新建"图01",将字幕设计栏中的内容删除,使用 工具,在字幕设计栏中创建圆角矩形,在【字幕属性】栏中,设置【宽度】、【高度】分别为230.6、298.2,【X位置】、【Y位置】分别设置为266.7、224.8;在【属性】区域下,设置【圆角大小】为10.0;在【填充】区域下,设置【填充类型】为"实色",勾选【材质】复选框,单击【材质】右侧的 图标,选择随书附带光盘"素材 \ Cha08 \ 04.jpg"文件,单击【打开】按钮,如图8-31所示。

2 添加一处【外侧边】,设置【大小】为12.0,【色彩】的RGB值为234、234、234,【透明度】设置为84.0,取消【阴影】复选框的勾选,如图8-32所示。

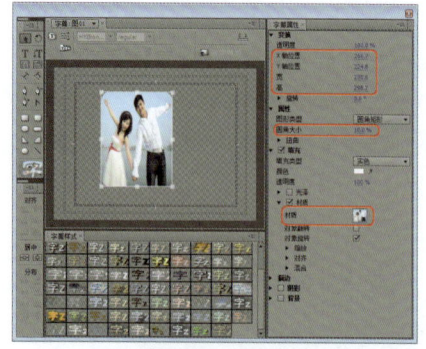

图8-31 创建并设置"图01"

图8-32 设置【外侧边】

3 单击 按钮,新建"图02",选中字幕设计栏中的矩形,在【字幕属性】栏中,设置【变换】区域下的【X位置】、【Y位置】为501.3、197.8,在【填充】区域下,单击【材质】右侧的 图标,选择随书附带光盘"素材\Cha08\05.jpg"文件,单击【打开】按钮,如图8-33所示。

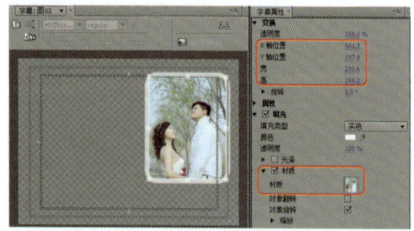

图8-33 创建并设置"图02"

4 单击 按钮,新建"图03",将字幕设计栏中的矩形删除,使用 工具,在字幕设计栏中创建矩形,在【字幕属性】栏中的【变换】区域下,设置【宽度】、【高度】分别为682.6、169.9,设置【X位置】、【Y位置】分别为327.2、371.3;在【填充】区域下,取消【材质】复选框的勾选,设置【色彩】为白色,设置【透明度】为70.0,删除【外侧边】,如图8-34所示。

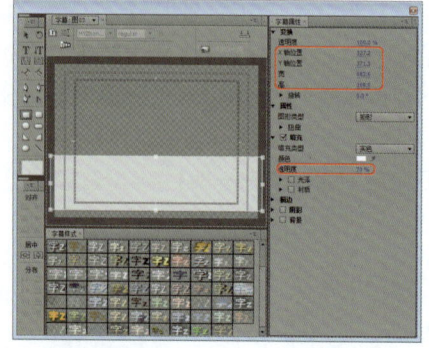

图8-34 创建并设置矩形

5 创建一个圆角矩形,在【字幕属性】栏中,设置【变换】区域下的【宽度】、【高度】分别为100.2、144.5,设置【X位置】、【Y位置】为599.3、372.4;在【属性】区域下,设置【圆角大小】为10.0;在【填充】区域下勾选【材质】复选框,单击【材质】右侧的 图标,选择随书附带光盘"素材\Cha08\14.jpg"文件,单击【打开】按钮,如图8-35所示。

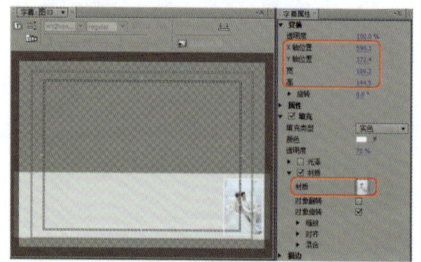

图8-35 设置圆角矩形纹理

6 复制其他的矩形,并修改纹理,效果如图8-36所示。

图8-36 设置其他的圆角矩形

> **技巧** 在对圆角矩形进行复制时,如果在同一平行线上,可以按住键盘上的←或→键,进行左右移动,如果按住Shift+方向键,则以10像素的距离移动。

7 单击 按钮,新建"图04",将字幕设计栏中的内容删除,使用 工具,在字幕设计栏中创建矩形,在【字幕属性】栏中,设置【变换】区域下的【宽度】、【高度】分别为618.9、459.0,设置【X位置】、【Y位置】分别为325.3、242.2;在【填充】区域下,设置【色彩】的RGB值为177、177、177,设置【透明度】为50.0;添加一处【外侧边】,设置【大小】为2.0,设置【色彩】为白色,如图8-37所示。

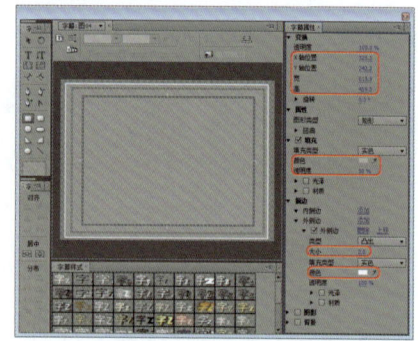

图8-37 创建并设置"图04"

8 单击 按钮,新建"图05",在字幕设计栏中删除矩形,然后再创建一个如图8-34所示的矩形,并将【X位置】、【Y位置】分别设置为327.3、385.2,然后再创建一个圆角矩形,在【字幕属性】栏中,设置【变换】区域下的【宽度】、【高度】分别为179.6、133.4,设置【X位置】、【Y位置】分别为544.2、388.2;将【圆角大小】设置为10.0,在【填充】区域下,设置【色彩】为白色,设置【透明度】为50.0;添加一处【内侧边】,设置【类型】为"凹进",设置【角度】为90.0,设置【色彩】为黑色，设置【透明度】为26.0，添加一处【外侧边】，设置【大小】为1.0，设置【色彩】为"黑色"，如图8-38所示。

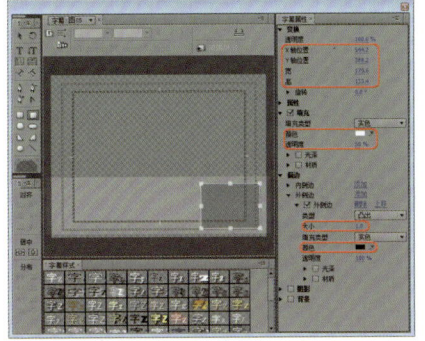

图8-38 设置圆角矩形

9 复制一个圆角矩形，调整其位置，将【字幕属性】栏下的【内侧边】删除，在【填充】区域下，勾选【材质】复选框，单击【材质】右侧的 ■ 图标，在打开的对话框中选择随书附带光盘"素材\Cha08\19.jpg"文件，单击【打开】按钮，如图8-39所示。

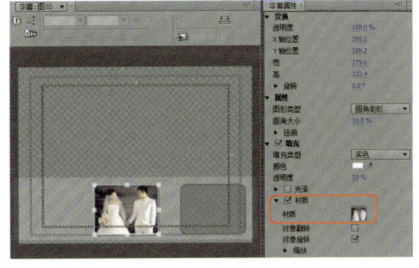

图8-39 复制圆角矩形并设置纹理

10 使用同样的方法复制一个圆角矩形，在【字幕属性】栏中，单击【填充】区域下【材质】右侧的 ■ 图标，在弹出的对话框中选择随书附带光盘中"素材\Cha08\18.jpg"文件，单击【打开】按钮，如图8-40所示。

11 新建"图06"，在字幕设计栏中调整一下左侧圆角矩形的位置，如图8-41所示。然后调整矩形中的填充纹理。

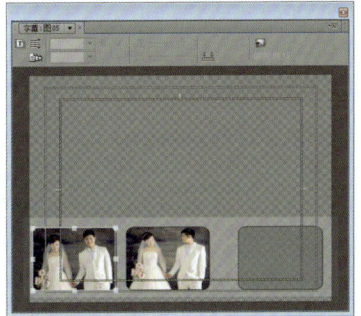

图8-40 设置另一个圆角矩形

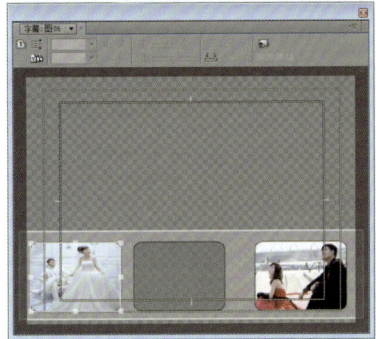

图8-41 创建并设置"图06"

12 新建"图07"，在字幕设计栏中调整一下左侧圆角矩形的位置，如图8-42所示。然后调整矩形中的填充纹理。

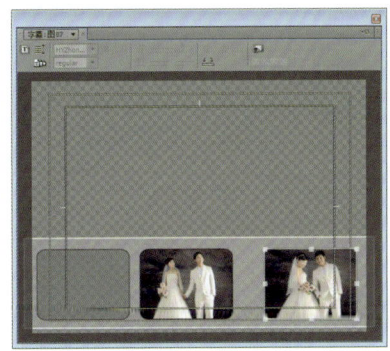

图8-42 创建并设置"图07"

13 新建"图08"，将字幕设计栏中的内容删除，使用 ▭ 工具，在字幕设计栏中创建圆角矩形，在【字幕属性】栏中，设置【宽度】、【高度】分别为242.0、329.3，设置【X位置】、【Y位置】分别为494.3、238.6；设置【圆角大小】为10.0，在【填充】区域下勾选【材质】复选框，单击【材质】右侧的 ■ 图标，在打开的对话框中选择随书附带光盘

"素材\Cha08\24.jpg"文件，单击【打开】按钮，添加一个【外侧边】，设置【大小】为7.0，【色彩】的RGB值设置为227、227、227；勾选【阴影】复选框，设置【色彩】为黑色，设置【透明度】为70.0，设置【角度】为49.0，【距离】、【大小】、【扩散】分别设置为0.0、1.0、0.0，如图8-43所示。

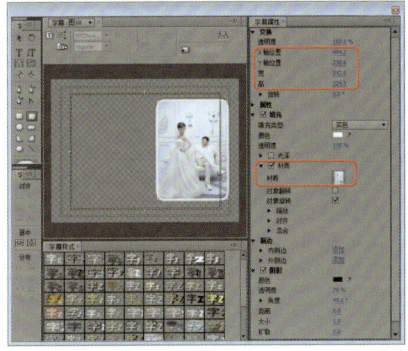

图8-43 创建并设置"图08"

14 使用同样的方法创建"图09"、"图10"，修改填充的纹理。

15 新建"图11"，选择字幕设计栏中的矩形，在【字幕属性】栏中，设置【变换】区域下的【宽度】、【高度】分别为242.0、329.3，设置【X位置】、【Y位置】分别为158.1、240.6；在【填充】区域下，修改【纹理】为随书带光盘"素材\Cha08\27.jpg"文件，单击【打开】按钮，如图8-44所示。

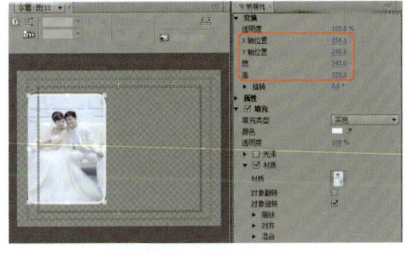

图8-44 创建并设置"图11"

16 新建"图12"，选择字幕设计栏中的矩形，在【字幕属性】栏中，设置【宽度】、【高度】分别为375.5、279.7，分别设置【X位置】、【Y位置】为355.1、259.0；在

【填充】区域下，修改【材质】为随书附带光盘"素材\Cha08\33.jpg"文件；在【描边】区域下设置【外侧边】的【大小】为10.0，设置【色彩】为"白色"，如图8-45所示。取消【阴影】复选框的勾选。

17 新建"图13"，选择字幕设计栏中的矩形，在【字幕属性】栏中，设置【X位置】、【Y位置】分别为410.2、202.5；修改【材质】为随书附带光盘"素材\Cha08\34.jpg"文件，如图8-46所示。

图8-46 创建并设置"图13"

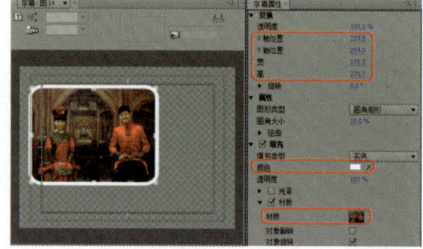

图8-47 创建并设置"图14"

18 新建"图14"，选择字幕设计栏中的矩形，在【字幕属性】栏中，设置【X位置】、【Y位置】分别为224.5、204.0；修改【材质】为随书附带光盘"素材\Cha08\35.jpg"文件，如图8-47所示。

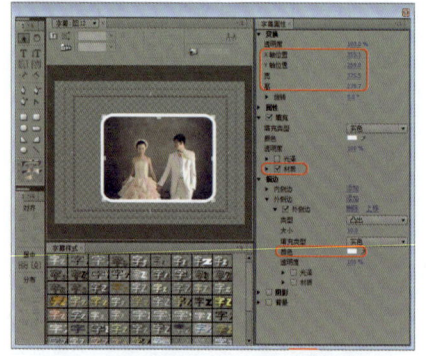

图8-45 创建并设置"图12"

实例142　组合素材

实例导航

- **案例文件**：场景\Cha08\婚纱电子相册.prproj
- **视频文件**：视频教学\Cha08\组合素材.avi
- **难易程度**：★☆☆☆☆
- **视频时长**：37分33秒
- **实例要点**：组合素材的方法
- **思路分析**：介绍将导入的素材与字幕融合到一起，产生动态效果。

1. 设置片头动画

1　设置完成后关闭字幕，将时间设置为00:00:02:05，将"文字01"拖至【时间线】窗口的【视频6】轨道中，与编辑标识线对齐，然后将其结束处设置为00:00:07:10，如图8-48所示。

2　确定"文字01"选中的情况下，添加【基本3D】特效。激活【特效控制台】面板，设置当前时间为

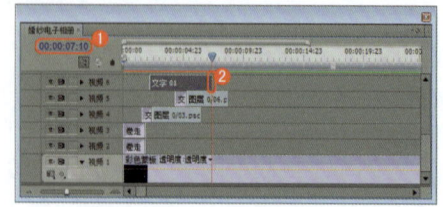

图8-48 拖入"文字01"

00:0:02:09,单击【基本3D】区域下【旋转】左侧的 按钮,打开动画关键帧的记录,如图8-49所示。

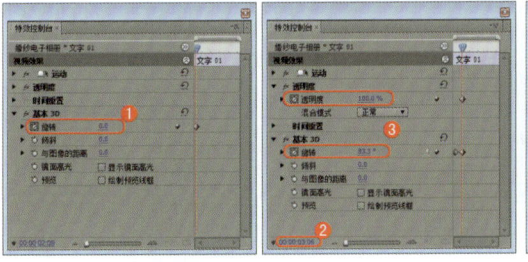
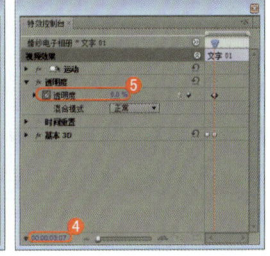

图8-49 设置三处关键帧

3 设置当前时间为00:00:03:05,添加一处【透明度】关键帧,设置【基本3D】区域下的【旋转】为83.3。设置时间为00:00:03:07,设置【透明度】为0.0。

4 将当前时间设置为00:00:02:05,将"图01"拖至【时间线】窗口的【视频7】轨道中,与编辑标识线对齐,如图8-50所示。

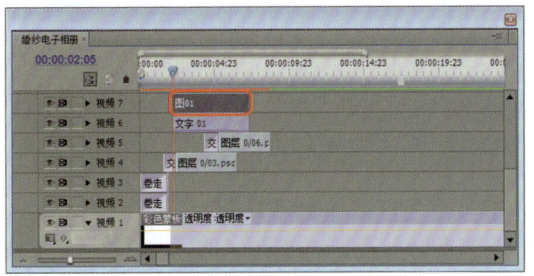

图8-50 拖入并设置"图01"

5 确定"图01"选中的情况下,为其添加【基本3D】特效。激活【特效控制台】面板,设置当前时间为00:00:02:22,设置【运动】区域下的【位置】为535.6、-193.6,设置【旋转】为-25.0,分别单击【位置】、【旋转】左侧的 按钮,打开动画关键帧的记录。设置当前时间为00:00:04:11,设置【运动】区域下的【位置】为553、205.2,设置【旋转】为0.0,单击【基本3D】区域下【旋转】左侧的 按钮,打开动画关键帧的记录,如图8-51所示。

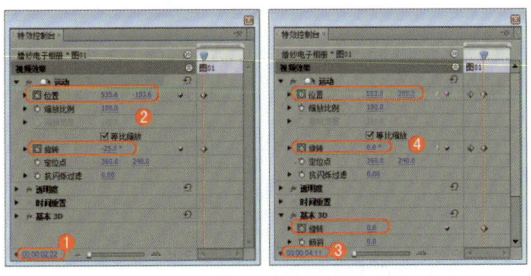

图8-51 设置两处关键帧

6 设置当前时间为00:00:05:11,设置【基本3D】区域下的【旋转】为90.0。设置当前时间为00:00:06:13,设置【基本3D】区域下的【旋转】为0.0,如图8-52所示。

7 设置当前时间为00:00:02:05,将"图02"拖至【时间线】窗口的【视频8】轨道中,与编辑标识线对齐,如图8-53所示。

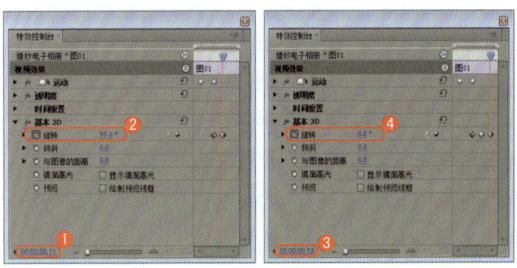

图8-52 设置两处【旋转】关键帧

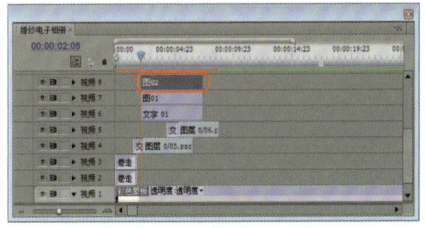

图8-53 拖入并设置"图02"

8 确定"图02"选中的情况下,激活【特效控制台】面板,设置当前时间为00:00:06:00,在【运动】区域下,设置【位置】为553.2、211.3,设置【透明度】为0.0。设置当前时间为00:00:06:01,设置【透明度】为100.0,如图8-54所示。

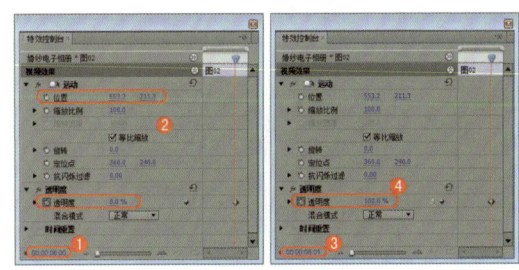

图8-54 设置两处关键帧

9 设置当前时间为00:00:05:22,将"07.psd"文件拖至【时间线】窗口的【视频9】轨道中,与编辑标识线对齐,如图8-55所示。

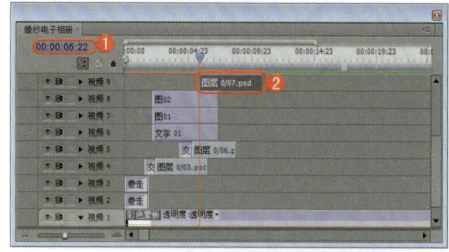

图8-55 拖入"07.psd"文件

10 再将当前时间设置为00:00:08:20,拖动"07.psd"文件的结束处与编辑标识线对齐,如图8-56所示。

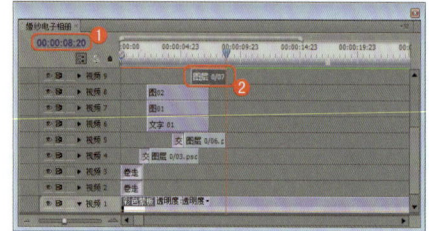

图8-56 设置结束处

11 设置当前时间为00:00:06:08,激活【特效控制台】面板,设置【运动】区域下的【位置】为441.0、220.0,设置【缩放比例】为120.0,分别单击【位置】、【缩放比例】左侧的 按钮,打开动画关键帧的记录。再将当前时间设置为00:00:07:22,设置【运动】区域下的【位置】为441.0、282.0,【缩放比例】设置为130.0,如图8-57所示。

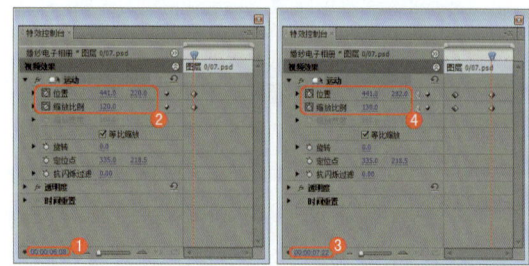

图8-57 设置两处关键帧

12 为"07.psd"文件的开始处添加【滑动带】切换效果,并将该切换效果的【持续时间】设置为00:00:00:20,如图8-58所示。

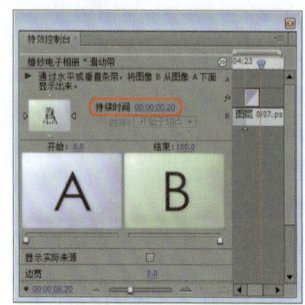

图8-58 设置切换效果

13 再将当前时间设置为00:00:07:23,将"08.jpg"文件拖至【时间线】窗口的【视频10】轨道中,与编辑标识线对齐,如图8-59所示。

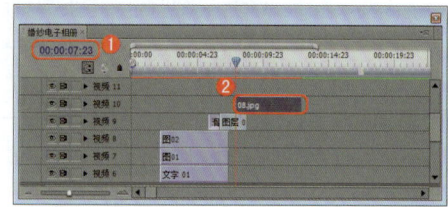

图8-59 拖入"08.jpg"文件

14 确定"08.jpg"文件选中的情况下,激活【特效控制台】面板,设置【运动】区域下的【缩放比例】为124.0。将当前时间设置为00:00:10:14,在【特效控制台】面板中,单击【透明度】右侧的 按钮,添加【透明度】关键帧,如图8-60所示。

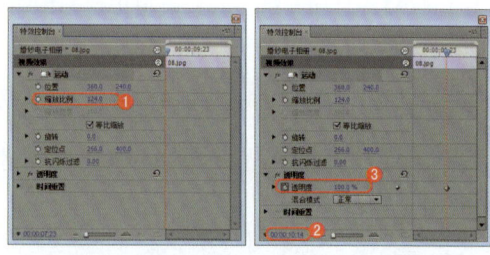

图8-60 设置【缩放比例】、【透明度】

15 将当前时间设置为00:00:10:21,设置【透明度】为0.0,为"08.jpg"文件的开始处添加【风车】切换效果,并将该切换效果的【持续时间】设置为00:00:00:06,如图8-61所示。

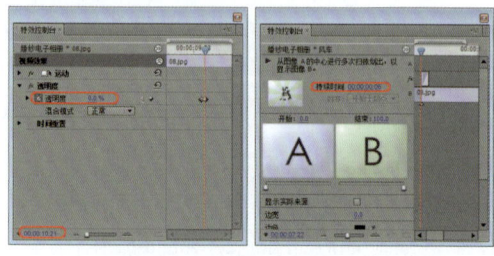

图8-61 设置关键帧、持续时间

16 设置当前时间为00:00:07:23,将"图03"拖至【时间线】窗口的【视频11】轨道中,与编辑标识线对齐,拖动其结尾处与"08.jpg"文件的结尾处对齐,如图8-62所示。

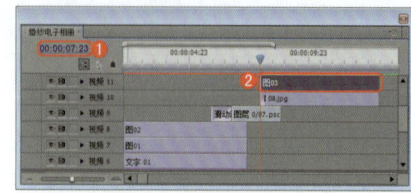

图8-62 拖入"图03"

第8章 婚纱电子相册

17 确定"图03"选中的情况下,激活【特效控制台】面板,在【运动】区域下,设置【位置】为357.8、-304.0,设置【缩放比例】为500.0,分别单击【位置】、【缩放比例】左侧的 按钮,打开动画关键帧的记录,设置【透明度】为0.0。设置当前时间为00:00:09:05,设置【透明度】为100.0,如图8-63所示。

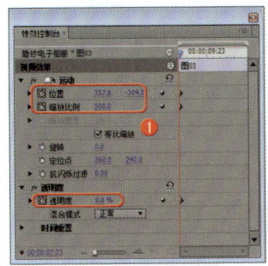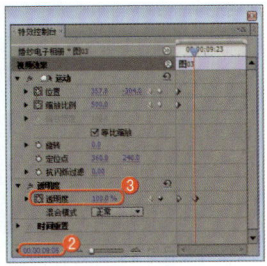

图8-63 设置两处关键帧

18 设置当前时间为00:00:10:11,设置【运动】区域下的【位置】为360.0、259.0,设置【缩放比例】为100.0。设置当前时间为00:00:11:01,添加一处【透明度】关键帧,如图8-64所示。

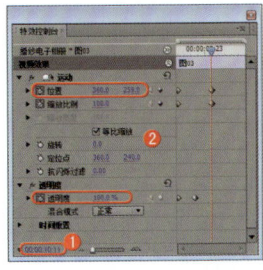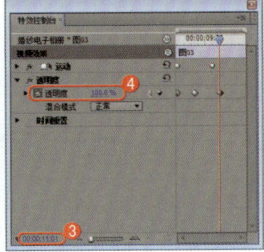

图8-64 设置关键帧

19 设置当前时间为00:00:11:12,设置【透明度】为0.0,如图8-65所示。

图8-65 设置【透明度】

20 设置当前时间为00:00:10:17,将"图04"拖至【时间线】窗口的【视频9】轨道中,与编辑标识线对齐,如图8-66所示。

21 将时间设置为00:00:16:02,拖动"图04"的结束处与编辑标识线对齐,如图8-67所示。

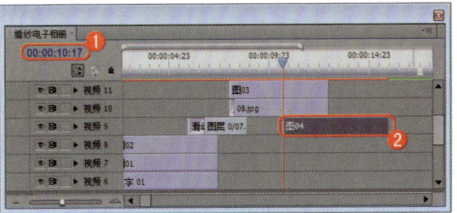

图8-66 拖入"图04"

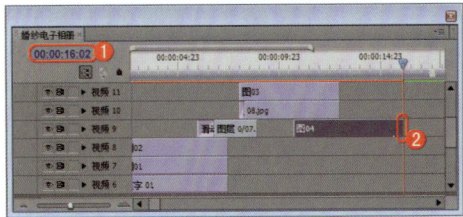

图8-67 设置结束处

22 设置当前时间为00:00:12:20,将"15.jpg"拖至【时间线】窗口的【视频8】轨道中,与"图04"的开始处对齐,拖动其结束处与编辑标识线对齐,如图8-68所示。

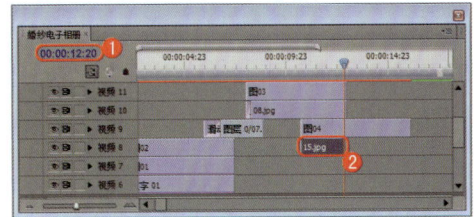

图8-68 拖入并设置"15.jpg"文件

23 为"15.jpg"文件的开始处添加【附加叠化】切换效果,并将该切换效果的【持续时间】设置为00:00:00:10,如图8-69所示。

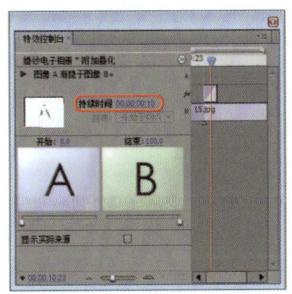

图8-69 设置持续时间

24 为"15.jpg"文件添加【羽化边缘】特效,激活【特效控制台】面板,设置【运动】区域下的【位置】为360.0、288.0,设置【缩放比例】为124.0,设置【羽化边缘】区域下的【数量】为67.0,如图8-70所示。

25 将当前时间设置为00:00:14:11,将"16.jpg"文件拖至【时间线】窗口的【视频8】轨道中,将其与"15.jpg"文件的结束处对齐,然后拖动"16.jpg"文件的结束处与编辑标识线对齐,如图8-71所示。

153

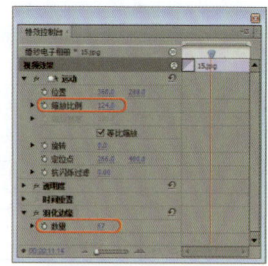

图8-70 设置【缩放比例】、【数量】

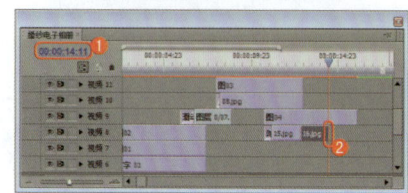

图8-71 拖入并设置"16.jpg"文件

26 为"16.jpg"文件添加【羽化边缘】特效，激活【特效控制台】面板，设置【运动】区域下的【缩放比例】为109，设置【羽化边缘】区域下的【数量】为67，如图8-72所示。为"15.jpg"、"16.jpg"文件的中间添加【附加叠化】切换效果，并将该切换效果的【持续时间】设置为00:00:00:10，如图8-72所示。

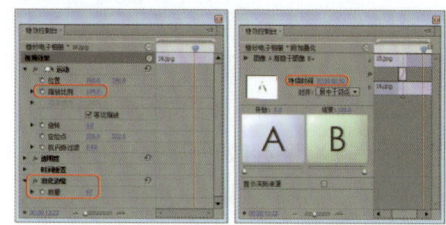

图8-72 设置参数及持续时间

27 设置当前时间为00:00:16:02，将"17.jpg"文件拖至【时间线】窗口【视频8】轨道中，将其与"16.jpg"的结束处对齐，然后拖动"17.jpg"文件的结束处与编辑标识线对齐，如图8-73所示。

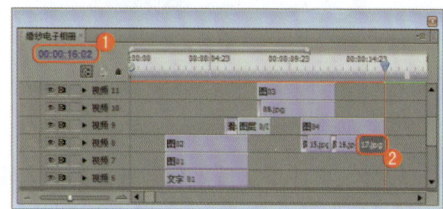

图8-73 拖入并设置"17.jpg"文件

28 为"17.jpg"文件添加【羽化边缘】特效，激活【特效控制台】面板，设置【运动】区域下的【位置】为360.0、333.0，设置【缩放比例】为124.0，设置【羽化边缘】区域下的【数量】为67.0，如图8-74所示。为"16.jpg"、"17.jpg"文件的中间添加【附加叠化】切换效果，并将该切换效果的【持续时间】设置为00:00:00:10，

如图8-74所示。

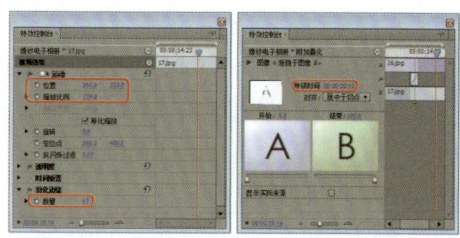

图8-74 设置参数及持续时间

29 设置当前时间为00:00:11:06，将"图05"拖至【时间线】窗口的【视频12】轨道中，与编辑标识线对齐，如图8-75所示。

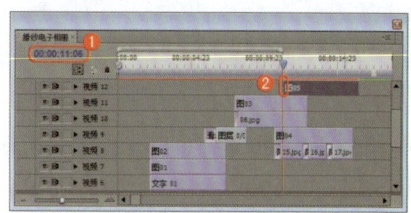

图8-75 拖入"图05"

30 将时间设置为00:00:12:20，拖动"图05"的结束处与编辑标识线对齐，如图8-76所示。

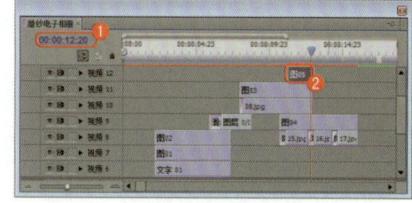

图8-76 设置结束处

31 确定"图05"选中的情况下，激活【特效控制台】面板，设置当前时间为00:00:11:06，设置【透明度】为0.0。设置当前时间为00:00:11:09，设置【透明度】为100.0，如图8-77所示。

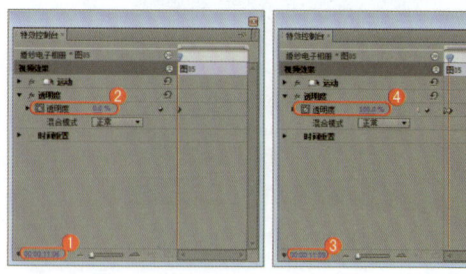

图8-77 设置两处【透明度】关键帧

32 设置当前时间为00:00:14:11，将"图06"拖至【时间线】窗口的【视频12】轨道中，将其与"图05"的结束处对齐，拖动"图06"的结束处与编辑标识线对齐，如图8-78所示。

154

第8章　婚纱电子相册

图8-78 拖入并设置"图06"

33 为"图05"、"图06"的中间位置添加【附加叠化】切换效果，将该切换效果的【持续时间】设置为00:00:00:20，如图8-79所示。

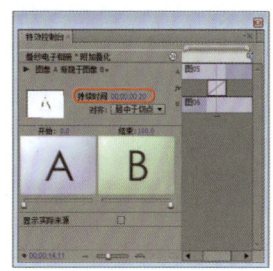

图8-79 设置切换效果的【持续时间】

34 将时间设置为00:00:16:01，将"图07"拖至【时间线】窗口的【视频12】轨道中，与"图06"的结束处对齐，然后拖动"图07"的结束处与编辑标识线对齐，如图8-80所示。

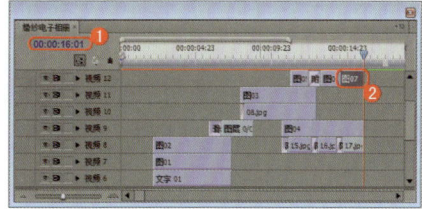

图8-80 拖入并设置"图07"

35 为"图06"、"图07"的中间位置添加【附加叠化】切换效果，并将该切换效果的【持续时间】设置为00:00:00:20，如图8-81所示。

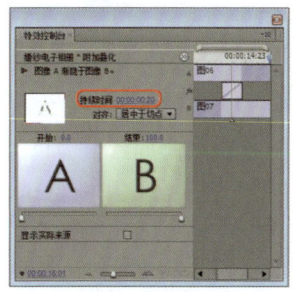

图8-81 设置【持续时间】

36 将时间设置为00:00:10:17，将"文字02"拖至【时间线】窗口的【视频13】轨道中，与编辑标识线对齐，然后拖动其结尾处与"图07"结尾处对齐，如图8-82所示。

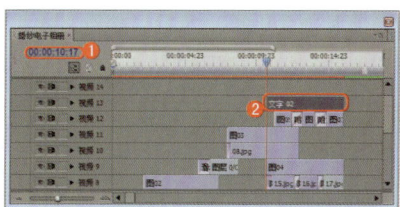

图8-82 拖入"文字02"

37 设置当前时间为00:00:07:23，将"对称光.avi"文件拖至【时间线】窗口的【视频14】轨道中，并将其选中右击鼠标，在弹出的快捷菜单中选择【缩放为当前画面大小】命令，如图8-83所示。

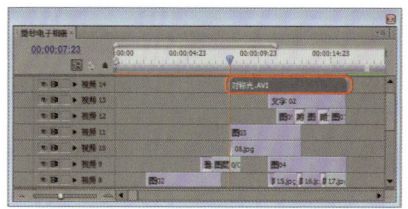

图8-83 拖入"对称光.avi"文件

38 确定"对称光.avi"文件选中的情况下，激活【特效控制台】面板，设置【运动】区域下的【缩放比例】为114.0，设置【透明度】区域下的【混合模式】为"滤色"，如图8-84所示。

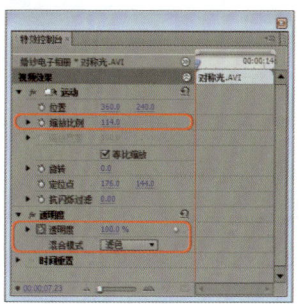

图8-84 设置【缩放比例】、【混合模式】

2. 设置照片翻页动画

1 将时间设置为00:00:16:02，将"渐变02.psd"文件拖至【时间线】窗口的【视频4】轨道中，与编辑标识线对齐，如图8-85所示。

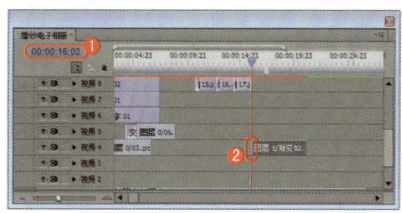

图8-85 拖入"渐变02.psd"文件

155

2. 设置当前时间为00:00:18:11，拖动"渐变02.psd"文件的结束处与编辑标识线对齐，如图8-86所示。

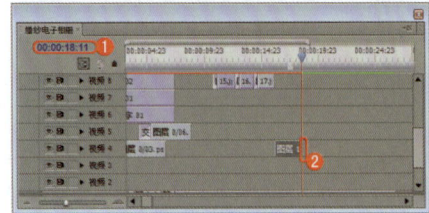

图8-86 设置结束处

3. 确定"渐变02.psd"文件选中的情况下，激活【特效控制台】面板，设置当前时间为00:00:17:03，设置【运动】区域下的【位置】为461.1、-350，单击其左侧的 按钮，打开动画关键帧的记录，设置【旋转】为-90.0，设置【透明度】为60.0，并取消关键帧的记录。将时间设置为00:00:18:07，设置【运动】区域下的【位置】为461.1、834.0，如图8-87所示。

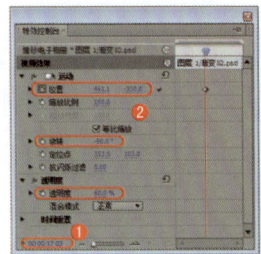 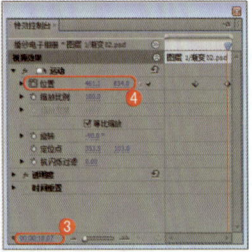

图8-87 设置两处关键帧

4. 将"渐变01.psd"文件拖至【时间线】窗口的【视频5】轨道中，将该文件的开始、结束处与"渐变02.psd"文件对齐。

5. 确定"渐变01.psd"文件选中的情况下，设置当前时间为00:00:17:03，激活【特效控制台】面板，将【位置】设置为263.2、830.0，单击左侧的 按钮，打开动画关键帧的记录，【旋转】设置为90.0，单击【透明度】左侧的 按钮，取消动画关键帧的记录，设置【透明度】为60.0，如图8-88所示。设置当前时间为00:00:18:07，设置【位置】为263.2、-360.0，如图8-88所示。

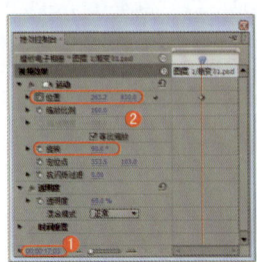 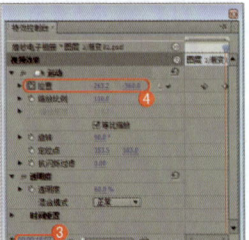

图8-88 设置两处【位置】关键帧

6. 将"渐变02.psd"文件拖至【时间线】窗口的【视频6】轨道中，将该文件的开始、结束处与"渐变01.psd"文件对齐。

7. 确定"渐变02.psd"文件选中的情况下，激活【特效控制台】面板，设置当前时间为00:00:16:02，在【运动】区域下，设置【位置】为-393.1、145.6，单击其左侧的 按钮，打开动画关键帧的记录，设置【旋转】为180.0，单击【透明度】左侧的 按钮，取消动画关键帧的记录，设置【透明度】为60.0，如图8-89所示。设置当前时间为00:00:18:01，设置【位置】为1106.5、145.6。

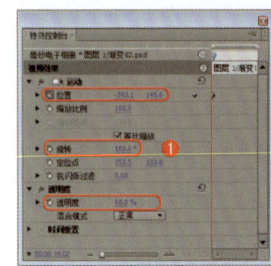 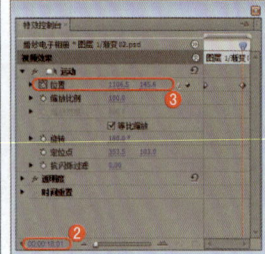

图8-89 设置"渐变02.psd"文件

8. 将"渐变01.psd"文件拖至【时间线】窗口的【视频7】轨道中，将该文件的开始、结束处与"渐变02.psd"文件对齐。

9. 确定"渐变01.psd"文件选中的情况下，激活【特效控制台】面板，设置当前时间为00:00:16:02，在【运动】区域下，设置【位置】为1108.7、320.0，单击其左侧的 按钮，打开动画关键帧的记录，单击【透明度】左侧的 按钮，取消动画关键帧的记录，设置【透明度】为60%，如图8-90所示。设置时间为00:00:18:01，设置【位置】为-395.3、320。

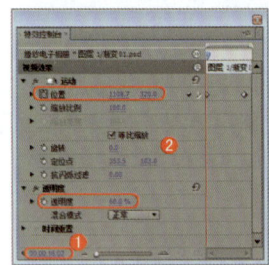 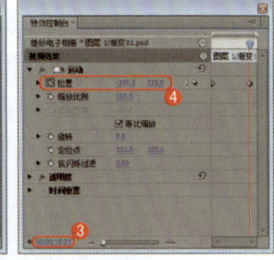

图8-90 设置两处【位置】关键帧

10. 将"图08"拖至【时间线】窗口的【视频8】轨道中，将其开始、结束处与"渐变01.psd"文件对齐，如图8-91所示。

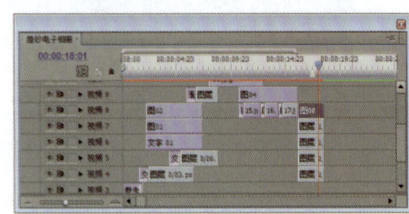

图8-91 拖入并设置"图08"

11 将"图09"拖至【时间线】窗口的【视频9】轨道中,将其开始、结束处与"渐变01.psd"文件对齐,如图8-92所示。

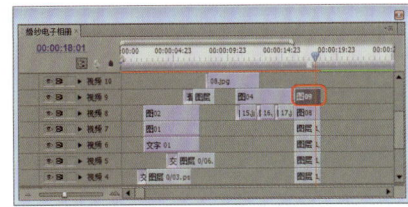

图8-92 拖入并设置"图09"

12 确定"图09"选中的情况下,为其添加【基本3D】特效,激活【特效控制台】面板,设置当前时间为00:00:17:06,单击【基本3D】区域下【旋转】左侧的按钮,打开动画关键帧的记录。设置当前时间为00:00:18:07,设置【基本3D】区域下的【旋转】为180.0,如图8-93所示。

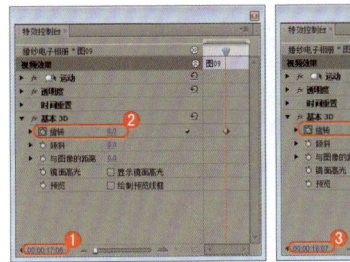 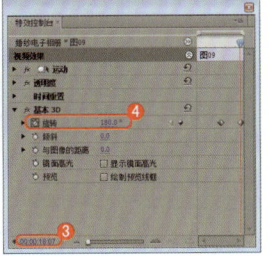

图8-93 设置两处【旋转】关键帧

13 将"图10"拖至【时间线】窗口的【视频10】轨道中,将其开始、结束处与"图09"文件对齐。

14 确定"图10"选中的情况下,为其添加【基本3D】特效,激活【特效控制台】面板,设置当前时间为00:00:16:18,单击【基本3D】区域下【旋转】左侧的按钮,打开动画关键帧的记录。设置当前时间为00:00:17:06,设置【基本3D】区域下的【旋转】为180,如图8-94所示。

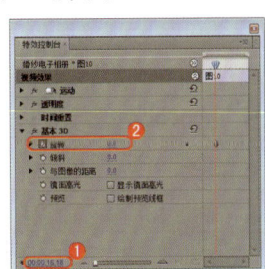 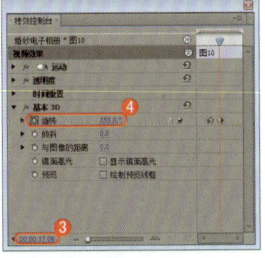

图8-94 设置两处【旋转】关键帧

15 设置当前时间为00:00:18:02,添加一处【透明度】关键帧。设置当前时间为00:00:18:03,设置【透明度】为0.0,如图8-95所示。

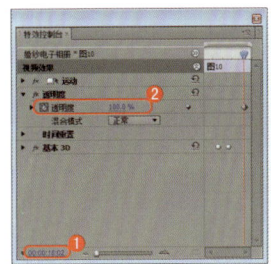 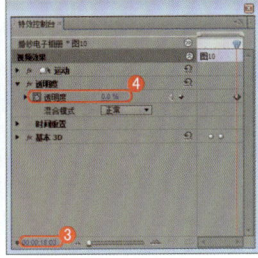

图8-95 设置两处【透明度】关键帧

16 将"图11"拖至【时间线】窗口的【视频11】轨道中,将其开始、结束处与"图10"文件对齐。

17 确定"图11"选中的情况下,为其添加【基本3D】特效,激活【特效控制台】面板,设置当前时间为00:00:16:02,单击【基本3D】区域下【旋转】左侧的按钮,打开动画关键帧的记录,设置其参数为-180.0。设置当前时间为00:00:16:18,设置【基本3D】区域下的【旋转】为0.0,如图8-96所示。

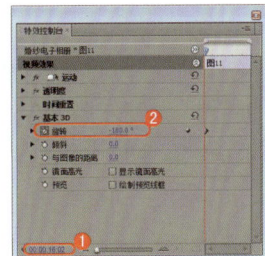 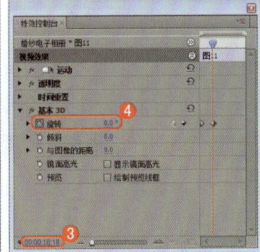

图8-96 设置两处【旋转】关键帧

18 设置当前时间为00:00:17:05,添加一处【透明度】关键帧。设置当前时间为00:00:17:06,设置【透明度】为0.0,如图8-97所示。

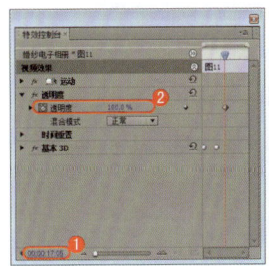 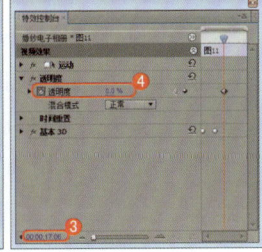

图8-97 设置两处【透明度】关键帧

3. 完成素材的最终设置

1 设置当前时间为00:00:20:04,将"28.jpg"文件拖至【时间线】窗口的【视频11】轨道中,将其与"图11"的结束处对齐,拖动该文件的结束处与编辑标识线对齐,如图8-98所示。

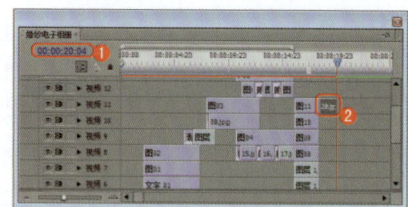

图8-98 拖入并设置"28.jpg"

2 确定"28.jpg"文件选中的情况下，激活【特效控制台】面板，设置【运动】区域下的【位置】为360.0、232.0，设置【缩放比例】为137.0，如图8-99所示。

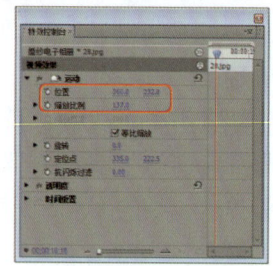

图8-99 设置【位置】、【缩放比例】

3 设置当前时间为00:00:21:21，将"29.jpg"文件拖至【时间线】窗口的【视频11】轨道中，将其与"28.jpg"文件的结束处对齐，然后拖动该文件的结束处与编辑标识线对齐，如图8-100所示。

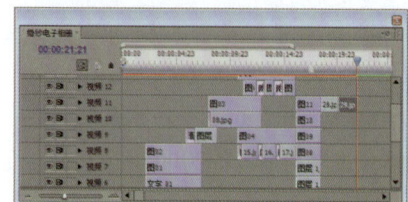

图8-100 拖入并调整"29.jpg"文件

4 确定"29.jpg"文件选中的情况下，激活【特效控制台】面板，在【运动】区域下，设置【位置】为360.0、278.0，设置【缩放比例】为123.0，如图8-101所示。为"28.jpg"、"29.jpg"文件的中间位置添加【棋盘】切换效果。

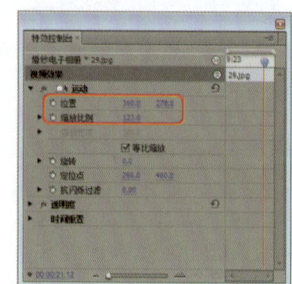

图8-101 设置【位置】、【缩放比例】

5 设置当前时间为00:00:23:14，将"30.jpg"文件拖至【时间线】窗口的【视频11】轨道中，将其与"29.jpg"文件的结束处对齐，然后拖动该文件的结束处与编辑标识线对齐，如图8-102所示。

6 确定"30.jpg"文件选中的情况下，激活【特效控制台】面板，在【运动】区域下，设置【缩放比例】为123.0，如图8-103所示。为"29.jpg"、"30.jpg"文件的中间位置添加【棋盘】切换效果。

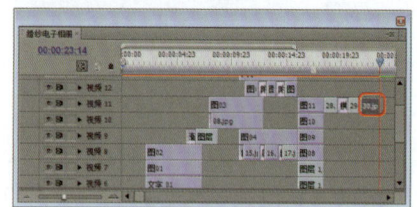

图8-102 拖入并设置"30.jpg"文件

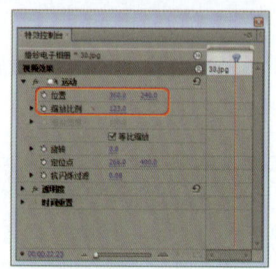

图8-103 设置【比例】

7 设置当前时间为00:00:25:07，将"31.jpg"文件拖至【时间线】窗口的【视频11】轨道中，将其与"30.jpg"文件的结束处对齐，然后拖动该文件的结束处与编辑标识线对齐，如图8-104所示。

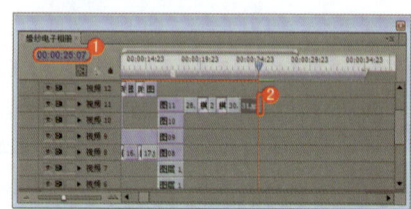

图8-104 拖入并设置"31.jpg"文件

8 确定"31.jpg"文件选中的情况下，激活【特效控制台】面板，设置当前时间为00:00:24:21，在【运动】区域下，设置【缩放比例】为123.0，添加一处【透明度】关键帧，如图8-105所示。设置当前时间为00:00:25:05，设置【透明度】为0.0，如图8-105所示。

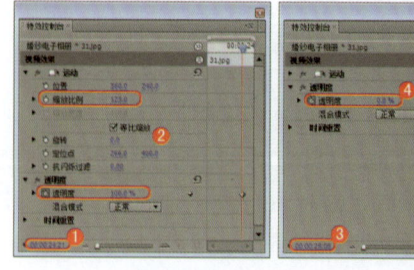

图8-105 设置两处【透明度】关键帧

第8章 婚纱电子相册

9 为"30.jpg"、"31.jpg"文件的中间位置添加【棋盘】切换效果,如图8-106所示。

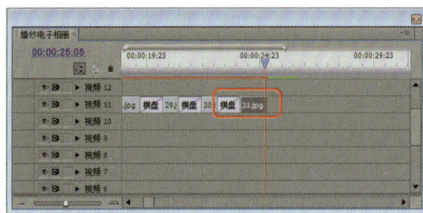

图8-106 添加【棋盘】切换效果

10 设置当前时间为00:00:18:11,将"光.AVI"文件拖至【时间线】窗口的【视频12】轨道中,与编辑标识线对齐,拖动该文件的结束处与"31.jpg"文件的结束处对齐,如图8-107所示。

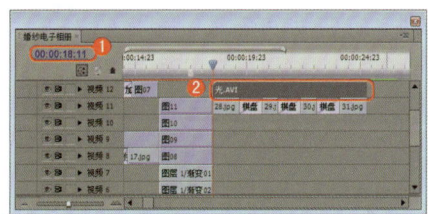

图8-107 拖入并设置"光.AVI"

11 确定"光.avi"文件选中的情况下,激活【特效控制台】面板,设置当前时间为00:00:24:22,设置【运动】区域下的【位置】为267.0、196.0;设置【缩放比例】为137.0,添加一处【透明度】关键帧,将【混合模式】设置为"滤色"。设置当前时间为00:00:25:06,设置【透明度】为0.0,如图8-108所示。

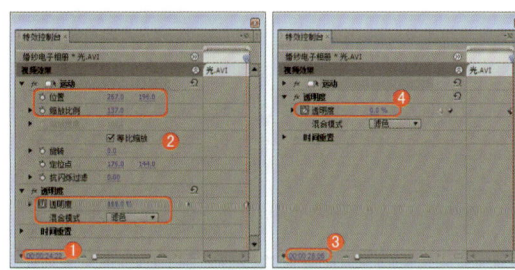

图8-108 设置两处【透明度】关键帧

12 将"花瓣飞舞.avi"文件拖至【时间线】窗口的【视频13】轨道中,将其与"光.AVI"文件的开始、结束处对齐,如图8-109所示。

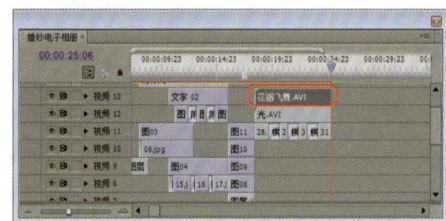

图8-109 拖入"花瓣飞舞.avi"文件

13 确定文件选中的情况下,激活【特效控制台】面板,设置当前时间为00:00:24:22,设置【运动】区域下的【缩放比例】为159.0。设置当前时间为00:00:25:06,设置【透明度】为0.0,如图8-110所示。

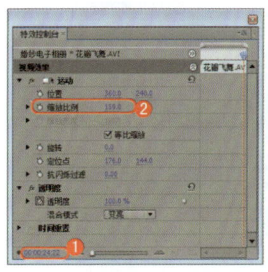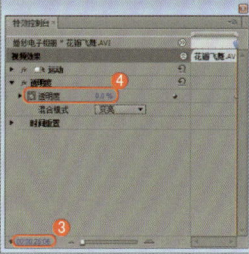

图8-110 设置两处【透明度】关键帧

14 设置当前时间为00:00:19:19,将"文字03"文件拖至【时间线】窗口的【视频14】轨道中,与编辑标识线对齐,拖动其结束处与"光.avi"文件的结束处对齐,如图8-111所示。

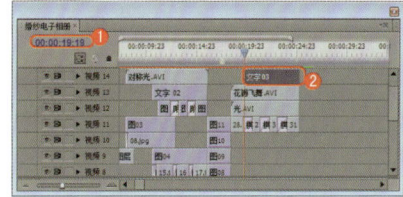

图8-111 拖入并设置"文字03"

15 为"文字03"添加【方向模糊】特效。激活【特效控制台】面板,设置当前时间为00:00:19:19,设置【方向模糊】区域下的【模糊长度】为60.0,单击其左侧的 按钮,打开动画关键帧的记录。设置当前时间为00:00:22:17,设置【模糊长度】为0.0,如图8-112所示。

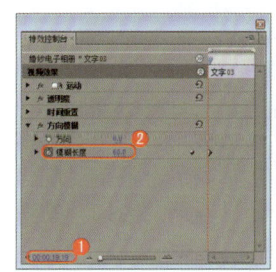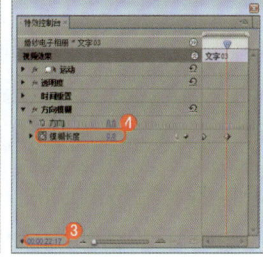

图8-112 设置两处【模糊长度】关键帧

16 设置当前时间为00:00:24:18,将"32.jpg"文件拖至【时间线】窗口的【视频2】轨道中,与编辑标识线对齐,如图8-113所示。

17 将时间设置为00:00:29:04,拖动"32.jpg"文件的结束处与编辑标识线对齐,如图8-114所示。

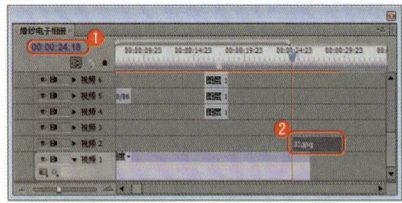

图8-113 拖入"32.jpg"文件

图8-114 设置"32.jpg"文件的结束处

18 确定"32.jpg"文件选中的情况下,激活【特效控制台】面板,设置【缩放比例】为108.0,如图8-115所示。

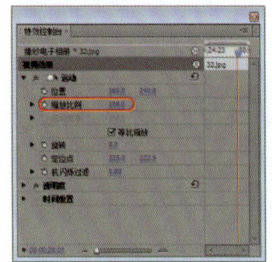

图8-115 设置【缩放比例】

19 将时间设置为00:00:25:04,将"图12"拖至【时间线】窗口的【视频3】轨道中,与编辑标识线对齐,如图8-116所示。

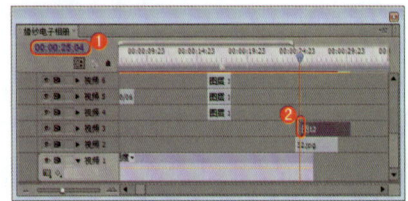

图8-116 拖入"图12"

20 将时间设置为00:00:28:09,拖动"图12"的结束处与编辑标识线对齐,如图8-117所示。

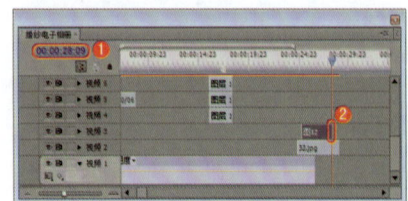

图8-117 调整结束处

21 确定"图12"选中的情况下,激活【特效控制台】面板,设置当前时间为00:00:25:04,设置【运动】区域下的【位置】为-256.2、240.0,单击其左侧的 按钮,打开动画关键帧的记录。将时间设置为00:00:26:06,设置【位置】为363.8、235.0,如图8-118所示。

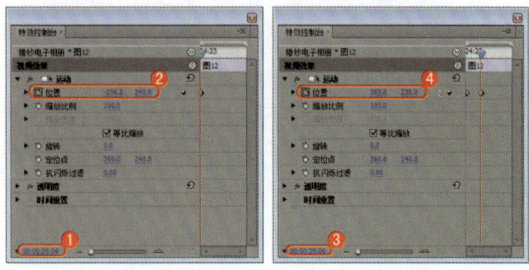

图8-118 设置两处【位置】关键帧

22 将时间设置为00:00:27:11,设置【位置】为363.8、235.0。将时间设置为00:00:27:23,【位置】设置为436.8、168.6,如图8-119所示。

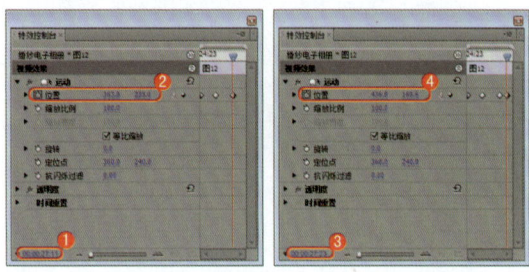

图8-119 设置关键帧

23 将时间设置为00:00:26:01,将"图13"拖至【时间线】窗口的【视频4】轨道中,与编辑标识线对齐,如图8-120所示。拖动该文件的结束处与"图12"的结束处对齐。

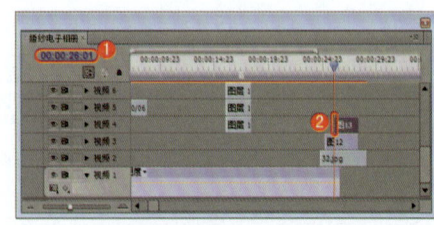

图8-120 拖入并设置"图13"

24 确定"图13"选中的情况下,激活【特效控制台】面板,设置【透明度】为0.0。设置时间为00:00:26:08,设置【透明度】为100.0,如图8-121所示。

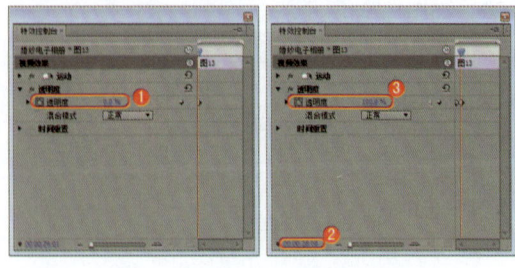

图8-121 设置两处【透明度】关键帧

25 设置当前时间为00:00:26:14，设置【位置】为305.0、289.3，单击其左侧的 按钮，打开动画关键帧的记录。设置当前时间为00:00:27:11，设置【位置】为305.0、289.3，如图8-122所示。

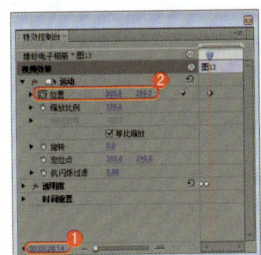 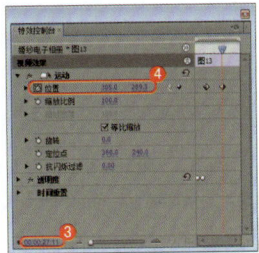

图8-122 设置两处【位置】关键帧

26 将时间设置为00:00:26:12，将"图14"拖至【时间线】窗口的【视频5】轨道中，与编辑标识线对齐，拖动其结束处与"图13"的结束处对齐，如图8-123所示。

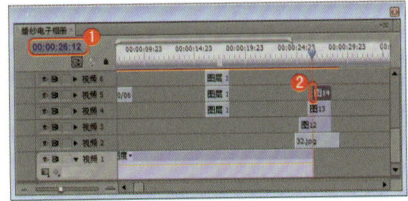

图8-123 拖入并设置"图14"

27 确定"图14"选中的情况下，激活【特效控制台】面板，设置【运动】区域下的【位置】为1062.5、289.2，单击其左侧的 按钮，打开动画关键帧的记录。设置当前时间为00:00:27:02，设置【位置】为506.0、289.2，如图8-124所示。

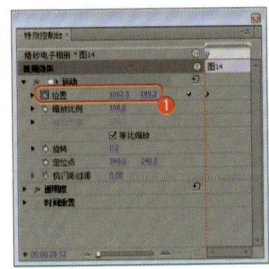 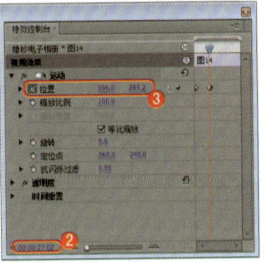

图8-124 设置两处【位置】关键帧

28 将时间设置为00:00:27:11，设置【位置】为506.0、289.2。设置当前时间为00:00:27:23，设置【位置】为436.3、358.7，如图8-125所示。

29 将时间设置为00:00:28:00，将"36.jpg"文件拖至【时间线】窗口【视频6】轨道中，与编辑标识线对齐，如图8-126所示。

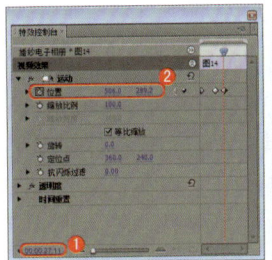 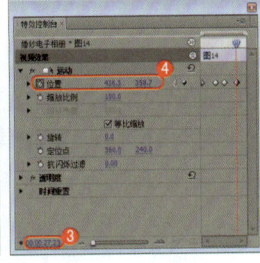

图8-125 设置关键帧

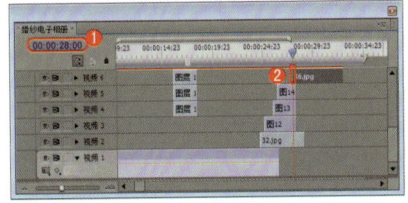

图8-126 拖入"36.jpg"文件

30 确定"36.jpg"文件选中的情况下，激活【特效控制台】面板，设置【运动】区域下的【缩放比例】为200.0，分别单击【位置】、【缩放比例】左侧的 按钮，打开动画关键帧的记录，设置【透明度】为0.0。设置时间为00:00:29:05，设置【位置】为323.0、228.0，设置【缩放比例】为142.0，设置【透明度】为100.0，如图8-127所示。

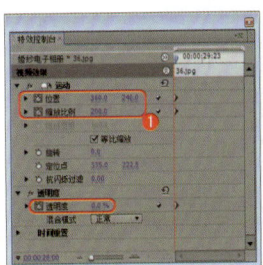 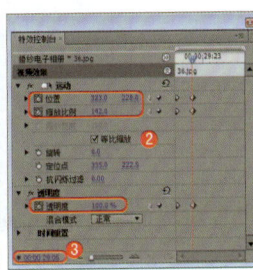

图8-127 设置两处关键帧

31 为"36.jpg"文件添加【高斯模糊】特效，设置时间为00:00:30:02，单击【模糊度】左侧的 按钮，打开动画关键帧的记录。将时间设置为00:00:31:00，设置【模糊度】为60.0，如图8-128所示。

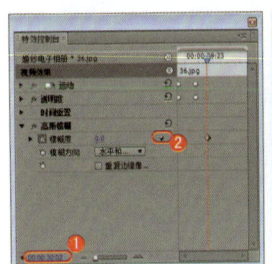 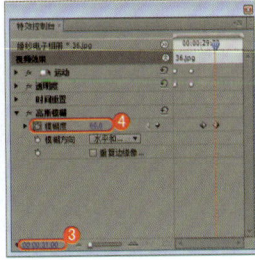

图8-128 设置两处【模糊度】关键帧

32 为"36.jpg"文件的开始处添加【交叉叠化（标准）】切换效果，并将该切换效果的【持续时间】

设置为00:00:00:10，如图8-129所示。

33 将"光.AVI"文件拖至【时间线】窗口的【视频7】轨道中，拖动其开始、结束位置与"36.jpg"文件的开始、结束位置对齐，并在其上面右击鼠标，在弹出的快捷菜单中选择【缩放当前画面大小】命令，再单击鼠标右击，在弹出的快捷菜单中选择【速度/持续时间】命令，在弹出的对话框中，设置【速度】为130，单击【确定】按钮，然后拖动素材结尾处与"36.jpg"文件结尾处对齐，如图8-130所示。

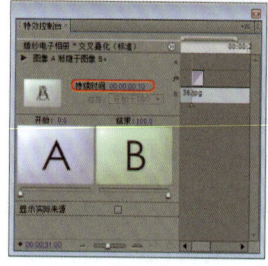 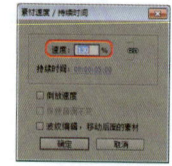

图8-129 设置【持续时间】　　图8-130 设置【速度】

34 确定"光.AVI"文件选中的情况下，激活【特效控制台】面板，设置【缩放比例】为113.0，【透明度】区域下的【混合模式】设置为"变亮"，如图8-131所示。

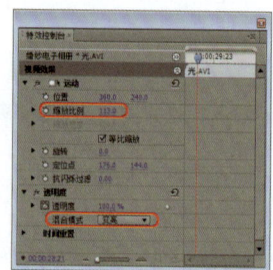

图8-131 设置【缩放比例】、【混合模式】

35 将时间设置为00:00:26:12，将"文字04"拖至【时间线】窗口的【视频8】轨道中，与编辑标识线对齐，如图8-132所示。拖动"文字04"的结束处至00:00:28:22位置处。

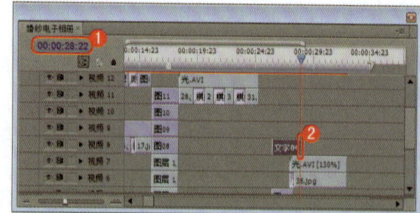

图8-132 拖入"文字04"

36 确定"文字04"选中的情况下，激活【特效控制台】面板，设置【运动】区域下的【位置】为360..0、-226.5，单击其左侧的 按钮，打开动画关键帧的记录。将时间设置为00:00:27:04，设置【位置】为

360.0、240.0，如图8-133所示。

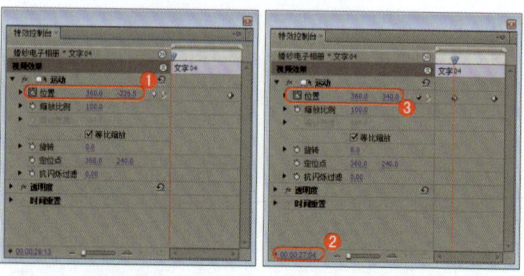

图8-133 设置两处【位置】关键帧

37 将时间设置为00:00:28:15，添加一处【透明度】关键帧。设置当前时间为00:00:28:21，设置【透明度】为0.0，如图8-134所示。

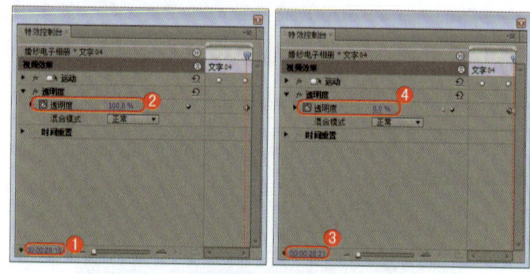

图8-134 设置两处【透明度】关键帧

38 设置当前时间为00:00:29:16，将"文字05"拖至【时间线】窗口的【视频8】轨道中与编辑标识线对齐，将其结束处与"光.avi"文件的结束处对齐，如图8-135所示。

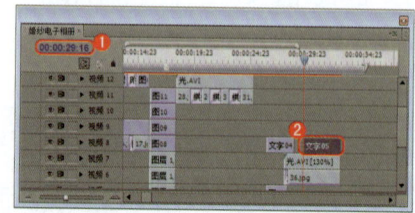

图8-135 拖入并设置"文字05"

39 为"文字05"添加【高斯模糊】特效，激活【特效控制台】面板，将【高斯模糊】区域下的【模糊度】设置为400.0，单击其左侧的 按钮，打开动画关键帧的记录。将时间设置为00:00:30:01，将【模糊度】设置为0.0，如图8-136所示。

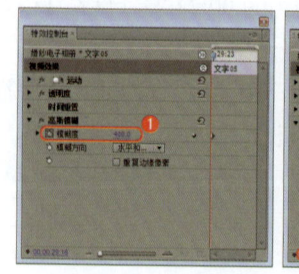 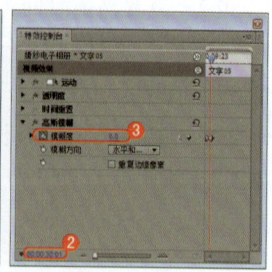

图8-136 设置两处【模糊度】关键帧

第8章 婚纱电子相册

40 将时间设置为00:00:28:22，将"星光.avi"文件拖至【时间线】窗口的【视频9】轨道中，将其选中并单击鼠标右键，在弹出的快捷菜单中选择【缩放为当前画面大小】命令，效果如图8-137所示。

色"，如图8-138所示。

42 确定制作完成后，在【项目】窗口中，新建"图"、"文字"文件夹，将图、文字分类管理，如图8-139所示。

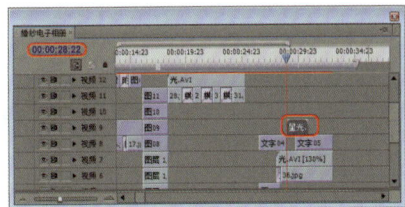

图8-137 拖入并设置"星光.avi"文件

41 确定"星光.avi"文件选中的情况下，在【特效控制台】面板中，设置【运动】区域下的【缩放比例】为126.0，设置【透明度】区域下的【混合模式】为"滤

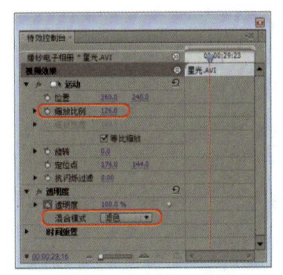 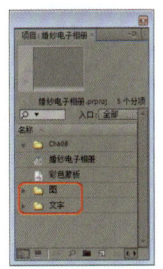

图8-138 设置【缩放比例】、【混合模式】　　图8-139 管理【项目】窗口

实例143 导出视频

实例导航

- 案例文件：场景 \ Cha08 \ 婚纱电子相册.prproj
- 视频文件：视频教学 \ Cha08 \ 导出视频.avi
- 难易程度：★☆☆☆☆
- 视频时长：38秒
- 实例要点：导出视频的方法
- 思路分析：通过前面的制作，婚纱电子相册已经完成，下面将对视频进行导出。

1 激活【时间线】窗口，选择菜单栏中的【文件】|【导出】|【媒体】命令，在弹出的【导出设置】面板中设置【导出设置】区域下【格式】为"Microsoft AVI"，在【输出名称】右侧设置输出的路径及名称，分别勾选【导出视频】、【导出音频】复选框，在【视频编解码器】区域下，定义【视频编解码器】为"Microsoft Video1"，在【基本设置】区域下，设置【品质】为100，设置【场类型】为"逐行"，单击【队列】按钮，如图8-140所示。

2 进入"Adobe Media Encoder"面板中，单击【开始队列】按钮，开始渲染输出，如图8-141所示。

> **提示** 在导出视频之前，可以先对视频进行预演，这样可以提前检查一下编辑后的效果播放情况，如果在视频的编辑中应用到了大量的特效，那么通过单击【节目监视器】窗口中的 ▶ 按钮是无法实时预览的，只有生成预演，才可以观察到视频的最终效果。

> **提示**：如果在【开始队列】时，单击了【暂停】按钮，在下次打开如图8-141所示的窗口中，会出现一个不能队列的选项，此时需要单击【移除】按钮，将没有用的选项删除。

图8-140 设置【导出设置】面板

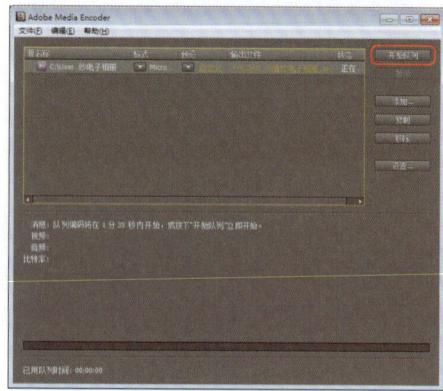

图8-141 开始队列

第9章
婚礼片头

本章讲解婚礼片头的制作。在现在的结婚录像中都有一段精彩、喜庆的片头，本例所介绍的婚礼片头（如图9-1所示）是对前面所学知识的一个综合运用及一些实用技巧，使用户能够更加深入地掌握Premiere Pro CS5，达到融会贯通、举一反三的目的。

- 婚礼素材的预览
- 婚礼素材的导入
- 创建字幕
- 婚礼素材的编辑
- 添加音乐背景
- 导出婚礼片头

图9-1 婚礼片头效果

实例144　婚礼素材的预览

实例导航

- **案例文件**：场景 \ Cha09 \ 制作婚礼片头.prproj
- **视频文件**：视频教学 \ Cha09 \ 婚礼素材的预览.avi
- **难易程度**：★★☆☆☆
- **视频时长**：25秒
- **实例要点**：素材的打开预览
- **思路分析**：在制作婚礼片头之前，打开素材进行预览，如果发现素材有些暗，则可以在Photoshop中对其进行【亮度/对比度】调整。如图9-2所示是本例制作中应用到的文件。

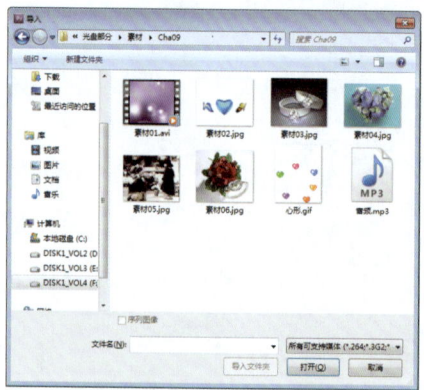

图9-2　视频插入背景音乐

实例145　婚礼素材的导入

实例导航

- **案例文件**：场景 \ Cha09 \ 制作婚礼片头.prproj
- **视频文件**：视频教学 \ Cha09 \ 婚礼素材的导入.avi
- **难易程度**：★★☆☆☆
- **视频时长**：59秒
- **实例要点**：婚礼素材的导入方法
- **思路分析**：在制作视频之前，首先需要将素材导入到操作界面中。

第9章 婚礼片头

实例146 创建字幕

实例导航

- **案例文件**：场景 \ Cha09 \ 制作婚礼片头.prproj
- **视频文件**：视频教学 \ Cha09 \ 创建字幕.avi
- **难易程度**：★★☆☆☆
- **视频时长**：4分41秒
- **实例要点**：创建字幕
- **思路分析**：Premiere 本身具有编辑字幕的功能，并且还可以对字体或者图片设置简单的动画。

实例147 婚礼素材的编辑

实例导航

- **案例文件**：场景 \ Cha09 \ 制作婚礼片头.prproj
- **视频文件**：视频教学 \ Cha09 \ 婚礼素材的编辑.avi
- **难易程度**：★★☆☆☆
- **视频时长**：14分59秒
- **实例要点**：婚礼素材的编辑方法
- **思路分析**：将导入的素材编辑到一起，产生视频效果。

实例148 添加音乐背景

实例导航

- **案例文件**：场景 \ Cha09 \ 制作婚礼片头.prproj
- **视频文件**：视频教学 \ Cha09 \ 添加音乐背景.avi
- **难易程度**：★★☆☆☆

（续）

- ➔ **视频时长：** 17秒
- ➔ **实例要点：** 添加音乐背景
- ➔ **思路分析：** 设置完成婚礼片头后，为视频添加音频效果。

实例149 导出婚礼片头

实例导航

- ➔ **案例文件：** 场景 \ Cha09 \ 制作婚礼片头.prproj
- ➔ **视频文件：** 视频教学 \ Cha09 \ 导出婚礼片头.avi
- ➔ **难易程度：** ★★☆☆☆
- ➔ **视频时长：** 1分03秒
- ➔ **实例要点：** 导出视频的方法
- ➔ **思路分析：** 在影片制作完成后需要将影片输出，这也是很关键的一步，它决定着影片的清晰度和播放质量。

第10章
走过青春

学生时代，伴随着毕业，要经历很多的离别，但是同窗好友的情谊不会随着分离而消失，临别之际，通过做一段记忆同学生活点滴的视频来留住这一份美好的回忆，会很有意义。如图10-1所示是"走过青春"分镜头效果。

- 图像的预览与导入
- 添加背景音乐
- 创建图、标题
- 编辑素材
- 创建并编辑"走过青春02"序列
- 编辑"走过青春"序列
- 导出走过青春

图10-1 "走过青春"分镜头效果

实例150 图像的预览与导入

实例导航

➡ **案例文件**：场景 \ Cha10 \ 走过青春.prproj

➡ **视频文件**：视频教学 \ Cha10 \ 走过青春.avi

➡ **难易程度**：★☆☆☆☆

➡ **视频时长**：1分25秒

➡ **实例要点**：图像的预览与导入方法

➡ **思路分析**：本例将通过Premiere Pro CS5来制作"走过青春"视频效果，首先需要将图像放置在一个文件夹中，以便于管理。如果所需要的图片整体色彩相对过暗，则可以在Photoshop 中调整其【亮度与对比度】。如图10-2所示是本例制作中应用到的图像。

图10-2 素材预览

1. 运行Premiere Pro CS5，在欢迎界面中单击【新建项目】按钮，在【新建项目】对话框中选择项目的保存路径，对项目进行命名，单击【确定】按钮，如图10-3所示。

2. 进入【新建序列】对话框中，在【序列设置】选项卡中【有效预置】区域下选择DV-24P| 标准 48kHz选项，对【序列名称】进行命名，单击【确定】按钮，如图10-4所示。

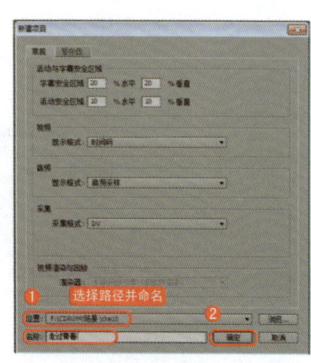

图10-3 新建项目

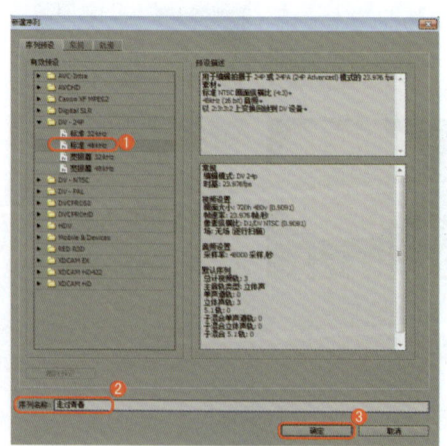

图10-4 新建序列

第10章 走过青春

3 进入操作界面，在【项目】窗口中【名称】区域下的空白处双击鼠标，在弹出的对话框中选择随书附带光盘"CDROM \ 素材 \ Cha10文件夹"中除"字幕图"文件夹外的所有文件，单击【打开】按钮，导入素材，如图10-5所示。

4 由于导入的"Cha10文件夹"中包括PSD文件，所以在导入的过程中会弹出【导入分层文件：背景图像】对话框，将【导入为：】定义为"序列"，单击【确定】按钮，将后面的PSD文件【导入为:】定义为"单层"，如图10-6所示。

5 导入素材后，单击【项目】窗口中的 按钮，新建"Cha10"文件夹，将导入的文件拖至该文件夹中，如图10-7所示。

6 选择菜单栏中的【序列】|【添加轨道】命令，弹出【添加视音轨】对话框，在【视频轨】区域下添加8条视频轨，单击【确定】按钮，如图10-8所示。

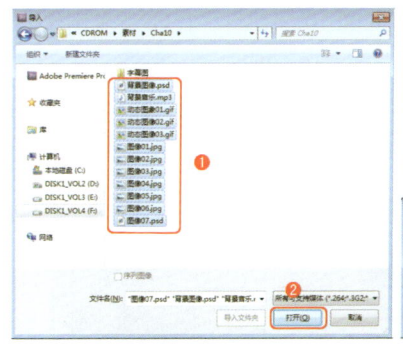
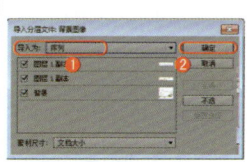

图10-5 导入素材　　　图10-6 设置分层文件

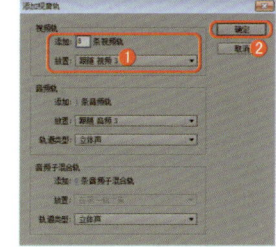

图10-7 新建"Cha10"文件夹　　　图10-8 添加视频轨

实例151　添加背景音乐

实例导航

- **案例文件**：场景 \ Cha10 \ 走过青春.prproj
- **视频文件**：视频教学 \ Cha10 \ 添加背景音乐.avi
- **难易程度**：★☆☆☆☆
- **视频时长**：59秒
- **实例要点**：添加背景音乐
- **思路分析**：将介绍背景音乐的添加，同时在操作界面中对导入的素材进行简单的设置。

1 在【项目】窗口中，展开"Cha10"文件夹，将"背景音乐.mp3"文件拖至【时间线】窗口的【音频1】轨道中，如图10-9所示。

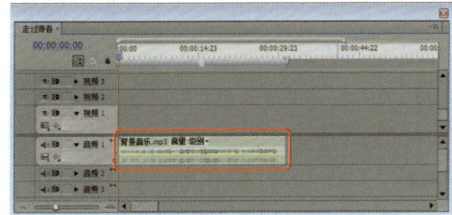

图10-9 拖入音频素材

2 设置当前时间为00:00:10:00,将"背景/背景图像.psd"文件拖至【时间线】窗口【视频1】轨道中,将其结束处与编辑标识线对齐,如图10-10所示。

3 确定"背景/背景图像.psd"文件选中的情况下,激活【特效控制台】面板,设置当前时间为00:00:09:16,将【运动】区域下的【缩放比例】设置为65.0,单击【透明度】右侧的 按钮,添加一个【透明度】关键帧,设置当前时间为00:00:09:23,设置【透明度】为0.0,如图10-11所示。

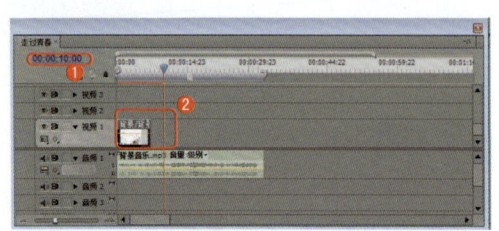
图10-10 拖入背景图像

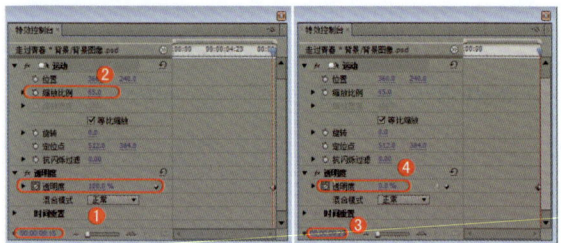
图10-11 设置【透明度】关键帧

实例152 创建图、标题

实例导航

- **案例文件**:场景 \ Cha10 \ 走过青春.prproj
- **视频文件**:视频教学 \ Cha10 \ 创建图、标题.avi
- **难易程度**:★★★☆☆
- **视频时长**:8分01秒
- **实例要点**:创建图、标题
- **思路分析**:介绍本例中应用到的图的制作,同时在字幕窗口中设置标题。

1 按Ctrl+T键,新建字幕"图01",在字幕面板中,使用 工具,在字幕设计栏中创建圆角矩形。在【字幕属性】栏中,设置【变换】区域下的【宽度】、【高度】分别为288.0、242.0,设置【X位置】、【Y位置】分别为216.0、312.0;在【属性】区域下,设置【圆角大小】为8.0;在【填充】区域下,勾选【材质】复选框,单击【材质】右侧的 图标,在打开的对话框中选择随书附带光盘"素材 \ Cha10 \ 图像05.jpg"文件,单击【打开】按钮,如图10-12所示。

2 添加一处【外侧边】,设置【大小】为4.0;勾选【阴影】复选框,设置【色彩】为黑色,设置【透明度】为50.0,设置【角度】为-200.0,设置【距离】为4.0,设置【大小】为3.0,设置【扩散】为20.0,如图10-13所示。

图10-12 设置"图01"

第10章 走过青春

3 使用同样的方法创建其他的"图",创建"图02",如图10-14所示。

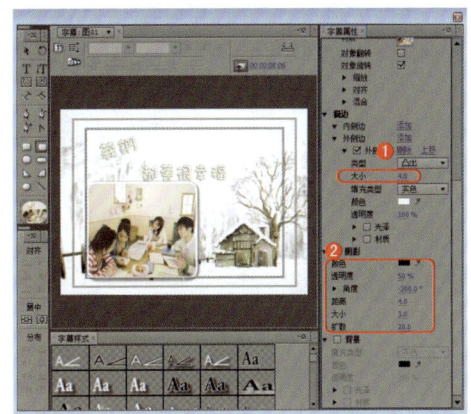

图10-13 添加【外侧边】

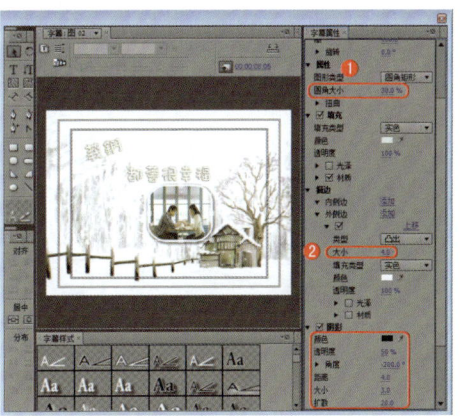

图10-14 创建"图02"

4 新建"标题",将字幕设计栏中的内容删除,使用【字幕工具】栏中的 工具,在字幕设计栏中输入文字,在【字幕样式】栏中,单击"方正舒体",将【字体大小】设置为110,设置【填充】|【颜色】的RGB值为250、252、244,添加一处【外侧边】,【大小】设置为8.0,【颜色】的RGB值为137、131、99,勾选【阴影】复选框,设置【颜色】的RGB值为114、105、64,设置【透明度】为50.0,设置【角度】为-221.4,设置【距离】为7.0,设置【大小】为11.0,设置【扩散】为27.0,如图10-15所示。

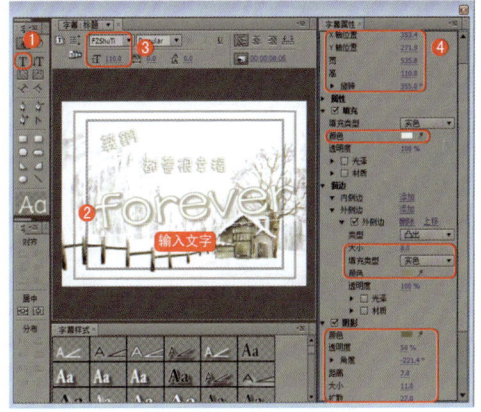

图10-15 创建并设置"标题"

实例153 编辑素材

实例导航

- **案例文件**:场景 \ Cha10 \ 走过青春.prproj
- **视频文件**:视频教学 \ Cha10 \ 编辑素材.avi
- **难易程度**:★★★☆☆
- **视频时长**:27分29秒
- **实例要点**:编辑素材的方法
- **思路分析**:字幕设置完成后,将对图像、字幕进行编辑。

1. 设置完成后关闭字幕,将时间设置为00:00:02:08,将"图01"拖至【时间线】窗口的【视频2】轨道中,与编辑标识线对齐,如图10-16所示。

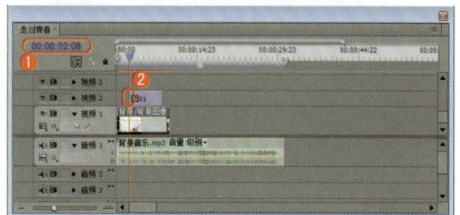

图10-16 拖入"图01"

2. 确定"图01"选中的情况下,激活【特效控制台】面板,设置当前时间为00:00:02:08,在【运动】区域下,单击【位置】左侧的 按钮,打开动画关键帧的记录,设置其参数为367.0、252.0,设置时间为00:00:02:20,设置【位置】为300.0、255.0,单击【旋转】左侧的 按钮,打开动画关键帧的记录,如图10-17所示。

3. 设置当前时间为00:00:03:00,设置【旋转】为-10.0。再将时间设置为00:00:03:04,设置【旋转】为10.0,如图10-18所示。

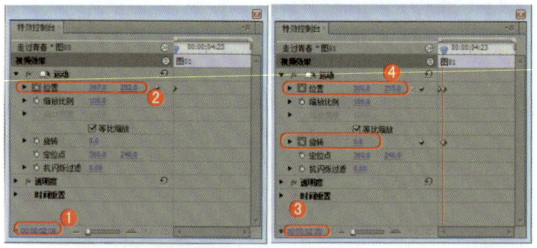

图10-17 设置参数并添加关键帧

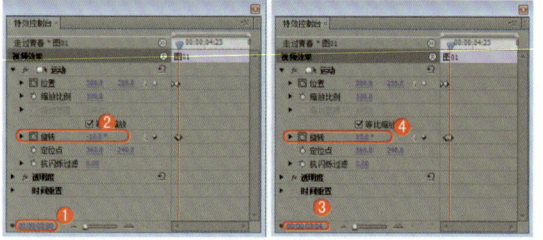

图10-18 设置【旋转】关键帧

4. 将时间设置为00:00:03:08,将【旋转】设置为5。设置当前时间为00:00:03:12,单击【位置】右侧的 按钮。设置当前时间为00:00:04:00,设置【位置】为31.0、-205.0,如图10-19所示。

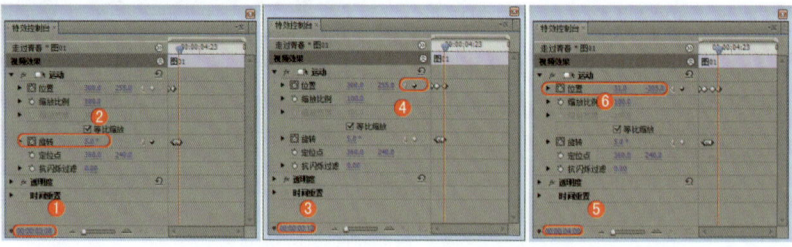

图10-19 设置【旋转】、【位置】关键帧

5. 设置当前时间为00:00:04:00,将"图02"拖至【时间线】窗口的【视频3】轨道中,与编辑标识线对齐,结尾处与【视频2】轨道中的素材对齐,如图10-20所示。

6. 确定"图02"选中的情况下,激活【特效控制台】面板,设置【运动】区域下的【位置】为98.0、624.0,并单击左侧的 按钮,打开动画关键帧的记录。将时间设置为00:00:04:12,设置【位置】为360.0、240.0,单击【旋转】左侧的 按钮,打开动画关键帧的记录,如图10-21所示。

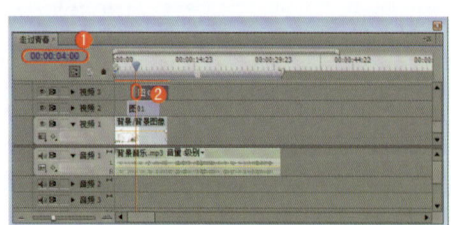

图10-20 将"图02"拖至【时间线】窗口中

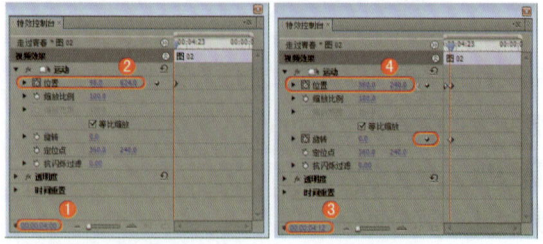

图10-21 设置【位置】关键帧

7. 设置当前时间为00:00:04:16,设置【旋转】为10.0。设置当前时间为00:00:04:20,设置【旋转】为-10.0,如图10-22所示。

8. 设置当前时间为00:00:05:00,设置【旋转】为0.0。设置当前时间为00:00:05:04,单击【位置】右侧的 按钮。设置当前时间为00:00:05:16,设置【位置】为785.0、20.0,如图10-23所示。

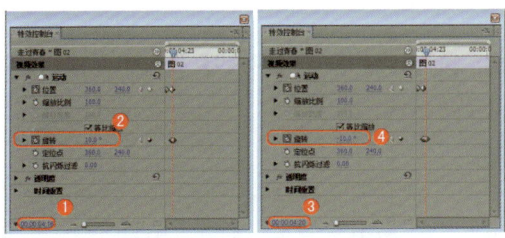

图10-22 设置【旋转】关键帧

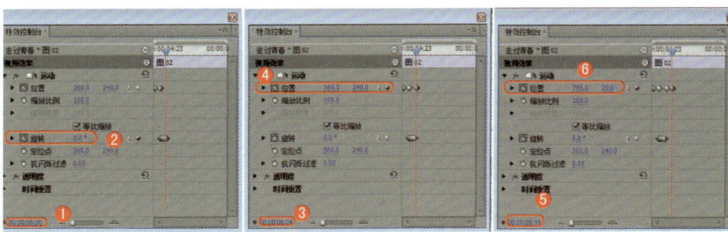

图10-23 设置【旋转】、【位置】关键帧

9 设置当前时间为00:00:05:16,将"图03"拖至【时间线】窗口的【视频4】轨道中,与编辑标识线对齐,拖动"图03"的结束处至00:00:10:00位置处,如图10-24所示。

10 再将当前时间设置为00:00:07:08,拖动"图04"至【时间线】窗口的【视频5】轨道中,与编辑标识线对齐,并将其结束处与"图03"的结束处对齐,如图10-25所示。

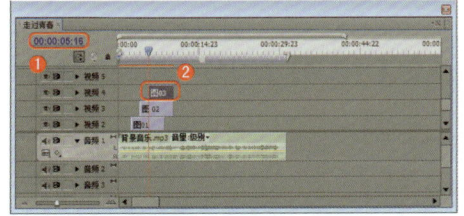

图10-24 拖入并设置"图03"

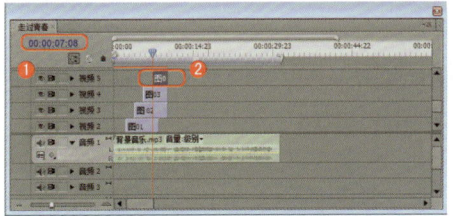

图10-25 拖入并设置"图04"

11 将"图层1副本4/背景图像.psd"文件拖至【时间线】窗口的【视频8】轨道中,如图10-26所示。

12 确定"图层1副本4/背景图像.psd"文件选中的情况下,激活【特效控制台】面板,设置【位置】为367.0、261.0,单击其左侧的 按钮,打开动画关键帧的记录,取消【等比缩放】复选框的勾选。【缩放高度】设置为61.0,【缩放宽度】设置为65.0。设置当前时间为00:00:00:02,设置【位置】为356.0、250.0,如图10-27所示。

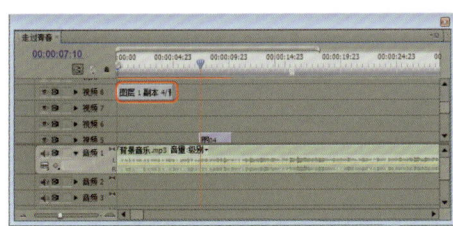

图10-26 拖入并设置"图层1副本4/背景图像.psd"文件

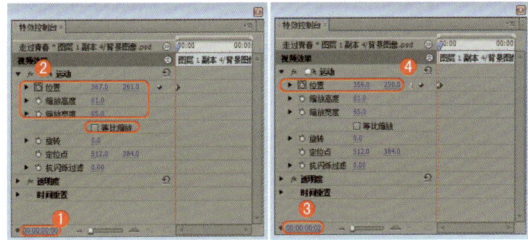

图10-27 设置两处【位置】关键帧

13 在【特效控制台】面板中,选择【位置】的两个关键帧,按Ctrl+C键复制关键帧,设置当前时间为00:00:00:06,按Ctrl+V键,粘贴关键帧。使用同样的方法每隔6帧粘贴关键帧,如图10-28所示。

14 在【时间线】窗口中,对"图层1/副本4背景图像.psd"文件进行复制并粘贴,如图10-29所示。

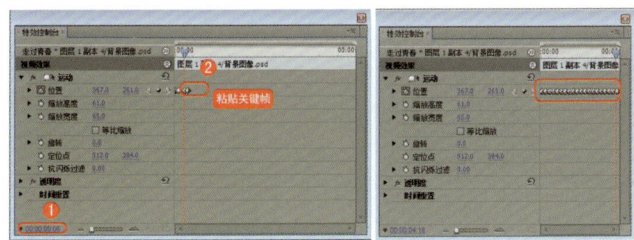

图10-28 复制并粘贴关键帧

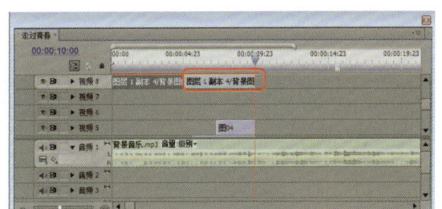

图10-29 复制并粘贴文件

15 设置当前时间为00:00:09:08,将当前【位置】关键帧后的关键帧删除。设置当前时间为00:00:09:09,单击【位置】右侧的 按钮,添加一处位置关键帧,再将当前时间设置为00:00:09:21,【位置】设置为360.0、-260.0,

175

如图10-30所示。

16 设置当前时间为00:00:10:00，将"图层1副本/背景图像.psd"文件拖至【时间线】窗口【视频9】轨道中，拖动其结束处与编辑标识线对齐，如图10-31所示。

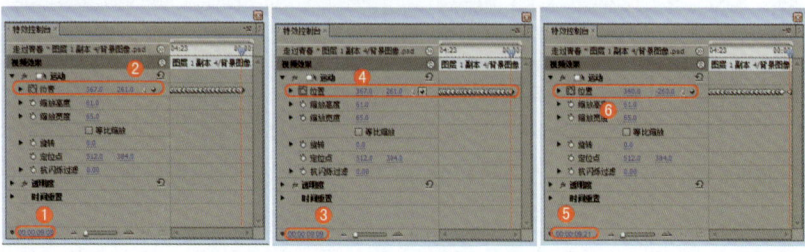

图10-30 设置【位置】关键帧　　　　　　　　　图10-31 拖入并设置"图层1副本/背景图像.psd"

17 确定"图层1副本/背景图像.psd"文件选中的情况下，激活【特效控制台】面板，设置【缩放比例】为65.0，如图10-32所示。

18 设置当前时间为00:00:02:08，将"图层3/图像07.psd"文件拖至【时间线】窗口的【视频10】轨道中，与编辑标识线对齐，如图10-33所示。

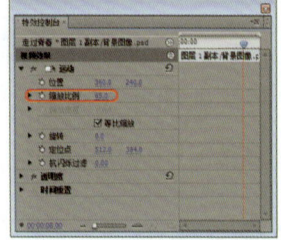 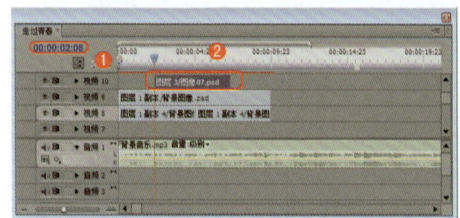

图10-32 设置【缩放比例】　　　　　　　　图10-33 拖入并设置"图层3/图像07.psd"文件

19 确定"图层3/图像07.psd"文件选中的情况下，激活【特效控制台】面板，设置【运动】区域下的【位置】为116.0、90.0，【缩放比例】设置为40.0，如图10-34所示。

20 设置当前时间为00:00:13:05，将"图像03.jpg"文件拖至【时间线】窗口的【视频1】轨道中，与编辑标识线对齐，如图10-35所示。

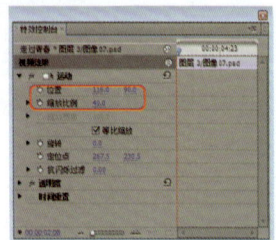 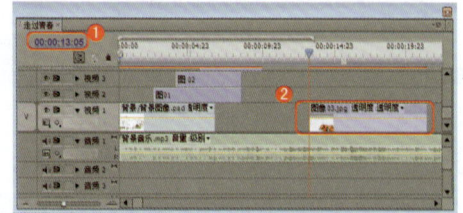

图10-34 设置【特效控制台】面板　　　　　　图10-35 拖入"图像03.jpg"文件

21 将时间设置为00:00:21:12，拖动"图像03.jpg"文件的结束处与编辑标识线对齐，如图10-36所示。

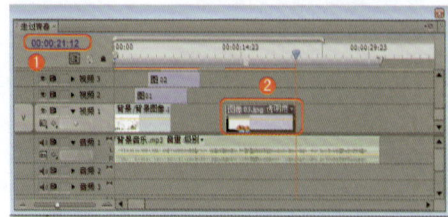

图10-36 拖动"图像03.jpg"文件的结束处

第10章 走过青春

22 确定"图像03.jpg"文件选中的情况下,激活【特效控制台】面板,设置【运动】区域下的【缩放比例】为65.0,如图10-37所示。

23 将"图像01.jpg"文件拖至【时间线】窗口的【视频2】轨道中 "图01"的结束处,拖动尾部与"图像03"的开始处对齐,右击鼠标,选择【缩放当前画面大小】命令,激活【特效控制台】面板,设置【缩放比例】为110.0,如图10-38所示。

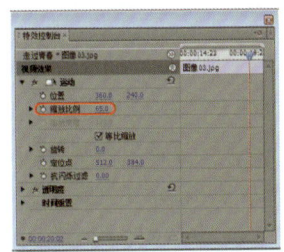 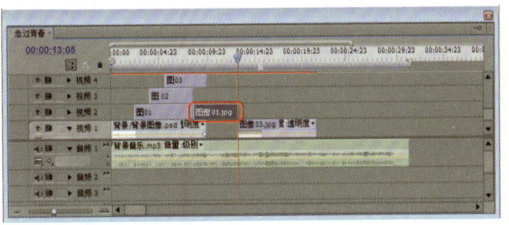

图10-37 设置基本参数　　　　　　　　　　图10-38 拖入"图像01.jpg"

24 将时间设置为00:00:09:16,将"动态图像02.gif"文件拖至【时间线】窗口的【视频3】轨道中,与编辑标识线对齐,确定"动态图像02.gif"文件选中的情况下,设置【缩放比例】为110.0,设置【透明度】为0.0,打开【透明度】关键帧记录,修改时间为00:00:09:19,设置【透明度】为100.0,在其后复制并粘贴两处,如图10-39和图10-40所示。

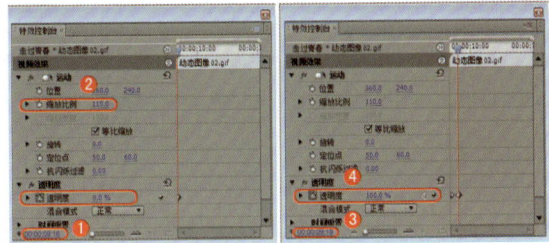 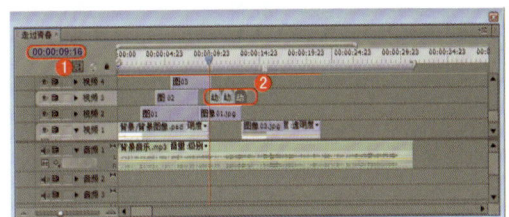

图10-39 设置两处【透明度】关键帧　　　　图10-40 复制粘贴两处

25 将时间设置为00:00:13:05,将"图像06"拖入【视频5】轨道中与编辑标识线对齐,如图10-41所示。

26 确定"图像06"处于选中状态,右击鼠标,设置【速度/持续时间】为00:00:01:20,添加【羽化边缘】特效,激活【特效控制台】面板,设置时间为00:00:13:13,设置【运动】区域下的【位置】为4.0、228.0,设置【缩放比例】为63.0,设置【羽化边缘】为50.0,单击它们左侧的 按钮,打开动画关键帧的记录,如图10-42所示。

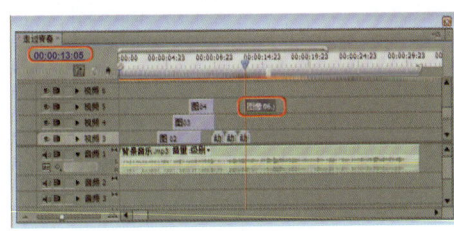 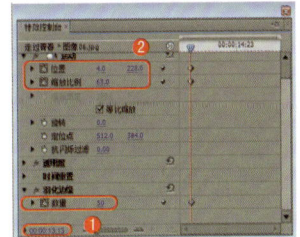

图10-41 拖入并设置"图像01.jpg"文件　　　图10-42 设置【位置】关键帧

27 将时间设置为00:00:14:05,设置【运动】区域下的【位置】为368.0、162.0,设置【透明度】为80.0,设置【羽化边缘】|【数量】为100.0,如图10-43所示。

28 将"图06.jpg"文件拖至【时间线】窗口的【视频6】轨道中,与"图像06"的结束处对齐,将时间设置为00:00:16:21,将其结束处与编辑标识线对齐,设置【持续时间】为00:00:01:20,为其添加【缩放拖尾】效果,确定切换效果处于选中状态,设置持续时间为00:00:01:00,如图10-44所示。

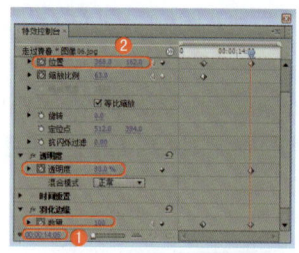
图10-43 设置基本参数

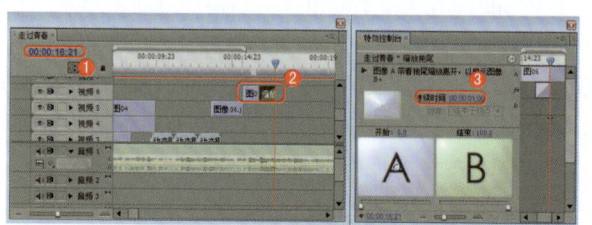
图10-44 拖入并设置"图像06.jpg"文件

29 设置当前时间为00:00:16:21,拖动"图08"至【视频2】轨道中与编辑标识线对齐,设置其【速度/持续时间】为00:00:01:20,激活【效果】面板,为"图08"文件添加【羽化边缘】特效。在【特效控制台】面板中,设置【透明度】为100.0,设置【羽化边缘】|【数量】为0,单击其左侧的 按钮,打开动画关键帧的记录,修改时间为00:00:17:06,设置【羽化边缘】|【数量】为100.0,设置当前时间为00:00:17:23,设置【透明度】为50.0,设置当前时间为00:00:18:12,设置【透明度】为25.0,如图10-45所示。

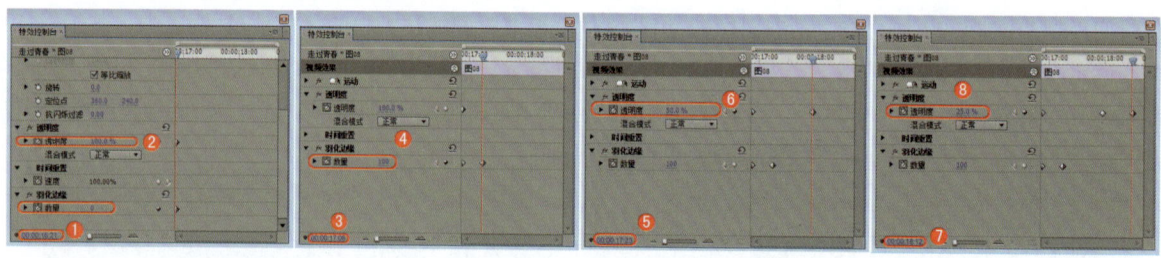
图10-45 设置基本参数

30 将"图像05"拖入【视频3】轨道中与"图08"结尾处对齐,结束时间为00:00:21:10。确定"图像05.jpg"文件选中的情况下,为其开始、结束部分添加【漩涡】、【缩放拖尾】切换效果,选中【漩涡】切换效果,激活【特效控制台】面板,设置【持续时间】为00:00:01:00,设置【自定义】|【旋涡设置】下的【水平】为5、【垂直】为4,如图10-46和图10-47所示。

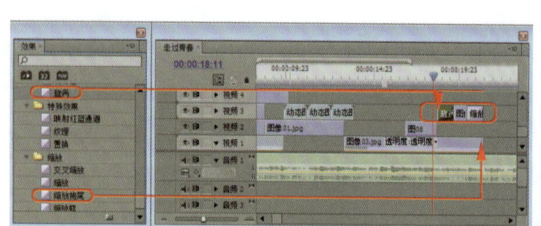
图10-46 添加切换效果

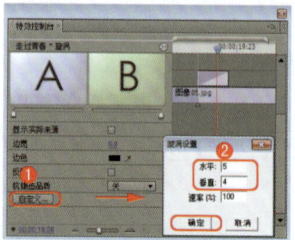
图10-47 设置【漩涡】特效

31 设置当前时间为00:00:16:21,将"动态图象01.gif"文件拖至【时间线】窗口的【视频6】轨道中,确定其选中的情况下,激活【特效控制台】面板,设置时间为00:00:16:22,【运动】区域下的【旋转】为60.0,单击其左侧的 按钮,打开动画关键帧的记录,设置时间为00:00:17:04,【运动】区域下的【旋转】为120.0,设置时间为00:00:17:10,【运动】区域下的【旋转】为180.0,设置时间为00:00:17:16,【运动】区域下的【旋转】为240.0,设置时间为00:00:17:22,【运动】区域下的【旋转】为360.0,如图10-48和图10-49所示。

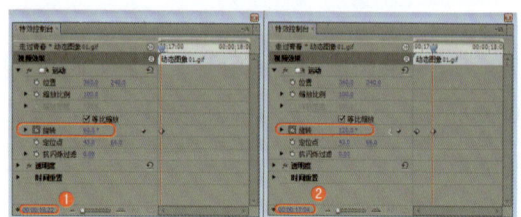
图10-48 设置参数

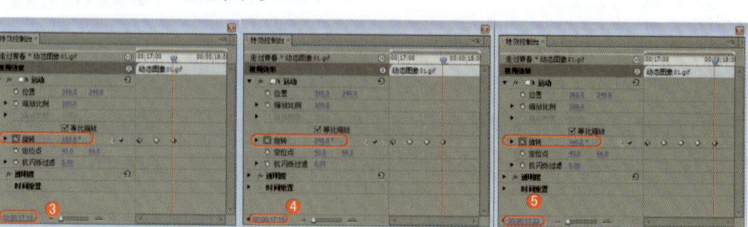
图10-49 设置参数

32　设置当前时间为00:00:21:07，将"图像02.jpg"文件拖至【时间线】窗口的【视频2】轨道中，确定其选中的情况下，设置【速度/持续时间】为00:00:03:00，为其添加【斜角边】特效，激活【特效控制台】面板，设置时间为00:00:21:12，【边缘厚度】设置为0.5，【照明角度】设置为0.0，【照明强度】设置为0.2，单击它们左侧的按钮，打开动画关键帧的记录，设置时间为00:00:22:05，【照明角度】设置为60.0，如图10-50所示。

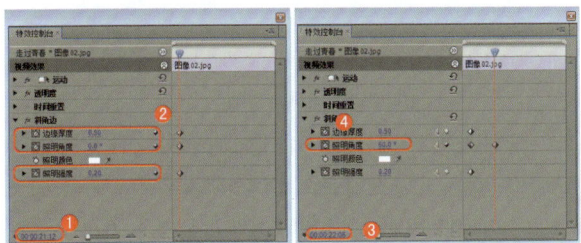

图10-50　设置特效参数

33　设置时间为00:00:23:00，【照明角度】设置为135.0，设置时间为00:00:23:08，【照明角度】设置为175.0，如图10-51所示。

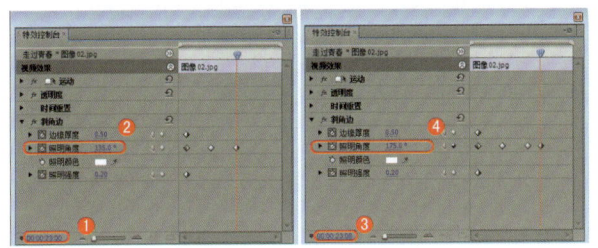

图10-51　设置【照明角度】

34　将"图15"拖至【视频3】轨道中的"图像05"结束处，设置当前时间为00:00:22:00，拖动结束处与编辑标识线对齐，激活【特效控制台】面板，设置时间为00:00:21:10，设置【运动】|【旋转】为0.0，单击左侧关键帧按钮，打开关键帧记录，修改时间为00:00:21:17，设置【旋转】为60.0，如图10-52所示。

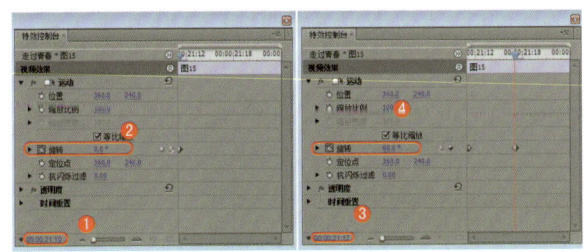

图10-52　设置【旋转】

35　将"图10"拖至【视频3】轨道中的"图15"结束处对齐，设置当前时间为00:00:22:11，拖动结束处与编辑标识线对齐。在其后复制并粘贴一处"图10"，如图10-53所示。为两图之间添加【白场过渡】切换效果，为第二处"图10"添加【水平翻转】特效，激活【特效控制台】面板，设置【缩放比例】为224.0，确定切换效果处于选中状态，设置【持续时间】为00:00:00:10，【对齐】为"居中于切点"，如图10-54所示。

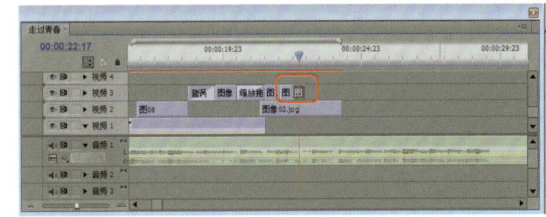

图10-53　拖入并调整素材

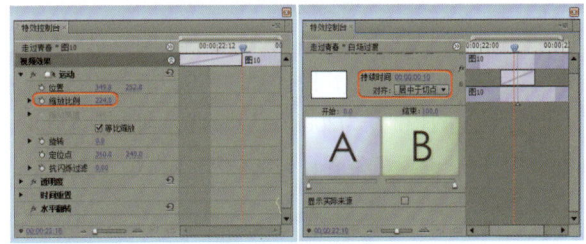

图10-54　设置基本参数

36　将"图层1副本4/背景图像.psd"文件拖至【时间线】窗口的【视频2】轨道中，开始部分与"图像02"结束处对齐，结束部分与【音频1】轨道中的素材对齐。

37　将"图层3/图像07.psd"拖入【视频1】轨道中，开始部分与【视频2】轨迹中的"图层1副本4/背景图像.psd"文件对齐，设置时间为00:00:25:16，调整素材结束处与编辑标识线对齐，如图10-55所示。设置时间为00:00:24:07，激活【特效控制台】面板，设置【位置】为146.0、395.0，设置【缩放比例】为50.0，添加关键帧，设置时间为00:00:24:17，设置【位置】为248.0、344.2，设置【缩放比例】为60.0，如图10-56所示。

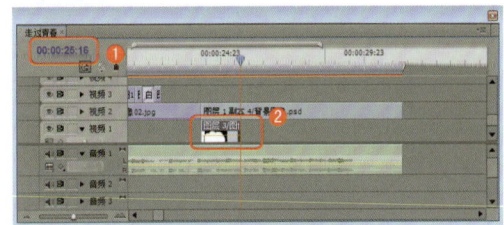

图10-55　拖入并调整"图层3/图像07.psd"文件

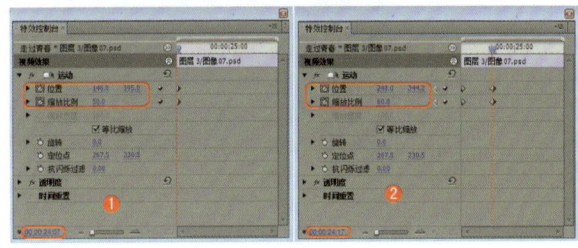

图10-56　设置基本参数

38　设置当前时间为00:00:25:04，设置【位置】为436.0、249.0，【缩放比例】为70.0，设置当前时间为00:00:25:14，设置【位置】为457.0、208.0，设置【缩放比例】为90.0，如图10-57所示。

39　在"图层3/图像07.psd"文件后复制并粘贴4处，如图10-58所示。

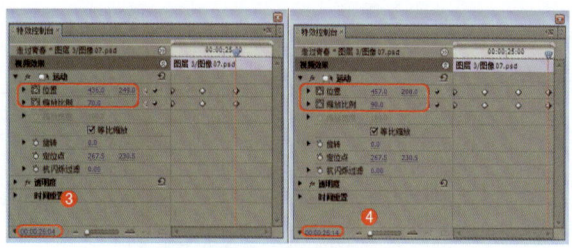
图10-57　设置基本参数

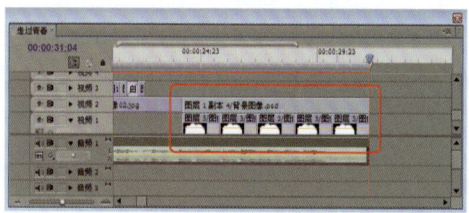
图10-58　复制并粘贴4处

40　将"图14"拖入【视频3】轨道中，调整素材开始、结束部分，分别与第1个"图层3/图像07.psd"文件对齐，确定素材处于选中状态，设置时间为00:00:24:07，激活【特效控制台】面板，设置【位置】为897.0、-80.0，添加关键帧，设置【缩放比例】为200.0，设置【透明度】为0.0，设置当前时间为00:00:25:11，设置【透明度】为30.0，设置时间为00:00:25:14，设置【位置】为894.0、-100.0，设置【透明度】为100.0，如图10-59所示。

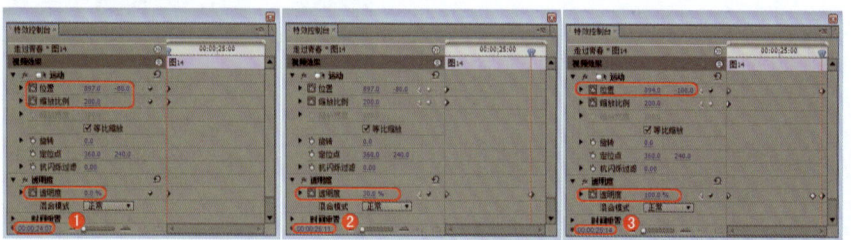
图10-59　设置基本参数

41　将"图05"拖入【视频3】轨道中，调整素材开始、结束部分，分别与第2个"图层3/图像07.psd"文件对齐，如图10-60所示。

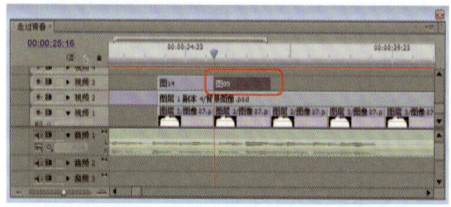
图10-60　拖入并调整素材

42　确定素材处于选中状态，设置时间为00:00:25:16，激活【特效控制台】面板，设置【位置】设置360.0、240.0，设置【缩放比例】为110.0，设置【透明度】为0.0，设置时间为00:00:26:19，设置【透明度】为30.0，设置时间为00:00:27:00，设置【透明度】为100.0，如图10-61所示。

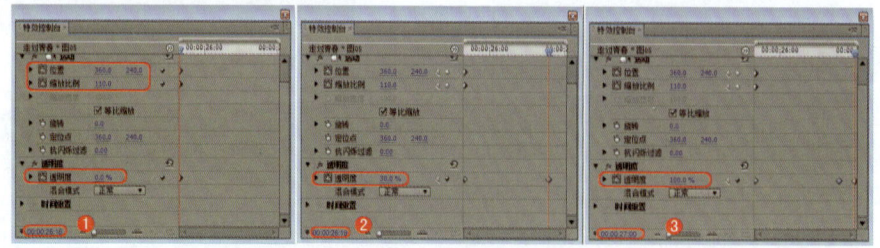
图10-61　设置基本参数

43　将"图13"拖入【视频3】轨道中，调整素材开始、结束部分，分别与第3个"图层3/图像07.psd"文件对齐，如图10-62所示。

第10章 走过青春

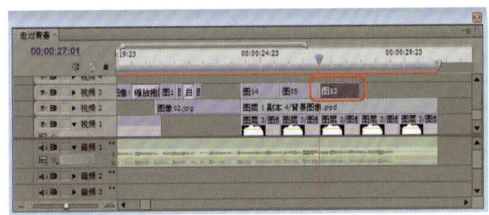

图10-62 拖入并调整素材

44 确定素材处于选中状态,设置当前时间为00:00:27:01,激活【特效控制台】面板,设置【位置】为741.0、54.0,设置【缩放比例】为120.0,设置【透明度】为0.0,设置当前时间为00:00:28:05,设置【透明度】为30.0,设置当前时间为00:00:28:08,设置【透明度】为100.0,如图10-63所示。

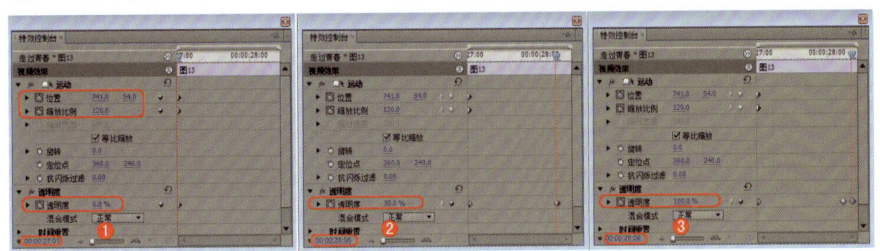

图10-63 设置基本参数

45 将"图12"拖入【视频4】轨道中,调整素材开始、结束部分,分别与第4个"图层3/图像07.psd"对齐,如图10-64所示。

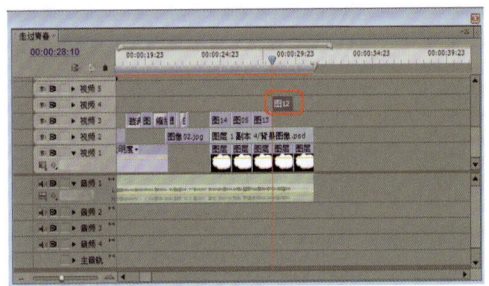

图10-64 拖入并调整素材

46 确定素材处于选中状态,设置当前时间为00:00:28:10,激活【特效控制台】面板,设置【位置】为653.0、277.0,设置【缩放比例】为150.0,设置【透明度】为0.0,设置当前时间为00:00:29:15,设置【透明度】为30.0,设置当前时间为00:00:29:18,设置【透明度】为100.0,如图10-65所示。

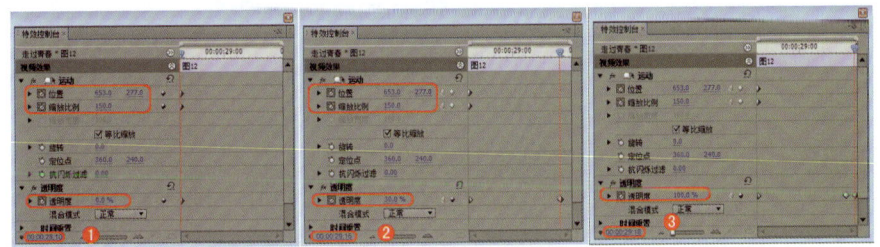

图10-65 设置基本参数

47 将"图17"拖入【视频5】轨道中,调整素材开始、结束部分,分别与第5个"图层3/图像07.psd"文件对齐,确定素材处于选中状态,设置当前时间为00:00:29:19,激活【特效控制台】面板,设置【位置】为613.0、158.0,添加一处【缩放比例】关键帧,设置【透明度】为0.0,修改时间为00:00:31:00,设置【透明度】为30.0,设置当前时间为00:00:31:03,设置【透明度】为100.0,如图10-66所示。

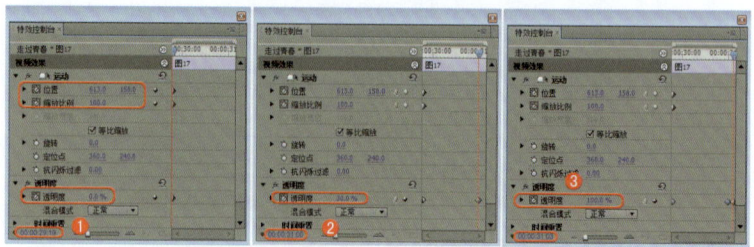

图10-66 设置基本参数

48 将"图像01"拖入【时间线】窗口的【视频1】轨道中,与【视频2】轨道中的"图层1副本4/背景图像.psd"文件结束处对齐,拖动该文件的结束处至00:00:41:02,如图10-67所示。

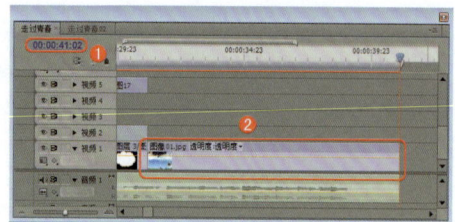

图10-67 拖入素材并调整

实例154 创建并编辑"走过青春02"序列

实例导航

- **案例文件**:场景 \ Cha10 \ 走过青春.prproj
- **视频文件**:视频教学 \ Cha10 \ 创建并编辑"走过青春02"序列.avi
- **难易程度**:★★☆☆☆
- **视频时长**:1分32秒
- **实例要点**:创建并编辑"走过青春02"序列
- **思路分析**:创建"走过青春02"序列是为了便于【时间线】窗口的管理。

1 新建"走过青春02"序列,将"动态图像03.gif"文件拖至【时间线:走过青春02】窗口的【视频1】轨道中,如图10-68所示。

2 确定"动态图像03.gif"文件选中的情况下,激活【特效控制台】面板,设置【位置】为58.0、51.0,如图10-69所示。

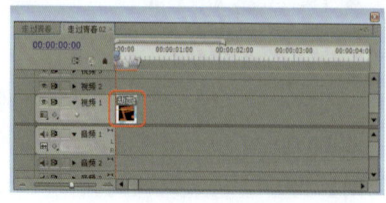

图10-68 拖入并调整素材

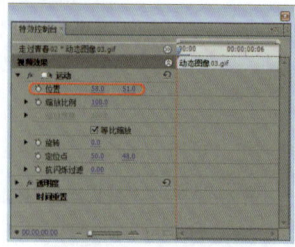

图10-69 设置【位置】

第10章 走过青春

3 将"动态图像03.gif"文件拖至【时间线：走过青春02】窗口的【视频2】轨道中。

4 确定【视频2】轨道中的"动态背景03.gif"文件选中的情况下，激活【特效控制台】面板，设置【位置】为160.0、51.0，如图10-70所示。在【节目监视器】窗口中可以看到画面成列排列，使用同样的方法，并对其复制粘贴，将画面排列为如图10-71所示。选中所有"动态图像03.gif"文件，设置【速度/持续时间】对话框｜【持续时间】为00:00:02:00，如图10-72所示。

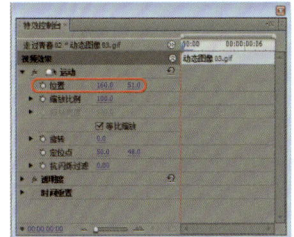
图10-70 设置【位置】

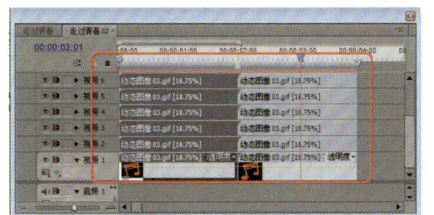
图10-71 拖入并设置"动态背景03.gif"

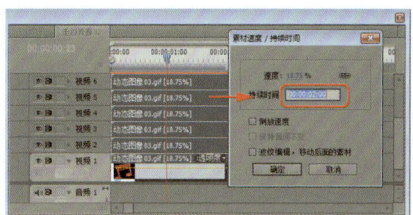
图10-72 设置【持续时间】

实例155 编辑"走过青春"序列

实例导航

- **案例文件**：场景 \ Cha10 \ 走过青春.prproj
- **视频文件**：视频教学 \ Cha10 \ 编辑"走过青春"序列.avi
- **难易程度**：★★☆☆☆
- **视频时长**：6分55秒
- **实例要点**：编辑"走过青春"序列
- **思路分析**：将制作完成的"走过青春02"序列嵌套到"走过青春"序列中，继续对其进行编辑。

1 激活【时间线：走过青春】窗口，选择"走过青春"序列，设置"背景音乐.mp3"的【持续时间】为00:00:41:03。修改时间为00:00:31:04，将"走过青春02"序列拖至【时间线：走过青春】窗口的【视频8】、【视频9】轨道中，与编辑标识线对齐，如图10-73所示。

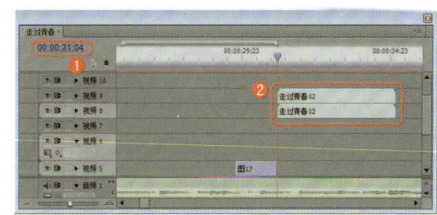
图10-73 拖入并设置"走过青春02"

> **提示**：拖入"走过青春02"序列后，解除视音频的链接，然后将音频删除。

2 确定【视频8】轨道中的"走过青春02"序列选中的情况下，激活【特效控制台】面板，设置【运动】区域下的【位置】为360.0、717.0，单击其左侧的按钮，打开动画关键帧的记录。设置当前时间为00:00:31:12，设置【位置】为360.0、235.0，如图10-74所示。

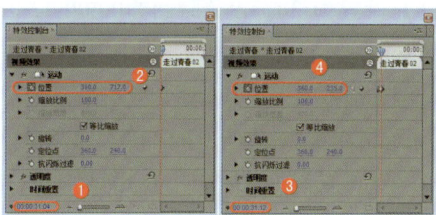
图10-74 设置【位置】关键帧

183

3　为【视频9】轨道中的"走过青春02"序列添加【交叉叠化（标准）】切换效果，并将该切换效果的【持续时间】设置为00:00:00:05，如图10-75所示。

4　确定【视频9】轨道中"走过青春02"序列选中的情况下，激活【特效控制台】面板，设置【运动】区域下的【位置】为360.0、615.0，如图10-76所示。

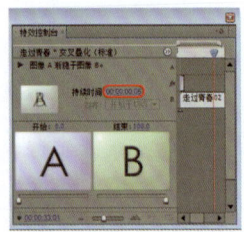 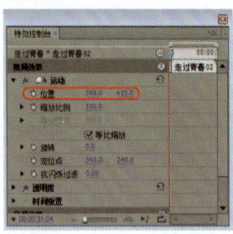

图10-75　设置【持续时间】　　　图10-76　设置【位置】

5　将【视频8】、【视频9】轨道中的"走过青春02"序列选中，对其进行复制，然后将当前时间设置为00:00:35:04，进行粘贴，再将切换效果删除，如图10-77所示。

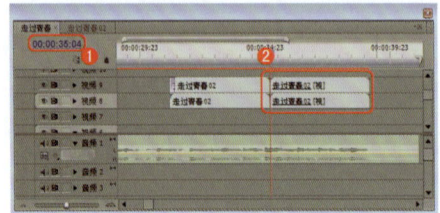

图10-77　复制"走过青春02"

6　设置当前时间为00:00:31:04，将"图01"拖至【时间线】窗口的【视频2】轨道中，开始处与编辑标识线对齐，结束时间为00:00:37:10，如图10-78所示。

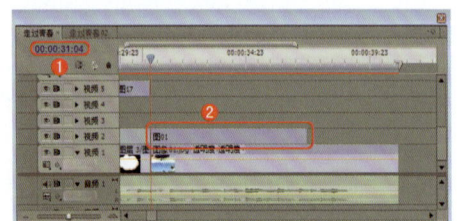

图10-78　拖入并设置"图01"

7　确定"图01"选中的情况下，激活【特效控制台】面板，设置【运动】区域下的【位置】为986.0、240.0，单击其左侧的 按钮，打开动画关键帧的记录，【旋转】设置为-30。设置时间为00:00:32:00，设置【位置】为360.0、110.0，单击【缩放比例】左侧的 按钮，打开动画关键帧的记录，如图10-79所示。

8　设置当前时间为00:00:32:06，【缩放比例】设置为120.0。设置当前时间为00:00:32:12，【缩放比例】设置为100.0，如图10-80所示。

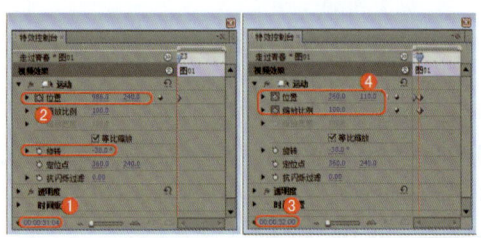

图10-79　设置基本参数

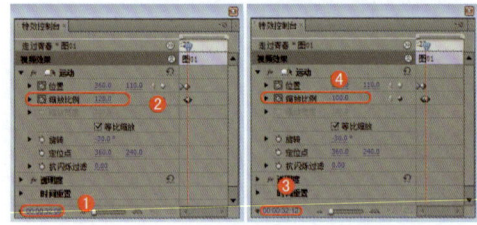

图10-80　设置【缩放比例】关键帧

9　设置当前时间为00:00:32:13，添加一处【位置】关键帧。再设置当前时间为00:00:33:10，设置【位置】为-170.0、110.0，如图10-81所示。

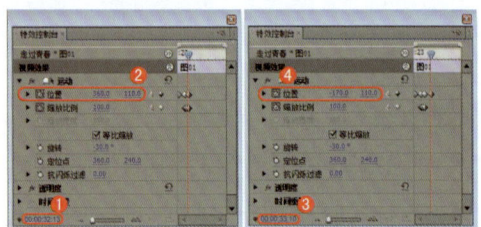

图10-81　设置关键帧

10　将时间设置为00:00:32:02，将"图03"拖至【时间线】窗口的【视频3】轨道中，与编辑标识线对齐，结束时间为00:00:38:09，如图10-82所示。

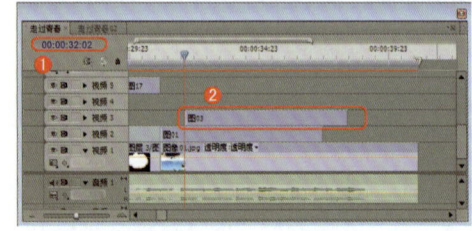

图10-82　拖入并调整素材

11　确定"图03"选中的情况下，激活【特效控制台】面板，设置【运动】区域下的【位置】为854.3.0、240.0，单击其左侧的 按钮，打开动画关键帧的记录，【旋转】设置为30.0。设置当前时间为00:00:32:08，设置【位置】为711.0、240.0。

12　设置当前时间为00:00:32:23，添加一处【位置】关键帧。设置当前时间为00:00:33:13，设置【位置】为360.0、110.0，单击【缩放比例】左侧的 按钮，打开动画关键帧的记录，如图10-83所示。

第10章 走过青春

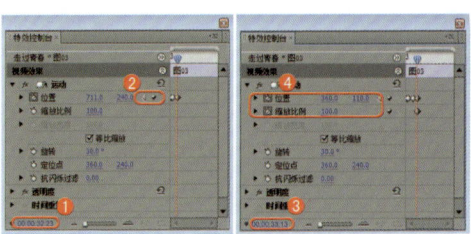

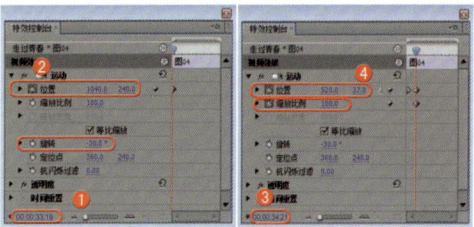

图10-83 添加关键帧

图10-87 设置基本参数

13 设置当前时间为00:00:33:19,【缩放比例】设置为120.0。再设置当前时间为00:00:34:01,设置【缩放比例】为100.0,如图10-84所示。

17 设置当前时间为00:00:35:04,【缩放比例】设置为120.0。再设置当前时间为00:00:35:10,设置【缩放比例】为100.0,如图10-88所示。

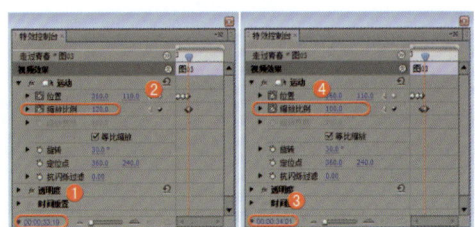

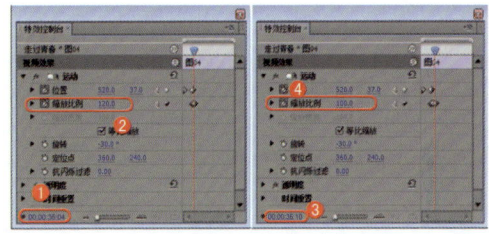

图10-84 设置【缩放比例】

图10-88 设置【缩放比例】

14 设置当前时间为00:00:34:06,添加一处【位置】关键帧。再设置当前时间为00:00:34:21,设置【位置】为-200.0、240.0,如图10-85所示。

18 设置当前时间为00:00:35:15,添加一处【位置】关键帧。再设置当前时间为00:00:36:17,设置【位置】为-170.0、240.0,如图10-89所示。

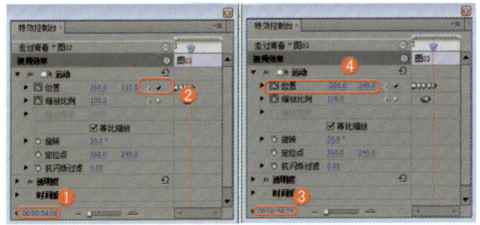

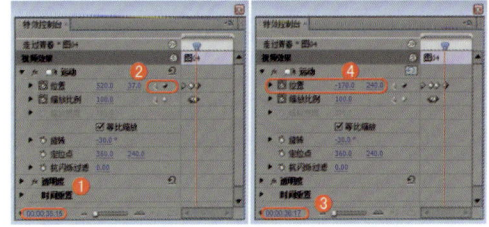

图10-85 设置【位置】关键帧

图10-89 设置【位置】关键帧

15 将时间设置为00:00:33:19,拖动"图04"至【时间线】窗口的【视频4】轨道中,与编辑标识线对齐,结束时间为00:00:40:00,如图10-86所示。

19 将时间设置为00:00:35:03,拖动"图11"至【时间线】窗口的【视频5】轨道中,与编辑标识线对齐,将其结束处与"图04"的结束处对齐,如图10-90所示。

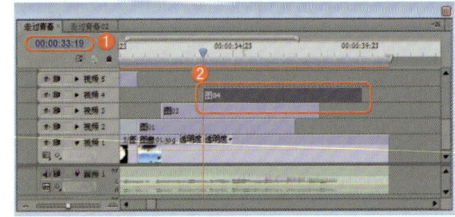

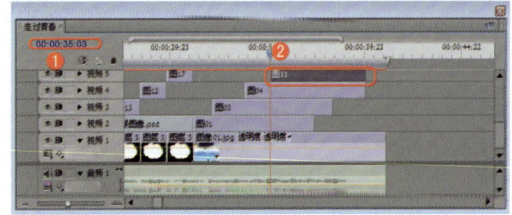

图10-86 拖入并调整素材

图10-90 拖入并设置"图11"

16 确定"图04"选中的情况下,激活【特效控制台】面板,设置【位置】为1040.0、240.0,单击其左侧的 按钮,打开动画关键帧的记录,【旋转】设置为-30.0,设置当前时间为00:00:34:21,设置【位置】为520.0、37.0,单击【缩放比例】左侧的 按钮,打开动画关键帧的记录,如图10-87所示。

20 确定"图11"选中的情况下,激活【特效控制台】面板,设置【位置】为960.0、540.0,单击其左侧的 按钮,打开动画关键帧的记录,【旋转】设置为30.0。

21 设置当前时间为00:00:36:14,设置【位置】为484.0、427.0,设置当前时间为00:00:36:18,【缩放比例】设置为120.0,添加一处关键帧,如图10-91所示。

185

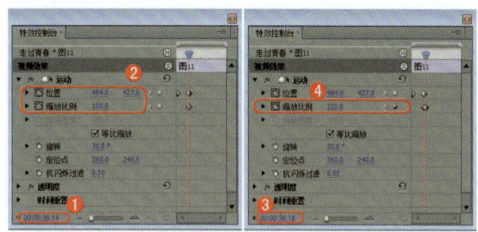

图10-91 设置基本参数

22 再设置当前时间为00:00:36:23,设置【缩放比例】为100.0,设置当前时间为00:00:37:03,添加一处【位置】关键帧。再设置当前时间为00:00:38:09,设置【位置】为-170.0、502.0,如图10-92所示。

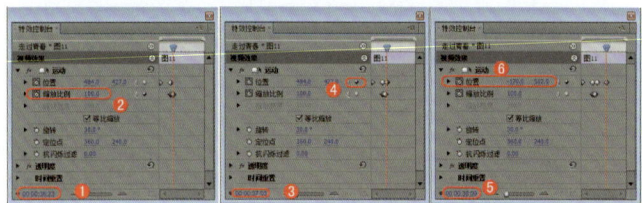

图10-92 设置【缩放比例】【位置】关键帧

23 将时间设置为00:00:36:18,拖动"图16"至【时间线】窗口的【视频6】轨道中,与编辑标识线对齐,将其结束处与"图11"的结束处对齐,如图10-93所示。

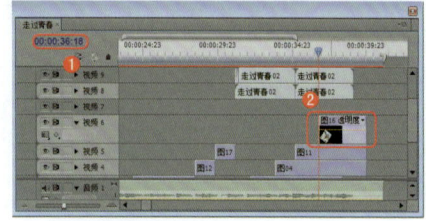

图10-93 拖入并调整"图16"

24 确定"图16"选中的情况下,激活【特效控制台】面板,设置【位置】为863.0、289.0,单击其左侧的 按钮,打开动画关键帧的记录,【旋转】设置为-60.0。设置当前时间为00:00:38:01,设置【位置】为400.0、96.0,如图10-94所示。

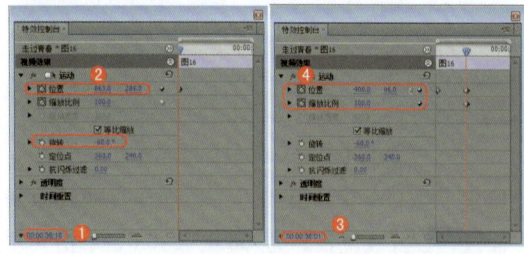

图10-94 设置基本参数

25 设置当前时间为00:00:38:04,【缩放比例】设置为120.0。再设置当前时间为00:00:38:07,设置【缩放比例】为100.0,添加关键帧,如图10-95所示。

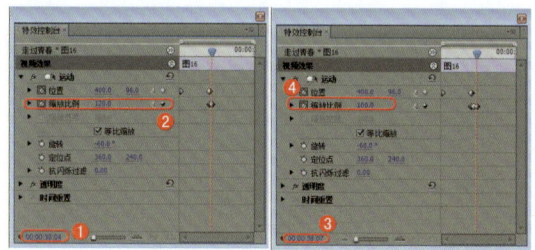

图10-95 设置【缩放比例】

26 设置当前时间为00:00:38:12,添加一处【位置】关键帧。再设置当前时间为00:00:39:03,设置【位置】为-138.0、231.0,如图10-96所示。

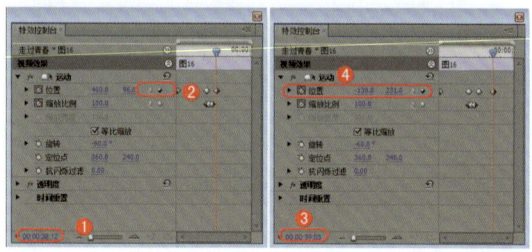

图10-96 设置【位置】

27 将时间设置为00:00:38:04,将"图09"拖到【时间线】窗口的【视频7】轨道中,与编辑标识线对齐,将其结束处与"背景音乐.mp3"文件的结束处对齐,如图10-97所示。

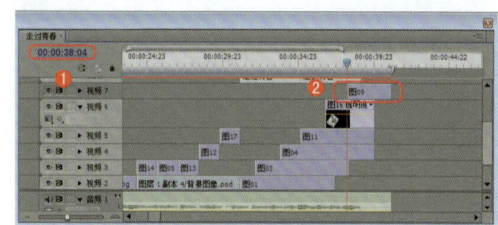

图10-97 拖入并调整素材

28 确定"图09"选中的情况下,激活【特效控制台】面板,设置【运动】区域下的【位置】为884.0、476.0,单击其左侧的 按钮,将【旋转】设置为20.0。再将当前时间设置00:00:39:02,设置【位置】为385.0、280.0,添加一处【缩放比例】关键帧,如图10-98所示。

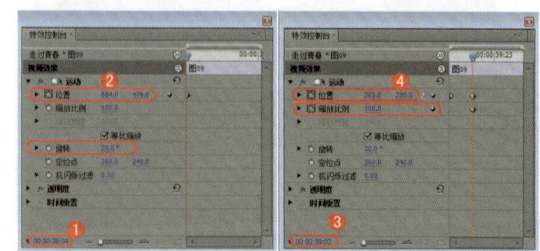

图10-98 设置基本参数

29 将当前时间设置00:00:39:06,设置【缩放比例】为120.0,设置时间为00:00:39:10,将【缩放比例】设置为100.0，将当前时间设置00:00:39:12，添加一处【位置】关键帧，将当前时间设置00:00:40:05，设置【位置】为-220.0、400.0，如图10-99和图10-100所示。

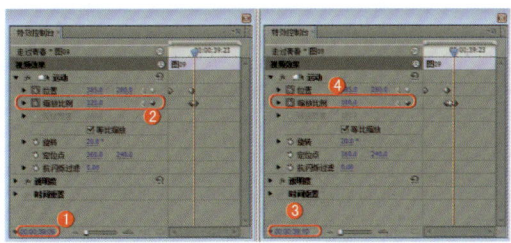

图10-99 设置【缩放比例】

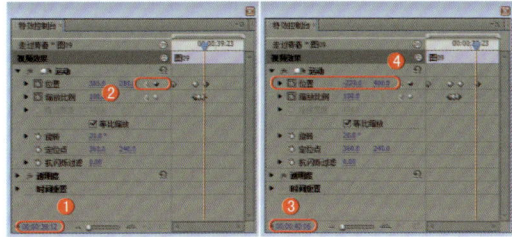

图10-100 设置【位置】

30 将时间设置为00:00:40:05，将"标题"拖到【时间线】窗口的【视频8】轨道中，与编辑标识线对齐，将其结束处与"背景音乐.mp3"文件的结束处对齐，如图10-101所示。

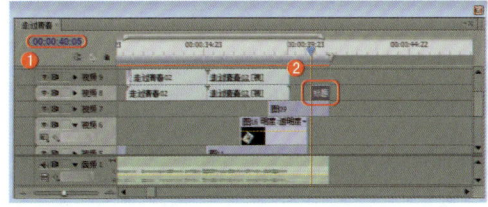

图10-101 拖入并设置"标题"

31 确定"标题"选中的情况下，激活【特效控制台】面板，设置当前时间为00:00:40:06，将【运动】区域下的【位置】设置为360.0、-44.0，单击其左侧的 按钮，设置【缩放比例】为50.0。再将当前时间设置00:00:40:10，设置【位置】为360.0、240.0，单击【缩放比例】左侧的 按钮，如图10-102所示。

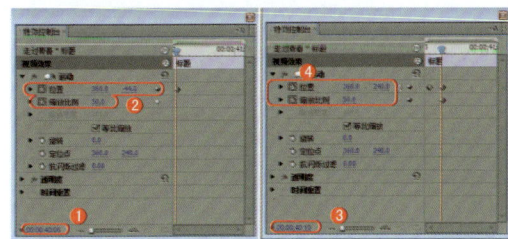

图10-102 设置基本参数

32 再将当前时间设置00:00:40:15，设置【缩放比例】为102.0，设置当前时间为00:00:39:04，将"走过青春02"序列分别粘贴到【视频9】、【视频10】轨道中，并

将其结束处与"背景音乐.mp3"文件的结束处对齐，如图10-103和图10-104所示。

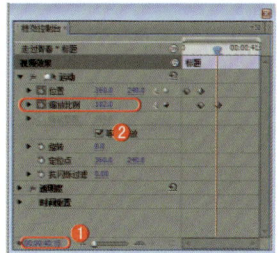

图10-103 设置【缩放比例】

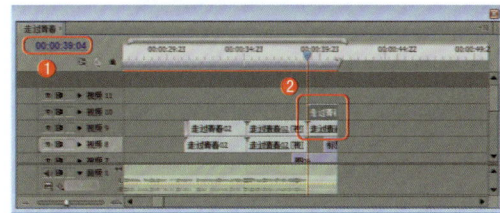

图10-104 复制两个"走过青春02"序列

33 确定【视频9】轨道中第三处"走过青春02"序列选中的情况下，激活【特效控制台】面板，设置当前时间为00:00:40:05，设置【位置】为360.0、235.0，单击其左侧的 按钮，打开动画关键帧的记录，设置当前时间为00:00:40:10，设置【位置】为360.0、119.0，如图10-105所示。

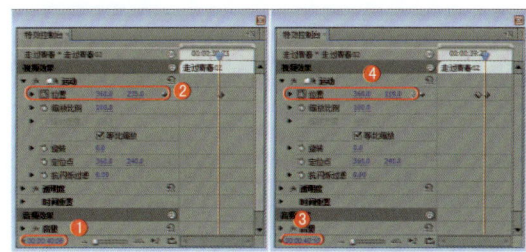

图10-105 设置【位置】关键帧

34 确定【视频10】轨道中"走过青春02"序列选中的情况下，激活【特效控制台】面板，设置当前时间为00:00:40:05，设置【位置】为360.0、615.0，单击其左侧的 按钮，打开动画关键帧的记录，设置当前时间为00:00:40:10，设置【位置】为360.0、235.0，如图10-106所示。

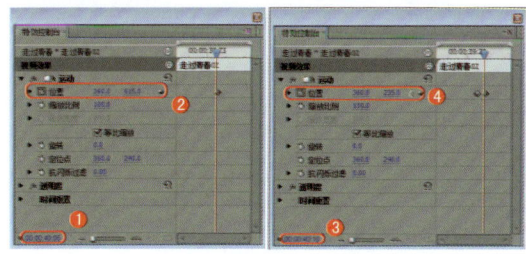

图10-106 设置两处关键帧

35 将"图07"拖至【视频6】轨道中，开始处与"图16"的结束处对齐，结束处与"图09"的结束处对齐。

实例156 导出走过青春

实例导航

- 案例文件：场景 \ Cha10 \ 走过青春.prproj
- 视频文件：视频教学 \ Cha10 \ 导出走过青春.avi
- 难易程度：★★☆☆☆
- 视频时长：42秒
- 实例要点：导出视频的方法
- 思路分析：通过前面的制作，本实例编辑完成，下面介绍视频的导出设置。

1 激活【时间线】窗口，选择菜单栏中的【文件】|【导出】|【媒体】命令，进入【导出设置】面板中，将【导出设置】区域下的【格式】设置为"Microsoft AVI"，在【输出名称】右侧设置输出的路径及名称，设置【视频编解码器】为"Microsoft Video 1"，【品质】设置为100，【场类型】设置为"逐行"，单击【列队】按钮，如图10-107所示。

> **提示**：在对【输出设置】进行设置时，用户可以根据需要进行设置。

2 进入Adobe Media Encoder面板，单击【开始队列】按钮，将视频输出，如图10-108所示。

图10-107 设置导出

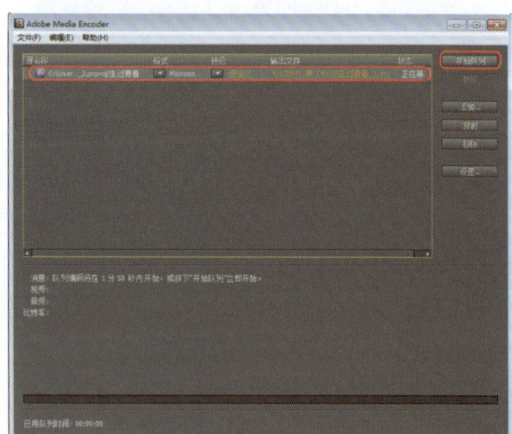

图10-108 开始队列

第11章
儿童电子相册

本例将介绍儿童电子相册的制作过程。宝宝的照片有时会随着时间而变质，何不如将宝宝的照片以图、文、声、像的相册方式表现出来，制作一个精美的相册效果。儿童电子相册分镜头效果如图11-1所示。

- ■ 儿童图像的预览与导入
- ■ 添加背景音乐
- ■ 创建图、标题
- ■ 编辑素材
- ■ 创建并编辑"儿童电子相册02"序列
- ■ 编辑"儿童电子相册"序列
- ■ 导出儿童电子相册

图11-1 儿童电子相册分镜头效果

实例157 儿童图像的预览与导入

实例导航

- **案例文件**：场景\Cha11\儿童电子相册.prproj
- **视频文件**：视频教学\Cha11\儿童图像的预览与导入.avi
- **难易程度**：★☆☆☆☆
- **视频时长**：1分15秒
- **实例要点**：儿童图像的预览与导入方法
- **思路分析**：本例将通过Premeire Pro CS5来制作儿童电子相册。首先需要将宝宝的图像放置在一个文件夹中，以便于管理。如果所需要的图片整体色彩相对过暗，则可以在Photoshop CS5中调整其【亮度与对比度】。如图11-2所示是本例制作中应用到的图像。

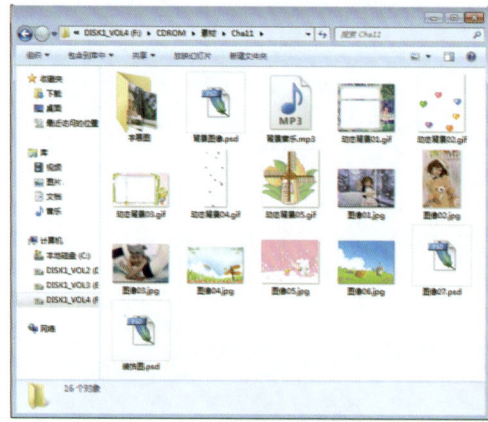

图11-2 素材的收集

1. 运行Premiere Pro CS5，在欢迎界面中单击【新建项目】按钮，在【新建项目】对话框中选择项目的保存路径，对项目进行命名，单击【确定】按钮，如图11-3所示。

2. 进入【新建序列】对话框中，在【序列预置】选项卡中【有效预置】区域下选择【DV-24P】|【标准48kHz】选项，对【序列名称】进行命名，单击【确定】按钮，如图11-4所示。

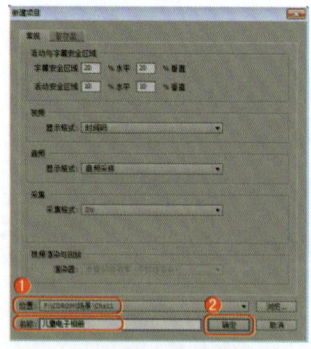

图11-3 新建项目

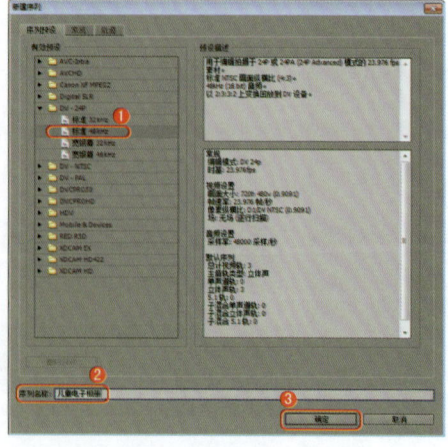

图11-4 新建序列

第11章 儿童电子相册

3 进入操作界面，在【项目】窗口中【名称】区域下的空白处双击鼠标，在弹出的对话框中选择随书附带光盘"素材\Cha11文件夹"中除"字幕图"文件夹外的所有文件，单击【打开】按钮，如图11-5所示，导入素材。

4 由于导入的"Cha11"文件夹中包括PSD文件，所以在导入的过程中会弹出【导入分层文件：背景图像】对话框，将【导入为：】定义为"单层"，单击【确定】按钮，如图11-6所示。将后面的PSD文件全部【导入为：】定义为"单层"。

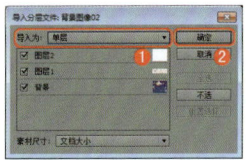

图11-6 设置分层文件

5 导入素材后，单击【项目】窗口中的 ▬ 按钮，新建"Cha11"文件夹，将导入的文件拖至该文件夹中，如图11-7所示。

6 选择菜单栏中的【序列】|【添加轨道】命令，弹出【添加视音轨】对话框，在【视频轨】区域下添加7条视频轨，单击【确定】按钮，如图11-8所示。

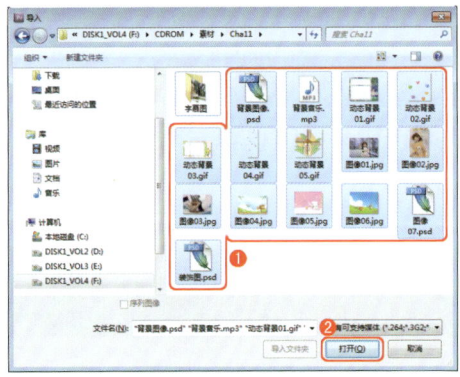

图11-5 导入素材

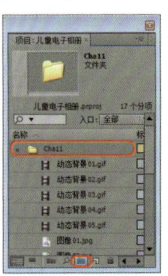 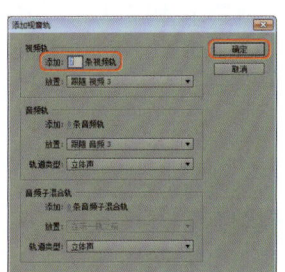

图11-7 新建"Cha11"文件夹　　图11-8 添加视频轨

实例158　添加背景音乐

实例导航

- **案例文件**：场景\Cha11\儿童电子相册.prproj
- **视频文件**：视频教学\Cha11\添加背景音乐.avi
- **难易程度**：★☆☆☆☆
- **视频时长**：1分05秒
- **实例要点**：添加背景音乐
- **思路分析**：介绍背景音乐的添加，同时在操作界面中对导入的素材进行简单的设置。

1 在【项目】窗口中，展开"Cha11"文件夹，将"背景音乐.mp3"文件拖至【时间线】窗口的【音频1】轨道中，如图11-9所示。

2 设置当前时间为00:00:10:00，将"背景\背景图像02.psd"文件拖至【时间线】窗口的【视频1】轨道中，将其结束处与编辑标识线对齐，如图11-10所示。

191

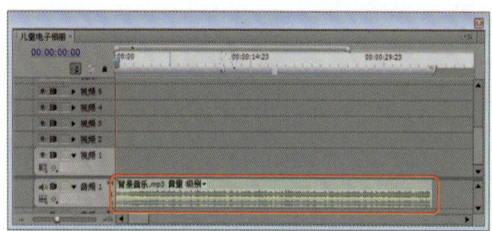 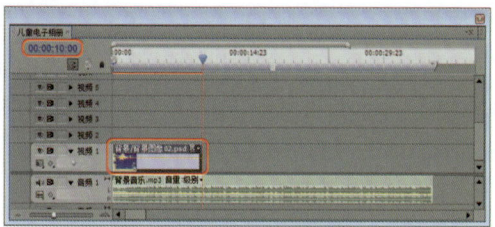

图11-9 拖入音频素材　　　　　图11-10 拖入背景图像

3 确定"背景/背景图像02.psd"文件选中的情况下,激活【特效控制台】面板,设置当前时间为00:00:09:16,将【运动】区域下的【缩放比例】设置为57.0,单击【透明度】右侧的 按钮,添加一个【透明度】关键帧,如图11-11所示。设置当前时间为00:00:09:23,设置【透明度】为0.0。

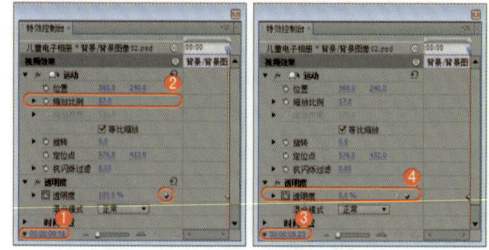

图11-11 设置【透明度】关键帧

实例159　创建图、标题

实例导航

- **案例文件**:场景 \ Cha11 \ 儿童电子相册.prproj
- **视频文件**:视频教学 \ Cha11 \ 创建图、标题.avi
- **难易程度**:★☆☆☆☆
- **视频时长**:2分37秒
- **实例要点**:创建图、标题
- **思路分析**:介绍儿童电子相册中应用到的图的制作,同时在字幕窗口中设置标题。

1 按Ctrl+T键,新建字幕"图1",在字幕面板中,使用 工具,在字幕设计栏中创建圆角矩形,在【字幕属性】栏中,设置【变换】区域下的【宽度】、【高度】为210.0、245.0,设置【X位置】、【Y位置】分别为326.7、241.0;在【属性】区域下,设置【圆角大小】为10.0;在【填充】区域下,勾选【材质】复选框,单击【材质】右侧的 图标,在打开的对话框中选择随书附带光盘"素材 \ Cha11 \ 字幕图 \ 001.jpg"文件,单击【打开】按钮,如图11-12所示。

2 添加一处【外侧边】,设置【大小】为5.0,设置【色彩】为"白色";勾选【阴影】复选框,设置【色彩】为"黑色",【透明度】设置为50.0,【角度】设置为-212.4,【距离】设置为7.0,【大小】设置为3.0,【扩散】设置为10.0,如图11-13所示。

图11-12 设置"图1"

第11章 儿童电子相册

③ 使用同样的方法创建其他的"图",如图11-14所示为创建的"图2"。

文字,在【字幕样式】栏中,单击"Lithos Gold Strokes 52",【字体】设置为"FZXingKai",将【字体大小】设置为100.0,如图11-15所示。

⑤ 使用同样的方法,创建并设置"代",如图11-16所示。

图11-13 添加【外侧边】

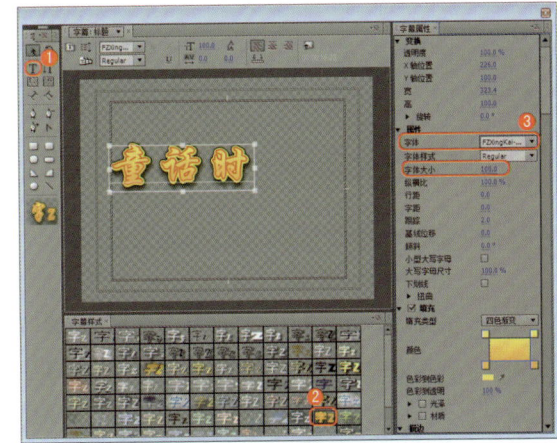

图11-15 创建并设置"标题"

图11-14 创建"图2"

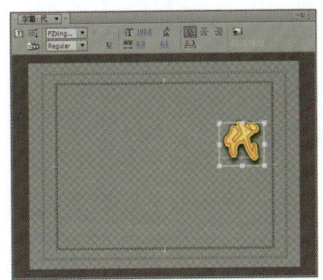

图11-16 创建并设置"代"

④ 新建"标题",将字幕设计栏中的内容删除,使用【字幕工具】栏中的 T 工具,在字幕设计栏中输入

实例160 编辑素材

实例导航

- **案例文件**:场景\Cha11\儿童电子相册.prproj
- **视频文件**:视频教学\Cha11\编辑素材.avi
- **难易程度**:★★★☆☆
- **视频时长**:35分28秒
- **实例要点**:编辑素材
- **思路分析**:字幕设置完成后,将对图像、字幕进行编辑。

193

1. 设置片头动画

1 设置完成后关闭字幕,将时间设置为00:00:02:08,将"图1"拖至【时间线】窗口的【视频2】轨道中,与编辑标识线对齐,如图11-17所示。

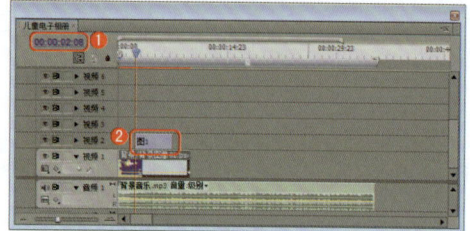

图11-17 拖入"图1"

2 确定"图1"选中的情况下,激活【特效控制台】面板,设置当前时间为00:0:02:08,在【运动】区域下,单击【位置】左侧的 按钮,打开动画关键帧的记录,设置其参数为-184.6、637.5,如图11-18所示。设置当前时间为00:00:02:20,设置【位置】为360.0、240.0,单击【旋转】左侧的 按钮,打开动画关键帧的记录。

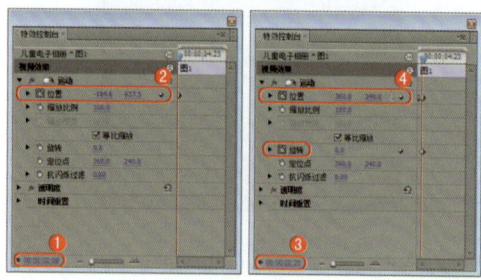

图11-18 设置两处关键帧

3 设置当前时间为00:00:03:00,设置【旋转】为15.0。再将时间设置为00:00:03:04,设置【旋转】为-15.0,如图11-19所示。

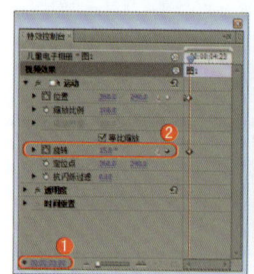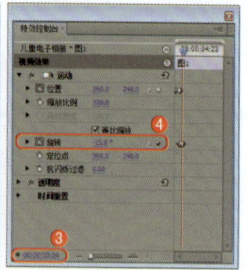

图11-19 设置两处【旋转】关键帧

4 将时间设置为00:00:03:08,将【旋转】设置为5.0。设置当前时间为00:00:03:12,单击【位置】右侧的 按钮。设置当前时间为00:00:04:00,设置【位置】为900.0、240.0,如图11-20所示。

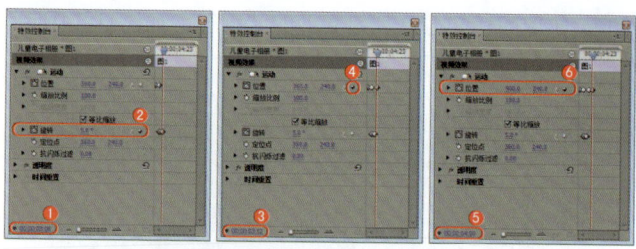

图11-20 设置三处关键帧

5 设置当前时间为00:00:04:00,将"图2"拖至【时间线】窗口的【视频3】轨道中,与编辑标识线对齐,如图11-21所示。

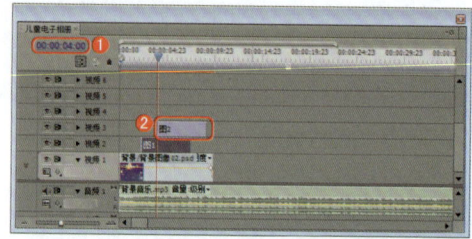

图11-21 将"图2"拖至【时间线】窗口

6 确定"图2"选中的情况下,激活【特效控制台】面板,设置【运动】区域下的【位置】为900.0、240.0,并单击左侧的 按钮,打开动画关键帧的记录。将时间设置为00:00:04:12,设置【位置】为360.0、240.0,单击【旋转】左侧的 按钮,打开动画关键帧的记录,如图11-22所示。

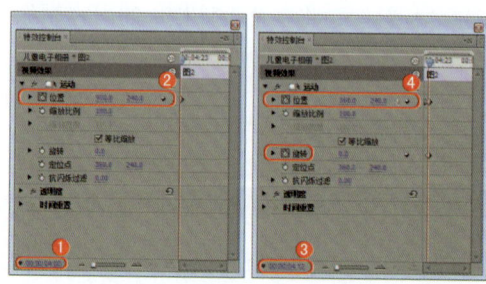

图11-22 设置两处关键帧

7 设置当前时间为00:00:04:16,设置【旋转】为-15.0。设置当前时间为00:00:04:20,设置【旋转】为15.0,如图11-23所示。

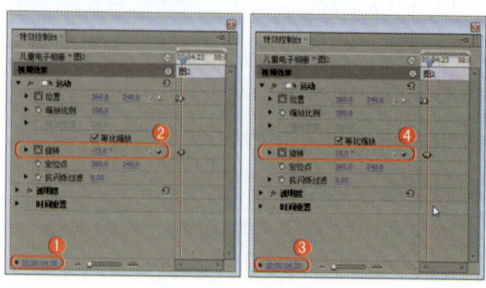

图11-23 设置两处关键帧

第11章 儿童电子相册

8　设置当前时间为00:00:05:00,设置【旋转】为0.0。设置当前时间为00:00:05:04,单击【位置】右侧的 按钮。设置当前时间为00:00:05:16,设置【位置】为-162.0、-152.0,如图11-24所示。

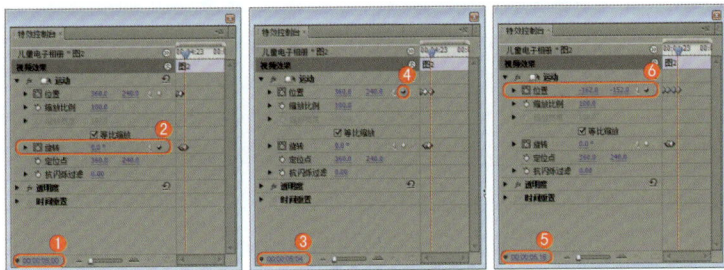

图11-24　设置三处关键帧

9　设置当前时间为00:00:05:16,将"图3"拖至【时间线】窗口的【视频4】轨道中,与编辑标识线对齐,如图11-25所示。拖动"图3"的结束处至00:00:10:00位置处。设置当前时间为00:00:05:16,【位置】设置为-162.0、-152.0,单击左侧的 按钮,当前时间设置为00:00:06:04,【位置】为360.0、240.0,单击【旋转】左侧的 按钮,当前时间设置为00:00:06:08,【旋转】设置为-15.0,当前时间设置为00:00:06:12,【旋转】设置为5,单击【位置】右侧的 按钮,当前时间设置为00:00:07:08,【位置】设置为360.0、739.0。

10　将当前时间设置为00:00:07:08,拖动"图4"至【时间线】窗口的【视频5】轨道中,与编辑标识线对齐,并将其结束处与"图3"的结束处对齐,如图11-26所示。使用同样的方法对"图4"进行设置。

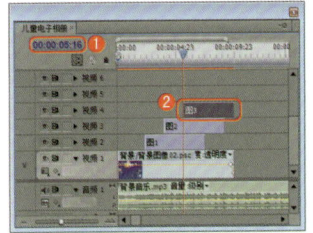 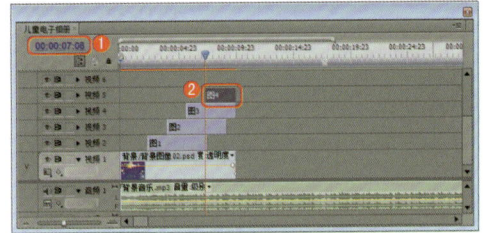

图11-25　拖入并设置"图3"　　　　　　　图11-26　拖入并设置"图4"

11　将"图层1/背景图像02.psd"文件拖至【时间线】窗口的【视频8】轨道中,如图11-27所示。

12　确定"图层1/背景图像02.psd"文件选中的情况下,激活【特效控制台】面板,设置【位置】为360.0、262.0,单击其左侧的 按钮,打开动画关键帧的记录,【缩放比例】设置为60.0。设置当前时间为00:00:00:02,设置【位置】为374.0、298.0,如图11-28所示。

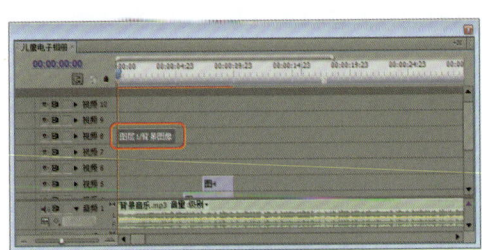 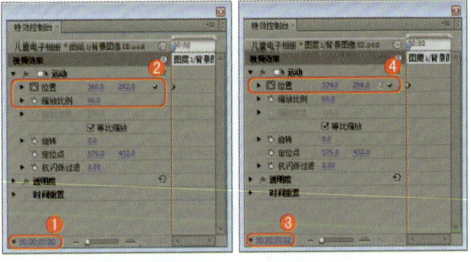

图11-27　拖入"图层1/背景图像02.psd"文件　　　　　图11-28　设置两处【位置】关键帧

13　在【特效控制台】面板中,选择【位置】的两个关键帧,按Ctrl+C键复制关键帧,设置当前时间为00:00:00:06,按Ctrl+V键,粘贴关键帧,如图11-29所示。

14　使用同样的方法每隔4帧粘贴关键帧,如图11-30所示。

15　在【时间线】窗口中,对"图层1/背景图像02.psd"文件进行复制并粘贴,如图11-31所示,

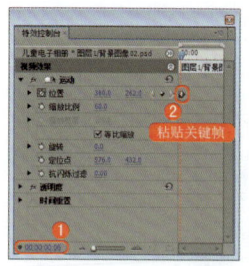 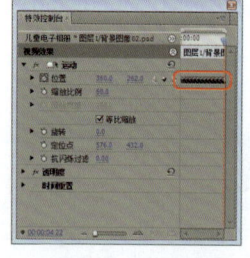 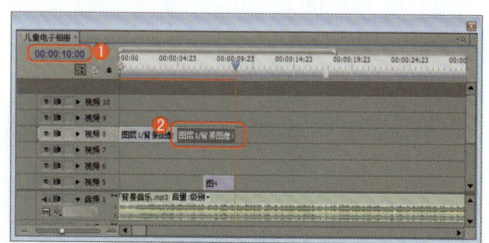

图11-29 复制并粘贴关键帧　　图11-30 粘贴多个关键帧且　　图11-31 复制并粘贴文件

16 设置当前时间为00:00:09:08，将当前【位置】关键帧后的关键帧删除。设置当前时间为00:00:09:09，单击【位置】右侧的 按钮，添加一处位置关键帧，再将当前时间设置为00:00:09:21，【位置】设置为360.0、-262.8，如图11-32所示。

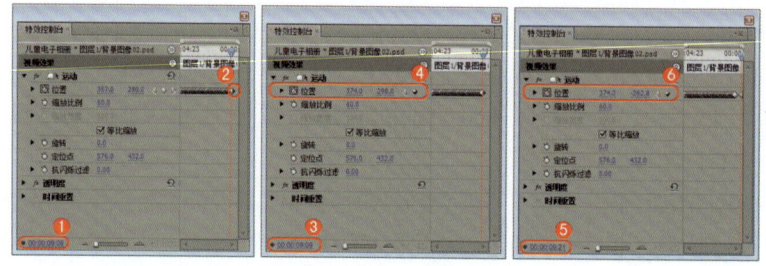

图11-32 设置【位置】关键帧

17 设置当前时间为00:00:10:00，将"图层2/背景图像02.psd"文件拖至【时间线】窗口的【视频9】轨道中，拖动其结束处与编辑标识线对齐，如图11-33所示。

18 确定"图层2/背景图像02.psd"文件选中的情况下，激活【特效控制台】面板，设置【缩放比例】为57.0，如图11-34所示。

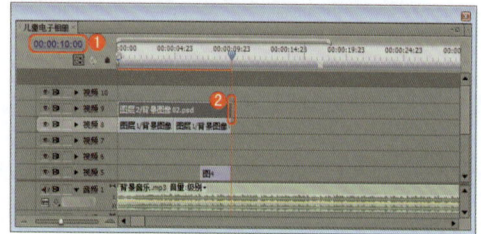 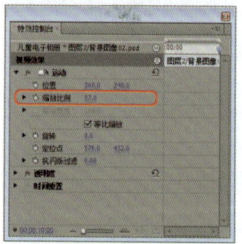

图11-33 拖入"图层2/背景图像02.psd"文件　　图11-34 设置【缩放比例】

19 设置当前时间为00:00:02:08，将"装饰图.psd"文件拖至【时间线】窗口的【视频10】轨道中，与编辑标识线对齐，如图11-35所示。

20 确定"装饰图.psd"文件选中的情况下，激活【特效控制台】面板，设置【运动】区域下的【位置】为419.0、31.0，【缩放比例】设置为30.0，如图11-36所示。

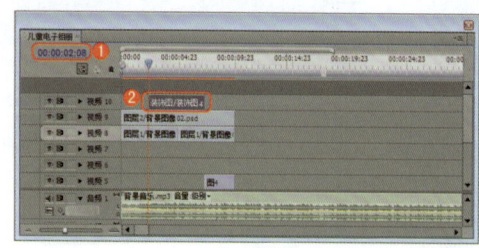 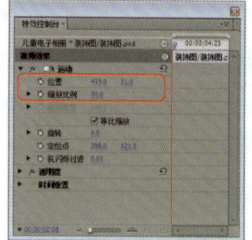

图11-35 拖入"装饰图.psd"文件　　图11-36 设置【特效控制台】面板

21 设置当前时间为00:00:13:05，将"图像04.jpg"文件拖至【时间线】窗口的【视频1】轨道中，与编辑标识线对齐，如图11-37所示。

第11章 儿童电子相册

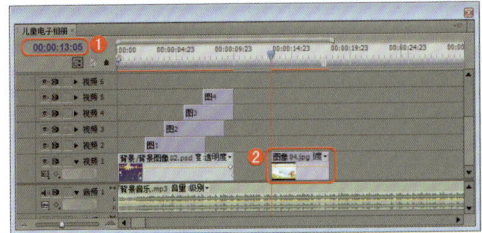

图11-37 拖入"图像04.jpg"文件

22 将时间设置为00:00:21:12，拖动"图像04.jpg"文件的结束处与编辑标识线对齐，如图11-38所示。

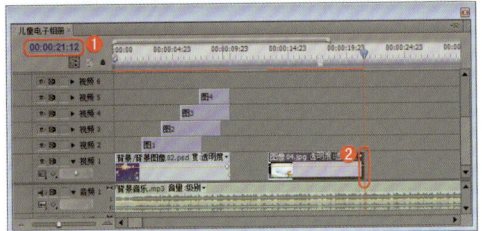

图11-38 拖动"图像04.jpg"文件的结束处

23 确定"图像04.jpg"文件选中的情况下，激活【特效控制台】面板，设置【运动】区域下的【缩放比例】为76.0，如图11-39所示。

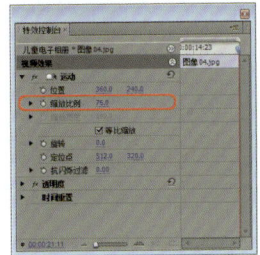

图11-39 设置基本参数

24 设置当前时间为00:00:09:16，将"动态背景01.gif"文件拖至【时间线】窗口的【视频2】轨道中，与编辑标识线对齐，如图11-40所示。

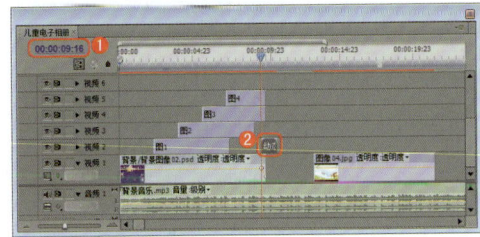

图11-40 拖入"动态背景01.gif"文件

25 确定"动态背景01.gif"文件选中的情况下，激活【特效控制台】面板，设置【运动】区域下的【缩放比例】为82.0，【透明度】设置为0.0。再设置当前时间为00:00:09:19，设置【透明度】为100.0，如图11-41所示。

26 使用同样的方法，向【时间线】窗口的【视频2】轨道中"动态背景01.gif"文件的后面添加三处"动态背景01.gif"文件，如图11-42所示。最后一个的结尾处与"图像04"开始处对齐，分别将它们的【缩放比例】设置为82.0。

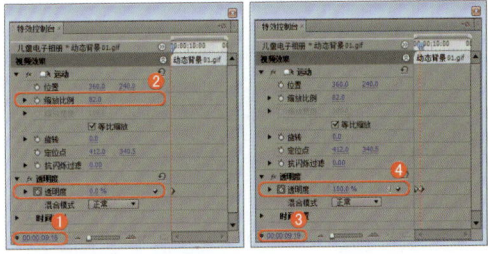

图11-41 设置两处【透明度】关键帧

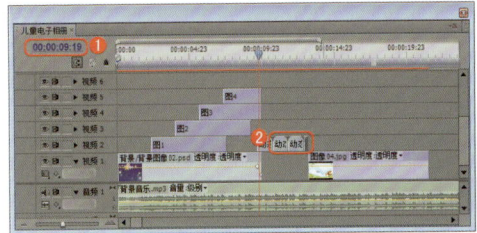

图11-42 拖入3个文件

27 将时间设置为00:00:09:21，将"图像01.jpg"文件拖至【时间线】窗口的【视频3】轨道中，与编辑标识线对齐，如图11-43所示。将其结束处与第4个"动态背景01.gif"的结束处对齐。

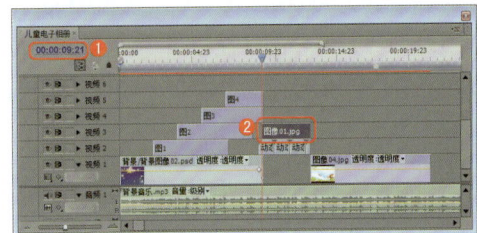

图11-43 拖入"图像01.jpg"文件

28 确定"图像01.jpg"文件选中的情况下，添加【羽化边缘】特效，激活【特效控制台】面板，设置当前时间为00:00:09:21，设置【运动】区域下的【位置】为295.0、-188.0，单击其左侧的 按钮，打开动画关键帧的记录，【缩放比例】设置为10.0，【羽化边缘】设置为46.0。当前时间设置为00:00:10:07，设置【运动】区域下的【位置】为295.0、350.0，如图11-44所示。

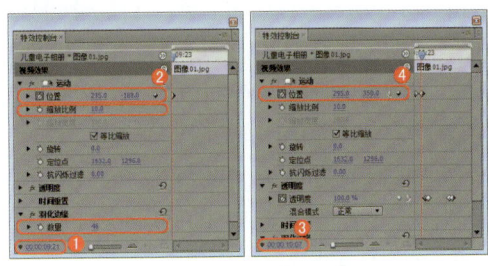

图11-44 设置【位置】关键帧

197

29　设置当前时间为00:00:10:11，添加一处【透明度】关键帧。设置当前时间为00:00:10:15，设置【透明度】为0.0，如图11-45所示。

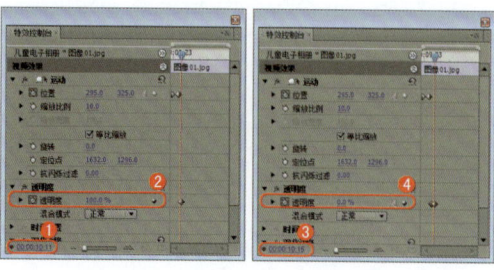

图11-45　设置【透明度】关键帧

30　设置当前时间为00:00:11:21，添加一处【透明度】关键帧。设置当前时间为00:00:12:01，设置【透明度】为100%，如图11-46所示。

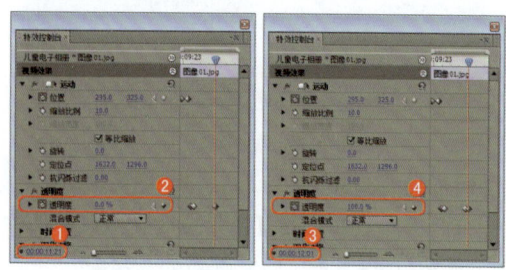

图11-46　设置两处【透明度】关键帧

31　将时间设置为00:00:10:00，将"图像02.jpg"文件拖至【时间线】窗口的【视频4】轨道中，与编辑标识线对齐，如图11-47所示。将其结束处与"图像01.jpg"的结束处对齐。

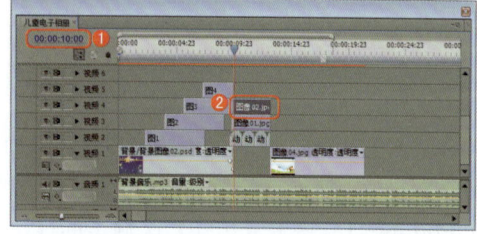

图11-47　拖入"图像02.jpg"文件

32　设置当前时间为00:00:10:07，为"图像02.jpg"文件添加【羽化边缘】特效。在【特效控制台】面板中，设置【运动】区域下的【位置】为295.0、-178.0，单击其左侧的 按钮，打开动画关键帧的记录，【缩放比例】设置为10.5，设置【羽化边缘】区域下的【数量】为46.0，如图11-48所示。设置当前时间为00:00:10:17，设置【运动】区域下的【位置】为295.0、319.0，如图11-48所示。

33　设置当前时间为00:00:10:21，添加一处【透明度】关键帧。设置当前时间为00:00:11:01，【透明度】设置为0.0，如图11-49所示。

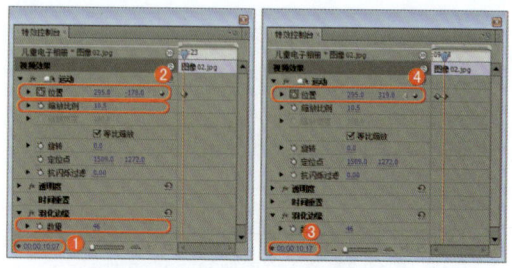

图11-48　设置【位置】关键帧

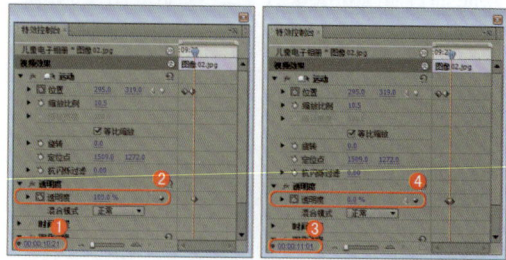

图11-49　设置【透明度】关键帧

34　将当前时间设置为00:00:11:11，添加一处【透明度】关键帧。将当前时间设置为00:00:11:14，设置【透明度】为100.0，如图11-50所示。

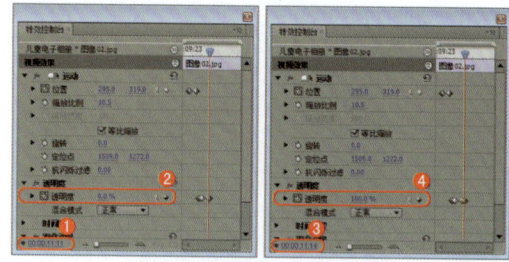

图11-50　设置【透明度】关键帧

35　设置当前时间为00:00:11:20，添加一处【透明度】关键帧。设置当前时间为00:00:12:00，设置【透明度】为0.0，如图11-51所示。

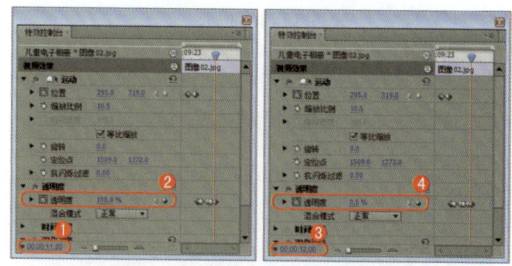

图11-51　设置两处【透明度】关键帧

36　设置当前时间为00:00:12:02，设置【透明度】为100.0，如图11-52所示。

37　将"图像03.jpg"文件拖至【时间线】窗口的【视频5】轨道中，将其开始处与"图4"的结束处对齐，结束处与"图像02.jpg"文件的结束处对齐，如图11-53所示。

第11章 儿童电子相册

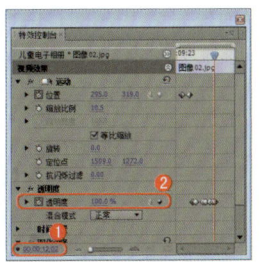

图11-52 添加关键帧

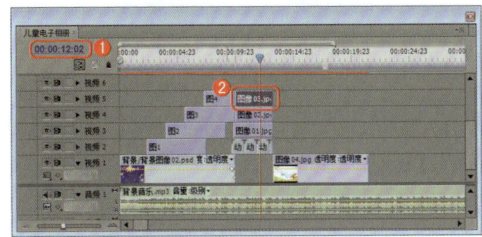

图11-53 拖入"图像03.jpg"文件

38 确定"图像03.jpg"文件选中的情况下，添加【羽化边缘】特效，设置当前时间为00:00:10:17，激活【特效控制台】面板，单击【运动】区域下【位置】左侧的 按钮，打开动画关键帧的记录，设置【位置】为296.0、-146.0，【缩放比例】设置为10.0；设置【羽化边缘】区域下的【数量】为46。设置时间为00:00:11:03，设置【运动】区域下的【位置】为296.0、281.0，如图11-54所示。

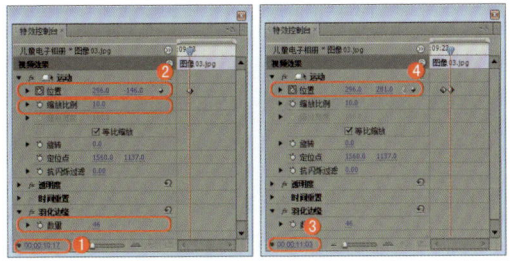

图11-54 设置两处【位置】关键帧

39 将当前时间设置为00:00:11:07，添加一处【透明度】关键帧。将当前时间设置为00:00:11:11，设置【透明度】为0.0，如图11-55所示。

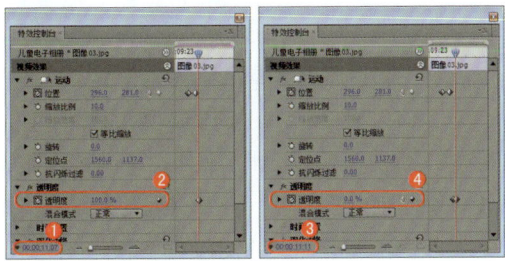

图11-55 设置【透明度】关键帧

40 设置当前时间为00:00:12:05，添加一处【透明度】关键帧。设置当前时间为00:00:12:07，设置【透明度】为100.0，如图11-56所示。

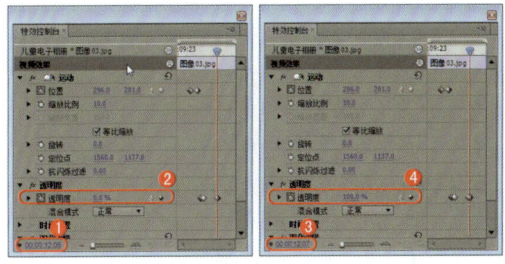

图11-56 设置【透明度】关键帧

41 设置当前时间为00:00:09:16，将"动态背景01.gif"文件拖至【时间线】窗口的【视频6】轨道中，确定其选中的情况下，为其添加【裁剪】特效，激活【特效控制台】面板，设置【运动】区域下的【缩放比例】为82.0，设置【透明度】为0.0；设置【裁剪】区域下的【底部】为72.5，如图11-57所示。

42 设置当前时间为00:00:09:19，设置【透明度】为100.0，如图11-57所示。

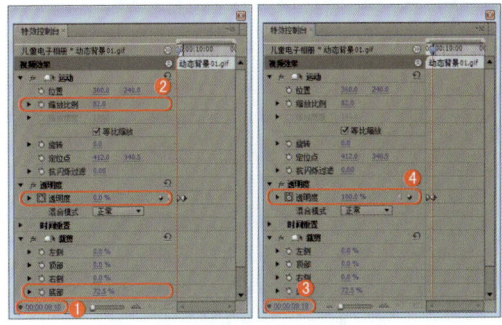

图11-57 设置【透明度】关键帧

43 向【时间线】窗口的【视频6】轨道中"动态背景01.gif"文件的后面添加3个"动态背景01.gif"文件，最后的结尾处与"图像03"结尾处对齐，分别将这3个文件的【缩放比例】设置为82.0，并分别为它们添加【裁剪】特效，并将【底部】设置为72.5，如图11-58所示。

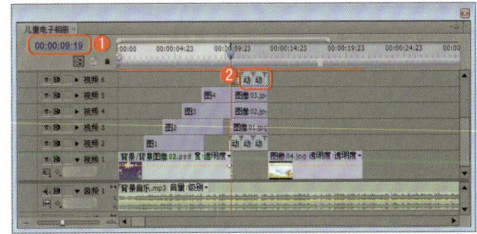

图11-58 拖入并设置"动态背景01.gif"文件

44 将时间设置为00:00:09:16，将"动态背景02.gif"文件拖至【时间线】窗口的【视频7】轨道中，与编辑标识线对齐，如图11-59所示。

45 确定"动态背景02.gif"文件选中的情况下，激活【特效控制台】面板，设置【运动】区域下的【位

199

置】为299.0、150.0，如图11-60所示。

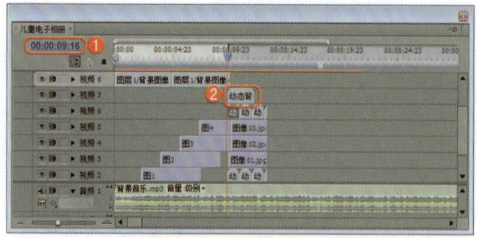

图11-59 拖入"动态背景02.gif"文件

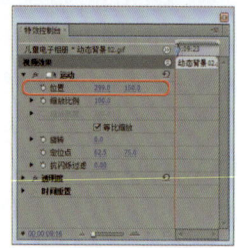

图11-60 设置"动态背景02.gif"文件

46 将当前时间设置为00:00:12:13，将"图像04.jpg"拖至【时间线】窗口的【视频7】轨道中，与编辑标识线对齐，如图11-61所示，并将其结束处与"动态背景01.gif"文件的结束处对齐。

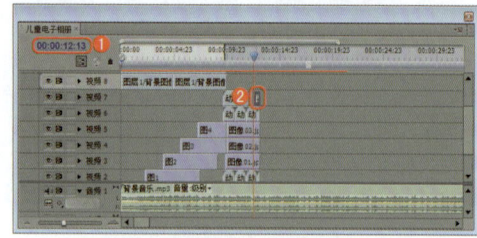

图11-61 设置结束处

47 确定"图像04.jpg"文件选中的情况下，为其添加【裁剪】特效，激活【特效控制台】面板，设置【运动】区域下的【缩放比例】为76.0，设置【裁剪】区域下的【顶部】为96.0，单击其左侧的 按钮，打开动画关键帧的记录，如图11-62所示，将时间设置为00:00:13:04，设置【裁剪】区域下的【顶部】为0.0。

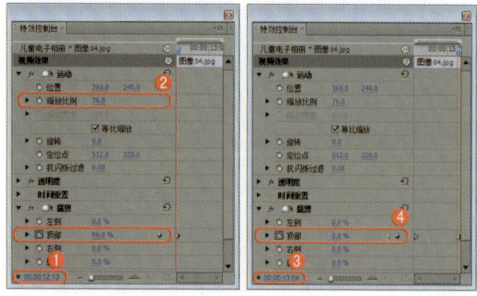

图11-62 设置关键帧

48 设置当前时间为00:00:12:05，将"图层1/背景图像02.psd"文件拖至【时间线】窗口的【视频8】轨道

中，将其与编辑标识线对齐，如图11-63所示，设置"图层1/背景图像.psd"文件的结束处与"图像04.jpg"文件的结束处对齐。

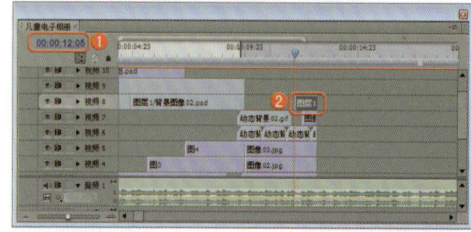

图11-63 拖入"图层1/背景图像02.psd"文件

49 确定"图层1/背景图像02.psd"文件选中的情况下，激活【特效控制台】面板，设置【运动】区域下的【位置】为360.0、466.0，单击其左侧的 按钮，打开动画关键帧的记录，【缩放比例】设置为60.0。设置当前时间为00:00:13:04，设置【运动】区域下的【位置】为360.0、-375.0，如图11-64所示。

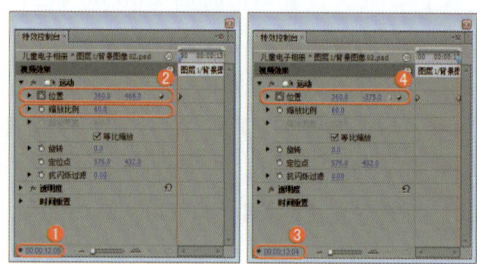

图11-64 设置两处【位置】关键帧

2. 制作照片展示

1 将时间设置为00:00:12:13，将"动态背景03.gif"文件拖至【时间线】窗口的【视频9】轨道中，与编辑标识线对齐，如图11-65所示。

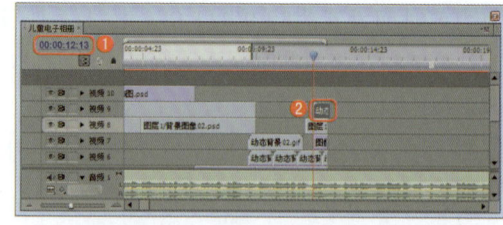

图11-65 拖入"动态背景03.gif"文件

2 确定"动态背景03.gif"文件选中的情况下，激活【特效控制台】面板，设置【运动】区域下的【缩放比例】为250.0，如图11-66所示。

3 再为"动态背景03.gif"文件的结束处添加7个"动态背景03.gif"文件，将时间设置为00:00:18:05，将最后一个"动态背景03.gif"文件的结束处与编辑标识线对齐，设置每个"动态背景03.gif"文件的【缩放比例】为250.0，如图11-67所示。

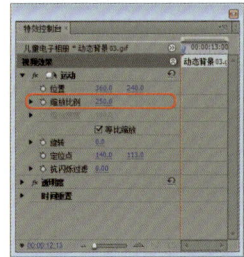

图11-66 设置【缩放比例】

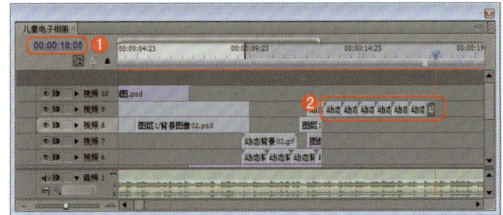

图11-67 拖入并设置多个"动态背景03.gif"文件

4 将时间设置为00:00:13:05，将"图6"文件拖至【时间线】窗口的【视频2】轨道中，与编辑标识线对齐，如图11-68所示。

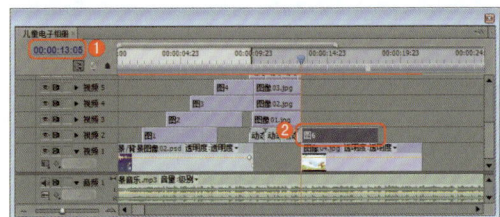

图11-68 拖入"图6"

5 确定"图6"选中的情况下，激活【特效控制台】面板，设置【运动】区域下的【位置】为888.0、672.0，并单击其左侧的 ◎ 按钮，打开动画关键帧的记录。将时间设置为00:00:13:20，设置【位置】为360.0、240.0，如图11-69所示。

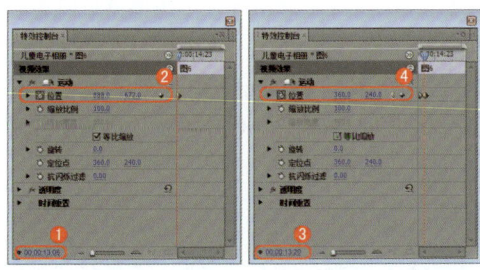

图11-69 设置两处【位置】关键帧

6 将时间设置为00:00:14:03，添加一处【位置】关键帧。设置时间为00:00:14:10，设置【位置】为190.0、240.0，如图11-70所示。

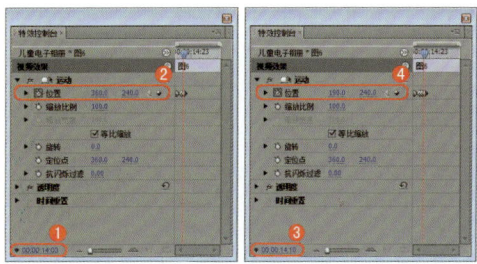

图11-70 设置关键帧

7 设置当前时间为00:00:14:14，添加一处【位置】关键帧。将当前时间设置为00:00:15:01，设置【位置】为-171.0、-170.0，如图11-71所示。

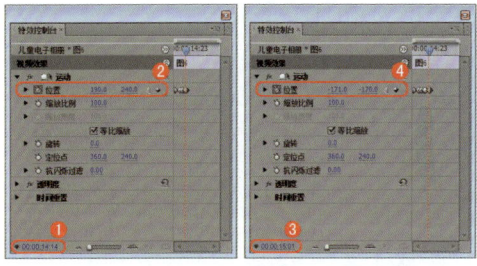

图11-71 设置关键帧

8 将时间设置为00:00:13:05，将"图5"拖至【时间线】窗口的【视频3】轨道中，与编辑标识线对齐，将其结束处与"图6"的结束处对齐，如图11-72所示。

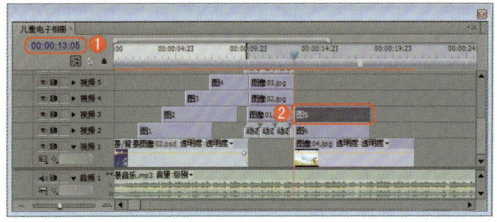

图11-72 拖入"图5"

9 确定时间为00:00:13:05，激活【特效控制台】面板，设置【运动】区域下的【位置】为-176.2.0、669.8，单击其左侧的 ◎ 按钮，打开动画关键帧的记录。设置当前时间为00:00:13:20，将【位置】设置为360.0、240，如图11-73所示。

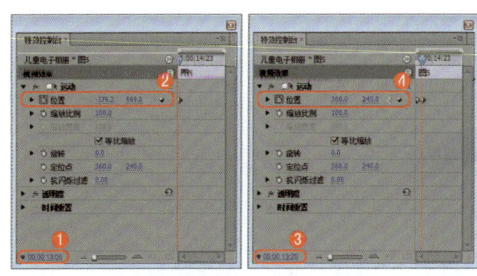

图11-73 设置【位置】关键帧

10 设置当前时间为00:00:14:03，添加一处【位置】关键帧。将当前时间设置为00:00:14:10，设置【位置】为531.0、240.0，如图11-74所示。

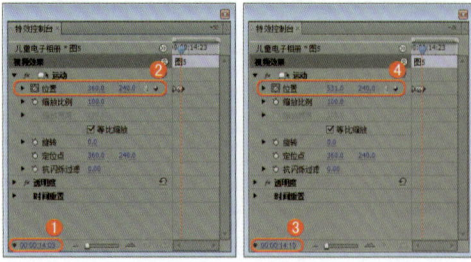

图11-74 设置关键帧

11 将时间设置为00:00:14:14，添加一处【位置】关键帧。设置当前时间为00:00:15:01，设置【位置】为839.0、-150.0，如图11-75所示。

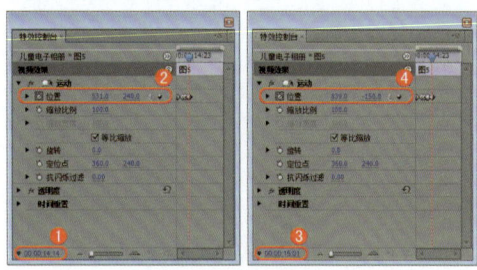

图11-75 设置【位置】关键帧

12 设置当前时间为00:00:14:18，将"图8"拖至【时间线】窗口的【视频4】轨道中，与编辑标识线对齐，并将其结束处与"图5"的结束处对齐，如图11-76所示。

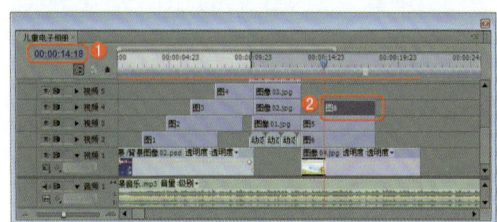

图11-76 拖入"图8"

13 确定"图8"选中的情况下，设置当前时间为00:00:14:18，激活【特效控制台】面板，设置【位置】为-166.0、240.0，并单击其左侧 按钮，打开动画关键帧的记录。设置当前时间为00:00:15:09，设置【位置】为360.0、240.0，如图11-77所示。

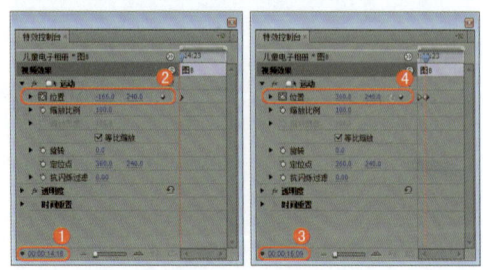

图11-77 设置【位置】关键帧

14 设置当前时间为00:00:15:16，添加一处【位置】关键帧。将时间设置为00:00:15:23，设置【位置】为519.0、143.0，如图11-78所示。

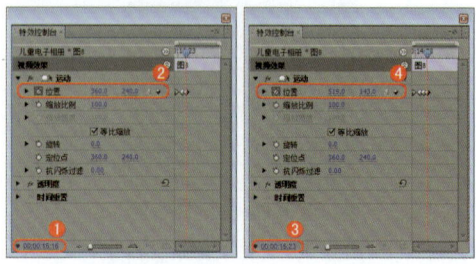

图11-78 设置两处【位置】关键帧

15 设置当前时间为00:00:16:03，添加一处【位置】关键帧。设置当前时间为00:00:16:14，设置【位置】为867.0、143.0，如图11-79所示。

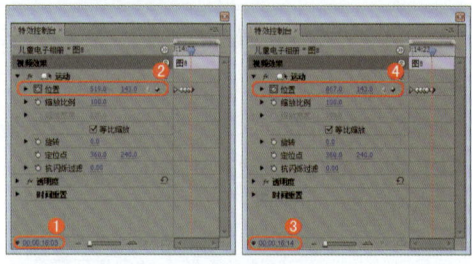

图11-79 设置关键帧

16 设置当前时间为00:00:14:18，将"图7"拖至【时间线】窗口的【视频5】轨道中，与编辑标识线对齐，并将其结束处与"图8"的结束处对齐，如图11-80所示。

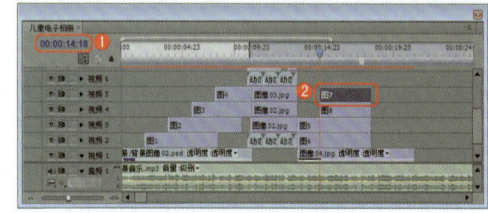

图11-80 拖入"图7"

17 确定"图7"选中的情况下，激活【特效控制台】面板中，设置【运动】区域下的【位置】为876.0、240.0，单击其左侧的 按钮，打开动画关键帧的记录。设置当前时间为00:00:15:09，设置【位置】为360.0、240.0，如图11-81所示。

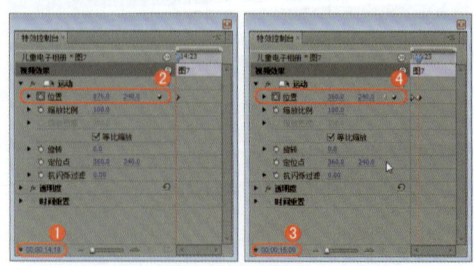

图11-81 设置【位置】关键帧

18 设置当前时间为00:00:15:16，添加一处【位置】关键帧。设置当前时间为00:00:15:23，设置【位置】为220.0、316.0，如图11-82所示。

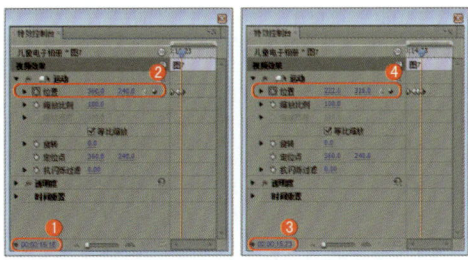

图11-82 设置两处【位置】关键帧

19 设置当前时间为00:00:16:03，添加一处【位置】关键帧。设置当前时间为00:00:16:14，设置【位置】为-147.0、316.0，如图11-83所示。

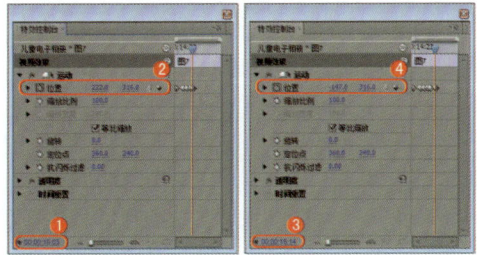

图11-83 设置关键帧

20 设置当前时间为00:00:16:09，将"图9"拖至【时间线】窗口的【视频6】轨道中，与编辑标识线对齐，将其结束处与"图7"结束处对齐，如图11-84所示。

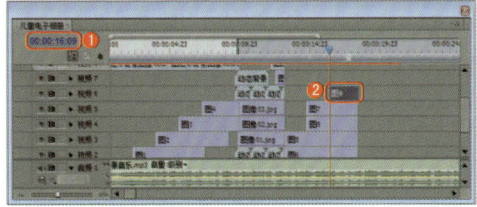

图11-84 拖入"图9"

21 确定"图9"选中的情况下，激活【特效控制台】面板，设置【运动】区域下的【位置】为-172.0、127.0，单击其左侧的 按钮，打开动画关键帧的记录。设置当前时间为00:00:17:00，设置【位置】为360.0、240.0，如图11-85所示。

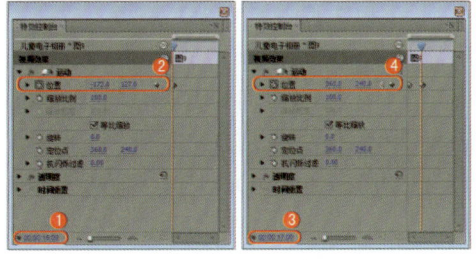

图11-85 设置"图9"的【位置】关键帧

22 设置当前时间为00:00:17:07，添加一处【位置】关键帧。设置当前时间为00:00:17:14，【位置】设置为504.0、317.0，如图11-86所示。

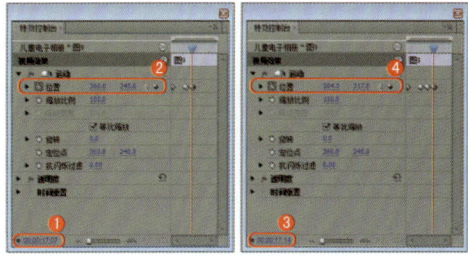

图11-86 设置两处关键帧

23 设置当前时间为00:00:17:18，添加一处【位置】关键帧。将当前时间设置为00:00:18:04，设置【位置】为857.0、317.0，如图11-87所示。

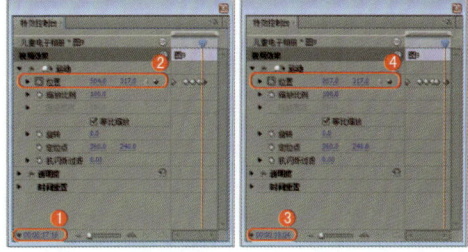

图11-87 设置【位置】关键帧

24 确定时间为00:00:16:09，将"图10"拖至【时间线】窗口的【视频7】轨道中，与编辑标识线对齐，拖动其结束处与"图9"的结束处对齐，如图11-88所示。

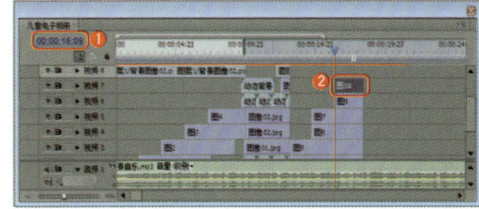

图11-88 拖入"图10"

25 确定"图10"选中的情况下，激活【特效控制台】面板，设置【运动】区域下的【位置】为889.0、321.0，单击其左侧的 按钮，打开动画关键帧的记录。设置当前时间为00:00:17:00，设置【位置】为360.0、240.0，如图11-89所示。

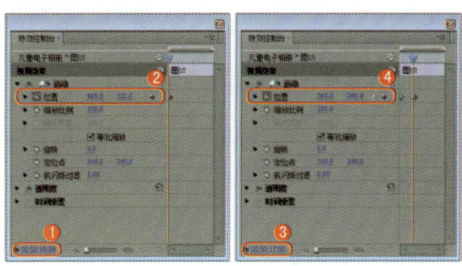

图11-89 设置两处【位置】关键帧

203

26 设置当前时间为00:00:17:07，添加一处【位置】关键帧。设置当前时间为00:00:17:14，【位置】设置为194.0、157.0，如图11-90所示。

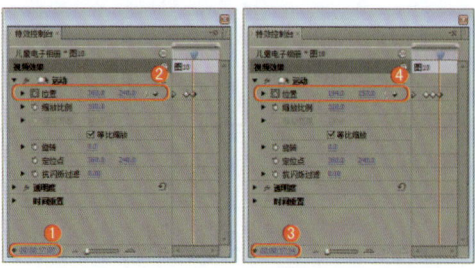

图11-90 设置关键帧

27 设置当前时间为00:00:17:18，添加一处【位置】关键帧。将当前时间设置为00:00:18:04，设置【位置】为-181.0、157.0，如图11-91所示。

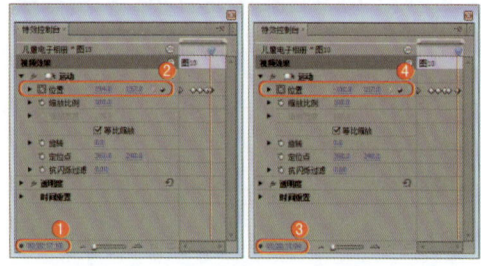

图11-91 设置【位置】关键帧

28 设置当前时间为00:00:18:02，将"图层1/背景图像02.psd"文件拖至【时间线】窗口的【视频8】轨道中，与编辑标识线对齐，如图11-92所示。

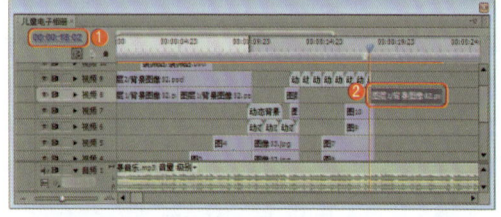

图11-92 拖入"图层1/背景图像02.psd"文件

29 将当前时间设置为00:00:19:04，拖动"图层1/背景图像02.psd"文件的结束处与编辑标识线对齐，如图11-93所示。

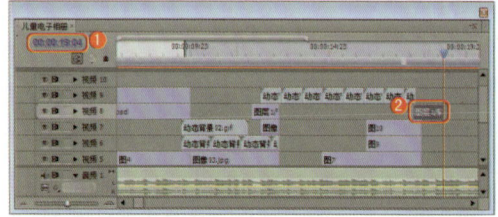

图11-93 设置结束处

30 确定"图层1/背景图像02.psd"文件选中的情况下，激活【特效控制台】面板，设置当前时间为00:00:18:02，设置【运动】区域下的【位置】为360.0、440.0，单击其左侧的 按钮，打开动画关键帧的记录，【缩放比例】为60.0。设置当前时间为00:00:19:01，设置【位置】为360.0、-215.0，如图11-94所示。

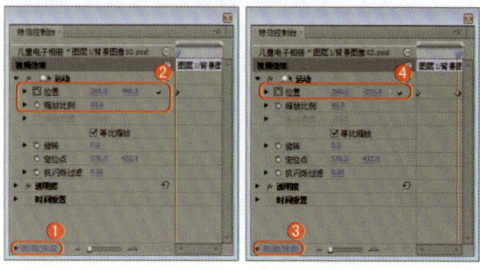

图11-94 设置【位置】关键帧

31 确定当前时间为00:00:18:09，将"图像05.jpg"文件拖至【时间线】窗口的【视频2】轨道中，与编辑标识线对齐，如图11-95所示。将"图像05.jpg"文件的结束处与"图像04.jpg"文件的结束处对齐。

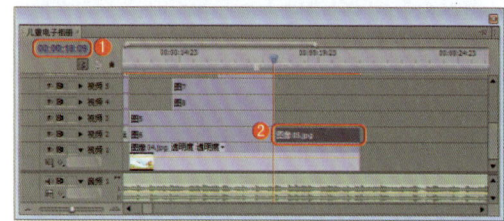

图11-95 拖入"图像05.jpg"文件

32 确定"图像05.jpg"文件选中的情况下，设置【运动】下的【缩放比例】为40.0，为其添加【裁剪】特效，激活【特效控制台】面板，将【裁剪】区域下【顶部】设置为90.0，单击其左侧的 按钮，打开动画关键帧的记录。设置当前时间为00:00:19:01，设置【顶部】为0.0，如图11-96所示。

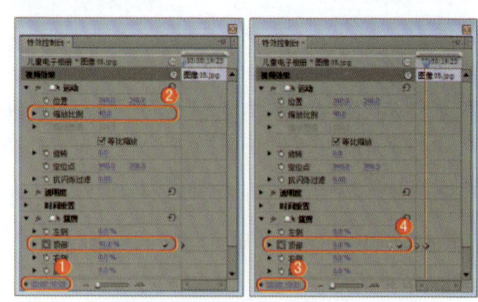

图11-96 设置【顶部】关键帧

33 设置当前时间为00:00:19:04，将"图层3/图像07.psd"文件拖至【时间线】窗口的【视频3】轨道中，与编辑标识线对齐，如图11-97所示。

34 设置当前时间为00:00:19:10，拖动"图层3/图像07.psd"文件的结束处，与编辑标识线对齐，如图11-98所示。

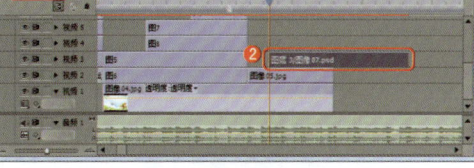
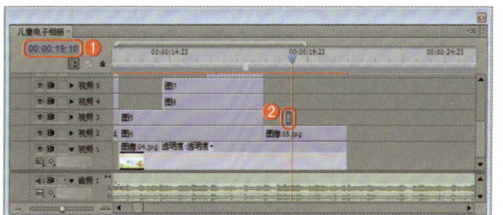

图11-97 拖入"图层3/图像07.psd"文件　　　　图11-98 拖到结束处

35 确定"图层3/图像07.psd"文件选中的情况下,激活【特效控制台】面板,设置【位置】为209.0、262.0,设置【缩放比例】为110.0,如图11-99所示。

36 设置当前时间为00:00:19:10,将"图11"拖至【时间线】窗口【视频3】轨道中,与"图层3/图像07.psd"文件的结束处对齐,同时将该文件的结束处与"图像05.jpg"文件的结束处对齐,如图11-100所示。

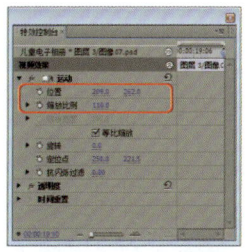
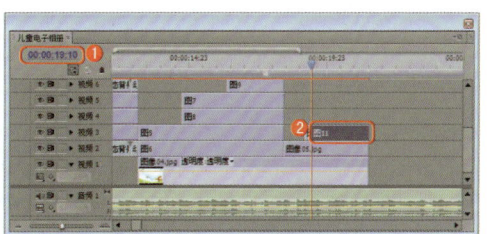

图11-99 设置【位置】、【缩放比例】　　　　图11-100 拖入"图11"

37 确定"图11"选中的情况下,激活【特效控制台】面板,设置【运动】区域下的【位置】为199.0、240.0,【旋转】设置为10.0,如图11-101所示。

38 为"图层3/图像07.psd"、"图11"的中间位置添加【抖动溶解】切换效果,并将该切换效果的【持续时间】设置为00:00:00:05,如图11-102所示。

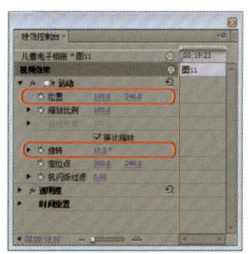
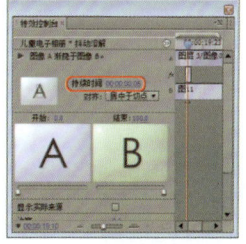

图11-101 设置"图11"　　　　图11-102 添加并设置切换效果

39 将时间设置为00:00:19:10,将"图层3/图像07.psd"文件拖至【时间线】窗口的【视频4】轨道中与编辑标识线对齐,结束处时间为00:00:19:16,如图11-103所示。

40 确定"图层3/图像07.psd"文件选中的情况下,激活【特效控制台】面板,设置【运动】区域下的【位置】为459.0、186.0,设置【缩放比例】为110.0,如图11-104所示。

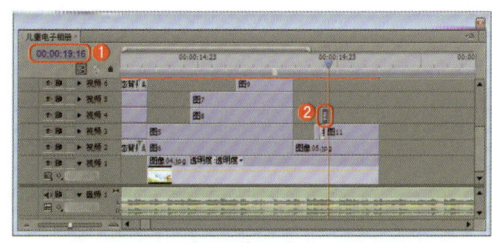
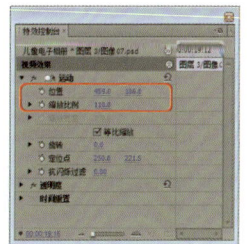

图11-103 拖入并设置"图层3/图像07.psd"　　　　图11-104 设置【位置】、【缩放比例】

41 设置当前时间为00:00:19:16,将"图12"拖至【时间线】窗口【视频4】轨道中,与编辑标识线对齐,并将其结束处与"图11"的结束处对齐,如图11-105所示。

42　确定"图12"选中的情况下,设置【运动】区域下的【位置】为441.0、161.0,设置【旋转】为-10.0,如图11-106所示。

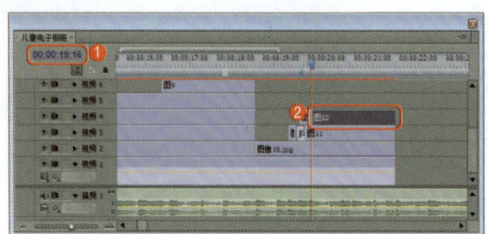 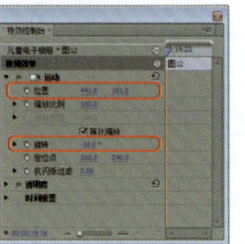

图11-105 拖入"图12"　　　　　　　图11-106 设置"图12"

43　为"图层3/图像07.psd"、"图12"的中间位置添加【抖动溶解】切换效果,并将该切换效果的【持续时间】设置为00:00:00:05,如图11-107所示。

44　将当前时间设置为00:00:19:16,将"图层3/图像07.psd"文件拖至【时间线】窗口的【视频5】轨道中,与编辑标识线对齐,结束处时间为00:00:19:22,如图11-108所示。

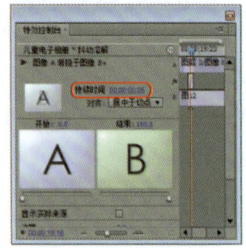 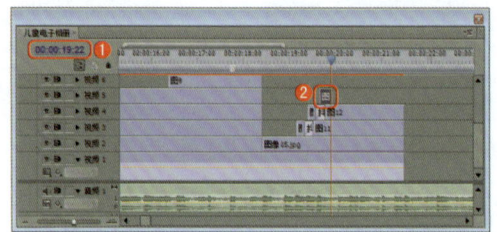

图11-107 添加并设置切换效果　　　　图11-108 拖入"图层3/图像07.psd"文件

45　确定"图层3/图像07.psd"文件选中的情况下,激活【特效控制台】面板,设置【运动】区域下的【位置】为400.0、326.0,设置【缩放比例】为110.0,如图11-109所示。

46　将"图13"拖至【时间线】窗口的【视频5】轨道中,与"图层3/图像07.psd"文件的结束处对齐,并将其结束处与"图12"的结束处对齐,如图11-110所示。

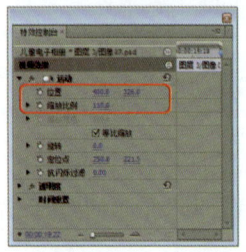 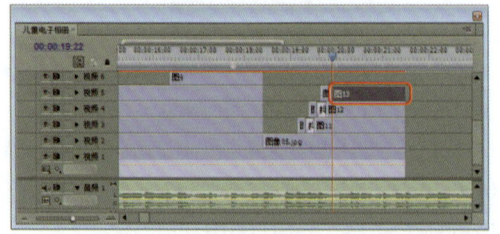

图11-109 设置【位置】、【缩放比例】　　图11-110 拖入并设置"图13"

47　确定"图13"选中的情况下,激活【特效控制台】面板,设置当前时间为00:00:20:07,设置【运动】区域下的【位置】为388.0、307.0,单击【缩放比例】左侧的　　按钮,打开动画关键帧的记录,设置【旋转】为-8.0,如图11-111所示。

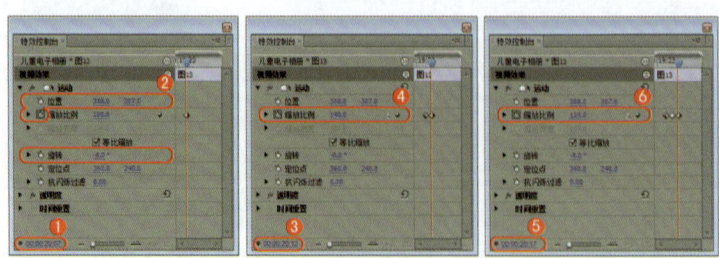

图11-111 设置3处关键帧

48 设置当前时间为0000:20:12，设置【缩放比例】为140.0。设置当前时间为00:00:20:17，设置【缩放比例】为110.0，如图11-111所示。

49 为"图层3/图像07.psd"、"图13"的中间位置添加【随机擦除】切换效果，并将其【持续时间】设置为00:00:00:05，如图11-112所示。

50 将当前时间设置为00:00:20:19，将"图14"拖至【时间线】窗口的【视频6】轨道中，与编辑标识线对齐，并将其结束处与"图13"的结束处对齐，如图11-113所示。

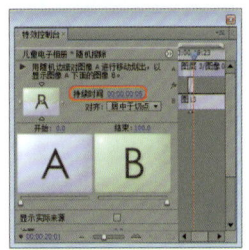
图11-112 添加并设置切换效果

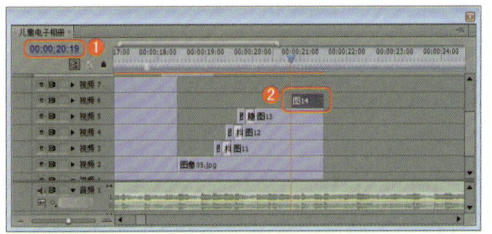
图11-113 拖入并设置"图14"

51 确定"图14"选中的情况下，激活【特效控制台】面板，设置【运动】区域下的【位置】为171.0、240.0，设置【旋转】为15.0，设置【透明度】为0.0，如图11-114所示。设置当前时间为00:00:20:20，单击【缩放比例】左侧的按钮，打开动画关键帧的记录，并将其参数设置为300.0，如图11-114所示。

52 将时间设置为00:00:21:05，设置【缩放比例】为100.0，设置【透明度】为100.0，如图11-115所示。

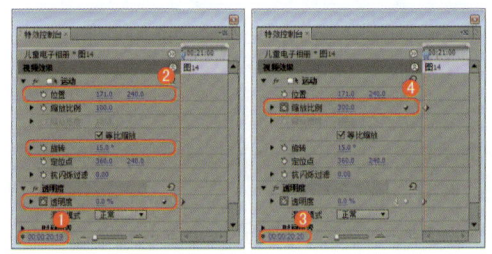
图11-114 设置两处【缩放比例】关键帧

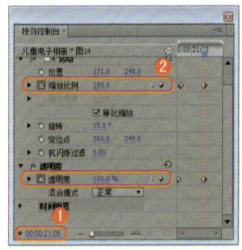
图11-115 设置关键帧

53 将时间设置为00:00:18:18，将"动态背景04.gif"文件拖至【时间线】窗口的【视频7】轨道中，与编辑标识线对齐，如图11-116所示。

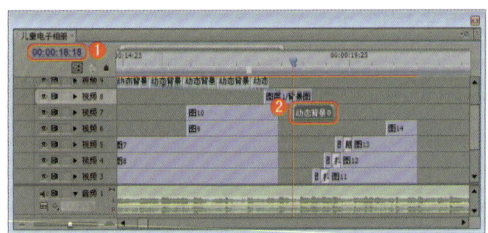
图11-116 拖入"动态背景04.gif"文件

54 确定"动态背景04.gif"选中的情况下，为其添加【裁剪】特效，激活【特效控制台】面板，设置【运动】区域下的【位置】为360.0、355.0，设置【缩放比例】为120.0，设置【裁剪】区域下的【顶部】为90.0，并单击其左侧的按钮，打开动画关键帧的记录。设置当前时间为00:00:19:10，设置【顶部】为0.0，如图11-117所示。

55 为"动态背景04.gif"文件后面再拖入3个"动态背景04.gif"文件，如图11-118所示，将最后一个的结束处与"图14"的结束处对齐。

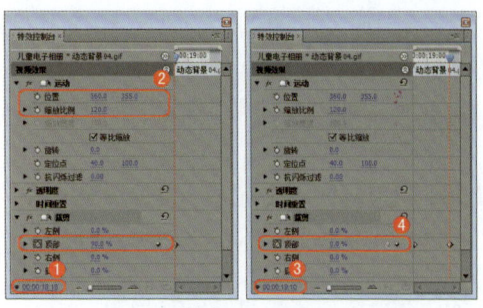

图11-117 设置两处【顶部】关键帧

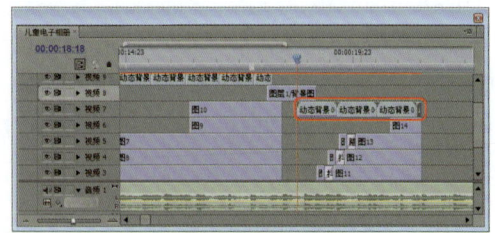

图11-118 拖入"动态背景04.gif"

56 设置新拖入的3个"动态背景04.gif"文件的【运动】区域下的【位置】为360.0、355.0，设置【缩放比例】为120.0，如图11-119所示。

57 将"图像06.jpg"文件拖至【时间线】窗口的【视频1】轨道中，与"图像04.jpg"文件的结束处对齐，如图11-120所示，拖动该文件的结束处与"背景音乐.mp3"文件结束处对齐。

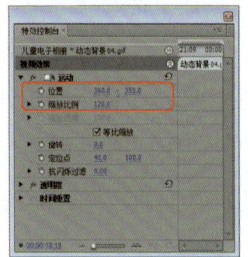

图11-119 设置"动态背景04.gif"

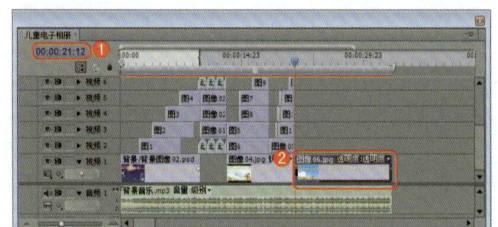

图11-120 拖入"图像06.jpg"文件

实例161 创建并编辑"儿童电子相册02"序列

实例导航

- **案例文件**：场景 \ Cha11 \ 儿童电子相册.prproj
- **视频文件**：视频教学 \ Cha11 \ 创建并编辑"儿童电子相册02"序列.avi
- **难易程度**：★☆☆☆☆
- **视频时长**：1分42秒
- **实例要点**：创建并编辑"儿童电子相册02"序列的方法
- **思路分析**：创建"儿童电子相册02"序列后，可以便于【时间线】窗口的管理。

1 在项目中空白处右击鼠标，选择【新建】｜【序列】，新建"儿童电子相册02"序列，将"动态背景05.gif"文件拖至【时间线：儿童电子相册02】窗口的【视频1】轨道中，如图11-121所示。

2 确定"动态背景05.gif"文件选中的情况下，激活【特效控制台】面板，设置【位置】为44.0、42.0，设置【缩放比例】为65.0，如图11-122所示。

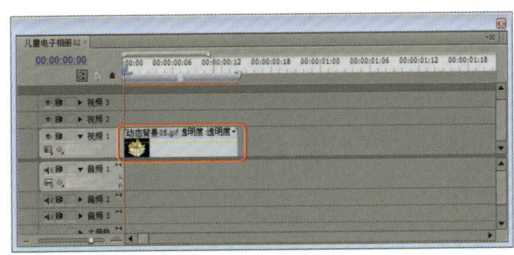
图11-121 拖入"动态背景05.gif"
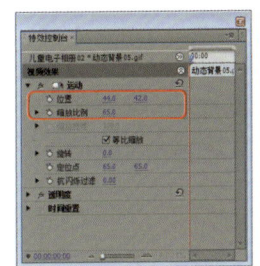
图11-122 设置【位置】、【缩放比例】

3. 将"动态背景05.gif"文件拖至【时间线：儿童电子相册02】窗口的【视频2】轨道中，如图11-123所示。

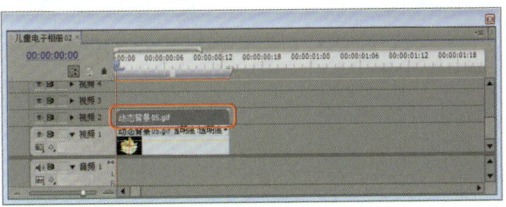
图11-123 拖入"动态背景05.gif"文件

4. 确定【视频2】轨道中的"动态背景05.gif"文件选中的情况下，激活【特效控制台】面板，设置【位置】为135.0、42.0，设置【缩放比例】为65.0，如图11-124所示。在【节目监视器】窗口中可能看到画面成列排列，如图11-125所示。

5. 添加5条视频轨道，使用同样的方法，将画面排列为如图11-126所示。

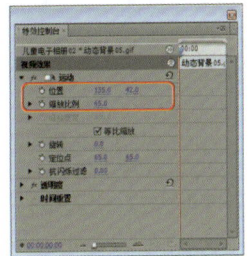
图11-124 设置【位置】、【缩放比例】

图11-125 设置后的效果

图11-126 最终排列效果

实例162 编辑"儿童电子相册"序列

实例导航

- 案例文件：场景\Cha11\儿童电子相册.prproj
- 视频文件：视频教学\Cha11\编辑"儿童电子相册"序列.avi
- 难易程度：★☆☆☆☆
- 视频时长：9分04秒
- 实例要点：编辑"儿童电子相册"序列的方法
- 思路分析：将制作完成的"儿童电子相册02"序列嵌套到"儿童电子相册"序列中，继续对其进行编辑。

1. 激活【时间线：儿童电子相册】窗口，设置当前时间为00:00:21:11，将"儿童电子相册02"序列拖至【时间线：儿童电子相册】窗口的【视频8】轨道中，与编辑标识线对齐，如图11-127所示。

> 提示：拖入"儿童电子相册02"序列后，解除视音频的链接，然后将音频删除。

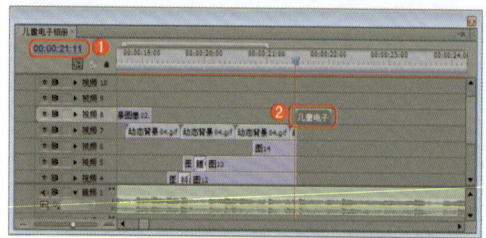

图11-127 拖入"儿童电子相册02"

2. 确定"儿童电子相册02"序列选中的情况下，设置当前时间为00:00:21:11，激活【特效控制台】面板，设置【运动】区域下的【位置】为360.0、717.0，单击其左侧的 按钮，打开动画关键帧的记录。设置当前时间为00:00:21:14，设置【位置】为360.0、240.0，如图11-128所示。

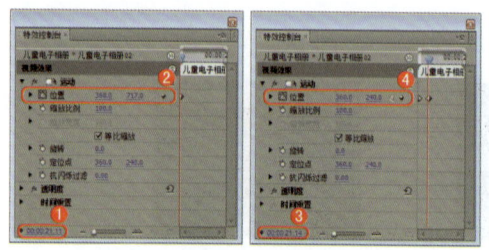

图11-128 设置【位置】关键帧

3. 再向【时间线】窗口的【视频9】轨道中拖入"儿童电子相册02"序列，将其开始处、结束处与【视频8】轨道中的"儿童电子相册02"序列对齐，如图11-129所示。

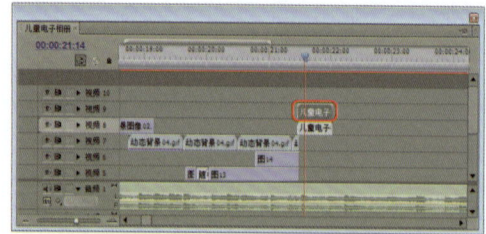

图11-129 拖入"儿童电子相册02"

4. 确定"儿童电子相册02"序列选中的情况下，激活【特效控制台】面板，设置【运动】区域下的【位置】为360.0、136.0，单击其左侧的 按钮，打开动画关键帧的记录。设置当前时间为00:00:21:14，设置【位置】为360.0、635.0，如图11-130所示。

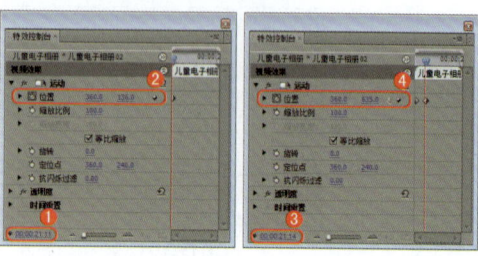

图11-130 设置关键帧

5. 将【视频8】、【视频9】轨道中的"儿童电子相册02"选中，对其进行复制，然后将当前时间设置为00:00:22:01，进行粘贴，删除【视频8】、【视频9】轨道中粘贴后的文件中的所有关键帧，并将其位置分别设为360.0、240.0和360.0、640.0，选中【视频8】、【视频9】轨道中的第二个"儿童电子相册02"对其进行复制，时间设置为00:00:22:15，进行粘贴，结束处时间为00:00:29:01，如图11-131所示。

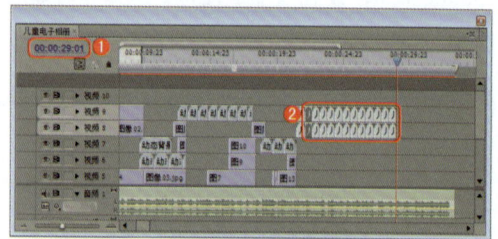

图11-131 复制文件

6. 设置当前时间为00:00:21:12，将"图1"拖至【时间线】窗口的【视频2】轨道中，与编辑标识线对齐，如图11-132所示。

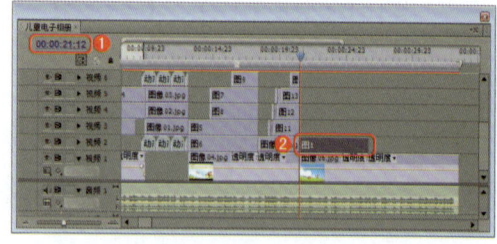

图11-132 拖入"图1"

7. 确定"图1"选中的情况下，激活【特效控制台】面板，设置【运动】区域下的【位置】为942.4、240.0，单击其左侧的 按钮，打开动画关键帧的记录，【旋转】设置为20.0。设置时间为00:00:22:08，设置【位置】为360.0、240.0，单击【缩放比例】左侧的 按钮，打开动关键帧的记录，如图11-133所示。

8. 设置当前时间为00:00:22:14，设置【缩放比例】为140.0。设置当前时间为00:00:22:20，设置【缩放比例】为100.0，如图11-134所示。

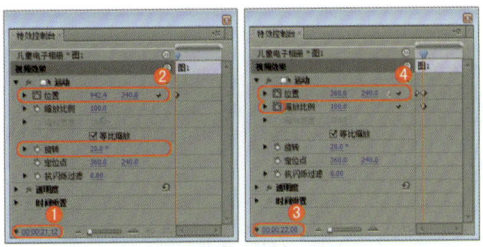

图11-133 设置关键帧

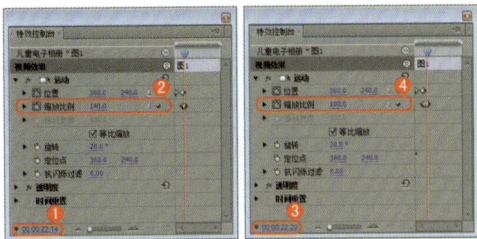

图11-134 设置关键帧

9 设置当前时间为00:00:22:23，添加一处【位置】关键帧。设置当前时间为00:00:23:20，设置【位置】为-170.4.0、240.0，如图11-135所示。

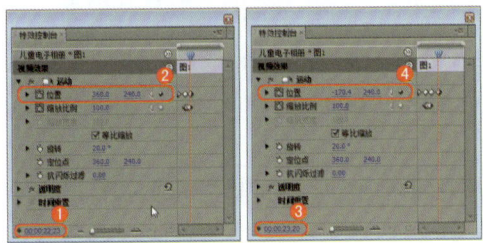

图11-135 设置关键帧

10 将时间设置为00:00:22:02，将"图2"拖至【时间线】窗口的【视频3】轨道中，与编辑标识线对齐，如图11-136所示。

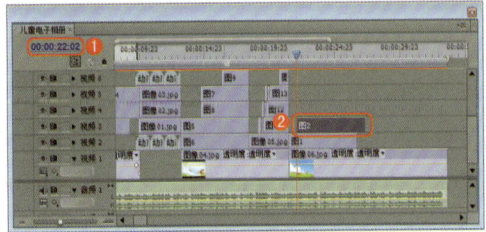

图11-136 拖入"图2"

11 确定"图2"选中的情况下，激活【特效控制台】面板，设置【运动】区域下的【位置】为882.7、240.0，单击其左侧的 按钮，打开动画关键帧的记录，设置【旋转】为-20.0。设置当前时间为00:00:22:08，设置【位置】为750.0、240.0，如图11-137所示。

12 设置当前时间为00:00:22:23，添加一处【位置】关键帧。设置当前时间为00:00:23:13，设置【位置】为360.0、240.0，单击【缩放比例】左侧的 按钮，打开

动画关键帧的记录，如图11-138所示。

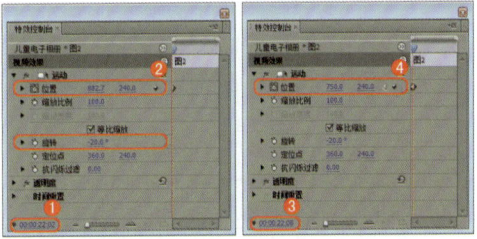

图11-137 设置【位置】关键帧

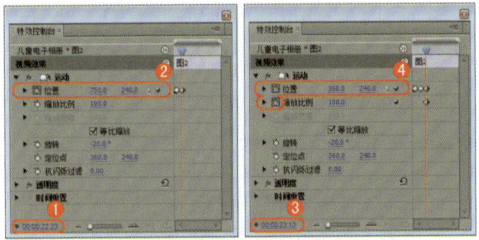

图11-138 设置关键帧

13 设置当前时间为00:00:23:19，设置【缩放比例】为140.0。设置当前时间为00:00:24:01，设置【缩放比例】为100.0，如图11-139所示。

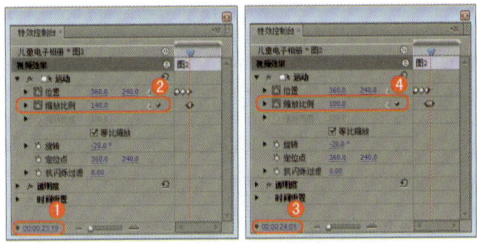

图11-139 设置两处关键帧

14 设置当前时间为00:00:24:06，添加一处【位置】关键帧。设置当前时间为00:00:24:21，设置【位置】为-172.0、240.0，如图11-140所示。

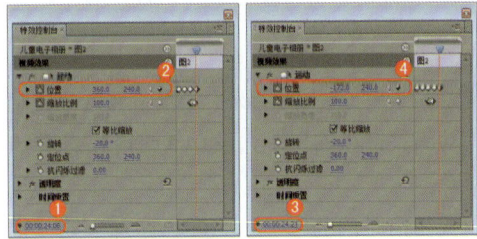

图11-140 添加关键帧

15 将时间设置为00:00:23:06，拖动"图3"至【时间线】窗口的【视频4】轨道中，与编辑标识线对齐，如图11-141所示。

16 确定"图3"选中的情况下，激活【特效控制台】面板，设置【位置】为886.5、240.0，单击其左侧的 按钮，打开动画关键帧的记录，设置【旋转】为20.0。设置当前时间为00:00:23:13，设置【位置】为770.0、240.0，如

图11-142所示。

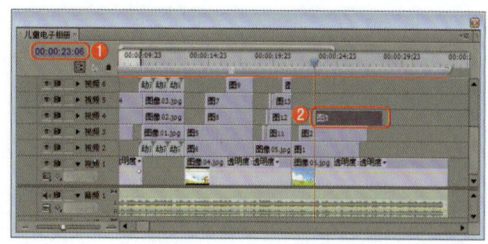
图11-141 拖入"图3"

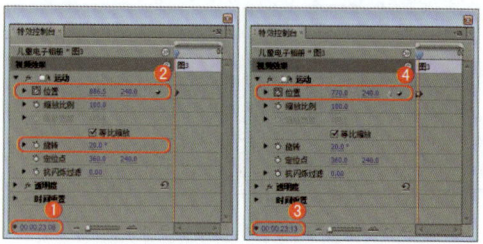
图11-142 设置【位置】关键帧

17 设置当前时间为00:00:24:06,添加一处【位置】关键帧。设置当前时间为00:00:24:16,设置【位置】为360.0、240.0,单击【缩放比例】左侧的 按钮,打开动画关键帧的记录,如图11-143所示。

18 设置当前时间为00:00:24:22,设置【缩放比例】为140.0。设置当前时间为00:00:25:04,设置【缩放比例】为100.0,如图11-144所示。

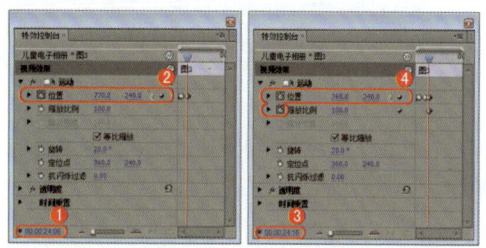
图11-143 设置关键帧

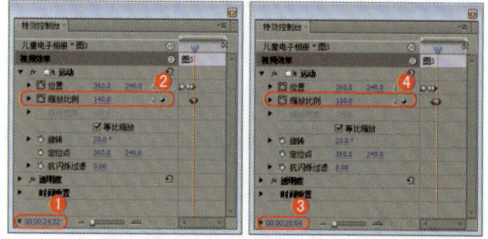
图11-144 设置两处【缩放比例】关键帧

19 设置当前时间为00:00:25:09,添加一处【位置】关键帧。设置当前时间为00:00:26:00,设置【位置】为-172.0、240.0,如图11-145所示。

20 将时间设置为00:00:24:11,拖动"图5"至【时间线】窗口的【视频5】轨道中,与编辑标识线对齐,如图11-146所示,将其结束处与"图3"的结束处对齐。

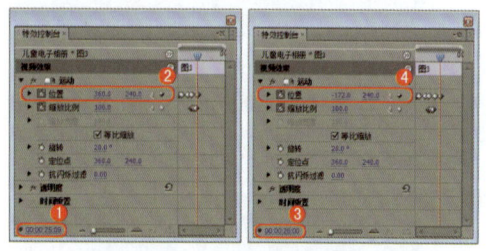
图11-145 设置【位置】关键帧确

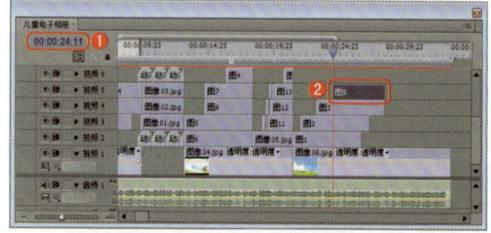
图11-146 拖入并设置"图5"

21 确定"图5"选中的情况下,激活【特效控制台】面板,设置【位置】为886.5、240.0,单击其左侧的 按钮,打开动画关键帧的记录,设置【旋转】为-20.0。设置当前时间为00:00:24:16,设置【位置】为750.0、240.0,如图11-147所示。

22 设置当前时间为00:00:25:09,添加一处【位置】关键帧。设置当前时间为00:00:25:19,设置【位置】为360.0、240.0,单击【缩放比例】左侧的 按钮,打开动画关键帧的记录,如图11-148所示。

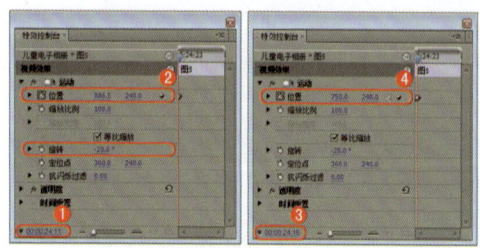
图11-147 设置【位置】关键帧

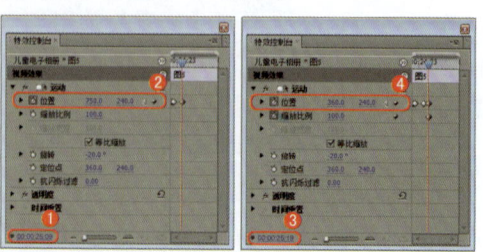
图11-148 设置关键帧

23 设置当前时间为00:00:26:01，设置【缩放比例】为140.0。设置当前时间为00:00:26:07，设置【缩放比例】为100.0，如图11-149所示。

24 设置当前时间为00:00:26:12，添加一处【位置】关键帧。设置当前时间为00:00:27:03，设置【位置】为-172.0、240.0，如图11-150所示。

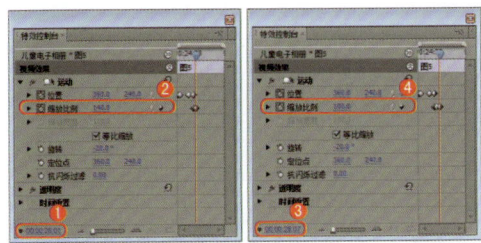
图11-149 设置关键帧

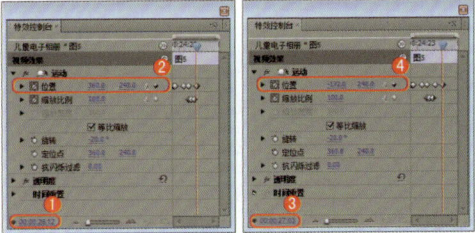
图11-150 设置【位置】关键帧

25 将时间设置为00:00:25:14，拖动"图11"至【时间线】窗口的【视频6】轨道中，与编辑标识线对齐，如图11-151所示，将其结束处与"图5"的结束处对齐。

26 确定"图11"选中的情况下，激活【特效控制台】面板，设置【位置】为886.5、240.0，单击其左侧的 按钮，打开动画关键帧的记录，设置【旋转】为20.0。设置当前时间为00:00:25:19，设置【位置】为750.0、240.0，如图11-152所示。

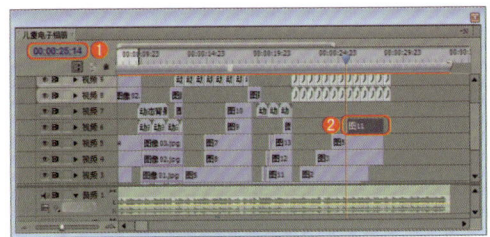
图11-151 拖入并设置"图11"

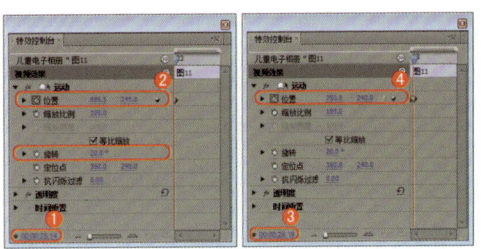
图11-152 设置关键帧

27 设置当前时间为00:00:26:12，添加一处【位置】关键帧。设置当前时间为00:00:26:22，设置【位置】为360.0、240.0，单击【缩放比例】左侧的 按钮，打开动画关键帧的记录，如图11-153所示。

28 设置当前时间为00:00:27:04，设置【缩放比例】为140.0。设置当前时间为00:00:27:10，设置【缩放比例】为100.0，如图11-154所示。

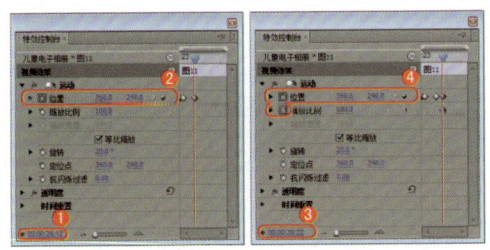
图11-153 设置关键帧

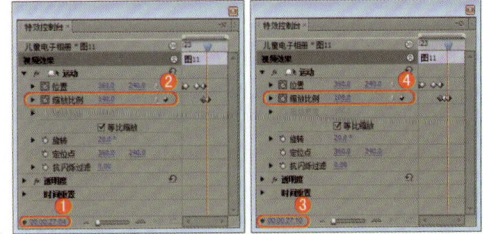
图11-154 设置【缩放比例】关键帧

29 设置当前时间为00:00:27:15，添加一处【位置】关键帧。设置当前时间为00:00:28:06，设置【位置】为-172.0、240.0，如图11-155所示。

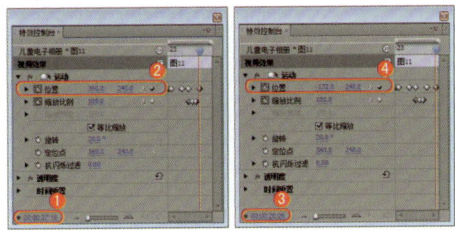
图11-155 设置关键帧

30 将时间设置为00:00:28:08,将"图8"拖至【时间线】窗口的【视频2】轨道中,与编辑标识线对齐。将当前时间设置为00:00:29:09,拖动"图8"的结束处与编辑标识线对齐,如图11-156所示。

31 确定"图8"选中的情况下,激活【特效控制台】面板,将时间设置为00:00:28:08,设置【缩放比例】为600.0,单击其左侧的 按钮,打开动画关键帧的记录,设置【旋转】为10.0。设置当前时间为00:00:28:11,设置【缩放比例】为100.0,如图11-157所示。

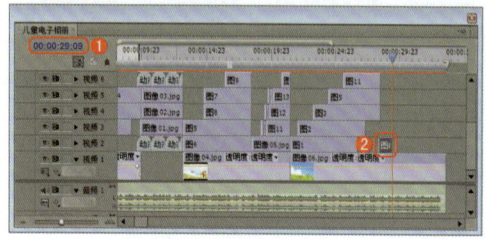 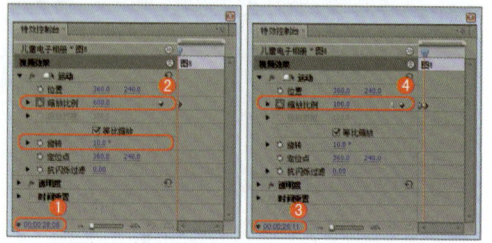

图11-156 拖入 "图8"   图11-157 设置【缩放比例】关键帧

32 将时间设置为00:00:28:13,将"图4"拖到【时间线】窗口的【视频3】轨道中,并将其结束处与"图8"的结束处对齐,如图11-158所示。

33 确定"图4"选中的情况下,激活【特效控制台】面板,设置【位置】为182.8.0、282.0,设置【缩放比例】为600.0,单击其左侧的 按钮,打开动画关键帧的记录,设置【旋转】为-10.0。设置当前时间为00:00:28:16,设置【缩放比例】为100.0,如图11-159所示。

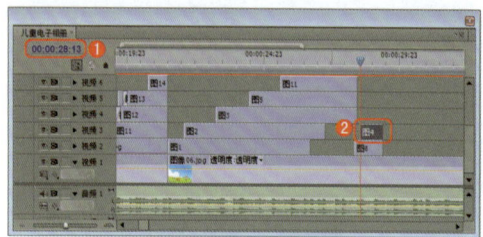 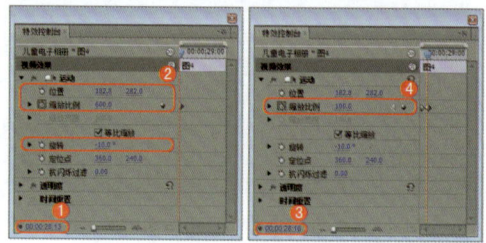

图11-158 拖入并设置"图4"   图11-159 设置【缩放比例】关键帧

34 设置当前时间为00:00:28:18,将"图2"拖至【时间线】窗口的【视频4】轨道中,与编辑标识线对齐,并将其结束处与"图4"的结束处对齐,如图11-160所示。

35 确定"图2"选中的情况下,激活【特效控制台】面板,设置【运动】区域下的【位置】为545.0、227.0,设置【缩放比例】为600.0,单击其左侧的 按钮,打开动画关键帧的记录,设置【旋转】为-5.0。设置当前时间为00:00:28:21,设置【缩放比例】为100.0,如图11-161所示。

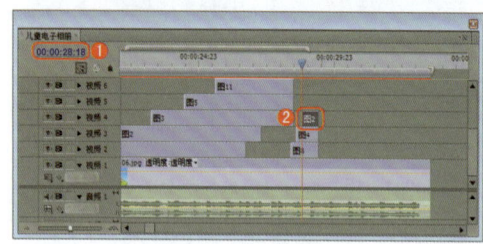 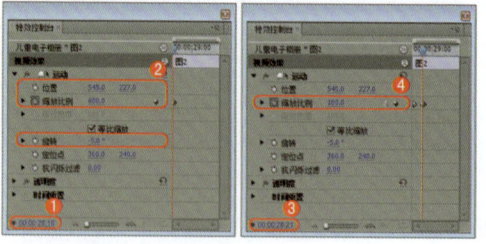

图11-160 拖入并设置"图2"   图11-161 设置【缩放比例】关键帧

36 设置当前时间为00:00:28:23,将"图10"拖至【时间线】窗口的【视频5】轨道中,与编辑标识线对齐,并将其结束处与"图2"的结束处对齐,如图11-162所示。

37 确定"图10"选中的情况下,激活【特效控制台】面板,设置【运动】区域下的【位置】为364.0、348.0,设置【缩放比例】为600.0,单击其左侧的 按钮,打开动画关键帧的记录,设置【旋转】为5.0。设置当前时间为00:00:29:03,设置【缩放比例】为100.0,如图11-163所示。

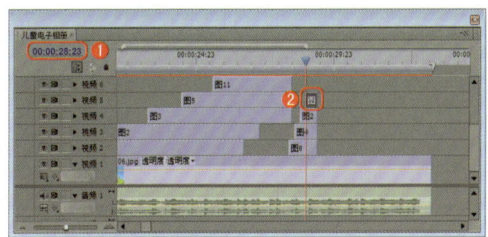
图11-162 拖入并设置"图10"
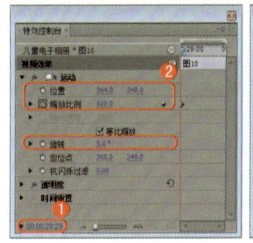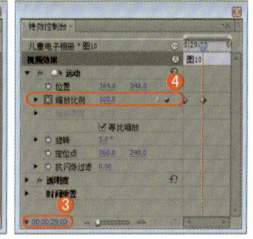
图11-163 设置关键帧

38 将时间设置为00:00:29:08，将"标题"拖到【时间线】窗口的【视频6】轨道中，与编辑标识线对齐，如图11-164所示，将其结束处与"背景音乐.mp3"的结束处对齐。

39 确定"标题"选中的情况下，激活【特效控制台】面板，设置当前时间为00:00:29:09，将【运动】区域下的【位置】设置为423.0、286.0，设置【缩放比例】为0.0，单击其左侧的 ◎ 按钮，打开动画关键帧的记录。将当前时间设置00:00:29:16，设置【缩放比例】为120.0，如图11-165所示。

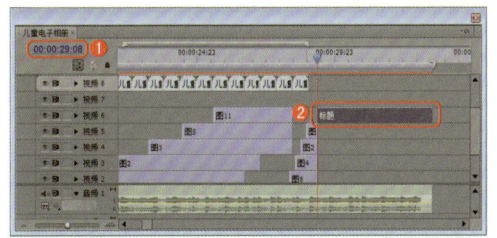
图11-164 拖入并设置"标题"
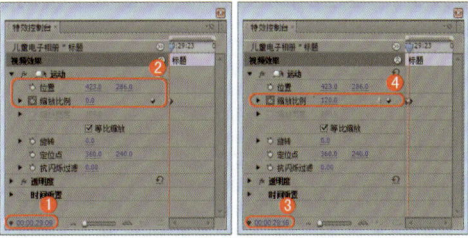
图11-165 设置【位置】关键帧

40 将时间设置为00:00:29:12，将"代"拖至【时间线】窗口的【视频7】轨道中，与编辑标识线对齐，将其结束处与"标题"的结束处对齐，如图11-166所示。

41 确定"代"选中的情况下，激活【特效控制台】面板，设置当前时间为00:00:29:16，设置【位置】为-1006.0、157.0，设置【缩放比例】为500.0，单击其左侧的 ◎ 按钮。设置当前时间为00:00:29:21，设置【位置】为322.0、286.0，设置【缩放比例】为120.0，如图11-167所示。

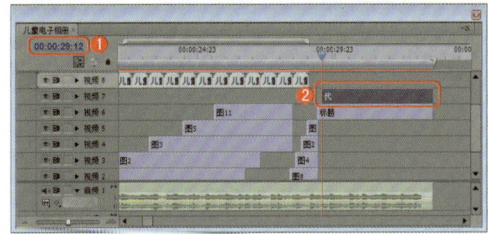
图11-166 拖入并设置"代"
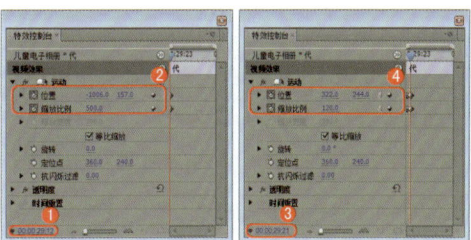
图11-167 设置关键帧

42 对两个"儿童电子相册02"进行复制粘贴，并将它们的结束处与"代"结束处对齐，如图11-168所示。

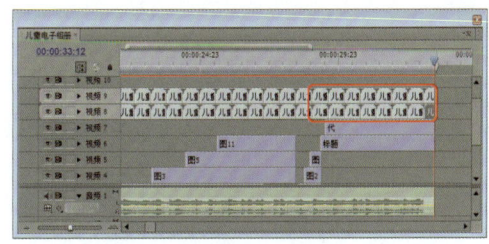
图11-168 复制粘贴"儿童电子相册02"

实例163 导出儿童电子相册

实例导航

- **案例文件**：场景 \ Cha11 \ 儿童电子相册.prproj
- **视频文件**：视频教学 \ Cha11 \ 导出儿童电子相册.avi
- **难易程度**：★☆☆☆☆
- **视频时长**：39秒
- **实例要点**：导出儿童电子相册视频的方法
- **思路分析**：通过前面的制作，儿童电子相册已经完成，下面介绍视频的导出设置。

1　激活【时间线】窗口，选择菜单栏中的【文件】|【导出】|【媒体】命令，进入【导出设置】面板中，将【导出设置】区域下的【格式】设置为"Microsoft AVI"，在【输出名称】右侧设置输出的路径及名称，设置【视频编解码器】为"Microsoft Video 1"，设置【品质】为100.0，设置【场类型】为"逐行"，单击【列队】按钮，如图11-169所示。

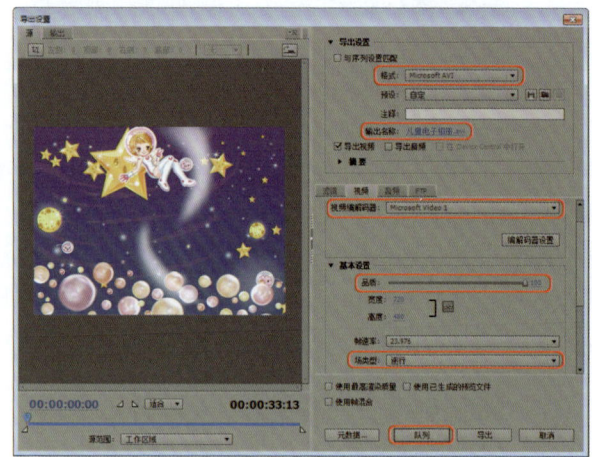

图11-169 设置导出

2　进入Adobe Media Encoder面板，单击【开始队列】按钮，将视频输出，如图11-170所示。

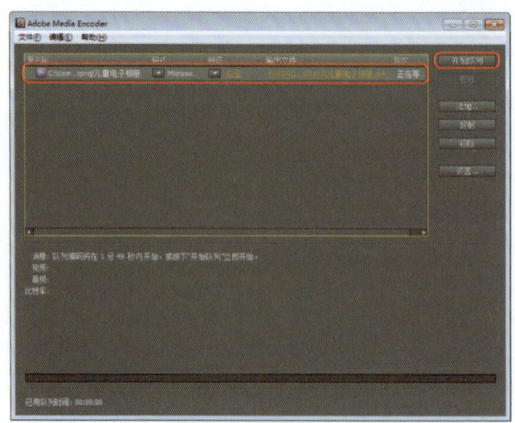

图11-170 开始队列

第12章
感受乡村，基层创业

本章讲解"感受乡村，基层创业"片头的制作。其中主要应用到了对时间线的嵌套，然后通过关键帧的设置使图像和字幕很好地结合起来产生视频效果。本例效果如图12-1所示。

- 素材的预览
- 素材的导入
- 创建字幕并编辑素材
- 设置"感受乡村，基层创业02"序列
- 添加背景音乐
- 导出"感受乡村，基层创业"

图12-1 "感受乡村，基层创业"效果

实例164 素材的预览

实例导航

- **案例文件**：场景 \ Cha12 \ 感受乡村，基层创业.prproj
- **视频文件**：视频教学 \ Cha12 \ 素材的预览.avi
- **难易程度**：★★☆☆☆
- **视频时长**：18秒
- **实例要点**：素材的预览
- **思路分析**：在制作"感受乡村，基层创业"之前，打开素材进行预览，如果发现素材有些暗，则可以在Photoshop中对其【亮度/对比度】进行调整。如图12-2所示是本例制作中应用到的文件。

图12-2 素材的预览

实例165 素材的导入

实例导航

- **案例文件**：场景 \ Cha12 \ 感受乡村，基层创业.prproj
- **视频文件**：视频教学 \ Cha12 \ 素材的导入.avi
- **难易程度**：★★☆☆☆
- **视频时长**：47秒
- **实例要点**：素材的导入方法
- **思路分析**：在制作视频之前，首先需要将素材导入到操作界面中。

实例166　创建字幕并编辑素材

实例导航

- **案例文件**：场景 \ Cha12 \ 感受乡村，基层创业.prproj
- **视频文件**：视频教学 \ Cha12 \ 创建字幕并编辑素材.avi
- **难易程度**：★★☆☆☆
- **视频时长**：13分53秒
- **实例要点**：字幕创建及素材编辑的方法
- **思路分析**：对字幕简单设置，对图片进行编辑。

实例167　设置"感受乡村，基层创业02"序列

实例导航

- **案例文件**：场景 \ Cha12 \ 感受乡村，基层创业.prproj
- **视频文件**：视频教学 \ Cha12 \ 设置"感受乡村，基层创业02"序列.avi
- **难易程度**：★★☆☆☆
- **视频时长**：18分55秒
- **实例要点**：设置"感受乡村，基层创业02"序列
- **思路分析**：将导入的素材编辑到一起，产生视频效果。

实例168　添加背景音乐

实例导航

- **案例文件**：场景 \ Cha12 \ 感受乡村，基层创业.prproj
- **视频文件**：视频教学 \ Cha12 \ 添加背景音乐.avi
- **难易程度**：★★☆☆☆
- **视频时长**：10秒

（续）

- ➔ 实例要点：添加背景音乐
- ➔ 思路分析：片头设置完成后，为视频添加音频效果。

实例169　导出"感受乡村，基层创业"

实例导航

- ➔ 案例文件：场景\Cha12\感受乡村，基层创业.prproj
- ➔ 视频文件：视频教学\Cha12\导出感受乡村，基层创业.avi
- ➔ 难易程度：★★☆☆☆
- ➔ 视频时长：46秒
- ➔ 实例要点："感受乡村，基层创业"导出的方法
- ➔ 思路分析：在影片制作完成后需要将影片输出，这也是很关键的一步，它决定着影片的清晰度和播放质量。

第13章
生活百态

本章讲解"生活百态"片头的制作。本实例所介绍的片头（如图13-1所示）是对生活细微的发现，主要是通过制作两个序列再将其组合在一起达到我们需要的影片效果。

- 生活图像的预览
- 图像素材的导入
- 创建标题、线
- 创建"生活百态片头02"序列
- 设置"生活百态片头02"序列
- 组合图像
- 嵌套序列
- 添加背景音乐
- 输出生活百态片头

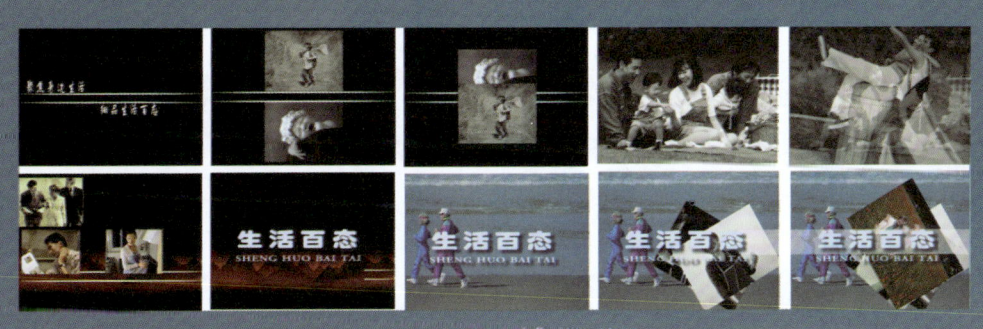

图13-1 "生活百态"片头效果

实例170　生活图像的预览

实例导航

- **案例文件**：场景 \ Cha13 \ 生活百态片头.prproj
- **视频文件**：视频教学 \ Cha13 \ 生活图像的预览.avi
- **难易程度**：★★☆☆☆
- **视频时长**：8秒
- **实例要点**：生活图像的预览
- **思路分析**：在"生活百态"片头之前，打开素材进行预览，如果发现素材有些过暗，则可以在Photoshop中对其进行【亮度/对比度】调整。如图13-2所示是本例制作中应用到的文件。

图13-2　生活图像的预览

实例171　图像素材的导入

实例导航

- **案例文件**：场景 \ Cha13 \ 生活百态片头.prproj
- **视频文件**：视频教学 \ Cha13 \ 图像素材的导入.avi
- **难易程度**：★★☆☆☆
- **视频时长**：27秒
- **实例要点**：图像素材的导入方法
- **思路分析**：在制作视频之前，首先需要将素材导入到操作界面中。

第13章 生活百态

实例172　创建标题、线

实例导航

- **案例文件**：场景 \ Cha13 \ 生活百态片头.prproj
- **视频文件**：视频教学 \ Cha13 \ 创建标题、线.avi
- **难易程度**：★★☆☆☆
- **视频时长**：7分55秒
- **实例要点**：字幕的创建
- **思路分析**：Premiere 本身具有编辑字幕的功能，并且还可以对字体或者图片设置简单的动画。

实例173　创建"生活百态片头02"序列

实例导航

- **案例文件**：场景 \ Cha13 \ 生活百态片头.prproj
- **视频文件**：视频教学 \ Cha13 \ 创建"生活百态片头02"序列.avi
- **难易程度**：★★☆☆☆
- **视频时长**：14秒
- **实例要点**：创建"生活百态片头02"序列
- **思路分析**：在新建的"生活百态片头02"序列中编辑一些图像，作为"生活百态片头01"序列中的一个素材。

实例174　设置"生活百态片头02"序列

实例导航

- **案例文件**：场景 \ Cha13 \ 生活百态片头.prproj
- **视频文件**：视频教学 \ Cha13 \ 设置"生活百态片头02"序列.avi

（续）

- 难易程度：★★☆☆☆
- 视频时长：5分49秒
- 实例要点：设置"生活百态片头02"序列的方法
- 思路分析：太多的图像在一个时间线序列中编辑会显示太乱，本例将介绍创建序列。

实例175　组合图像

实例导航

- 案例文件：场景 \ Cha13 \ 生活百态片头.prproj
- 视频文件：视频教学 \ Cha13 \ 组合图像.avi
- 难易程度：★★☆☆☆
- 视频时长：10分18秒
- 实例要点：组合图像的方法
- 思路分析：将所有的图像与序列共同编辑，产生一个新的视频。

实例176　嵌套序列

实例导航

- 案例文件：场景 \ Cha13 \ 生活百态片头.prproj
- 视频文件：视频教学 \ Cha13 \ 嵌套序列.avi
- 难易程度：★★☆☆☆
- 视频时长：2分16秒
- 实例要点：嵌套序列的方法
- 思路分析：将"生活百态片头02"序列拖至"生活百态片头01"序列中进行编辑。

第13章 生活百态

实例177 添加背景音乐

实例导航

- **案例文件**：场景 \ Cha13 \ 生活百态片头.prproj
- **视频文件**：视频教学 \ Cha13 \ 添加背景音乐.avi
- **难易程度**：★★☆☆☆
- **视频时长**：10秒
- **实例要点**：添加背景音乐的方法
- **思路分析**：通过设置将"生活百态"片头制作完成后，为视频添加音频效果。

实例178 输出生活百态片头

实例导航

- **案例文件**：场景 \ Cha13 | 生活百态片头.prproj
- **视频文件**：视频教学 \ Cha13 \ 输出生活百态片头.avi
- **难易程度**：★★☆☆☆
- **视频时长**：29秒
- **实例要点**：输出生活百态片头
- **思路分析**："生活百态"片头制作完成后需要将影片输出，这也是很关键的一步，它决定着影片的清晰度和播放质量。

第14章
公益活动

随着社会不断发展，各方面水平的不断提高，人们对社会的认知有了质的飞跃，更加注重对社会的回报，尤其是加大对公益的投入。下面将通过Premiere Pro CS5来制作一个公益活动，其效果如图14-1所示。

- 新建项目并导入素材
- 设置【字幕】窗口
- 设置"公益活动"序列
- 创建并设置"公益活动02"序列
- 对时间线进行嵌套
- 添加背景音乐
- 输出公益活动

图14-1 商品广告片头分镜效果

第14章 公益活动

实例179 新建项目并导入素材

实例导航

- **案例文件**：场景 \ Cha14 \ 公益活动.prproj
- **视频文件**：视频教学 \ Cha14 \ 新建项目并导入素材.avi
- **难易程度**：★★☆☆☆
- **视频时长**：58秒
- **实例要点**：新建项目并导入素材的方法
- **思路分析**：在制作视频之前，首先要新建项目，并将素材导入到操作界面中。

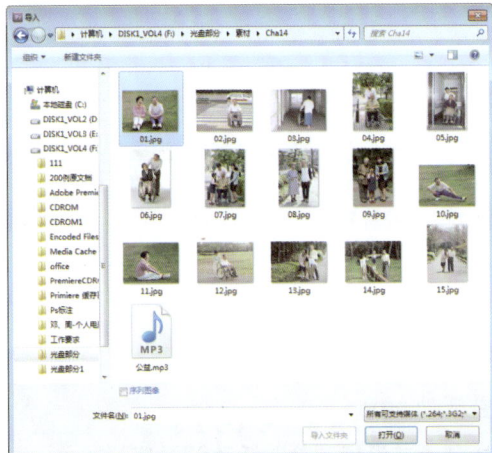

图14-2 生活图像的预览

实例180 设置【字幕】窗口

实例导航

- **案例文件**：场景 \ Cha14 \ 公益活动.prproj
- **视频文件**：视频教学 \ Cha14 \ 设置【字幕】窗口.avi
- **难易程度**：★★☆☆☆
- **视频时长**：6分13秒
- **实例要点**：设置字幕的方法
- **思路分析**：Premiere 本身具有编辑字幕的功能，并且还可以对字体进行动作设置。

227

实例181　设置"公益活动"序列

实例导航

- **案例文件：** 场景 \ Cha14 \ 公益活动.prproj
- **视频文件：** 视频教学 \ Cha14 \ 设置"公益活动"序列.avi
- **难易程度：** ★★☆☆☆
- **视频时长：** 19分40秒
- **实例要点：** 设置"公益活动"序列
- **思路分析：** 太多的图像在一个时间线序列中编辑会显示太乱,本节将介绍创建序列。

实例182　创建并设置"公益活动02"序列

实例导航

- **案例文件：** 场景 \ Cha14 \ 公益活动.prproj
- **视频文件：** 视频教学 \ Cha14 \ 创建并设置"公益活动02"序列.avi
- **难易程度：** ★★☆☆☆
- **视频时长：** 13分29秒
- **实例要点：** 创建并设置"公益活动02"序列的方法
- **思路分析：** 在新建的"公益活动02"序列中编辑一些图像,作为"公益活动"序列中的一个素材。

实例183　对时间线进行嵌套

实例导航

- **案例文件：** 场景 \ Cha14 \ 公益活动.prproj
- **视频文件：** 视频教学 \ Cha14 \ 对时间线进行嵌套.avi

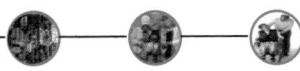

第14章 公益活动

（续）

- 难易程度：★★☆☆☆
- 视频时长：20秒
- 实例要点：对时间线进行嵌套的方法
- 思路分析：将"公益活动02"序列拖至"公益活动"序列中进行编辑。

实例184 添加背景音乐

实例导航

- 案例文件：场景 \ Cha14 \ 公益活动.prproj
- 视频文件：视频教学 \ Cha14 \ 添加背景音乐.avi
- 难易程度：★★☆☆☆
- 视频时长：21秒
- 实例要点：添加背景音乐的方法
- 思路分析：通过设置将"公益活动"片头制作完成后，为视频添加音频效果。

实例185 输出公益活动

实例导航

- 案例文件：场景 \ Cha14 \ 公益活动.prproj
- 视频文件：视频教学 \ Cha14 \ 公益活动.avi
- 难易程度：★★☆☆☆
- 视频时长：1分05秒
- 实例要点：输出公益活动
- 思路分析：公益活动制作完成后需要将影片输出，这也是很关键的一步，它决定着影片的清晰度和播放质量。

第15章
商品广告

随着时代的发展以及人们水平的提高，各式各样的广告片头随即出现。下面将通过Premiere Pro CS5制作一个商品的片头，其效果如图15-1所示。

- 图像的预览
- 图像素材的导入
- 创建标题、文本、线
- 创建并设置"商品广告片头02"序列
- 编辑图像
- 添加背景音乐
- 输出商品广告片头

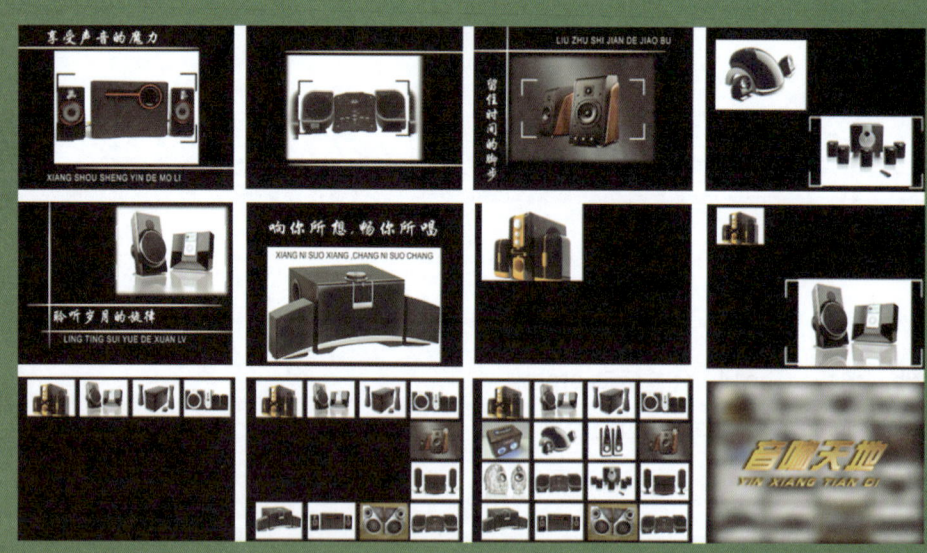

图15-1 商品广告片头分镜效果

第15章 商品广告

实例186　图像的预览

实例导航

- **案例文件**：场景 \ Cha15 \ 商品广告片头.prproj
- **视频文件**：视频教学 \ Cha15 \ 图像的预览.avi
- **难易程度**：★☆☆☆☆
- **视频时长**：8秒
- **实例要点**：图像的预览
- **思路分析**：在制作商品广告片头之前，首先要对相应的商品图像进行收集并放在同一个文件夹中，如果发现素材有些过暗，则可以在Photoshop中对其进行【亮度/对比度】调整，如图15-2所示。

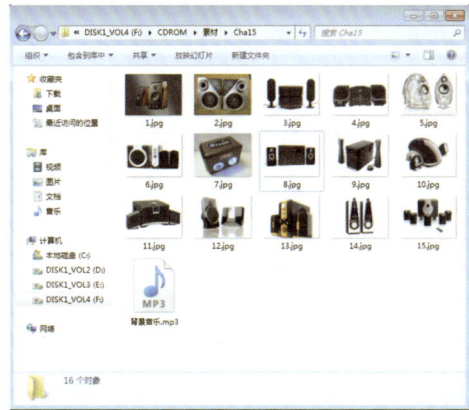

图15-2　预览素材

实例187　图像素材的导入

实例导航

- **案例文件**：场景 \ Cha15 \ 商品广告片头.prproj
- **视频文件**：视频教学 \ Cha15 \ 图像素材的导入.avi
- **难易程度**：★☆☆☆☆
- **视频时长**：25秒
- **实例要点**：图像素材导入的方法
- **思路分析**：在制作视频之前，首先需要将素材导入到操作界面中。

231

1. 运行Premiere Pro CS5，在欢迎界面中单击【新建项目】按钮，在【新建项目】对话框中选择项目的保存路径，将项目命名为"商品广告片头"，单击【确定】按钮，如图15-3所示。

2. 进入【新建序列】对话框中，在【序列设置】选项卡中【有效预置】区域下选择【DV-24P】|【标准 48kHz】选项，对【序列名称】进行命名，单击【确定】按钮，如图15-4所示。

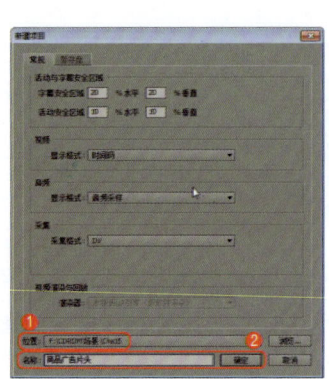
图15-3 新建项目

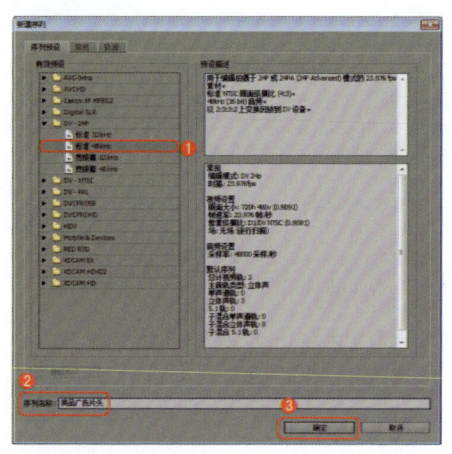
图15-4 新建序列

3. 进入操作界面中，在【项目】窗口的【名称】区域下空白处双击鼠标左键，在打开的对话框中选择随书附带光盘"素材\Cha15文件夹"，单击【导入文件夹】按钮，如图15-5所示。

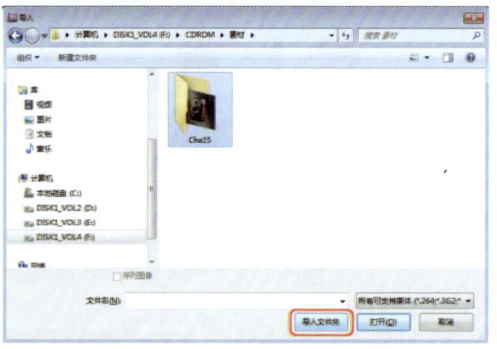
图15-5 导入素材文件夹

实例188 创建标题、文本、线

实例导航

- 案例文件：场景\Cha15\商品广告片头.prproj
- 视频文件：视频教学\Cha15\创建标题、文本、线.avi
- 难易程度：★☆☆☆☆
- 视频时长：8分50秒
- 实例要点：创建标题、文本、线的方法
- 思路分析：Premiere 本身具有编辑字幕的功能，并且还可以对字体或者图片设置简单的动画。

1 按Ctrl+T键，新建字幕"标题"，使用 T 工具，在字幕设计栏中输入文字，设置【字幕样式】为"HoboStad Slant Gold 80"，在【字幕】栏中设置【字体】为"HYZongYiJ"，设置【字体大小】为80.0，设置【跟踪】为10.0，设置【X位置】、【Y位置】为330.0、220.0，然后在文字下方输入拼音，设置【字体】为"HYZongYiJ"，设置【字幕样式】为"HoboStad Slant Gold 80"，设置【字体大小】为28.0，设置【跟踪】为10.0，设置【X位置】、【Y位置】为306.6、300.0，如图15-6所示。

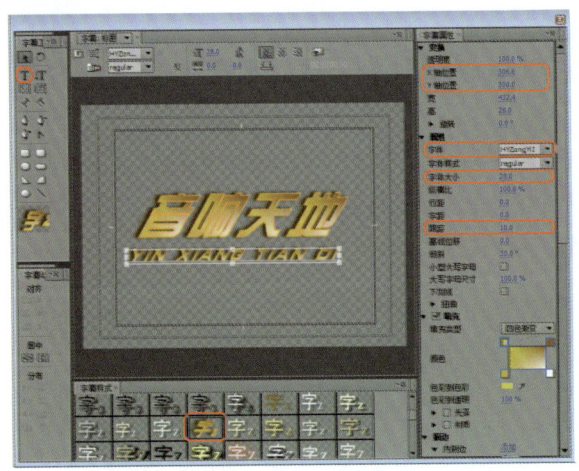

图15-6 新建"标题"

2 单击 (基于当前字幕新建字幕) 按钮，新建字幕"文字01"，删除字幕设计栏中的内容，使用 T 工具，在字幕设计栏中输入文字，设置【字体】为"STXingKai"，设置【字体大小】为35.0，设置【纵横比】为100.0，设置【跟踪】为5.0，设置【倾斜】为0.0，设置【填充类型】为"实色"，设置【色彩】为"白色"，删除所有描边，取消选中【阴影】复选框，设置【X位置】、【Y位置】为330.0、90.0，如图15-7所示。

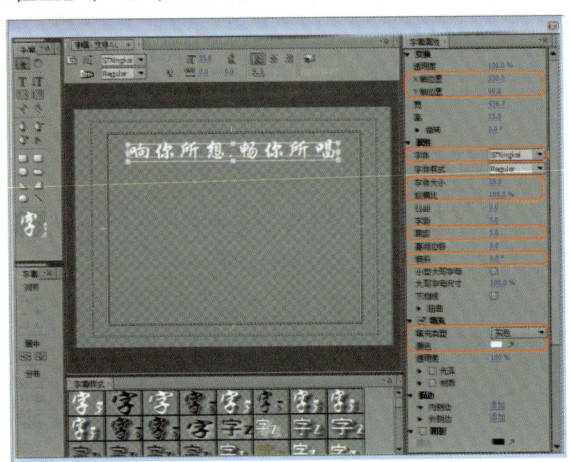

图15-7 新建"文字01"

3 单击 (基于当前字幕新建字幕) 按钮，新建字幕"文字02"，更改字幕设计栏中的文字，设置【字体大小】为35.0，设置【跟踪】为0.0，将描边删除，设置【X位置】、【Y位置】为470.0、200.0，如图15-8所示。

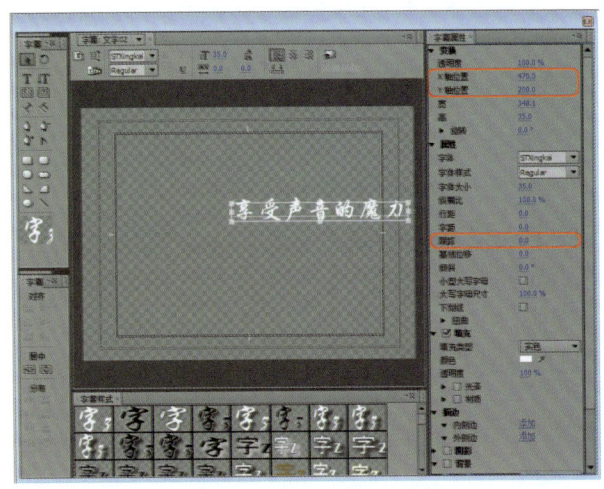

图15-8 新建"文字02"

4 单击 (基于当前字幕新建字幕) 按钮，新建字幕"文字03"，删除字幕设计栏中的文字，使用 (垂直文字工具) 输入文字，设置【字距】为10.0，设置【X位置】、【Y位置】为100.0、300.0，如图15-9所示。

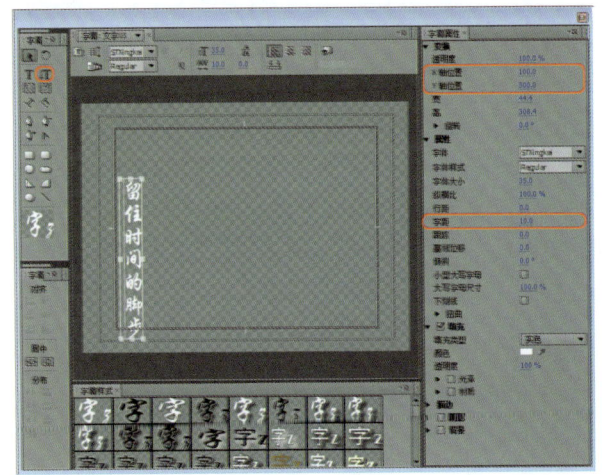

图15-9 新建"文字03"

5 单击 (基于当前字幕新建字幕) 按钮，新建字幕"文字04"，删除字幕设计栏中的文字，使用 (文字工具) 输入文字，设置【X位置】、【Y位置】为188.0、385.0，如图15-10所示。

6 单击 (基于当前字幕新建字幕) 按钮，新建字幕"字母01"，删除字幕设计栏中的文字，使用 (文字工具) 输入文字，设置【字体】为"Arial"，设置【字体大小】为25.0，设置【填充】下的【色彩】为黑色，设置【X位置】、【Y位置】为323.0、145.0，如图15-11所示。

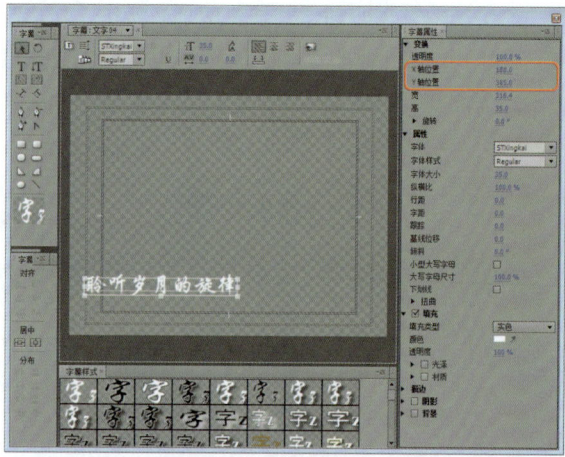

图15-10 新建"文字04"

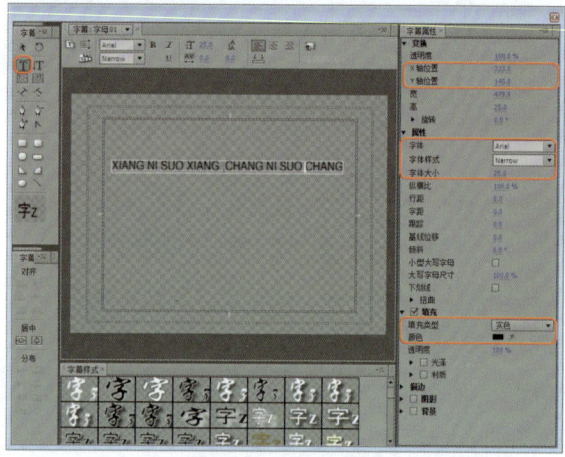

图15-11 新建"字母01"

7 单击 ■（基于当前字幕新建字幕）按钮，新建字幕"字母02"，更改字幕设计栏中的文字，设置【跟踪】为5.0，设置【填充】下的【色彩】为白色，设置【X位置】、【Y位置】为269.0、420.0，如图15-12所示。

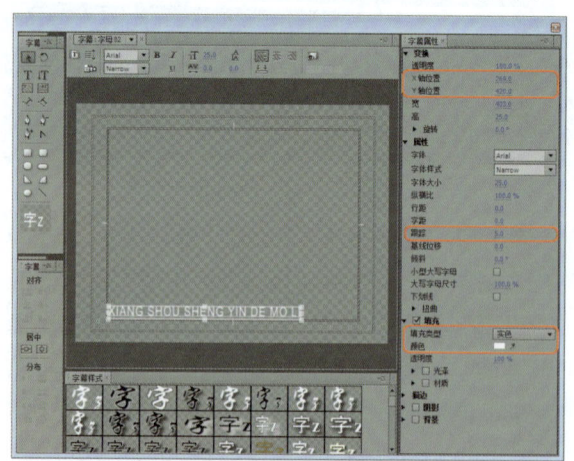

图15-12 新建"字母02"

8 单击 ■（基于当前字幕新建字幕）按钮，新建字幕"字母03"，更改字幕设计栏中的文字；设置【X位

置】、【Y位置】为419.0、65.0，如图15-13所示。

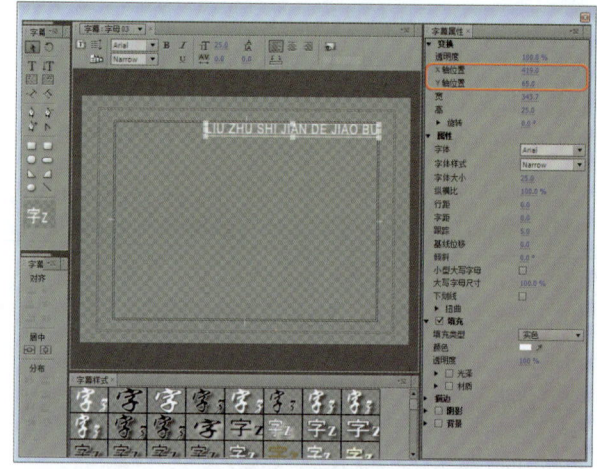

图15-13 新建"字母03"

9 单击 ■（基于当前字幕新建字幕）按钮，新建字幕"字母04"，更改字幕设计栏中的文字，设置【X位置】、【Y位置】为260.0、405.0，如图15-14所示。

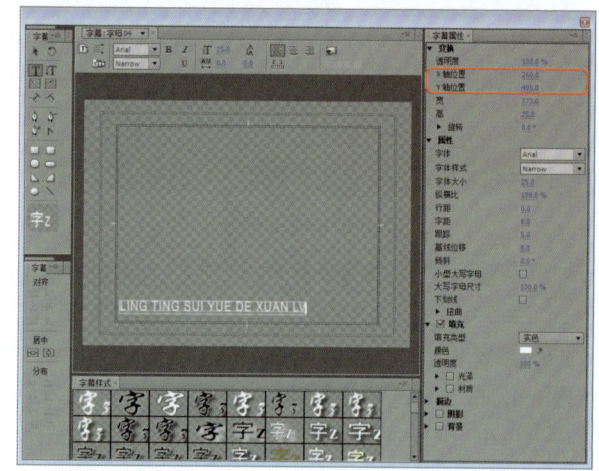

图15-14 新建"字母04"

10 单击 ■（基于当前字幕新建字幕）按钮，新建字幕"纵线"，将文字删除，使用 ■ 工具，绘制椭圆形，设置【宽度】、【高度】分别为5.0、481.5，设置【X位置】、【Y位置】为121.0、240.8，如图15-15所示。

11 单击 ■（基于当前字幕新建字幕）按钮，新建字幕"线01"，选中字幕设计栏中的椭圆形，设置【宽度】、【高度】分别为700.0、5.0，设置【X位置】、【Y位置】为326.0、100.0，如图15-16所示。

12 单击 ■（基于当前字幕新建字幕）按钮，新建字幕"线02"，选中字幕设计栏中的椭圆，设置【宽度】、【高度】分别为600.0、6.0，设置【X位置】、【Y位置】为298.3、380.0，如图15-17所示。

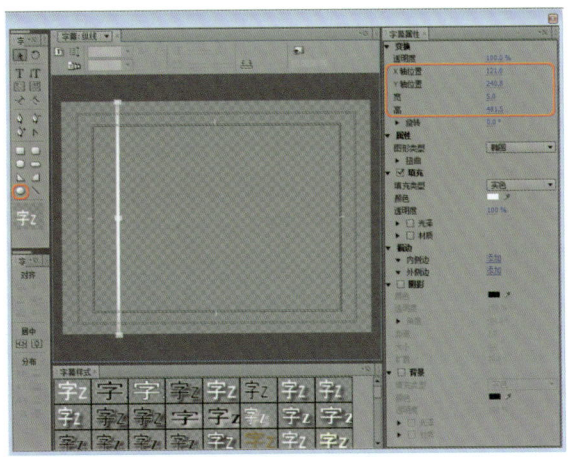

图15-15 新建"纵线"

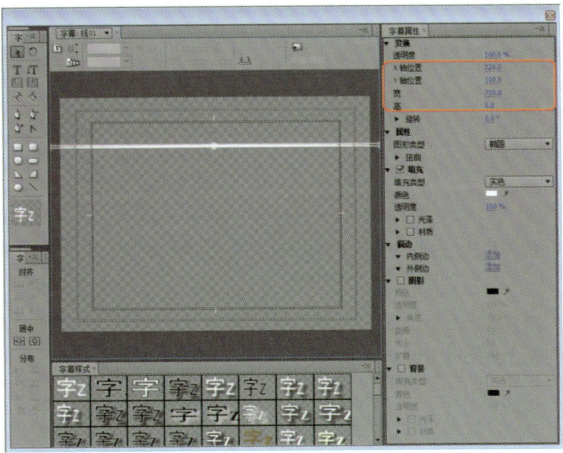

图15-16 新建"线01"

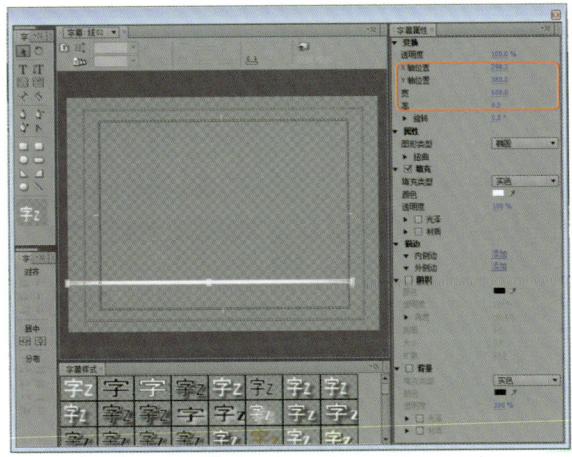

图15-17 新建"线02"

13 单击 ![icon]（基于当前字幕新建字幕）按钮，新建字幕"边框"，将字幕设计栏中的椭圆形删除，使用 ![icon]（矩形工具）绘制一个矩形，设置【图形类型】为"打开曲线"设置【线宽】为5.0，设置【宽度】、【高度】分别为5.0、37.0，设置【X位置】、【Y位置】分别为184.2、225.5，如图15-18所示。

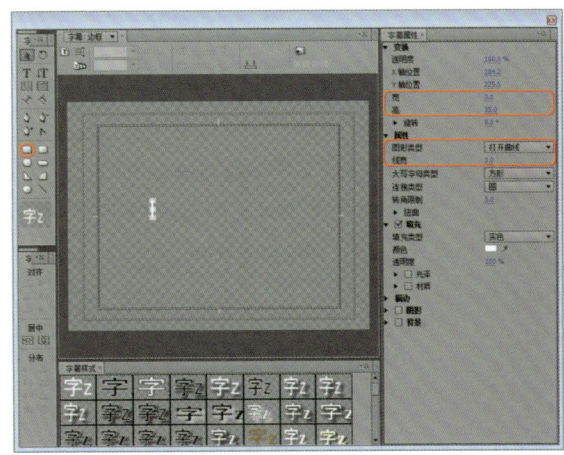

图15-18 新建"边框"

14 对字幕设计栏中的矩形进行复制，设置【宽度】、【高度】分别为35.0、3.0，设置【X位置】、【Y位置】为200.0、166.3，设置第一个矩形的【X位置】、【Y位置】为182.0、183.5，如图15-19所示。

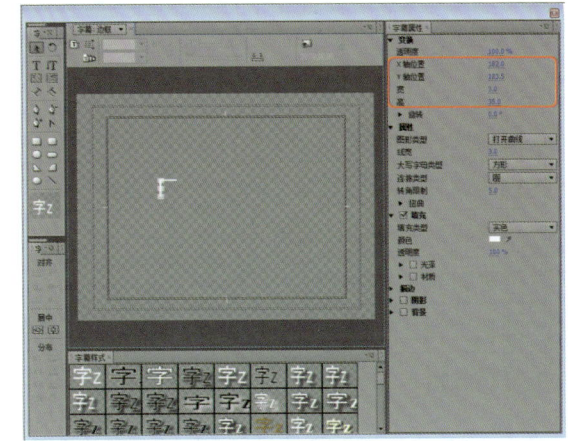

图15-19 调整边框

15 选中两个矩形，对其进行移动复制，然后调整各自所在的位置，制作出边框的效果，最后单击 ![icon]（垂直居中）和 ![icon]（水平居中）按钮，如图15-20所示。

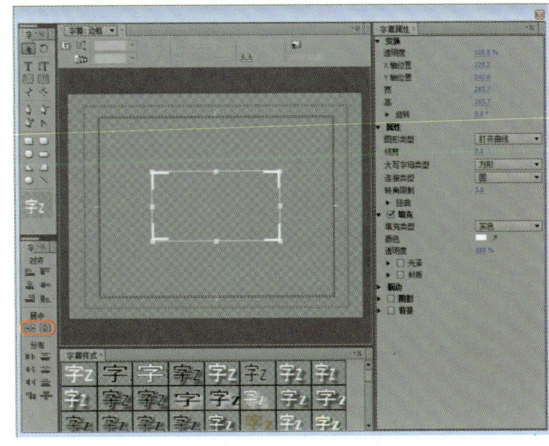

图15-20 调整边框

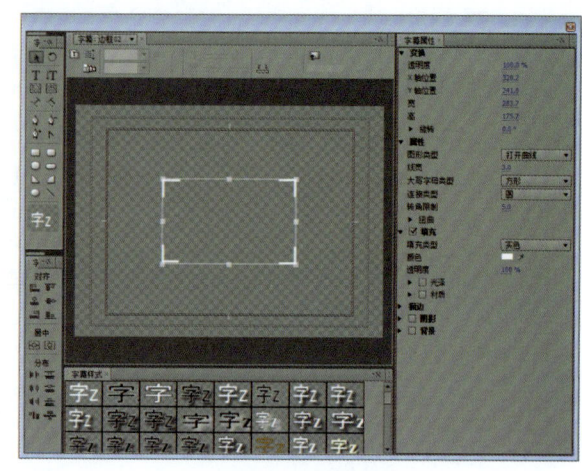

图15-21 调整边框

16 单击 ▣（基于当前字幕新建字幕）按钮，新建字幕"边框02"，对字幕设计栏中的边框进行调整，最后将字幕窗口关闭，效果如图15-21所示。

实例189 创建并设置"商品广告片头02"序列

实例导航

- **案例文件**：场景 \ Cha15 \ 商品广告片头.prproj
- **视频文件**：视频教学 \ Cha15 \ 创建并设置"商品广告片头"序列.avi
- **难易程度**：★☆☆☆☆
- **视频时长**：7分10秒
- **实例要点**：创建并设置"商品广告片头"序列的方法
- **思路分析**：太多的图像在一个时间线序列中编辑，显示太乱，本节将介绍创建并设置序列。

1 在【项目】窗口中单击鼠标右键，然后选择【新建分项】|【序列】，在弹出的对话框中，对【序列名称】进行命名，单击【确定】按钮，如图15-22所示。

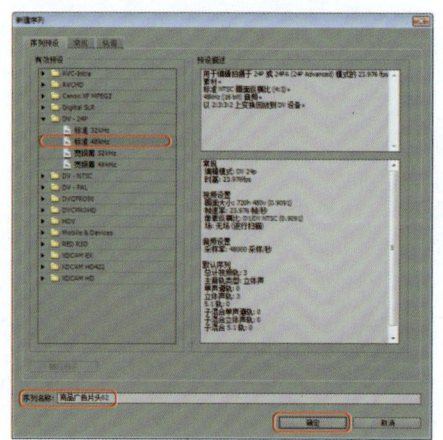

图15-22 新建序列

2 激活新建序列，将"13.jpg"拖至【时间线】窗口的【视频1】轨道中，拖动其结尾处至00:00:07:21，如图15-23所示。

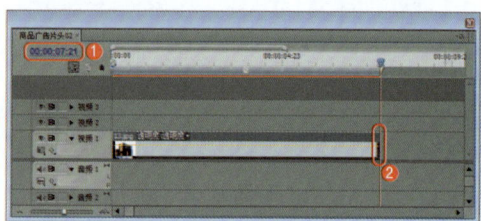

图15-23 拖动素材

3 设置时间为00:00:00:00，激活【特效控制台】面板，设置【运动】区域下的【位置】为749.2、373.6，设置【缩放比例】为200.0，分别单击它们左侧的 ▣ 按钮，打开动画关键帧的记录，设置时间为00:00:00:14，设置【位置】为190.3、116.2，设置【缩放比例】为45.0，如图15-24所示。

第15章 商品广告

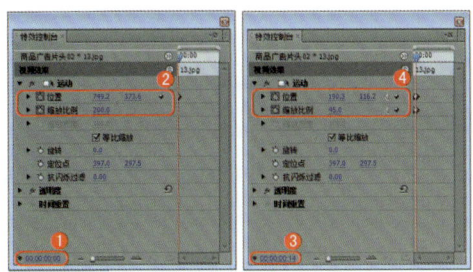

图15-24 设置【位置】、【缩放比例】

4 设置当前时间为00:00:01:06，为【位置】、【缩放比例】分别添加关键帧，设置当前时间为00:00:01:09，设置【位置】为109.0、63.0，设置【缩放比例】为21.0，如图15-25所示。

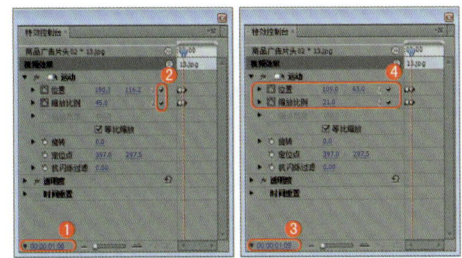

图15-25 设置【位置】、【缩放比例】

5 设置当前时间为00:00:01:09，将"12.jpg"拖至【时间线】窗口的【视频2】轨道中，与编辑标识线对齐，拖动其结尾处与"13.jpg"文件结尾处对齐，如图15-26所示。

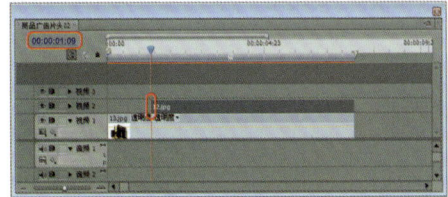

图15-26 拖动素材

6 激活【特效控制台】面板，设置【运动】区域下的【位置】为187.0、345.3，设置【缩放比例】为400.0，单击【缩放比例】左侧的 按钮，打开动画关键帧的记录，设置【透明度】为0.0，设置当前时间为00:00:01:11，添加一处【缩放比例】关键帧，设置【透明度】为100.0，如图15-27所示。

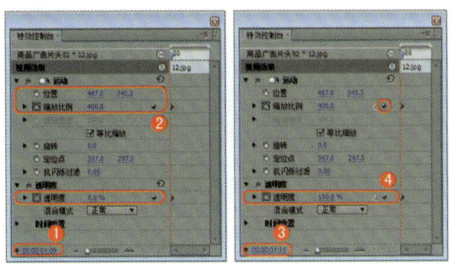

图15-27 设置关键帧

7 设置当前时间为00:00:01:13，设置【缩放比例】为70.0，设置当前时间为00:00:01:23，单击【位置】左侧的 按钮，打开动画关键帧的记录，设置【缩放比例】为45.0，如图15-28所示。

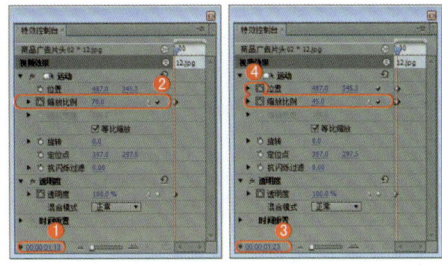

图15-28 设置【位置】、【缩放比例】

8 设置当前时间为00:00:02:02，设置【位置】为281.7、63.3，设置【缩放比例】为21.0，如图15-29所示。

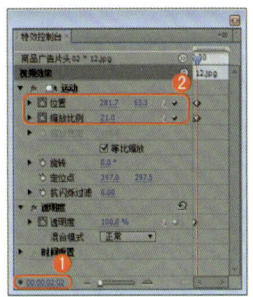

图15-29 设置【位置】、【缩放比例】

9 设置当前时间为00:00:01:00，将"边框02"拖至【时间线】窗口的【视频3】轨道中，与编辑标识线对齐，拖动其结尾处至00:00:02:02，然后为其添加【闪光灯】特效，激活【特效控制台】面板，设置【位置】为482.0、344.0，设置【缩放比例】为145.0，在【闪光灯】区域下设置【随机明暗闪动概率】为15.0，如图15-30所示。

10 选择【序列】|【添加轨道】命令，在【添加轨道】对话框中，添加13条视频轨，单击【确定】按钮，如图15-31所示。

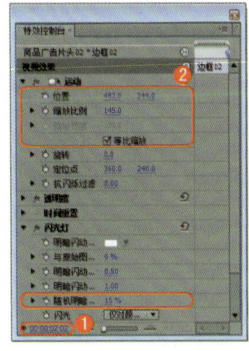 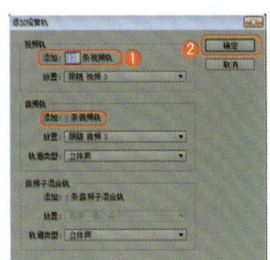

图15-30 设置参数　　　图15-31 添加视频轨

237

11 设置当前时间为00:00:02:05，将"9.jpg"拖至【时间线】窗口的【视频3】轨道中，与编辑标识线对齐，拖动其结尾处与"12.jpg"文件结尾处对齐，如图15-32所示。

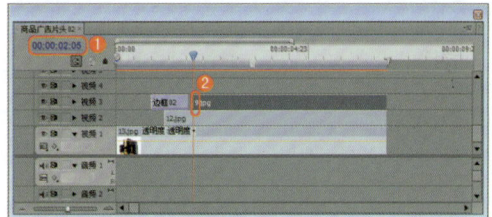

图15-32 拖动素材

12 激活【特效控制台】面板，设置【运动】区域下的【位置】为455.0、63.2，设置【缩放比例】为21.0，如图15-33所示。

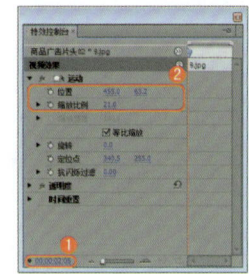

图15-33 设置【位置】、【缩放比例】

13 设置当前时间为00:00:02:09，将"6.jpg"文件拖至【视频4】轨道中，与编辑标识线对齐，拖动其结尾处与"9.jpg"文件结尾处对齐，如图15-34所示。

14 激活【特效控制台】面板，设置【运动】区域下的【位置】为627.0、64.0，设置【缩放比例】为21.0，如图15-35所示。

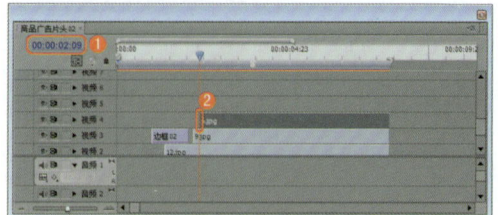

图15-34 拖动素材

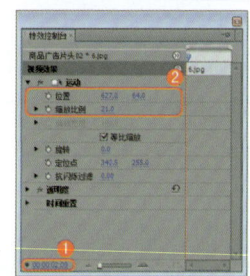

图15-35 设置【位置】、【缩放比例】

15 按照上述方法将其他素材文件拖至各自相应的视频轨道中，并对其位置和大小进行调整设置，效果如图15-36所示。

图15-36 拖动素材

实例190 编辑图像

实例导航

- **案例文件**：场景 \ Cha15 \ 商品广告片头.prproj
- **视频文件**：视频教学 \ Cha15 \ 编辑图像.avi
- **难易程度**：★☆☆☆☆
- **视频时长**：10分14秒
- **实例要点**：编辑图像的方法
- **思路分析**：将所有的图像与序列共同编辑，产生一个新的视频。

第15章 商品广告

1. 激活"商品广告片头"序列,选择【序列】|【添加轨道】命令,在【添加轨道】对话框中添加5条视频轨,单击【确定】按钮,如图15-37所示。

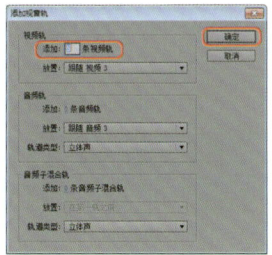

图15-37 添加视频轨

2. 将"8.jpg"拖至【时间线】窗口的【视频1】轨道中,拖动其结尾处至00:00:01:05,然后为其分别添加【高斯模糊】、【裁剪】特效,如图15-38所示。

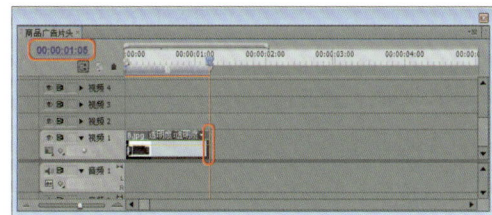

图15-38 拖动素材

3. 设置当前时间为00:00:00:00,激活【特效控制台】面板,在【裁剪】区域下,设置【左侧】、【顶部】、【右侧】、【底部】均为4.0,在【高斯模糊】区域下,单击【模糊度】左侧的 按钮,打开动画关键帧的记录,设置当前时间为00:00:00:01,设置【缩放比例】为35.0,单击其左侧的 按钮,打开动画关键帧的记录,如图15-39所示。

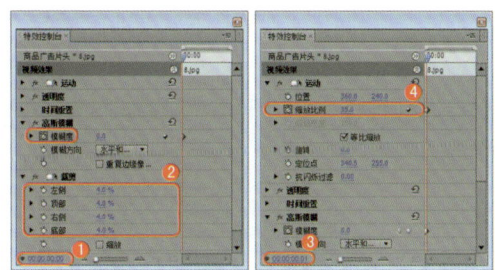

图15-39 设置参数

4. 设置当前时间为00:00:00:11,设置【缩放比例】为70.0,设置【模糊度】为10.0。设置当前时间为00:00:00:14,添加一处【透明度】关键帧,如图15-40所示。

5. 设置当前时间为00:00:00:15,设置【透明度】为0.0,设置当前时间为00:00:00:16,设置【透明度】为100.0,如图15-41所示。

6. 设置当前时间为00:00:00:14,将"8.jpg"拖至【时间线】窗口的【视频2】轨道中,与编辑标识线对齐,拖动其结尾处与【视频1】轨道中的"8.jpg"文件结尾处对齐,如图15-42所示。

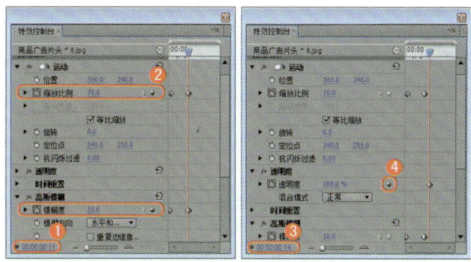

图15-40 设置参数

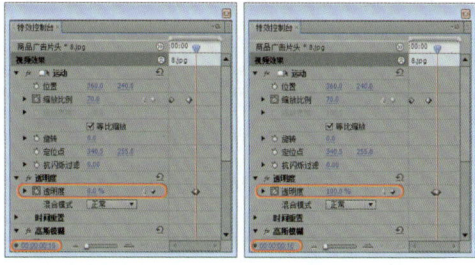

图15-41 设置【透明度】

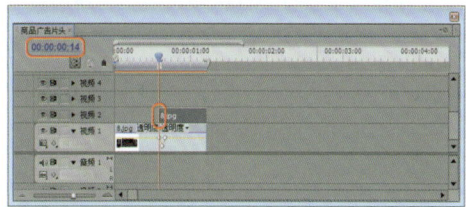

图15-42 拖动素材

7. 为其添加【裁剪】特效,激活【特效控制台】面板,设置【缩放比例】为70.0,设置【裁剪】下的【左侧】为16.0,设置【顶部】为18.0,设置【右侧】为16.0,设置【底部】为16.0,如图15-43所示。

8. 设置当前时间为00:00:00:08,将"边框"拖至【时间线】窗口的【视频3】轨道中,与编辑标识线对齐,拖动其结尾处与"8.jpg"文件结尾处对齐,为其添加【闪光灯】特效,激活【特效控制台】面板,设置【缩放比例】为150.0,在【闪光灯】区域下,设置【明暗闪动颜色】为黑色,设置【随机明暗闪动概率】为15.0,如图15-44所示。

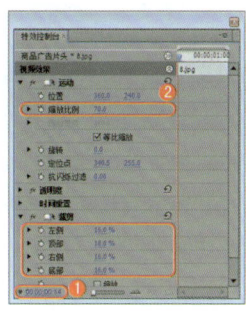

图15-43 设置参数

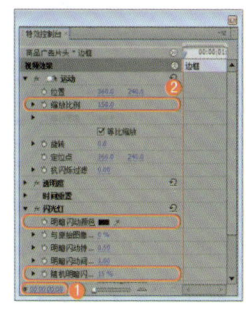

图15-44 设置参数

239

9 设置当前时间为00:00:00:13,将"线01"拖至【时间线】窗口的【视频4】轨道中,与编辑标识线对齐,拖动其结尾处与"边框"文件结尾处对齐,激活【特效控制台】面板,设置【位置】为1100.0、206.0,单击其左侧的按钮,打开动画关键帧的记录,设置当前时间为00:00:00:20,设置【位置】为240.7、282.0,如图15-45所示。

10 设置当前时间为00:00:00:13,将"线01"拖至【时间线】窗口的【视频5】轨道中,与编辑标识线对齐,拖动其结尾处与"边框"文件结尾处对齐,激活【特效控制台】面板,设置【位置】为-465.0、557.0,单击其左侧的按钮,打开动画关键帧的记录,设置当前时间为00:00:00:20,设置【位置】为551.0、557.0,如图15-46所示。

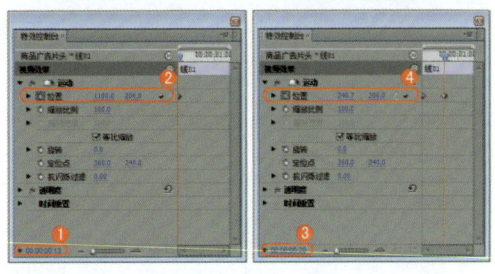
图15-45 设置【位置】

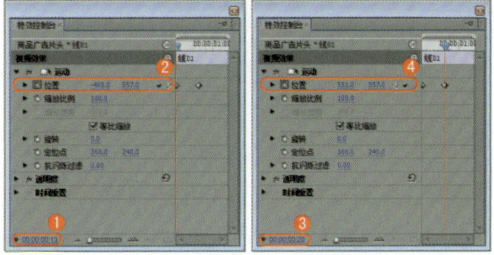
图15-46 设置【位置】

11 设置当前时间为00:00:00:13,将"文字02"拖至【时间线】窗口的【视频6】轨道中,与编辑标识线对齐,拖动其结尾处与"线01"结尾处对齐,激活【特效控制台】面板,设置【位置】为829.0、80.0,单击其左侧的按钮,打开动画关键帧的记录,设置当前时间为00:00:01:01,设置【位置】为56.0、80.0,如图15-47所示。

12 设置当前时间为00:00:00:13,将"字母02"拖至【时间线】窗口的【视频7】轨道中,与编辑标识线对齐,拖动其结尾处与"文字02"结尾处对齐,激活【特效控制台】面板,设置【位置】为-210.0、268.0,单击其左侧的按钮,打开动画关键帧的记录,设置当前时间为00:00:01:01,设置【位置】为435.0、268.0,如图15-48所示。

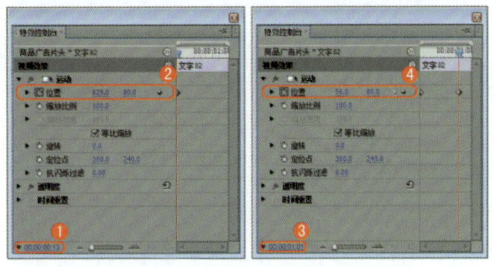
图15-47 设置【位置】

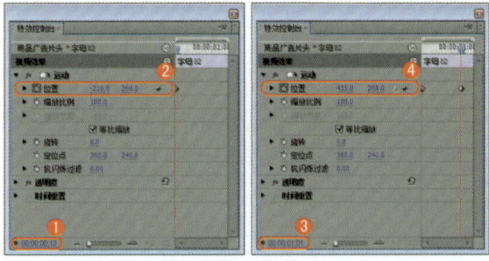
图15-48 设置【位置】

13 至此,对于"8.jpg"文件的视频动态效果已经制作完成了,利用同样方法将其他文件的动态效果进行制作,完成的效果如图15-49所示。

14 将"商品广告片头02"拖至【视频1】轨道中,然后为其添加【摄像机模糊】特效,设置当前时间为00:00:07:06,设置【摄像机模糊】区域下的【模糊百分比】为0.0,如图15-50所示。

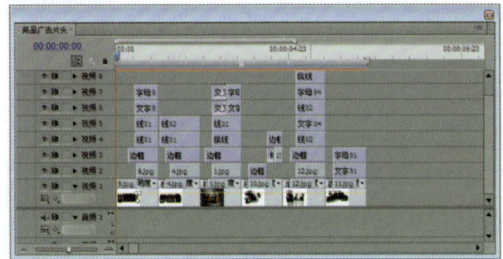
图15-49 拖动设置素材

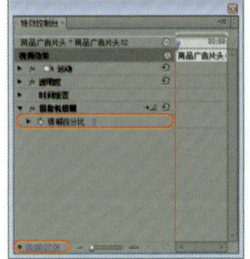
图15-50 设置参数

15 设置当前时间为00:00:12:10,设置【模糊百分比】为0.0,单击其左侧的按钮,打开动画关键帧的记录。设置当前时间为00:00:13:22,设置【模糊百分比】为31.0,如图15-51所示。

16 设置当前时间为00:00:13:23,将"标题"拖至【时间线】窗口的【视频2】轨道中,与编辑标识线对齐,拖动其结尾处与序列结尾处对齐,如图15-52所示。

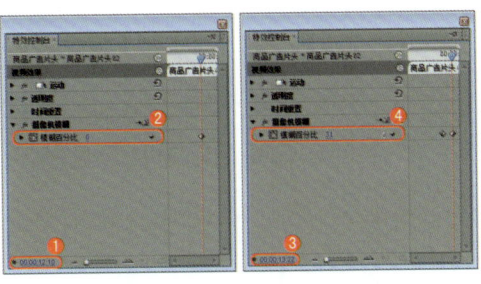
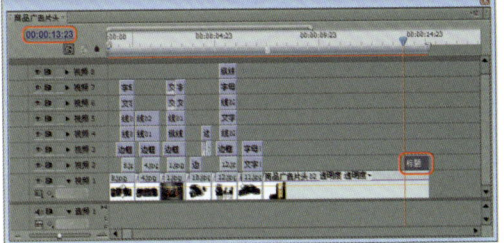

图15-51 设置【模糊百分比】　　　　　　　图15-52 拖动素材

17 激活【特效控制台】面板，设置【缩放比例】为500.0，单击其左侧的 按钮，打开动画关键帧的记录，设置【透明度】为0.0，设置当前时间为00:00:14:10，设置【缩放比例】为100.0，设置【透明度】为100.0，如图15-53所示。

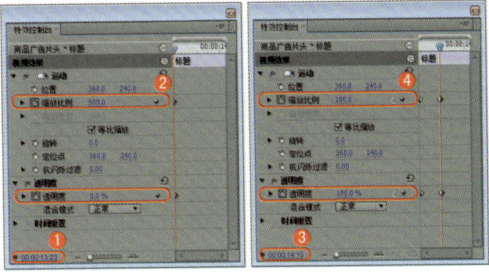

图15-53 设置参数

实例191 添加背景音乐

实例导航

- **案例文件**：场景 \ Cha15 \ 商品广告片头.prproj
- **视频文件**：视频教学 \ Cha15 \ 添加背景音乐.avi
- **难易程度**：★☆☆☆☆
- **视频时长**：12秒
- **实例要点**：添加背景音乐的方法
- **思路分析**：介绍为制作好的作品添加音效。

将"背景音乐.mp3"拖至【时间线】窗口的【音频1】轨道中，如图15-54所示。

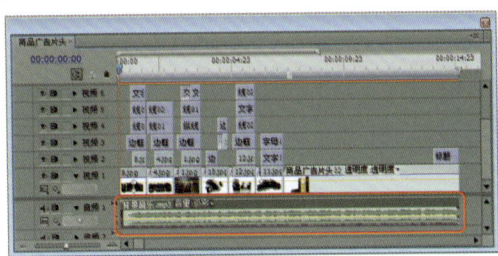

图15-54 拖动音频素材

实例192 输出商品广告片头

实例导航

- **案例文件**：场景 \ Cha15 \ 商品广告片头.prproj
- **视频文件**：视频教学 \ Cha15 \ 输出商品广告片头.avi
- **难易程度**：★☆☆☆☆
- **视频时长**：43秒
- **实例要点**：输出商品广告片头的方法
- **思路分析**：商品广告片头制作完成后需要将影片输出，这是很关键的一步，它决定着影片的清晰度和播放质量。

1. 激活"商品广告片头"，选择【文件】|【导出】|【媒体】命令，在打开的【导出设置】对话框中，在【导出设置】区域下，设置【格式】为"Microsoft AVI"，在【输出名称】右侧设置输出的路径及名称。设置【视频编解码器】为"Microsoft Video 1"，设置【基本设置】区域下的【品质】为100，【场类型】设置为"逐行"，单击【队列】按钮，如图15-55所示。

2. 进入Adobe Media Encoder 面板中，单击【开始队列】按钮，对视频进行渲染输出，如图15-56所示。

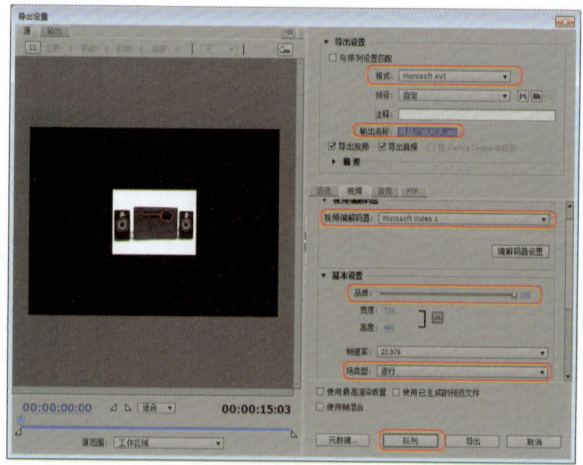

图15-55 导出设置

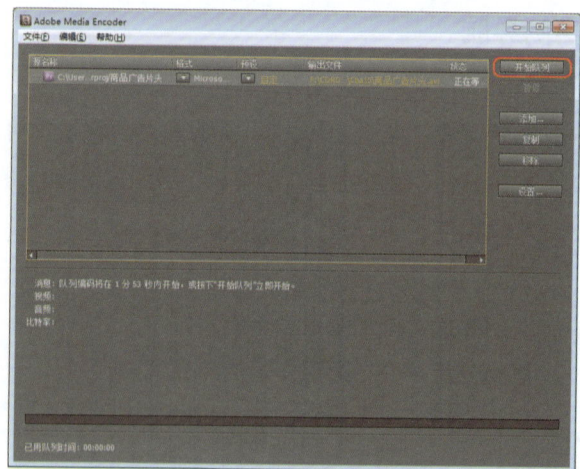

图15-56 开始队列

第16章
动物世界片头

地球生物的多样化，为人们的生活带来无尽的乐趣。下面将通过Premiere Pro CS5来制作一组动物的片头，使读者认识不同的生命，认识自然对人类的影响，其效果如图16-1所示。

- 素材的预览
- 素材的导入
- 创建标题、字幕
- 创建并设置"动物世界片头02"序列
- 创建并设置"动物世界片头03"序列
- 编辑素材
- 添加背景音乐
- 输出动物世界片头

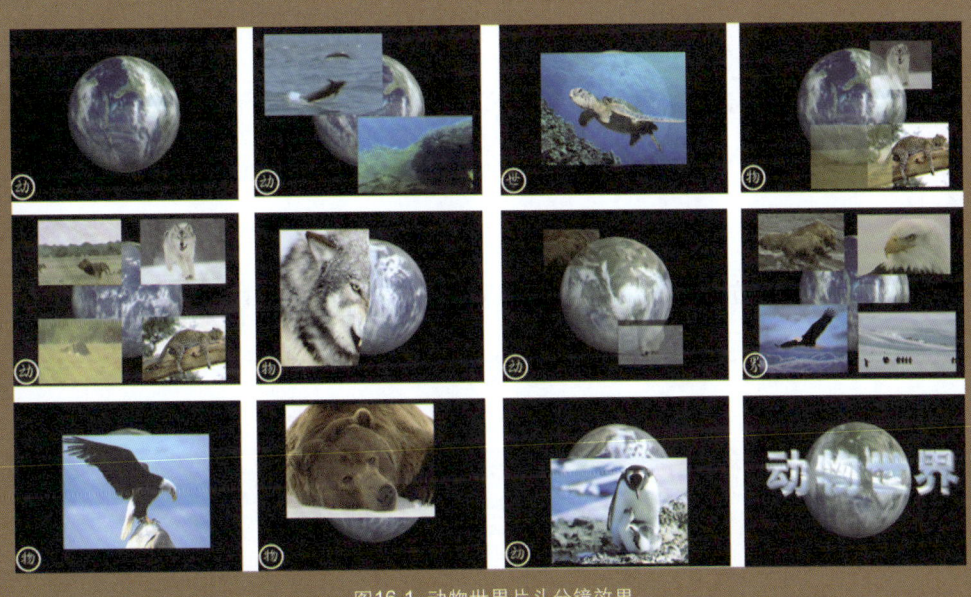

图16-1 动物世界片头分镜效果

实例193　素材的预览

实例导航

- **案例文件**：场景 \ Cha16 \ 动物世界.prproj
- **视频文件**：视频教学 \ Cha16 \ 素材的预览.avi
- **难易程度**：★★☆☆☆
- **视频时长**：9秒
- **实例要点**：素材预览的方法
- **思路分析**：在制作动物世界之前，打开素材进行预览，如果发现素材有些过暗，则可以在Photoshop中对其进行【亮度/对比度】调整。如图16-2所示是本例制作中应用到的文件。

图16-2　动物图像的预览

实例194　素材的导入

实例导航

- **案例文件**：场景 \ Cha16 \ 动物世界.prproj
- **视频文件**：视频教学 \ Cha16 \ 素材的导入.avi
- **难易程度**：★★☆☆☆
- **视频时长**：20秒
- **实例要点**：素材导入的方法
- **思路分析**：在制作视频之前，首先要新建项目，并将素材导入到操作界面中。

实例195　创建标题、字幕

实例导航

- **案例文件**：场景 \ Cha16 \ 动物世界.prproj
- **视频文件**：视频教学 \ Cha16 \ 创建标题、字幕.avi

（续）

- 难易程度：★★☆☆☆
- 视频时长：2分58秒
- 实例要点：创建标题、字幕的方法
- 思路分析：Premiere 本身具有编辑字幕的功能，并且还可以对字体进行动作设置。

实例196　创建并设置"动物世界片头02"序列

实例导航

- 案例文件：场景 \ Cha16 \ 动物世界.prproj
- 视频文件：视频教学 \ Cha16 \ 创建并设置"动物世界片头02"序列.avi
- 难易程度：★★☆☆☆
- 视频时长：2分22秒
- 实例要点：创建并设置"动物世界片头02"序列的方法
- 思路分析：在新建的"动物世界片头02"序列中编辑一些图像，作为"动物世界片头"序列中的一个素材。

实例197　创建并设置"动物世界片头03"序列

实例导航

- 案例文件：场景 \ Cha16 \ 动物世界.prproj
- 视频文件：视频教学 \ Cha16 \ 创建并设置"动物世界片头03"序列.avi
- 难易程度：★★☆☆☆
- 视频时长：2分钟
- 实例要点：创建并设置"动物世界片头03"序列的方法
- 思路分析：在新建的"动物世界片头03"序列中编辑一些图像，作为"动物世界片头"序列中的一个素材。

实例198　编辑素材

实例导航

- 案例文件：场景 \ Cha16 \ 动物世界.prproj
- 视频文件：视频教学 \ Cha16 \ 编辑素材.avi
- 难易程度：★★☆☆☆
- 视频时长：22分55秒
- 实例要点：编辑素材的方法
- 思路分析：在【时间线】窗口中对素材进行编辑。

实例199　添加背景音乐

实例导航

- 案例文件：场景 \ Cha16 \ 动物世界.prproj
- 视频文件：视频教学 \ Cha16 \ 添加背景音乐.avi
- 难易程度：★★☆☆☆
- 视频时长：12秒
- 实例要点：添加背景音乐的方法
- 思路分析：通过设置将动物世界片头制作完成后，为视频添加音频效果。

实例200　输出动物世界片头

实例导航

- 案例文件：场景 \ Cha16 \ 动物世界.prproj
- 视频文件：视频教学 \ Cha16 \ 输出动物世界片头.avi
- 难易程度：★★☆☆☆
- 视频时长：31秒
- 实例要点：输出动物世界片头
- 思路分析：动物世界片头制作完成后需要将影片输出，这也是很关键的一步，它决定着影片的清晰度和播放质量。

第17章
音乐前沿片头

节目片头对一个节目具有很大的宣传作用，特别是在这个信息强大的时代。本例主要应用到了颜色的变换，然后通过关键帧和切换效果的搭配产生强烈的视觉冲击力，从而在第一时间吸引观众的目光。其效果如图17-1所示。

- 素材的预览
- 素材的导入
- 创建标题、文本
- 新建"音乐前沿片头02"序列
- 设置"音乐前沿片头02"序列
- 编辑素材
- 添加背景音乐
- 输出音乐前沿片头

图17-1 音乐前沿片头分镜效果

实例201　素材的预览

实例导航

- **案例文件**：场景\Cha17\音乐前沿片头.prproj
- **视频文件**：视频教学\Cha17\素材的预览.avi
- **难易程度**：★☆☆☆☆
- **视频时长**：10秒
- **实例要点**：素材的预览
- **思路分析**：在制作音乐前沿片头之前，首先要对相应的素材进行收集并放在同一个文件夹中，如果发现素材有些暗，则可以在Photoshop中对其【亮度/对比度】进行调整，如图17-2所示。

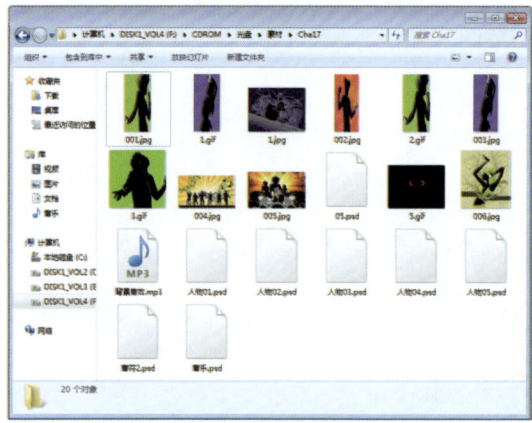

图17-2　素材的预览

实例202　素材的导入

实例导航

- **案例文件**：场景\Cha17\音乐前沿片头.prproj
- **视频文件**：视频教学\Cha17\素材的导入.avi
- **难易程度**：★☆☆☆☆
- **视频时长**：45秒
- **实例要点**：图像素材导入的方法
- **思路分析**：在制作视频之前，首先需要将素材导入到操作界面中。

第17章 音乐前沿片头

1. 运行Premiere Pro CS5，在欢迎界面中单击【新建项目】按钮，在【新建项目】对话框中选择项目的保存路径，将项目命名为"音乐前沿片头"，单击【确定】按钮，如图17-3所示。

2. 进入【新建序列】对话框中，在【序列设置】选项卡中【有效预置】区域下选择【DV-24P】|【标准48kHz】选项，对【序列名称】进行命名，单击【确定】按钮，如图17-4所示。

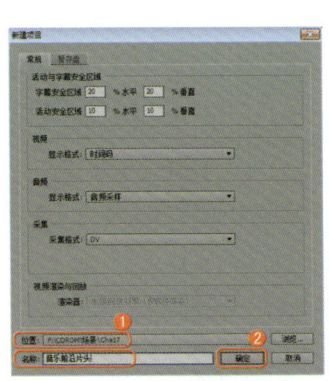

图17-3 新建项目

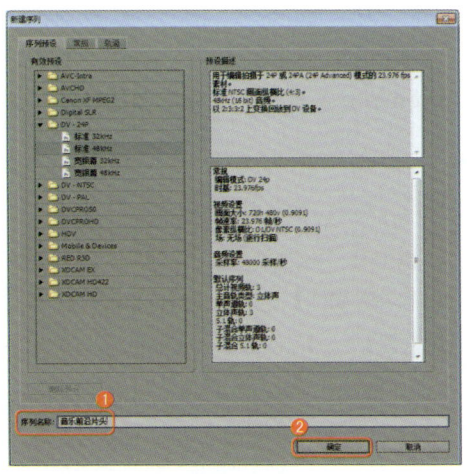

图17-4 新建序列

3. 进入操作界面中，在【项目】窗口的【名称】区域下空白处双击鼠标左键，在打开的对话框中选择随书附带光盘"素材\Cha17文件夹"，选择所有素材，单击【打开】按钮，如图17-5所示。

4. 由于导入的文件中包括PSD文件，所以在导入的过程中会弹出【导入分层文件：05】对话框，将【导入为：】定义为"单层"，如图17-6所示。单击【确定】按钮，将后面的PSD文件全部【导入为：】定义为"单层"。

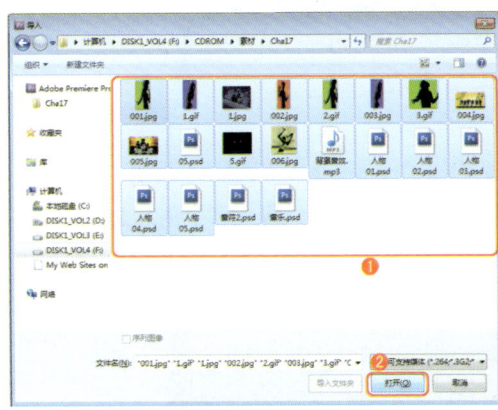

图17-5 导入素材

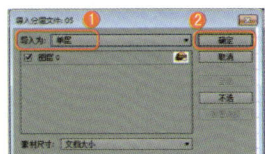

图17-6 设置分层文件

实例203　创建标题、文本

实例导航

→ **案例文件**：场景\Cha17\音乐前沿片头.prproj
→ **视频文件**：视频教学\Cha17\创建标题、文本.avi

249

（续）

- 难易程度：★☆☆☆☆
- 视频时长：1分33秒
- 实例要点：创建标题、文本的方法
- 思路分析：Premiere 本身具有编辑字幕的功能，并且还可以对字体或者图片设置简单的动画。

1 按Ctrl+T键，新建字幕"标题"，使用 T 工具，在字幕设计栏中输入文字，设置【字幕样式】为"Hobo Medium Gold 58"，在【字幕属性】栏中，设置【字体】为"HYShuangXianJ"，设置【字体大小】为100.0，设置【跟踪】为10.0，设置【X位置】、【Y位置】为338.0、219.0，如图17-7所示。

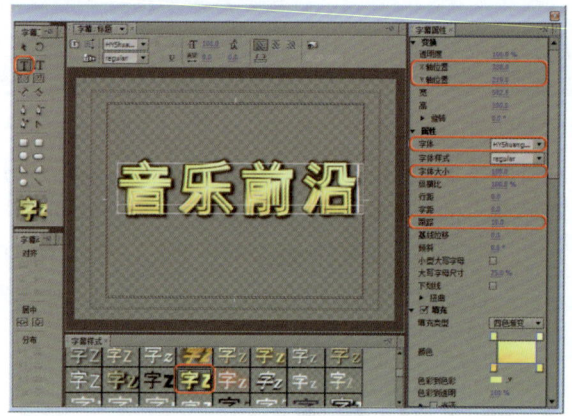

图17-7 新建"标题"

2 单击 ▣（基于当前字幕新建字幕）按钮，新建字幕"YIN"，删除字幕设计栏中的内容，使用 T 工具，在字幕设计栏中输入文字，设置【字幕样式】为"Hobo Medium Gold 58"，设置【字体】为"HYXingKaiJ"，设置【字体大小】为25.0，设置【纵横比】为160.0，设置【跟踪】为0.0，设置【X轴位置】、【Y轴位置】为109.0、304.5，如图17-8所示。

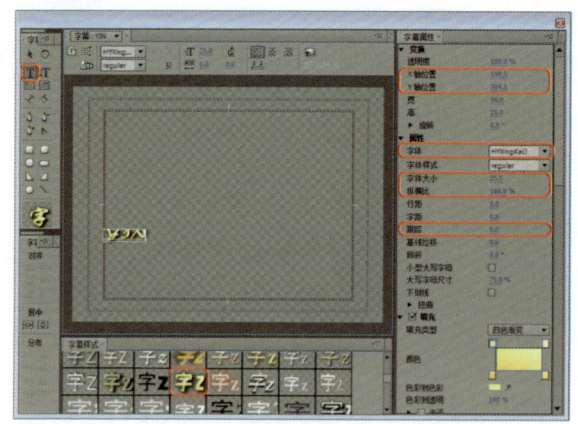

图17-8 新建字幕"YIN"

3 使用字幕"YIN"的创建方法创建字幕"YUE"、"QIAN"、"YAN"。

实例204 新建"音乐前沿片头02"序列

实例导航

- **案例文件**：场景 \ Cha17 \ 音乐前沿片头.prproj
- **视频文件**：视频教学 \ Cha17 \ 新建"音乐前沿片头02"序列.avi
- **难易程度**：★☆☆☆☆
- **视频时长**：17秒
- **实例要点**：创建并设置"音乐前沿片头02"序列的方法
- **思路分析**：新建序列，然后进行设置。

在【项目】窗口中单击鼠标右键，然后选择【新建分项】|【序列】，在弹出的对话框中，对【序列名称】进行命名，单击【确定】按钮，如图17-9所示。

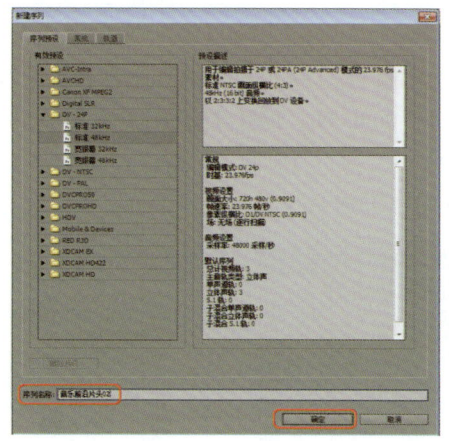

图17-9 新建序列

实例205 设置"音乐前沿02"序列

实例导航

- **案例文件**：场景 \ Cha17 \ 音乐前沿片头.prproj
- **视频文件**：视频教学 \ Cha17 \ 设置"音乐前沿02"序列.avi
- **难易程度**：★☆☆☆☆
- **视频时长**：5分27秒

（续）

→ **实例要点**：设置"音乐前沿02"序列

→ **思路分析**：太多的图像在一个时间线序列中编辑，显示太乱，对其设置序列。

1 激活"音乐前沿片头02"序列，选择【序列】|【添加轨道】，添加两条视频轨，如图17-10所示。

2 激活新建序列，设置当前时间为00:00:00:00，将"标题"拖至【时间线】窗口的【视频1】轨道中，与编辑标识线对齐，结束处时间为00:00:08:00，如图17-11所示。

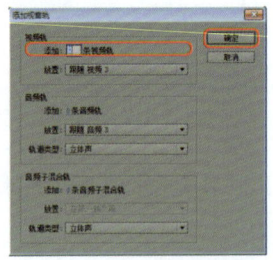
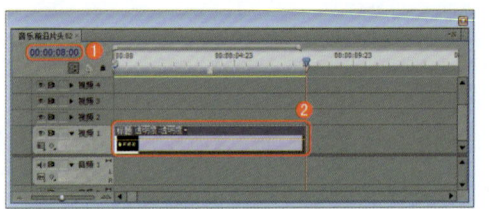

图17-10 添加视频轨　　　　　　　　　　图17-11 拖入"标题"

3 确定"标题"选中的情况下，设置当前时间为00:00:00:00，激活【特效控制台】，设置【缩放比例】为0.0，单击其左侧的 按钮，设置当前时间为00:00:03:00，设置【缩放比例】为100.0，如图17-12所示。

4 设置当前时间为00:00:03:10，将"YIN"拖至【时间线】窗口的【视频2】轨道中，开始处与编辑标识线对齐，结束处与"标题"的结束处对齐，如图17-13所示。

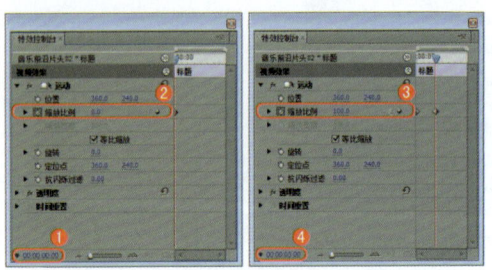
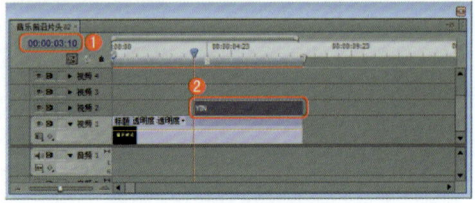

图17-12 设置两处【缩放比例】关键帧　　　　图17-13 拖入字幕"YIN"

5 设置当前时间为00:00:03:10，激活【特效控制台】，设置【位置】为164.0、-69.0，单击其左侧的设置 按钮，设置当前时间为00:00:04:10，设置【位置】为527.0、247.0，如图17-14所示。

6 设置当前时间为00:00:05:11，单击【位置】右侧 按钮，设置当前时间为00:00:05:12，设置【位置】为396.0、247.0，如图17-15所示。

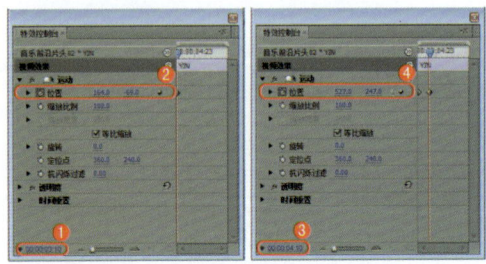
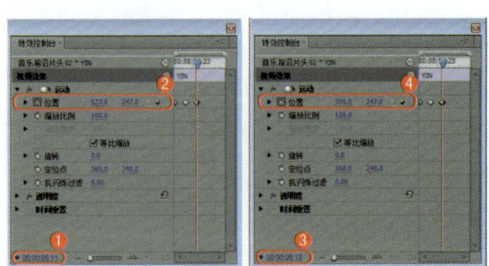

图17-14 设置两处【位置】关键帧　　　　图17-15 设置两处【位置】关键帧

第17章 音乐前沿片头

7 设置当前时间为00:00:04:00，将"QIAN"拖至【时间线】窗口的【视频3】轨道中，与编辑标识线对齐，结束处与"YIN"的结束处对齐，如图17-16所示。

8 激活【特效控制台】面板，设置【位置】为1000.0、-70.0，单击其左侧的设置按钮，设置当前时间为00:00:05:10，设置【位置】为632.0、247.0，如图17-17所示。

 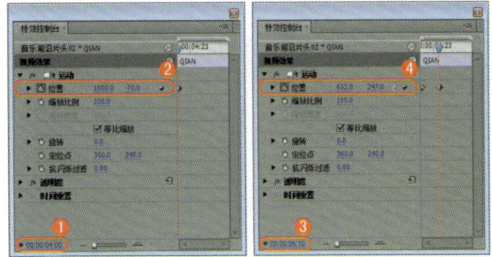

图17-16 拖入字幕"QIAN"　　　　　　图17-17 设置两处【位置】关键帧

9 设置当前时间为00:00:05:11，单击【位置】右侧按钮，设置当前时间为00:00:05:12，设置【位置】为517.0、247.0，如图17-18所示。

10 设置当前时间为00:00:06:11，单击【位置】右侧按钮，设置当前时间为00:00:06:12，设置【位置】为664.0、247.0，如图17-19所示。

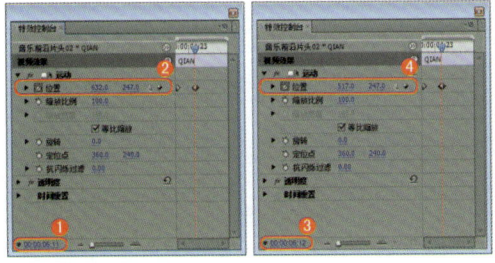 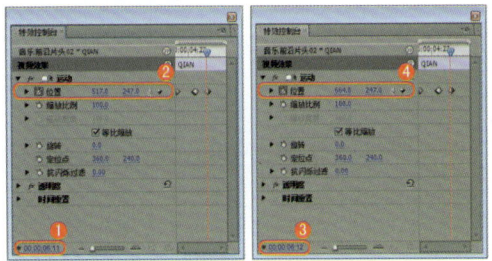

图17-18 设置两处【位置】关键帧　　　　　图17-19 设置两处【位置】关键帧

11 设置当前时间为00:00:05:00，将"YUE"拖至【时间线】窗口的【视频4】轨道中，与编辑标识线对齐，结束处与"QIAN"的结束处对齐，如图17-20所示。

12 激活【特效控制台】面板，设置【位置】为145.0、428.0，单击其左侧的设置按钮，设置当前时间为00:00:06:10，设置【位置】为400.0、260.0，如图17-21所示。

 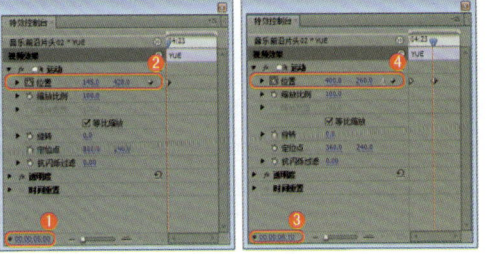

图17-20 拖入字幕"YUE"　　　　　　图17-21 设置两处【位置】关键帧

13 设置当前时间为00:00:06:11，单击【位置】右侧按钮，设置当前时间为00:00:06:12，设置【位置】为520.0、247.0，如图17-22所示。

14 设置当前时间为00:00:06:00，将"YAN"拖至【时间线】窗口的【视频5】轨道中，与编辑标识线对齐，结束处与"YUE"的结束处对齐，如图17-23所示。

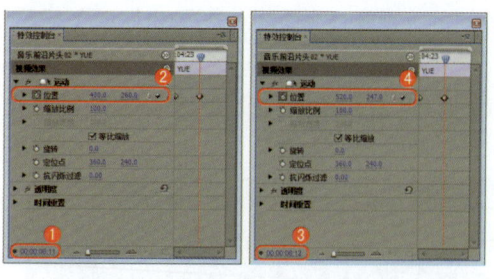
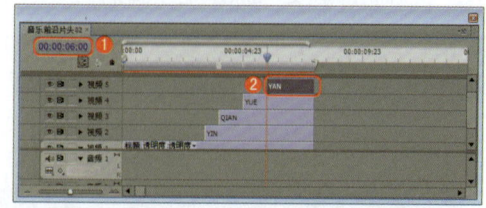

图17-22 设置两处【位置】关键帧　　　　　图17-23 拖入字幕"YAN"

15　激活【特效控制台】面板，设置【位置】为1000.0、428.0，单击其左侧的 按钮，设置当前时间为00:00:07:00，设置【位置】为812.0、247.0，如图17-24所示。

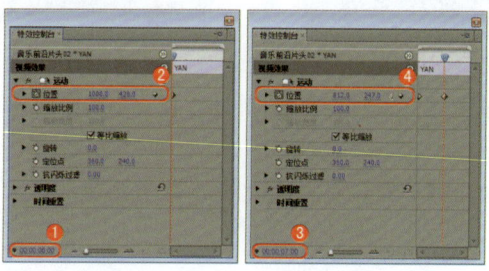

图17-24 设置两处【位置】关键帧

实例206　新建"音乐前沿片头02"序列

实例导航

- 案例文件：场景 \ Cha17 \ 音乐前沿片头.prproj
- 视频文件：视频教学 \ Cha17 \ 编辑素材.avi
- 难易程度：★☆☆☆☆
- 视频时长：19分21秒
- 实例要点：编辑素材的方法
- 思路分析：将所有的素材与序列共同编辑，产生一个新的视频。

1　激活"音乐前沿片头"序列，选择【序列】|【添加轨道】命令，在【添加轨道】对话框中，添加两条视频轨，单击【确定】按钮，如图17-25所示。

2　将"005.jpg"拖至【时间线】窗口的【视频1】轨道中，结束处时间设置为00:00:04:00，如图17-26所示。

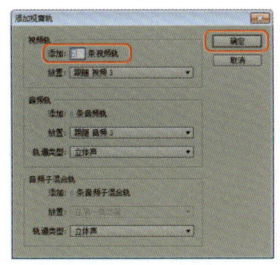

图17-25 添加视频轨

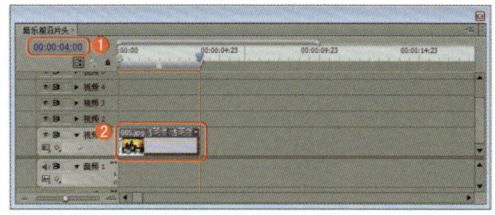

图17-26 拖入"005.jpg"

3. 设置当前时间为00:00:00:00,激活【特效控制台】面板,设置【缩放比例】为60.0,为其添加【随机反相】切换效果,设置【持续时间】为00:00:00:10,如图17-27所示。

4. 设置当前时间为00:00:01:00,为其添加【曝光过度】特效,激活【特效控制台】面板,设置【曝光过度】区域下的【阈值】为0,单击其左侧的 按钮,设置当前时间为00:00:02:00,设置【阈值】为100,如图17-28所示。

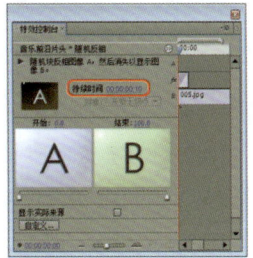

图17-27 添加并设置切换效果

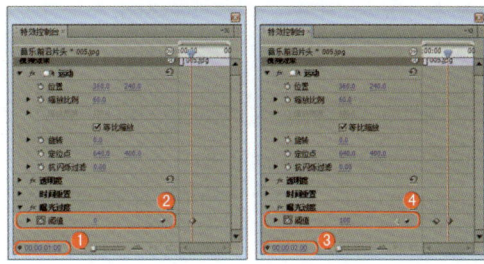

图17-28 设置两处关键帧

5. 设置当前时间为00:00:03:00,单击【透明度】右侧 按钮,设置当前时间为00:00:04:00,设置【透明度】为0.0,如图17-29所示。

6. 设置当前时间为00:00:00:12,将"图层0/音符2.psd"文件拖至【时间线】窗口的【视频2】轨道中,与编辑标识线对齐,结束处与"005.jpg"文件的结束处对齐,如图17-30所示。

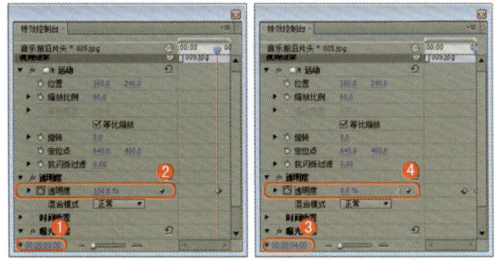

图17-29 设置两处【透明度】关键帧

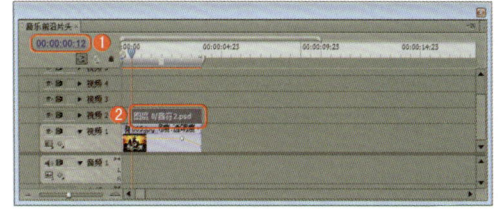

图17-30 拖入"图层0/音符2.psd"文件

7. 为其添加【色彩平衡(HLS)】特效,激活【特效控制台】面板,设置【旋转】为59.0,设置【位置】为326.0、209.0,设置【色彩平衡(HLS)】下的【色相】为0.0,单击其左侧的 按钮,设置当前时间为00:00:04:00,设置【色相】为1170.0,如图17-31所示。

8. 设置当前时间为00:00:03:00,单击【透明度】右侧 按钮,设置当前时间为00:00:04:00,设置【透明度】为0.0,如图17-32所示。

9. 设置当前时间为00:00:00:12,将"图层0/音符2.psd"文件拖至【时间线】窗口的【视频3】轨道中,与编辑标识线对齐,结束处与"005.jpg"文件的结束处对齐,如图17-33所示。

10. 为其添加【色彩平衡(HLS)】特效,激活【特效控制台】面板,设置【旋转】为185.0,设置【位置】为418.0、223.0,设置【色彩平衡(HLS)】下的【色相】为0.0,单击其左侧的 按钮,设置当前时间为00:00:04:00,设置【色相】为1170.0,如图17-34所示。

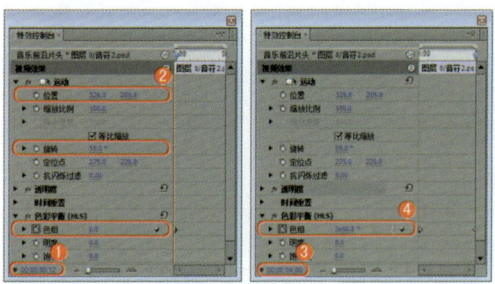 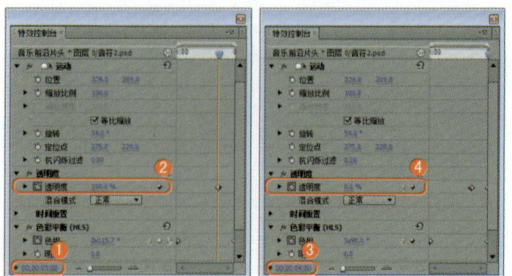

图17-31 设置两处关键帧　　　　　图17-32 设置两处【透明度】关键帧

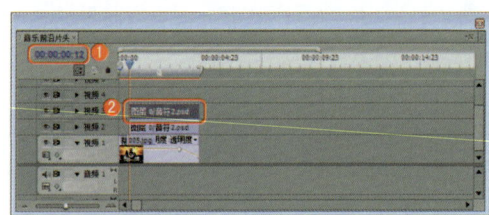 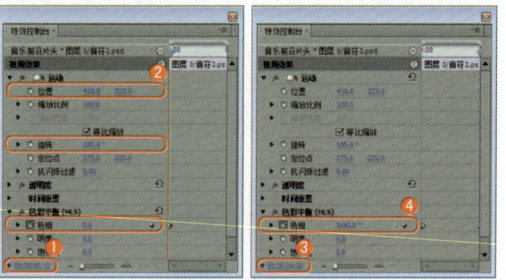

图17-33 拖入"图层0/音符2.psd"文件　　　图17-34 设置两处关键帧

11 设置当前时间为00:00:03:00，单击【透明度】右侧 按钮，设置当前时间为00:00:04:00，设置【透明度】为0.0，如图17-35所示。

12 将"006.jpg"文件拖至【时间线】窗口的【视频1】轨道中，与"005.jpg"文件的结束处对齐，结束处时间为00:00:08:00，设置其【缩放比例】为35.0，如图17-36所示。

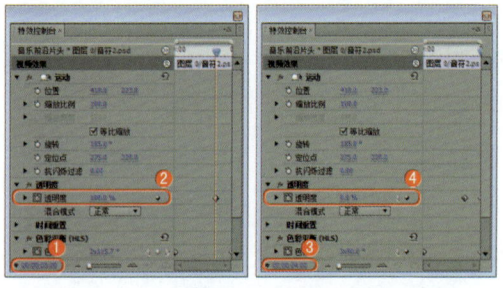 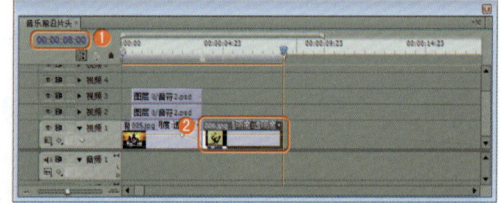

图17-35 设置两处【透明度】关键帧　　　图17-36 拖入"006.jpg"文件

13 为"006.jpg"文件添加【黑场过渡】切换效果，设置【持续时间】为00:00:00:10，如图17-37所示。

14 设置当前时间为00:00:04:12，将"图层1/人物01.psd"文件拖至【时间线】窗口的【视频2】轨道中，结束处与"006.jpg"文件的结束处对齐，如图17-38所示。

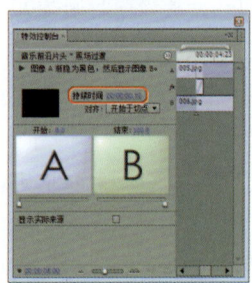 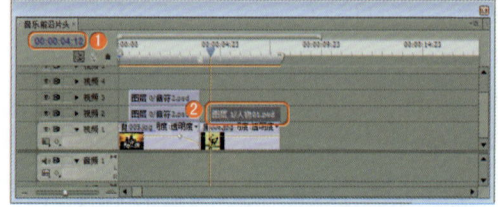

图17-37 添加并设置切换效果　　　图17-38 拖入"图层1/人物01.jpg"文件

15 激活【特效控制台】面板，设置【缩放比例】为25.0，设置【位置】为73.0、111.0，为其添加【漩涡】特效，设置【持续时间】为00:00:00:10，如图17-39所示。

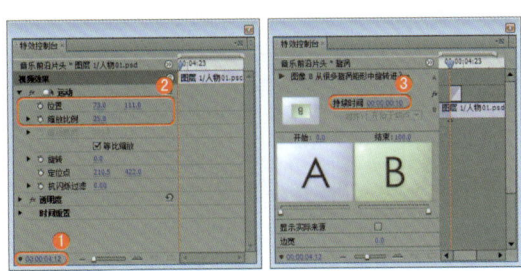

图17-39 设置【缩放比例】、【位置】及切换效果

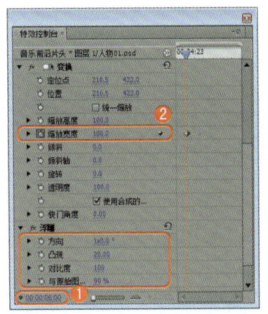

图17-40 添加并设置【变换】【浮雕】特效

16 设置当前时间为00:00:05:00,为其添加【变换】和【浮雕】特效,单击【变换】下的【缩放宽度】左侧的 按钮,设置【浮雕】下的【方向】为360.0,设置【凸现】为20.0,设置【对比度】为100.0,设置【与原始图像混合】为90,如图17-40所示。

17 设置当前时间为00:00:05:15,设置【变换】下的【缩放宽度】为90.0,设置当前时间为00:00:06:06,设置【缩放宽度】为130.0,设置当前时间为00:00:06:21,设置【缩放宽度】为90.0,设置当前时间为00:00:07:12,设置【缩放宽度】为130.0,如图17-41所示。

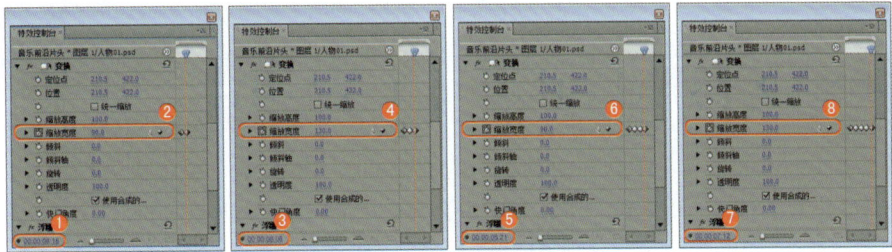

图17-41 设置四处关键帧

18 设置当前时间为00:00:04:12,将"图层1/人物03.psd"文件拖至【时间线】窗口的【视频3】轨道中,结束处与"006.jpg"文件的结束处对齐,如图17-42所示。

19 激活【特效控制台】面板,设置【缩放比例】为55.0,设置【位置】为75.0、397.0,为其添加【漩涡】切换效果,设置【持续时间】为00:00:00:10,如图17-43所示。

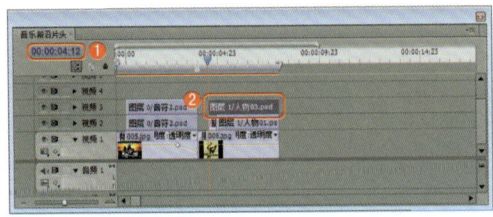

图17-42 拖入"图层1/人物03.psd"文件

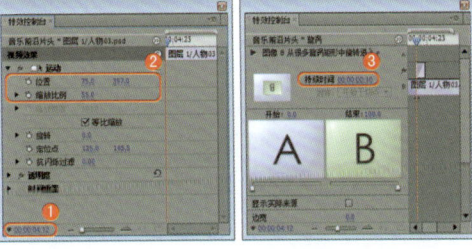

图17-43 设置【缩放比例】【位置】及切换效果

20 设置当前时间为00:00:05:00,为其添加【变换】和【浮雕】特效,单击【变换】下的【倾斜】左侧的 按钮,设置【浮雕】下的【方向】为360.0,设置【凸现】为20.0,设置【对比度】为100.0,设置【与原始图像混合】为90,如图17-44所示。

21 设置当前时间为00:00:05:15,设置【变换】下的【倾斜】为20.0,设置当前时间为00:00:06:06,设置【倾斜】为-20.0,设置当前时间为00:00:06:21,设置【倾斜】为20.0,设置当前时间为00:00:07:12,设置【倾斜】为-20.0,如图17-45所示。

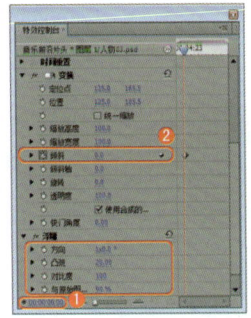

图17-44 添加并设置【变换】、【浮雕】特效

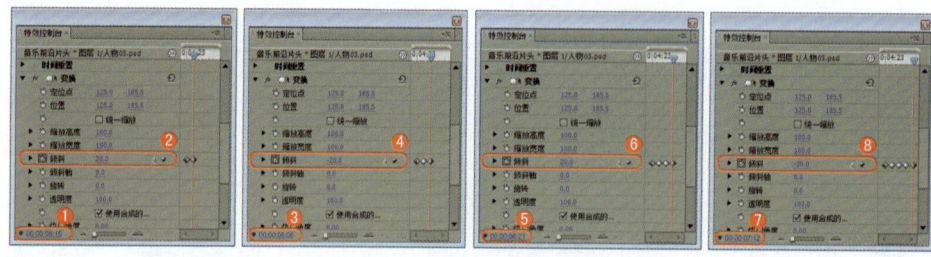

图17-45 设置四处关键帧

22 设置当前时间为00:00:04:12,将"图层1/人物03.psd"文件拖至【时间线】窗口的【视频4】轨道中,结束处与"006.jpg"文件的结束处对齐,如图17-46所示。

23 激活【特效控制台】面板,设置【缩放比例】为55.0,设置【位置】为642.0、111.0,为其添加【漩涡】切换效果,设置【持续时间】为00:00:00:10,如图17-47所示。

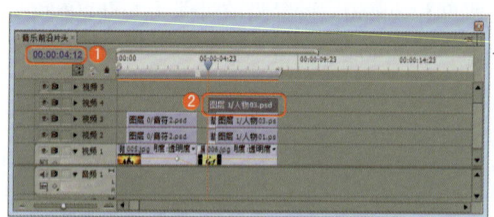

图17-46 拖入"图层1/人物03.psd"文件

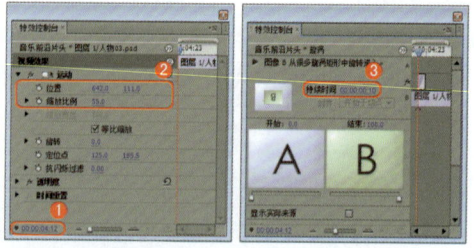

图17-47 设置【缩放比例】、【位置】及切换效果

24 设置当前时间为00:00:05:00,确定【视频3】轨道中的"图层1/人物03.psd"文件选中的情况下,激活【特效控制台】面板,在【变换】上右击选择复制,选中【视频4】轨道中的"图层1/人物03.psd"文件,激活【特效控制台】面板,在空白处右击选择粘贴,用同样的方法复制【浮雕】特效,如图17-48所示。

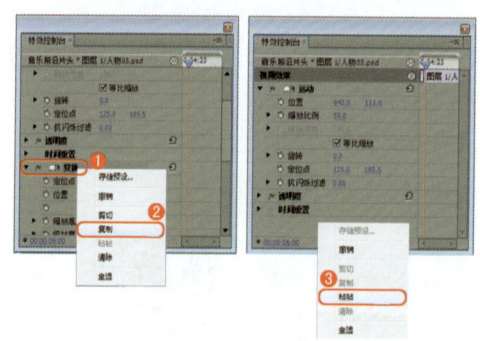

图17-48 复制并粘贴特效

25 设置当前时间为00:00:04:12,将"图层1/人物02.psd"文件拖至【时间线】窗口的【视频5】轨道中,结束处与"006.jpg"文件的结束处对齐,如图17-49所示。

26 激活【特效控制台】面板,设置【缩放比例】为55.0,设置【位置】为653.0、381.0,为其添加【漩涡】切换效果,设置【持续时间】为00:00:00:10,如图17-50所示。

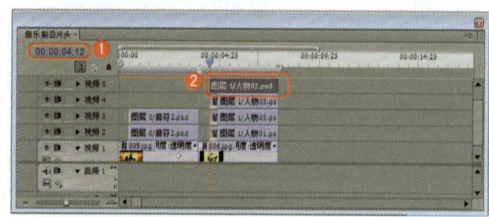

图17-49 拖入"图层1/人物02.psd"文件

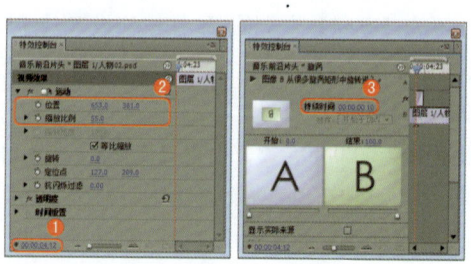

图17-50 设置【缩放比例】、【位置】及切换效果

27 设置当前时间为00:00:05:00,确定【视频2】轨道中的"图层1/人物01.psd"文件选中的情况下,激活【特效控制台】面板,在【变换】上右击选择复制,选中【视频5】轨道中的"图层1/人物02.psd"文件,激活【特效控制台】面板,在空白处右击选择粘贴,用同样的方法复制【浮雕】特效,如图17-51所示。

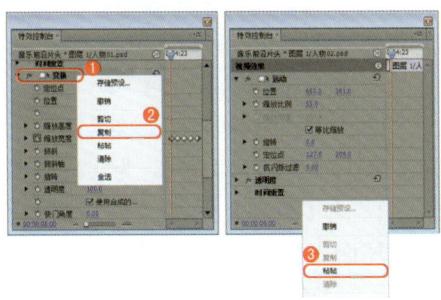

图17-51 复制并粘贴特效

28 将"图层0/05.psd"文件拖至【时间线】窗口的【视频1】轨道中,与"006.jpg"文件的结束处对齐,结束处时间为00:00:10:10,激活【特效控制台】面板,设置【缩放比例】为70.0,设置【位置】为360.0、268.0,如图17-52所示。

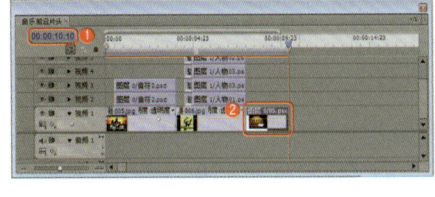

图17-52 拖入并设置"图层0/05.psd"文件

29 为"图层0/05.psd"文件添加【滑动带】切换效果,设置【持续时间】为00:00:00:10,如图17-53所示。

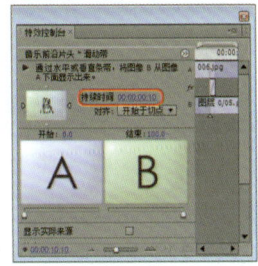

图17-53 添加并设置切换效果

30 设置当前时间为00:00:08:10,将"3.gif"文件拖至【时间线】窗口的【视频2】轨道中,与编辑标识线对齐,如图17-54所示。

31 确定"3.gif"文件选中的情况下,激活【特效控制台】面板,设置【位置】为-73.0、-60.0,单击【位置】其左侧的 按钮,设置当前时间为00:00:08:21,设置【位置】为879.0、600.0,如图17-55所示。

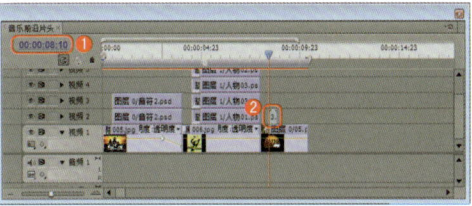

图17-54 拖入"3.gif"文件

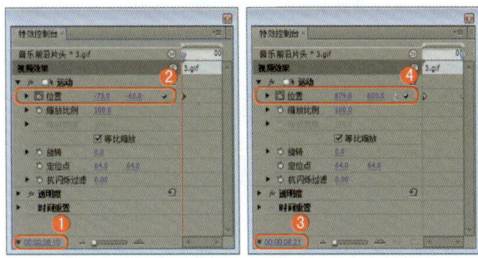

图17-55 设置两处【位置】关键帧

32 将"3.gif"文件拖至【时间线】窗口的【视频3】轨道中,与编辑标识线对齐,如图17-56所示。

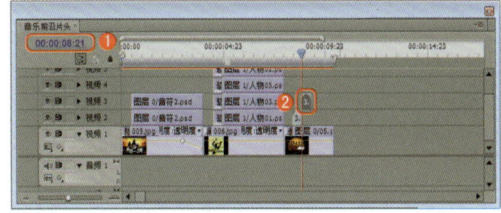

图17-56 拖入"3.gif"文件

33 确定"3.gif"文件选中的情况下,激活【特效控制台】面板,设置【位置】为-69.0、546.0,单击其左侧的 按钮,设置当前时间为00:00:09:08,设置【位置】为870.0、-130.0,如图17-57所示。

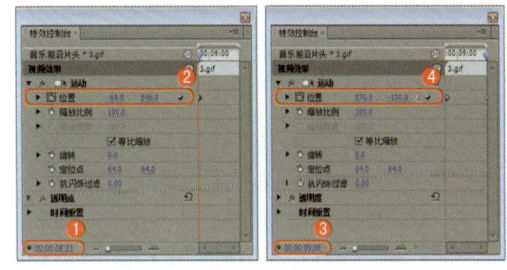

图17-57 设置两处【位置】关键帧

34 将"1.gif"文件拖至【时间线】窗口的【视频4】轨道中,与编辑标识线对齐,如图17-58所示。

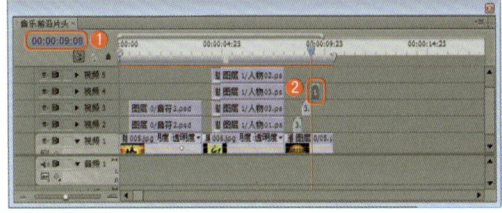

图17-58 拖入"1.gif"文件

35 确定"1.gif"文件选中的情况下,激活【特效控制台】面板,设置【缩放比例】为60.0,设置【位置】为-86.0、240.0,单击其左侧的 按钮,设置当前时间为00:00:09:17,设置【位置】为800.0、240.0,如图17-59所示。

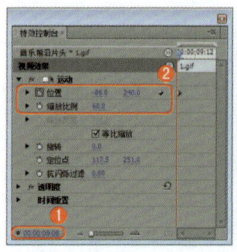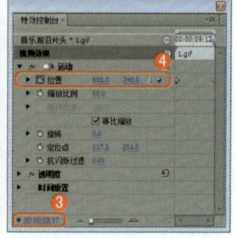

图17-59 设置两处【位置】关键帧

36 将"2.gif"文件拖至【时间线】窗口的【视频5】轨道中,与编辑标识线对齐,如图17-60所示。

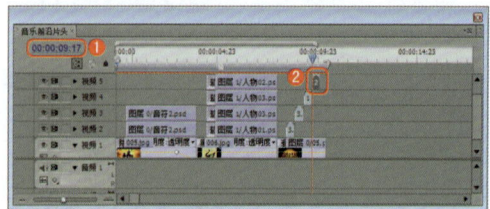

图17-60 拖入"2.gif"文件

37 确定"2.gif"文件选中的情况下,激活【特效控制台】面板,设置【缩放比例】为60.0,设置【位置】为800.0、240.0,单击其左侧的 按钮,设置时间为00:00:10:02,设置【位置】为-86.0、240.0,如图17-61所示。

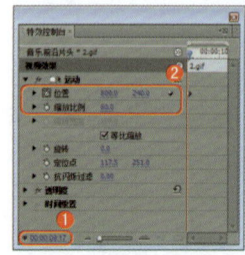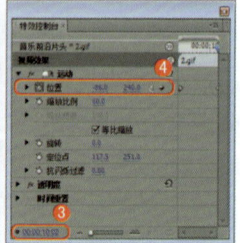

图17-61 设置两处【位置】关键帧

38 将"004.jpg"文件拖至【时间线】窗口的【视频1】轨道中,与"图层0/05.psd"文件的结束处对齐,结束处时间为00:00:13:10,如图17-62所示。

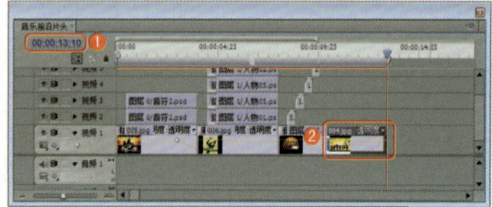

图17-62 拖入"004.jpg"

39 为"004.jpg"文件添加【推】切换效果,设置【持续时间】为00:00:00:10,如图17-63所示。

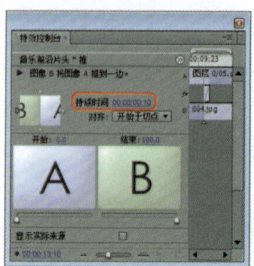

图17-63 添加并设置切换效果

40 设置当前时间为00:00:11:10,为其添加【球面化】特效,设置【运动】区域下的【缩放比例】为80.0,设置【球面化】下的【半径】为0.0,单击其左侧的 按钮,设置当前时间为00:00:13:10,设置【半径】为500.0,如图17-64所示。

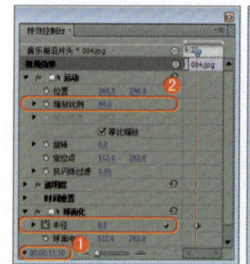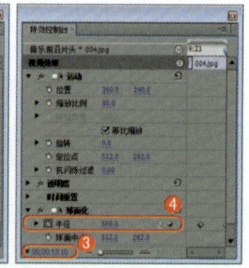

图17-64 添加两处帧

41 设置当前时间为00:00:11:10,将"5.gif"文件拖至【时间线】窗口的【视频2】轨道中,右击鼠标选择【速度/持续时间】命令,设置【持续时间】为00:00:02:00,如图17-65所示。

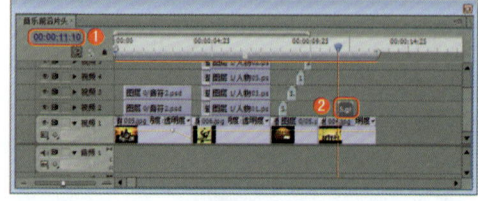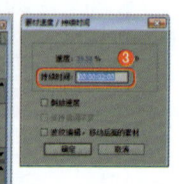

图17-65 拖入并设置"5.gif"文件

42 设置当前时间为00:00:11:10,确定"5.gif"文件选中的情况下,激活【特效控制台】面板,设置【缩放比例】为2.0,单击其左侧的 按钮,设置【透明度】为0.0,设置当前时间为00:00:13:10,设置【缩放比例】为168.0,设置【透明度】为100,如图17-66所示。

43 设置当前时间为00:00:11:18,将"图层1/人物04.psd"文件拖至【时间线】窗口的【视频3】轨道中,与编辑标识线对齐,结束处与"004.jpg"文件的结束处对齐,如图17-67所示。

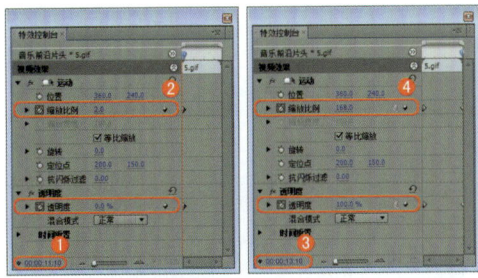

图17-66 设置两处关键帧

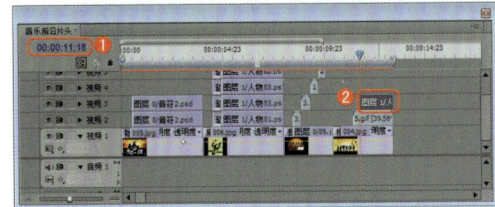

图17-67 拖入"图层1/人物04.psd"文件

44 确定"图层1/人物04.psd"文件选中的情况下,激活【特效控制台】面板,设置【缩放比例】为5.0,设置【位置】为368.0、234.0,单击【缩放比例】、【位置】左侧的 按钮,设置当前时间为00:00:13:10,设置【位置】为400.0、150.0,设置【缩放比例】为40.0,如图17-68所示。

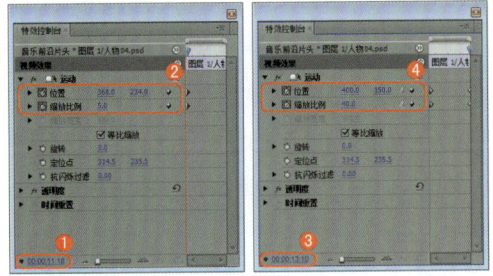

图17-68 设置【缩放比例】、【位置】两处关键帧

45 将"1.jpg"文件拖至【时间线】窗口的【视频1】轨道中,与"004.jpg"文件的结束处对齐,结束处时间为00:00:18:14,如图17-69所示。

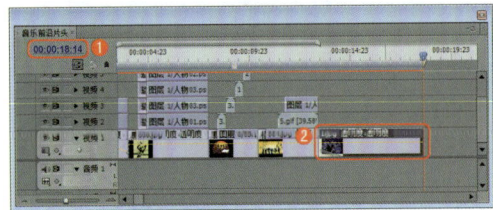

图17-69 拖入"1.jpg"文件

46 为其添加【门】切换效果,设置【持续时间】为00:00:00:10,勾选【反转】复选框,如图17-70所示。

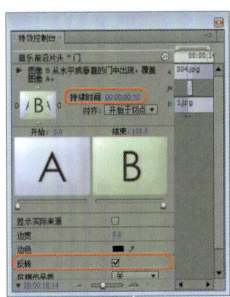

图17-70 添加并设置切换效果

47 设置当前时间为00:00:15:16,单击【透明度】右侧 按钮,设置当前时间为00:00:18:14,设置【透明度】为0.0,如图17-71所示。

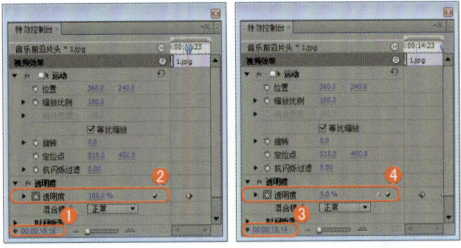

图17-71 设置两处【透明度】关键帧

48 设置当前时间为00:00:13:20,将"图层3/人物05.psd"文件拖至【时间线】窗口的【视频2】轨道中,与编辑标识线对齐,结束处时间为00:00:14:10,如图17-72所示。

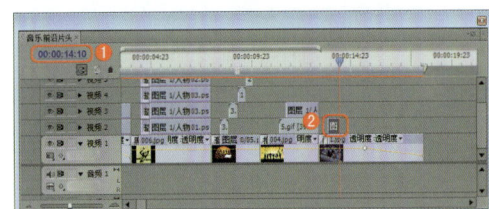

图17-72 拖入"图层3/人物05.psd"文件

49 设置当前时间为00:00:13:20,激活【特效控制台】面板,设置【缩放比例】为80.0,为其添加【门】切换效果,设置【持续时间】为00:00:00:10,勾选【反转】复选框,如图17-73所示。

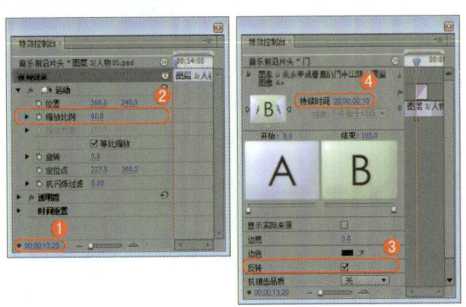

图17-73 设置【缩放比例】及切换效果

50 设置当前时间为00:00:14:06,将"001.jpg"文件拖至【时间线】窗口的【视频3】轨道中,与编辑标识线对齐,结束处时间为00:00:14:20,如图17-74所示。

51 设置当前时间为00:00:14:06,设置【缩放比例】为110.0,为其添加【门】切换效果,设置【持续时间】为00:00:00:10,勾选【反转】复选框,如图17-75所示。

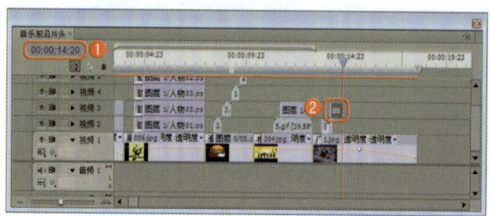
图17-74 拖入"001.jpg"文件

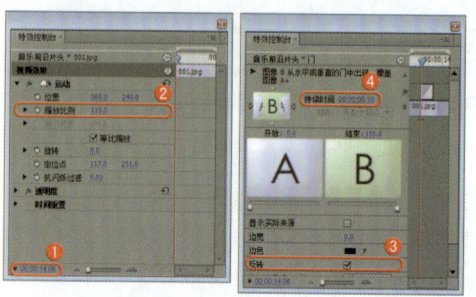
图17-75 设置【缩放比例】及切换效果

52 设置当前时间为00:00:14:16,将"002.jpg"文件拖至【时间线】窗口的【视频4】轨道中,与编辑标识线对齐,结束处时间为00:00:15:06,如图17-76所示。

53 设置当前时间为00:00:14:16,设置【缩放比例】为120.0,为其添加【门】切换效果,设置【持续时间】为00:00:00:10,勾选【反转】复选框,如图17-77所示。

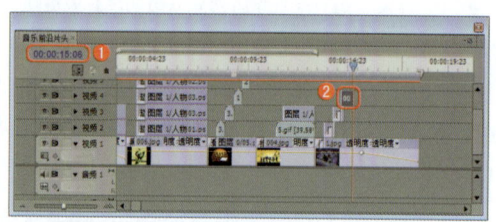
图17-76 拖入"002.jpg"文件

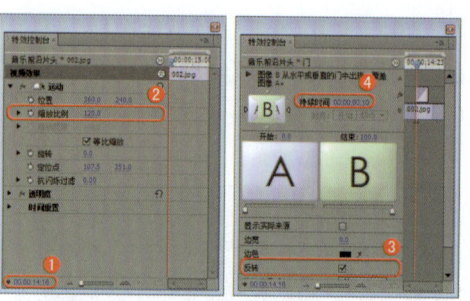
图17-77 设置【缩放比例】及切换效果

54 设置当前时间为00:00:15:02,将"003.jpg"文件拖至【时间线】窗口的【视频5】轨道中,与编辑标识线对齐,结束处时间为00:00:15:16,如图17-78所示。

55 设置当前时间为00:00:15:02,设置【缩放比例】为120.0,为其添加【门】切换效果,设置【持续时间】为00:00:00:10,勾选【反转】复选框,如图17-79所示。

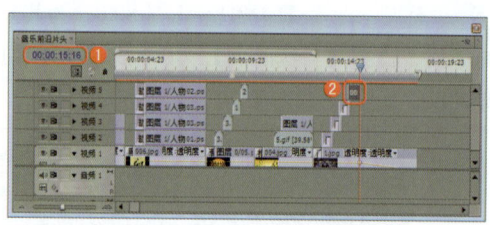
图17-78 拖入"003.jpg"文件

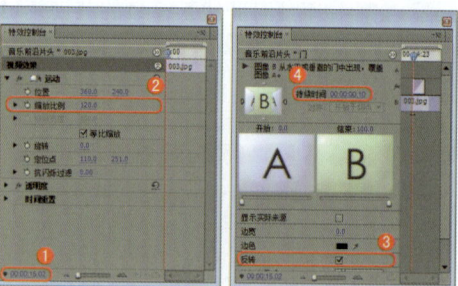
图17-79 设置【缩放比例】及切换效果

56 将"图层0/音乐.psd"拖至【时间线】窗口的【视频1】轨道中,与"1.jpg"文件的结束处对齐,结束处时间为00:00:26:14,设置【缩放比例】为55,如图17-80所示。

57 为"1.jpg"和"图层0/音乐.psd"文件的中间处添加【抖动溶解】切换效果,设置【持续时间】为00:00:00:10,如图17-81所示。

第17章　音乐前沿片头

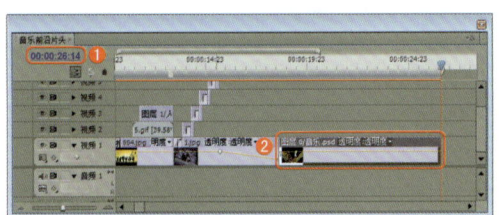
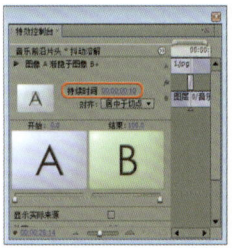

图17-80　拖入"图层0/音乐.psd"　　　　图17-81　添加并设置切换效果

58　设置当前时间为00:00:18:14，将"音乐前沿片头02"序列拖至【时间线】窗口的【视频2】轨道中，与编辑标识线对齐，结束处与"图层0/音乐.psd"文件的结束处对齐，删除"音乐前沿片头02"序列的音频文件，如图17-82所示。

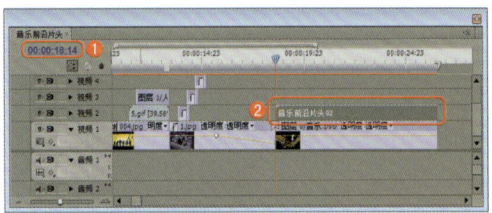

图17-82　拖入并设置"音乐前沿片头02"序列

实例207　添加背景音乐

实例导航

- **案例文件**：场景\Cha17\音乐前沿片头.prproj
- **视频文件**：视频教学\Cha17\添加背景音乐.avi
- **难易程度**：★☆☆☆☆
- **视频时长**：9秒
- **实例要点**：添加背景音乐的方法
- **思路分析**：为制作好的作品添加音效。

将"背景音效.mp3"拖至【时间线】窗口的【音频1】轨道中，如图17-83所示。

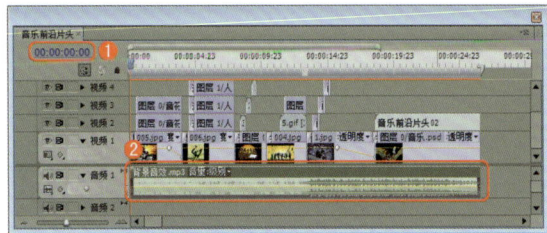

图17-83　拖入"背景音效.mp3"

263

实例208 输出音乐前沿片头

实例导航

- **案例文件**：场景 \ Cha17 \ 音乐前沿片头.prproj
- **视频文件**：视频教学 \ Cha17 \ 输出音乐前沿片头.avi
- **难易程度**：★☆☆☆☆
- **视频时长**：33秒
- **实例要点**：输出音乐前沿片头的方法
- **思路分析**：音乐前沿片头制作完成后需要将影片输出，这也是很关键的一步，它决定着影片的清晰度和播放质量。

1 激活"音乐前沿片头"，选择【文件】|【导出】|【媒体】命令，在打开的【导出设置】对话框中，在【导出设置】区域下，设置【格式】为"Microsoft AVI"，在【输出名称】右侧设置输出的路径及名称。设置【视频编解码器】为"Microsoft Video 1"，设置【基本设置】区域下的【品质】为100，设置【场类型】为"逐行"，单击【队列】按钮，如图17-84所示。

2 进入Adobe Media Encoder 面板中，单击【开始队列】按钮，对视频进行渲染输出，如图17-85所示。

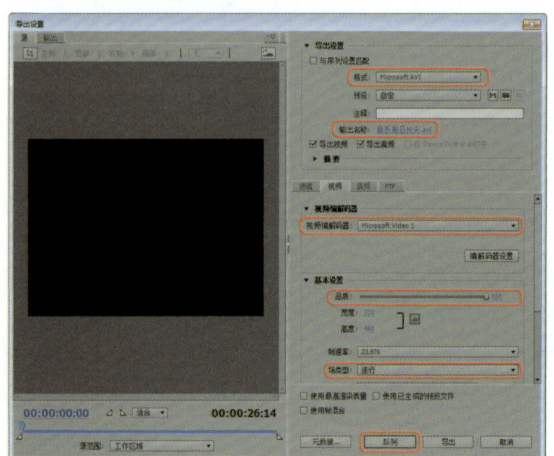

图17-84 导出设置

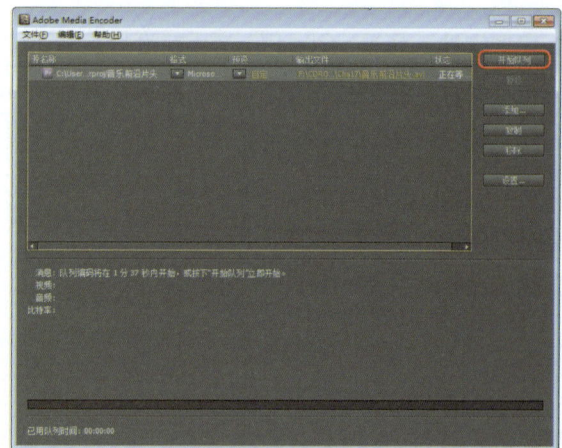

图17-85 开始列队